科学出版社“十四五”普通高等教育本科规划教材

农作学

（第三版）

任小龙　李　军　主编

科学出版社
北　京

内 容 简 介

农作学是以农作物持续增产、经济高效和生态安全为主要目标，研究建立合理农作制度的基本原理和技术体系的综合性应用学科。本书共分为 6 章，主要内容包括农作学基本原理、农田种植制度、农田养地制度、农田防护制度、农作经营制度、区域农作制度。对各章节知识要点进一步凝练制作了 61 个视频资源。相关内容有助于读者掌握组织农业生产、制定合理农作制度的基本原则和方法，培养解决农业结构调整、农田高效种植和农业可持续发展等方面问题的能力。

本书适合涉农高校农学、植物科学与技术、种子科学与工程、草业科学等专业本科生使用，也可供相关专业的研究生及农业管理和技术人员参考。

审图号：GS京（2024）1079号

图书在版编目（CIP）数据

农作学/任小龙，李军主编．—3 版．—北京：科学出版社，2024.6

科学出版社“十四五”普通高等教育本科规划教材

ISBN 978-7-03-074532-3

Ⅰ．①农…　Ⅱ．①任…　②李…　Ⅲ．①农业科学-高等学校-教材　Ⅳ．①S

中国版本图书馆 CIP 数据核字（2022）第 248388 号

责任编辑：丛　楠/责任校对：严　娜

责任印制：赵　博/封面设计：图阅社

科学出版社 出版

北京东黄城根北街 16 号

邮政编码：100717

http://www.sciencep.com

北京天宇星印刷厂印刷

科学出版社发行　各地新华书店经销

*

2003 年 10 月第　一　版　开本：787×1092　1/16

2024 年 6 月第　三　版　印张：18

2024 年 10 月第二次印刷　字数：461 000

定价：69.80 元

（如有印装质量问题，我社负责调换）

《农作学》（第三版）编写委员会

主　编　任小龙　李　军

副主编　王龙昌　柴　强　徐文修

编　者（按姓氏笔画排序）

王　瑞（西北农林科技大学）
王龙昌（西南大学）
王学春（西南科技大学）
王贵彦（河北农业大学）
王晓娇（西北农林科技大学）
宁堂原（山东农业大学）
乔　岩（陇东学院）
乔月静（山西农业大学）
任小龙（西北农林科技大学）
任广鑫（西北农林科技大学）
刘子凡（海南大学）
刘建国（石河子大学）
刘根红（宁夏大学）
刘铁宁（西北农林科技大学）
刘景辉（内蒙古农业大学）
次仁央金（西藏农牧学院）
米俊珍（内蒙古农业大学）
江　洋（华中农业大学）
汤秋香（新疆农业大学）
李　军（西北农林科技大学）
李宗仁（青海大学）
李玲玲（甘肃农业大学）
李笑笑（安徽农业大学）
杨海水（南京农业大学）
连延浩（河南农业大学）
谷　岩（吉林农业大学）
张　鹏（西北农林科技大学）
张　鑫（河北农业大学）
张玉先（黑龙江八一农垦大学）
张石来（云南大学）
张荣萍（海南大学）
陈　勇（四川农业大学）
陈小莉（西北农林科技大学）
陈冬梅（福建农林大学）
陈国栋（塔里木大学）
陈喜凤（吉林农业大学）
卓　嘎（西藏农牧学院）
周宇飞（沈阳农业大学）
宫香伟（沈阳农业大学）
袁照年（福建农林大学）
袁鹏丽（广西大学）
莫钊文（华南农业大学）
原向阳（山西农业大学）
柴　强（甘肃农业大学）
徐　莹（湖南农业大学）
徐文修（新疆农业大学）
曹　宏（陇东学院）
梁效贵（江西农业大学）
蒋　敏（扬州大学）
程　乙（贵州大学）
谢军红（甘肃农业大学）
满建国（华中农业大学）
蔡　铁（西北农林科技大学）
臧华栋（中国农业大学）

前　言

我国是人类文明的重要发源地之一，传统农耕历史悠久，农业文明源远流长。大约在距今 12 000 年前，中国的新石器时代便出现了原始农业。在这个时期，人们采用简陋的石器、棍棒等生产工具，从事简单的农事活动。后来，神农因天之时，分地之利，制耒耜、尝草别谷、教民农作，一些脍炙人口的农史典故及神话传说也被人口口相传，为我们了解远古农业文明提供了重要资料。

从原始农业“刀耕火种”发展至现代机械化、信息化、规模化背景下的“精耕细作”，中国农业经历了一个漫长的过程。我国传统农耕文明中的农耕思想、农业结构、耕作技术、养地手段、种植模式、轮作体系和经营理念等曾一度领先于世界。但由于历史、人口、资源等关键因素影响，我国农业长期以自给自足的家庭经营方式为主，虽然发挥了较高土地利用率等不可替代的重要作用，但是也产生了诸如劳动生产率、农产品商品率和经营效益低等问题。

当前，我国农业虽然处于由传统农作向现代农作的加速转型阶段，正在不断扩大参与经济全球化竞争，农业规模化、机械化、信息化和专业化程度逐渐提高，农户家庭经营生产方式逐渐改变，但是仍然面临着保障国家粮食安全、增加农民收入、缓解资源环境约束和增强农产品市场竞争力的重大挑战。因此，我国农业发展不仅要持续提升农田生产力和农业系统生产力，而且要在增加农业经济效益的同时积极参与农田生态治理，保护并可持续利用农业资源环境。

农作学是以农作物持续增产、经济高效和生态安全为主要目标，研究建立合理农作制度的基本原理和技术体系的综合性应用学科，是我国高等农林院校农学本科专业的专业主干课程，也是植物科学与技术、种子科学与工程、草业科学等植物生产类本科专业的学科基础课程。通过与作物生产相关学科的交叉融合和兼收并蓄，农作学集成和组装了农学各相关学科的理论技术，以系统性思想、全局性观点和整体性安排来组织作物生产和经营，形成了以土地用养结合为基础、以高效种植制度为核心、以农作物持续高产为目标的农作制度理论和技术体系，具有宏观和微观相结合、自然科学和社会科学相交叉的学科特点。我国传统农作学教材内容以极尽可能挖掘农田生产潜力、不断提高作物产量为主要发展目标，不够重视经济高效和农民增收问题，对农田节肥、节药、节水等节本增效和保护环境的相关领域研究不足，原有农作学学科内容体系已经难以适应当前我国农业生产和经营的发展需求，针对以上问题，相关内容在《农作学》（第二版）中进行了补充和加强。

由西北农林科技大学和全国 20 多所涉农院校共同编写、科学出版社出版的《农作学》（第二版），框架合理、体系完整、内容丰富，文字也较为精练，但部分章节内容已略显陈旧，同时，由于近年来我国农作物生产形势与农作制度发展变化较大，信息化教学的快速发展，网络在线课程、数字课程、在线教学、混合式课堂等，这些教学形式的不断革新对教材提出了新的要求，原有教材已难以满足当前新形势下农作学课程教学需求。鉴于此，我们再次邀请全国 30 多所涉农院校的 40 多位主讲教师，修订和编写《农作学》（第三版）教材，以满足农业院校农作学课程教学需求。本教材主要内容立足西部，面向全国，在继续遵循《农作学》

（第二版）“体系完善、内容新颖、文字简练、图文表并茂”的编写原则的前提下，补充全国不同类型区农作制度最新研究案例，融入现代农作制度理念和粮食安全、绿色发展以及学农、爱农、务农等的课程思政元素。同时，基于教材知识点的凝练和提升，制作配套视频资源和在线课程（https://www.icourse163.org/course/NWSUAF-1207443810），相关视频资源一并嵌入教材（教材内部二维码），形成了基于网络化和信息化的新形态、多样化教学资源，以满足农业院校农作学课程教学需要。

本教材由任小龙、李军担任主编，王龙昌、柴强、徐文修担任副主编。编者分工如下：第一章、第二章、第三章、第四章内容修订及第一章知识点视频资料的录制由任小龙完成；第五章内容修订由任广鑫和王晓娇完成；第六章内容修订及知识点视频资料的录制由陈小莉完成；第二章知识点视频资料的录制由蔡铁完成；第三章知识点视频资料的录制由张鹏完成；第四章知识点视频资料的录制由王瑞完成；第五章知识点视频资料的录制由刘铁宁完成；王龙昌、柴强、徐文修、陈国栋、王学春、李玲玲、谢军红、汤秋香、刘景辉、米俊珍、李宗仁、张荣萍、刘子凡、刘建国、刘根红、陈勇、周宇飞、宫香伟、程乙、王贵彦、张鑫、连延浩、宁堂原、原向阳、乔月静、曹宏、乔岩、次仁央金、卓嘎、臧华栋、张玉先、陈喜凤、满建国、江洋、李笑笑、徐莹、杨海水、蒋敏、陈冬梅、袁照年、莫钊文、袁鹏丽、张石来、梁效贵、谷岩分别提供了各自所在区域的典型修订案例。任小龙和李军进行整体设计并完成了统稿。博士生郭茹、韩飞、王金金、钱锐、王小玲也参与了部分文稿的修订和资料整理工作，在这里一并感谢。

我国农业生产区域十分广阔，各地农作制度类型和发展水平千差万别，现代农作理论研究发展日新月异，加上我们本身水平有限，教材难免存在一些不妥之处，恳请使用本教材的院校、专家和读者予以批评指正，以便今后修编和提高。

任小龙　李　军

2023 年 11 月 20 日

目　录

《农作学》（第三版）教学课件索取

凡使用本教材作为授课教材的高校主讲教师，可获赠教学课件一份。通过以下两种方式之一获取：

1．扫描左侧二维码，关注“科学 EDU”公众号→教学服务→课件申请，索取教学课件。

2．填写下方教学课件索取单后扫描或拍照发送至联系人邮箱。

<table>
<tr><td colspan="2">姓名：</td><td colspan="2">职称：</td><td>职务：</td></tr>
<tr><td colspan="3">电话：</td><td colspan="2">电子邮箱：</td></tr>
<tr><td colspan="3">学校：</td><td colspan="2">院系：</td></tr>
<tr><td colspan="4">所授课程（一）：</td><td>人数：</td></tr>
<tr><td colspan="4">课程对象：□研究生 □本科（_____年级） □其他_____</td><td>授课专业：</td></tr>
<tr><td colspan="5">使用教材名称 / 作者 / 出版社：</td></tr>
<tr><td colspan="4">所授课程（二）：</td><td>人数：</td></tr>
<tr><td colspan="4">课程对象：□研究生 □本科（____年级） □其他_____</td><td>授课专业：</td></tr>
<tr><td colspan="5">使用教材名称/作者/出版社：</td></tr>
<tr><td colspan="5">您对本书的评价及下一版的修改意见：</td></tr>
<tr><td colspan="4">推荐国外优秀教材名称/作者/出版社：</td><td rowspan="2">院系教学使用证明（公章）：</td></tr>
<tr><td colspan="4">您的其他建议和意见：</td></tr>
</table>

联系人：丛楠　　咨询电话：010-64034871　　回执邮箱：congnan@mail.sciencep.com

第一章　农作学基本原理

本章提要　农作学主要致力于农作制度的研究。我国悠久的农耕历史总结出大量宝贵经验，与近现代西方农作物制度共同形成具有中国特色的农作学体系。本章主要介绍了农作学与农作制度的相互关系和发展过程，系统论述了农作制度基本理论在作物种植布局、农田种养结合和资源统筹利用三个层面的统一性和交叉性，总结了中国农作制度发展现状并提出可持续发展方向。

本章重点　讲述了农作学和农作制度的概念及相关研究内容。要求学生掌握农作学、农作制度、最小因子定律、作物生产潜力和粮食安全等基本概念；了解我国农作制度发展历史阶段、驱动因素和一般规律；掌握植物生活要素之间的影响关系和在实际生产中的应用；正确认识粮食安全概念动态变化的意义和我国粮食安全现状；认识我国农业资源特点和优化区域资源利用的途径；了解循环农业、数字农业及相应的农作制度对我国农业可持续发展的重要意义，了解中国农业发展的主要问题和应对方案。

第一节　农作学概述

一、农作学发展与研究对象

（一）农作学概念与内涵

农作学（science of farming system）是研究建立一个地区或农业企业（农户、农场）合理农作制度理论与技术体系的一门综合性农业应用科学，是我国高等农业院校农学类专业的主干课程之一。农作制度是指在一定的自然资源状况、社会经济条件和科学技术水平下，一个地区或农业企业（农户、农场）为了土地持续高产高效所采取的农作物种植制度、土地养护制度和农作经营制度相结合的综合农业技术体系。农作制度具有特定的自然环境、社会经济和科学技术特征，它不是一项单纯的农田作物生产技术，而是具有增加土地产出、保护农业资源和提高经济收益等多个目标的土地经营管理制度。农作学旨在合理利用农业资源，提高土地生产力，保证作物全面持续增产稳产；采取合理的农作经营策略，增加农民经济收益；保护资源、培养地力，实行用地与养地结合。

农作学具有综合性和交叉性的学科特征，它吸收了系统工程与生态学的理论和思想，以整体性、全局性的观点与持续性思想，综合组装了农学有关学科的内容，以实现农田作物持续增产与经济高效，促进农、林、牧协调发展，提高农业系统生产力为主要目标。农作学主体上属自然科学范畴，但是因为农业生产具有双重性——生物性与社会性，所以，农作学具有自然应用科学与社会经济科学的交叉和融合特征。农作学具有的这种自然科学与社会科学交叉、宏观与微观相结合的学科特征，既可为农业管理者提供宏观决策依据，也可为农业经营者提供具体的农作经营管理方法和技术。

（二）农作学形成与发展

我国农耕历史久远，文献中关于农作制度的见识与技术论述十分丰富。战国末年的《吕氏春秋》（约公元前 239 年）中就有土壤耕作、垄作技术、粪肥养地、休闲管理等农作技术论述，如“夫稼，为之者人也，生之者地也，养之者天也”。西汉晚期的首部农书《氾胜之书》系统总结了黄河流域休闲农作制，开创了“区田”耕作法。北魏末年（公元 533～534 年）的《齐民要术》是我国古代农书之精华，涉及农、林、牧、副、渔等多方面，其中记载了豆禾轮作、间作套种、保墒耕作和粪肥使用等农作技术。宋代《陈旉农书》（公元 1149 年）是南方稻作区最早的农书，论述了“种无虚日，收无虚月”等多熟种植技术。成书于公元 1313 年的《王祯农书》记载了“地力常新壮”等土地用养结合技术。《王祯农书》以及公元 1502 年的《便民图纂》、公元 1747 年的《知本提纲》等，分别总结出长江流域、岭南、关中等地区多粪肥田、绿肥轮作、地力不减、多熟种植等农作技术。成书于公元 1639 年的《农政全书》和公元 1741 年的《钦定授时通考》汇总和集成了我国传统农业生产技术的主要内容。

西方国家农作制发展的历史阶段普遍滞后于我国。公元 1730 年前后英格兰出现了著名的诺尔福克四区豆科牧草和谷类作物轮作，增加了土壤腐殖质积聚和提高了肥力，并取代了长期盛行的休闲制。公元 1840 年德国化学家利比希（J. Von. Liebig）提出了著名的矿质营养归还学说，揭示了作物轮作与土壤培肥的科学原理，促进了现代肥料工业的发展。英国洛桑试验站长达百年的作物轮作与连作施肥试验（始于 1843 年）、美国莫洛试验区（始于 1876 年）的长期作物轮作与玉米产量试验、日本的作物茬口效应试验研究、美国的免耕农作制等奠定了现代农作制度发展的基础。

农作学由耕作学（science of cropping system and soil management）发展而来。19 世纪后期，俄罗斯著名农学家威廉斯（B. P. Вильямс，1863～1939）创立了土壤团粒结构肥力学说和草田轮作制，并将其内容从土壤学中独立出来，在苏联高等农业院校开设了“普通农业耕作法”课程。20 世纪 50 年代初，该课程被引入我国高等农业院校后定名为“耕作学”。20 世纪 60～90 年代，结合我国传统农业中“土地用养结合”“地力”和“多熟种植”等相关内容，将草田耕作制扩展到耕作制度范畴，构建了以农田种植制度、养地制度和农田防护制度为主要内容的具有中国特色的耕作学内容体系。进入 21 世纪以来，为了满足我国市场经济条件下农作经营需求，将以农田作物种植和土壤管理为主的传统耕作学拓展到农作制度范畴，促进农业产业化经营发展，成为学科发展的必然趋势。

（三）农作学研究内容

视频 1-1

依照社会需要、资源允许和全面发展原则，农作学以全局性、整体性和可持续观点安排农业土地利用规划，统筹兼顾种植业、养殖业、农产品加工与贸易等农业生产环节，构建提高农业系统生产力的农、林、牧布局和结构方案，调整粮、经、饲、瓜、果、菜等作物配置和布局方案，充分并可持续利用自然资源和社会资源，高效协调农业等相关部门配合，最终实现农业生产长期高水平，农田生态系统持续向好的“双赢”目标。但农作学更侧重于农作制度研究，农作制度主要内容包括农作物种植制度、土地养护制度和农作经营制度。农作物种植制度是农作制度的主体，反映一个地区或一个农业企业（农户、农场）的土地利用方式和利用强度，主要包括作物组成、配置、熟制、种植模式、轮作方式等“用地”技术。合理的农作物种植制度应与区域农业资源优势相匹配，达到增进农业系统生产力的目的。土地养护制度是种植制度可持续发展的基础，包括养地制度和农田防护制度，养地制度涵盖农田培肥、农田灌溉、土壤耕作等增加肥力因素和改善肥力条件的“养地”技术，农田防护制度是包括农田防水蚀、防风蚀、防草害、防污染等以维护农田生态环境为中心的“护地”技术。农作经营制度是在农业生产区域分工和农产品市场竞争条件下，对土地、资金、技术、劳力等农业资源高效配置与节本“增收”技术。因此，农作学及其研究对象——农作制度主要研究一个地区或农业企业（农户、农场）的用地、养地、护地和增收技术。

视频 1-2

二、农作制度概念与研究内容

（一）农作制度概念与内涵

国内外农作学界对农作制度的概念和内涵界定与理解并不统一。近十多年来，我国通常把“耕作制度”（cropping system and soil management）等同于“农作制度”（farming system）而交叉混合使用，但二者的内涵并不完全相同。耕作制度是指一个地区或生产单位的作物种植制度以及与之相应的养地制度等的综合技术体系（刘巽浩，1994），属于作物学研究范畴。国际上对农作制度内涵也没有准确和统一的界定，其内涵十分宽泛和复杂。国际水稻研究所（1990）描述为：农作制度是作为生产和消费单元的农户或农场，为了顺应自然、生物和社会经济环境，根据农户的目标、爱好与资源状况，对农场各种生产活动进行合理和相对稳定的安排。FAO（联合国粮食及农业组织）（2001）描述为：农作制度是指自然资源基础、企业经营类型、家庭谋生方式和发展制约因素基本相同，在作物生产、家畜养殖、树木栽培、草地放牧、渔业生产、采集狩猎、外出打工等各种农场经营活动和家庭谋生方式上适宜采用类似的发展策略和调控措施的家庭农场群体，而一种农作制度可以由几十个或几百万个家庭组成。因此，国际上普遍接受的含义是：农作制度是一种包括种植业、养殖业及农产品加工贸易等环节在内的农场经营体系或者家庭谋生方式，受自然、生物及社会经济条件影响，强调资源合理利用与经济高效管理，属于农业经济、农学、畜牧、生态等多学科交叉研究领域。

国内（刘巽浩和陈阜，2005）对农作制度的定义为：农作制度是在一个区域或生产经营单位内，自然和人工环境与各类农业生物组成的多种亚系统及其直接关联的产后升级单元的稳定统一体（图 1-1）。农作制度包括种植制度、养殖制度、农产品加工制度、生态保护制度等多种亚系统，通过决策制定、技术组装、经营管理等手段，提高系统生产力、增进经济效益、保护并可持续利用资源环境。

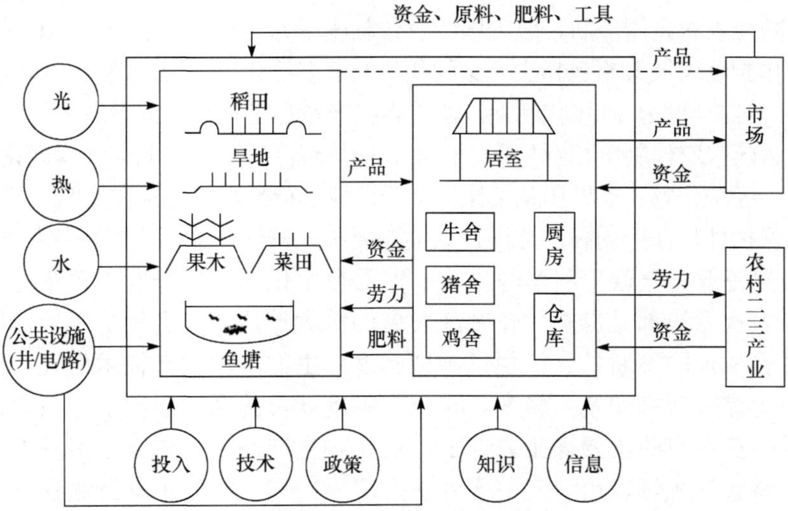

图 1-1　农户水平农作制度示意图（刘巽浩和陈阜，2005）

综合国内外对农作制度含义的描述，把农作制度定义为：农作制度是指在特定区域（地区、农场、农户）内，由种植业、养殖业、农产品加工和储藏业、农产品营销业等农业子系统构成的综合性农业生产和经营管理体系。农作制度研究的核心任务是解决农业内部各子系统之间在生产要素（资金、劳力、土地）及技术上的合理配置，以充分提高特定区域内资源（自然、社会经济、技术）的利用效率和系统运行的经济效果。因此，农作制度可以理解为一种农业生产经营模式或农户谋生所普遍采取的农业生产做法。

农作制度由农场生产制度（system of farming production）和农场经营制度（system of farm management）两部分组成，分别反映了农作制度的自然属性和社会属性。农场生产制度是指在土地资源开发利用过程中，以提高特定区域（地区、企业、农场、农户）农业系统对光、热、水、土等自然资源的利用效率和增加以农产品产出量为核心的综合农业生产技术体系，涉及作物生产、家畜养殖、树木栽培、草地放牧、渔业生产、采集狩猎等各种农业生产技术领域。农场经营制度是指在农场经营和家庭谋生活动中，以提高特定区域（地区、企业、农场、农户）农业系统的经济产出效率和增加农户经济收入为目标的产业组织和经营管理技术体系，涉及生产集约化、经营多样化、经营规模化、增收非农化、谋生非农化等不同发展策略和调控措施。

在以自给自足为主要特征的传统农业经济阶段，农作制度研究和应用侧重于农场生产制度，以提高光、热、水、土等自然资源利用效率为主攻目标，对以增加农户经济收益为目标的农场经营制度需求较弱。而在以商品经济为主要特征的现代农业经济阶段，农场生产制度和农场经营制度同等重要和不可偏废，不仅要持续提高农业系统对自然资源的利用效率，而且要着重提高农业系统的经济产出效率，即只有实现农作生产效率和农作经营效果的同步提高，才能实现农业生产和农业经营的可持续发展。

（二）国际农作制度研究

随着世界农业科技进步和全球经济一体化迅速发展，发展中国家人口持续增长和资源环境不断恶化，饥饿和贫困威胁日趋严重。20 世纪五六十年代，国际玉米小麦改良中心（CIMMYT）和国际水稻研究所（International Rice Research Institute，IRRI）等相关国际农业研究机构推行了以种植制度研究与推广为核心的“绿色革命”，但在帮助发展中国家贫困农户发展生产和增加收入方面的实际效果并不理想。通过农业结构调整和增加物质投入，增强粮食安全保障，减少农村贫困威胁，成为国际农作制度研究的核心和焦点。FAO（2001）提出的发展中国家农作制度发展策略包括生产集约化、经营多样化、经营规模化、增收非农化、谋生非农化等 5 类。自 20 世纪 80 年代后期，随着谷物产量稳定提高，世界农作制度发展进入稳定期，特别是发达国家农作制度相对稳定，作物布局呈现区域化、专业化和模式化，谷物比例下降到 50%以下，经济作物、水果和蔬菜比例上升，种植指数基本稳定在 84%左右，间混套作方式不断增加，保护性耕作应用日趋广泛，农业物质投入持续增加，生产条件不断改善。

考虑到自然资源与气候、科学与技术、贸易自由化和市场开发、政策与机构和公共利益、信息和人力资源等都是影响农作制度发展的重大自然和社会经济因素，国际农作制度研究涉及的内容和范围不断扩大，由以种植制度为主的单项生产技术研究，向以增强农户家庭谋生能力的综合研究和推广转变。在农作制度涉及的系统层次上，由农田→农户→社区→区域发展；在农户的主要谋生方式上，由作物生产→农牧结合→多种方式谋生发展；在农作制度主要业务领域，由研究→研究＋推广→研究＋推广＋支持服务→多部门（包括非农业）协作发展；农作制度发展主要参与者，由公众→公众＋社团→公众＋社团＋私人发展，在其他焦点问题方面，强调妇女参与、家庭食物安全、生产力＋资源管理同步协调发展。可以看出，国际农作制度的含义、内容、目标、方法等基本框架并未定型，都还处于发展和演变之中。

当前，根据不同国家经济发展水平，国际上农作制度发展侧重点有所不同。在发展中国家，由于人口增长压力较大、自然资源相对贫乏、家庭经营规模较小、生产和经营技术粗放、农村基础设施落后、市场发育程度较低、社会保障能力缺乏、农户家庭经济贫困等问题突出，农作制度发展的目标以提高农户系统生产力、增强家庭食物安全、减少家庭贫困和发展农村经济为主，农作制度研究主要以家庭农场经营方法或农户谋生手段为焦点问题，更多偏重于农业生产和经营过程的农牧产品生产与销售、农户资金信贷和政策支持、生产成本核算和经济效益评价等内容，以便提高资源和技术要素的经济产出效率。而发达国家由于农业现代化水平较高、生产经营规模较大，社会保障体系、市场经济体制和农场经营制度都比较完善，没有严重的农户经济贫困问题，包含农牧业生产和农场经营管理等技术内容的农作制度已经相对成熟和稳定，除了继续研究农场经营中资金、劳力、土地及技术的进一步高效配置外，农作制度发展以保护性耕作、持续农业和有机农业等涉及生态环境保护和食品质量安全的技术研究和应用为主，更多关注资源的利用效率和生态效果评价。

国际农作制度研究（farming system research，FSR）以发展中国家为主要研究对象，主要定位在农户水平上，以农户（家庭农场）为决策和分析单元，研究农户生产和消费、农场劳动、家务和农业以外就业等农户决策行为，以及其受自然、社会、文化制度、经济环境的影响，权衡农户目标与政府目标异同，强调农户参与项目评估，统筹考虑农作制度改进的技术效果及其与农户目标、需求和所处的社会、经济环境的一致性。农作制度研究过程分为描述和辨析、设计与规划、验证与评价，建议与实施等几个步骤，通常采用农作制度分析（farming system analysis，FSA）、农地试验研究（on-farm research，OFR）、参与式农村评估（participatory rural appraisal，PRA）等几种研究方法。

农作制度分析（FSA）是从综合多学科角度分析目标农作制度的系统结构与功能，阐述生产与资源、技术、市场、服务、政策、体制的关系，预测农作制度发展趋势、机遇与限制因素，从而进一步提出农作制度发展战略优先顺序，探寻提高农作制度功能的对策。农地试验研究（OFR）是 FSR 的核心概念之一，区别于通常的试验站研究，FSR 人员经过 FSA 之后，确定适宜的农作制度技术，在农户的管理条件下，对技术的适宜性进行评估，并进一步改良完善。参与式农村评估（PRA）是指在农作制度的背景调查、问题分析、提出解决方案过程中所采取的一种分析、诊断问题和评估的方法，在评估过程中强调当地农户的参与，使其结果更具可操作性和易于被农户所接收。

农作制度研究与发展（farming system research/development，FSR/D）模式包括 FSIP（farming system of infracture and policy）和 FSR&E（farming system research and extension）两类。前者用于机构支持和政策制定的农作制度方法，目的在于克服农作制度中主要和普遍性约束因子，通过研究农民对外界环境的反应，服务于政策制定者和管理人员，属长期性研究；后者为目标群农户提供适于当地条件的生产技术研究，目的在于为农民提供技术，服务于农民，相对微观，属短期性研究。

（三）国内农作制度研究

自从 20 世纪 50 年代我国引入“耕作学”课程以来，我国结合农业生产实际情况，创建了以土地用养结合为基础、以高效种植制度为核心、以农作物持续高产为目标的耕作学学科内容体系，在改土培肥、农牧结合、多熟种植、作物布局、结构调整、旱地农业、保护性耕作等方面研究成效显著，促进了我国粮、棉、油生产发展。自 80 年代起我国基本实现粮食自给后，降低生产成本和增加经济收益逐渐成为农户追求的重要目标，逐渐推动传统农业生产向现代农业经营转变。2015 年以来，我国逐步进行农业供给侧结构性改革，主要目的仍然是进一步促进农业经济增长，主要方式从盲目的低成本、高投入转为有计划的供需匹配，主要目标从多量低质转为适量优质，以提高我国农业市场的竞争力。

当前我国农作制度仍处于传统农作制阶段，其主要特点是：①传统小家庭自给分散经营是运行农作制度的主体；②农作制度的集约性特点是土地生产率高，而劳动生产率低；③种植业是我国农作系统的主体；④农牧结合是我国农作制度的重要内容；⑤生态保护制度是农作制度的重要组成部分；⑥增加农民收入、繁荣农村经济是我国农作制度的主要目标。目前，我国农作制度发展面临的突出问题主要表现为：①农民要求增收与保障国家粮食安全之间的矛盾；②日益增长的农产品数量、质量需求与资源环境约束之间的矛盾；③农民省工轻简种植要求与国家粮食高产之间的矛盾；④农业劳动力素质下降与生产的专业化、社会化服务程度不够之间的矛盾；⑤小农生产方式与规模化和机械化大生产之间的矛盾；⑥传统单一固化的种植制度与多样化市场需求之间的矛盾等。因此，亟须创建现代农作制度，提高农业产业化和规模化经营水平，促进我国农业生产和农业经营可持续发展。

国际农作制度研究的主要对象和服务目标均以农户（或家庭农场）为核心，虽然也涉及社区和区域性农作制度问题，但均以农户水平农作制度为基础。当前我国“耕作制度”研究和推广，其宏观特征是以区域为研究对象，带有较强的计划经济色彩和政府对农业生产宏观管理的指令内容，其微观特征是以农田为研究对象，含有完整和细致的农田作物生产管理技术内容，但却没有以当前我国农业生产经营和消费的基本农业企业单元——农户（或家庭农场）为主要研究对象和服务目标，缺乏农户水平上从事农、林、牧业生产经营管理的相关内容，不能为全国亿万农户在适应市场经济转变过程中的家庭农业经营管理提供技术帮助。

目前，我国对农作制度的概念和范围界定尚未达成共识，大多数人仍沿用耕作制度的概念和范围来代替农作制度，但也有人主张农作制度研究对象超越农田范围，拓展到农田、林地、草原等农用地范围，主张农作制度研究领域包括种植业、养殖业、林草业、加工业、营销业等产、供、销一体化方面，以便满足国内农业综合发展和农业产业化发展需求，并与国际农作制度研究内容接轨。

（四）农作制度研究意义与研究重点

农作制度的主要研究内容包括农作制度分析、设计、优化和管理，改善农作制度的结构和功能，提高农作系统的生产力、经济力和生态力。

1）研究某一单元（农户、社区、区域和国家）农作制度总体及其系统的结构和功能，包括农业生物与环境、农林牧结构与功能、种植业结构与功能、养殖业结构与功能、农产品加工与营销业结构与功能等。

2）构建农作制度理论与方法，发展农作制度技术体系，研究区域农作制度发展战略与对策，分析农作制度的类型与演替规律。

视频 1-3

三、农作制度发展演变规律与类型

（一）农作制度的历史演变阶段

农作制度是特定自然条件与社会条件综合作用的结果，其发展具有明显的历史阶段性。中国农作制度发展主要经历了撂荒制、休闲制、轮种制和集约制等4个历史阶段。

1．撂荒制（shifting farming）　在新、旧石器时期的原始农业阶段，先民们在聚居点附近选择宜农土地实行刀耕火种、辟土植谷，并开始围栏养殖家畜，凭借人力采用简陋木石工具，掘土耕种耐旱、耐瘠、耐湿的粟、黍、稻等作物，依赖土壤自然肥力生产，连续耕种待地力耗竭后，只得弃耕另觅新荒地再行垦殖，氏族聚落随耕地迁徙，形成原始撂荒农作制。在氏族社会早期，通过耕垦处女荒地维持农耕生产，称为“生荒制”。在氏族社会后期，当人口增加、部族定居和土地私有化后，使宜耕未垦荒地减少，不得不复垦早先弃耕20～30年的“熟荒地”，依靠自然植被演替恢复地力，称为“熟荒制”。

2．休闲制（fallow farming）　在春秋战国时期和秦朝，我国开始使用铁犁铧、镢、锄和镰等铁质农具，出现以牛为动力的畜力耕作，初步实行畜禽舍饲和粪肥还田，初始兴建抗旱防涝“井田制”和引水灌溉工程，种植的作物种类不断增加，出现“黍、稷、豆、麦、稻”“五谷”概念，开始实施多耕熟耰与抗旱避涝的“畎田法”（即垄作耕法）等农田土壤精耕细作。随着土壤耕耘和粪溉肥田措施的应用，农田荒弃年限逐渐缩短到1～3年，称为土地轮休或休闲，休闲期间或休而不耕，或耕耘除草蓄墒。商周时期盛行以菑、新、畬（指分别轮休一、二、三年）为代表的三年轮休制，逐步转入较为先进的“易田制”，土地轮休年限视地力水平长短而异，上好田连年种植，中等田隔年种植，下等田隔两年种植。

3．轮种制（rotation farming）　自西汉至明清2000多年间，粗放休闲农作制逐渐向传统精耕细作轮种制发展。牛耕得到推广和广泛应用，犁壁、曲辕犁、锄等铁质农具不断改进和耧播的发明，耕、耙、耖、播、中耕、收割、脱粒等农具逐步配套。北方建立和充实了“耕、耙、耱”旱地抗旱保墒耕作技术体系，发展了沟垄轮换种植的“代田法”，南方则逐步确立了“耕、耙、耖、耘”水田耕作技术体系。南北农田水利工程建设全面兴起，北方的河套、河湟、河西和西域等旱区引水灌溉工程，黄河下游淤灌工程，沟通南北的大运河工程，南方太湖、吴淞江疏浚工程等灌排工程，提高了农业抗旱和防涝能力。

此期，引自西域和东南亚的胡麻、葡萄、苜蓿、大蒜、胡萝卜、西瓜、玉米、马铃薯、甘薯、甜菜、烟草和棉花等作物种类众多，促进了因地制宜、因土种植和不同作物轮作，麦类、大豆、棉花、马铃薯和玉米等作物比例扩大。已认识到人工培肥地力作用，如《陈旉农书·粪田之宜》篇中提出地力常新壮理论，提倡扩大肥源和多粪肥田，采取肥料拌种、豆科绿肥等施肥措施。这种豆类作物、豆科牧草、豆类绿肥与谷类作物、经济作物的轮换种植，连同与轮作换茬相应的施肥、土壤耕作等措施形成的技术体系，称为轮种农作制。这种依靠人工粪肥和生物培肥相结合的养地手段，使连年种植成为可能，显著提高了土地利用率和耕地产出率。

4．集约制（intensive farming）　随着人口增长、工业发展和科技进步，植物生活要素调控力度逐步强化，多熟和集约种植不断发展，土地生产力持续提高，促进了轮种农作制向集约农作制发展。集约农作制包括一熟地区单季高产栽培集约化和多熟地区多熟种植集约与高产栽培集约结合两种主要形式。多熟种植能“争天时，尽地力”，显著提高土地生产力，满足人口增长对食物的需求。早在春秋战国时期，我国黄河流域就已经萌芽了复种；汉代在冬麦后填闲复种荞麦、糜和谷子初步发展；隋唐时期长江三角洲和成都平原推行稻—麦二熟和双季稻二熟，明清时期南方普遍实行麦稻、油稻、绿稻复种二熟与双季稻二熟，但直至 1933～1937 年我国耕地复种指数仅有 108%。我国传统多熟种植的技术经验主要有早熟作物、育苗移栽、少耕免耕、作物套种、整形促熟、增温栽培、减少农耗等，养地手段主要依赖于有机粪肥和豆类作物培肥。

新中国成立后，在人口快速增长和粮食短缺压力下，我国集约农作制发展迅速：一是农田水利建设快速扩大，灌溉地比重由 1949 年的 26.6%上升到 2023 年的 55%，增强了抗旱减灾能力；二是耕地化肥使用量大幅度提高，每公顷耕地化肥用量由 1978 年的 87.9kg 上升到 2023 年的 444.43kg，粮食产量达到每公顷 5848kg；三是农业生产机械化快速发展，农业机械总动力从 20 世纪 50 年代的 18.4 万 kW 增加到 2023 年的 11.04 亿 kW，每公顷耕地拥有 8.23kW，达到中等发达国家水平；四是通过调整农业生产结构和种植业结构，扩大冬种和夏季填闲，推广“旱改水”“单改双”，广泛倡导间、混、套、复等多种高效种植模式，促进了多熟种植快速全面发展，涌现出了大量的吨粮田、双千田和万元田；五是大田作物的地膜覆盖栽培、园艺作物的塑料大棚和日光温室栽培、畜禽的设施养殖等不同类型设施农业生产，通过人工调控农业生物环境中的光、温、水、气、肥等生活要素，极大地促进了农业生产力的发展。

（二）农作制度发展的影响因素与基本规律

在人类农耕历史阶段，由于人口不断增长、自然资源开发、社会经济发展与科学技术进步等因素综合作用，推动了农作制度由撂荒制向集约制发展演变。

1．满足人类社会需要是农作制度发展的基本动力 粮食安全对农作制度发展有重要影响，而人类生存所需食物主要来自农田。但人口迅速增长，人均耕地面积下降，使人地矛盾加剧，迫使人类不断提高农田生产力，从而推动了农作制度发展。公元前 8000～前 3000 年，世界人口约 500 万～5000 万，农作制度为生荒制阶段；公元前 3000～前 500 年，世界人口约 5000 万～2 亿，农作制度演进到熟荒制阶段；公元前 500 年～19 世纪，世界人口约 2 亿～15 亿，农作制度进入休闲-轮作制阶段；19 世纪以后，世界人口已经达到 15 亿～60 亿，农作制度发展到轮种复种制阶段。自秦汉以来至今，我国人口增加了 20 多倍，而耕地面积扩大不足 2 倍，人均耕地面积从汉唐时期约 $1hm^2$，减少到现在不足 $0.1hm^2$。与此相应，我国农作制度从撂荒制经由轮种制向集约制不断发展，土地利用率持续提高，解决了十几亿人口的温饱问题。

2．提高土地利用率是农作制度发展的主要任务 在生荒制时期，土地辽阔而人口稀少，土地利用率和生产力极为低下。在熟荒制阶段，由于人口增加和土地私有化后，只能复垦原已荒弃的耕地，较生荒制提高了土地利用率和生产力，种植指数远不足 33%。进入休闲制阶段，随着土地荒弃时间不断缩短，土地利用率和生产力都有明显提高，种植指数提高到 33%～66%。轮种制阶段使土地连种后，土地利用率明显上升，种植指数增加到 100%。多熟制阶段，土地利用率大幅度提高，我国复种指数达到 150%左右。随着土地利用率的提高，耕地生产力明显增加，我国南方粮食生产总量的 40%来自复种。

3．资源禀赋条件是农作制度发展的决定因素 耕地、水源、光照、热量等自然资源和社会经济条件是农作制度发展的基础。由于自然条件差别和社会发展水平悬殊，不同区域的农作制度发展水平差异显著。我国长江中下游及其以南地区人多地少，光、热、水资源丰富，为双季稻三熟区；黄河中下游地区平原区人口稠密，光、热、水资源较丰富，为灌溉二熟区；华北北部、东北及西北地区人口相对稀少，热量资源有限，以一熟制为主；北方半干旱旱作农区降水稀少，季节性休闲较为普遍；云贵高原、青藏高原和西北旱区等一些边远地区还有撂荒制。

4. 强化地力调控力度是农作制度发展的物质基础 土地利用率和生产力的不断提高，伴随着地力消耗的不断加剧，只有不断强化土地用养结合，才能维持土地利用率和生产力持续增长。生荒制阶段单纯依靠土壤自然肥力耕种，熟荒制阶段凭借土地荒弃期间自然植被更替缓慢恢复地力，均缺乏人工养地手段，生产力水平低下；在休闲制阶段开始了人工培肥，通过粪肥补偿地力耗损，运用土壤耕作改善肥力条件，结合灌溉补充水分，以此促进地力恢复，提高了土地生产力；在轮种制阶段，通过豆类作物和绿肥种植，使生物培肥和人工养地结合，增加了肥力因素，加上精耕细作和农田排灌，改善肥力条件，使土地利用率显著上升；在集约制阶段，通过人工添加化肥和机械化耕作，增强了农田地力水平，显著地提高了用地程度。研究表明，1770～1780 年西欧三田式休闲制小麦产量为 0.7t/hm^2，1840～1885 年诺尔福克轮作制小麦产量为 1.6t/hm^2，1925 年增施矿质肥料后小麦产量上升到 3.0t/hm^2，表明作物产量与地力水平相关性显著。

5. 科学技术不断进步是农作制度发展的技术保证 农作制度的发展还取决于科学技术进步与生产条件的改善，主要包括生产工具革新、动力条件改善、生物种群改良、地力调控技术等方面。金属工具的发明和对粪肥肥田作用的认识，促使休闲制取代了荒地制。通过扩大灌溉设施规模，推广铁质农具，采用畜力耕作，引进作物新种类，使用豆类绿肥作物肥田等改善生产条件，促使休闲制发展为轮种制。现代工业革命发展所带来的化肥施用、农田灌溉、机械耕作等生产条件变革，现代科学技术的进步所带来的作物品种改良、营养障碍克服、病虫害防治、种植模式改革等，促进了轮种制向多熟制发展。

6. 政治形势和农业政策是影响农作制度发展的重要因素 世界农产品总量基本上能满足全人类的食物需求，但由于资源、技术和财富的分配不均衡，导致发达国家和发展中国家粮食供应水平差距巨大，即发达国家粮食生产过剩危机和发展中国家食物短缺危机长期并存。由于战争、内乱和种族冲突等人为灾难，政府对农业投入不足也是影响贫困国家农作制度发展的重要因素。

7. 继承与发展相结合是农作制度发展的基本原则 古代休闲制继承撂荒制中轮歇恢复地力和连续种植谷类作物的特点，改革单纯依赖自然恢复地力作用，充实以休闲期间人工养地促进地力恢复的作用；轮种制在休闲制人工养地基础上，创立生物养地与人工养地相结合的技术体系，提高了土地生产力；以多熟制为主体的现代集约农作制，使有机培肥和无机培肥相结合，强化用养结合，有力地提高了土地生产力。

（三）国内外农作制度类型

为了描述和评价全球发展中国家区域农作制度的基本特征，FAO（2001）在全球农作制度研究报告中，依据自然资源基础、农场经营和家庭谋生方式、生产集约度等指标，将全球发展中国家的农作制度分为小农灌溉农作制度、湿地稻田农作制度、湿润雨养农作制度、山地和高原雨养农作制度、旱寒低产雨养农作制度、二元（大型商业和小农经济）农作制度、沿海手工捕鱼制度、都市（畜牧和园艺）农作制度等 8 类。

刘巽浩和陈阜（2005）提出了“三要素”“四度”和“五位”农作制度分类指标体系，

“三要素”是指自然资源、劳动力资源和资金投入，“四度”是指集约度、商品度、规模度和专门化度，“五位”是指地理位、产品位、技术位、市场位和管理位。按照集约化从低到高的发展顺序把世界农作制度分为 4 类 15 种：①原始生态型农作制，包括游牧制、游耕制和自然森林制等 3 种；②传统自给粗放型农作制，包括半干旱休闲制、半干旱农作制、湿润雨养农作制等 3 种；③传统半自给半商品集约型农作制，包括改良型集约一熟农作制、旱地灌溉二熟农作制、水田多熟农作制、东方型小规模现代农作制等 4 种；④现代商品型农作制，包括大规模粗放牧场农作制、中规模集约农牧制、大规模高效农牧制、专门化经济作物农作制、专门化畜鱼饲养农作制等 5 种。世界各区人口、土地、气候特点和农作制度类型见表 1-1。

表 1-1　世界各区人口、土地、气候特点和农作制度类型（刘巽浩，2005）

区域	总人口/亿人	农业人口/亿人	土地面积/亿 hm^2	耕地面积/亿 hm^2	主要气候类型	主要农作制度类型
东亚南亚区	27.80	15.20	8.61	2.96	温带亚热带季风气候	平原灌溉集约二熟制、低地集约多熟水田制、雨养或旱农粗放制、高地粗放制、东方小规模现代集约制
东南亚区	5.05	2.28	5.00	0.62	湿热雨林气候	森林-游耕制、热带经济林木-作物制、低地水稻制
中东北非区	6.50	2.74	30.00	1.66	温带亚热带热带干旱半干旱气候	草原游牧制、旱地休闲制、灌溉集约制、雨养农林制
中南非洲区	6.26	3.85	25.00	1.73	热带多雨气候与干湿气候	森林-游耕制、热带经济林木-作物制、玉米-谷物-根茎类粗放制、草地-耐旱作物粗放制
拉丁美洲区	5.05	1.26	20.50	2.00	热带亚热带湿润气候	热带雨林-游耕制、粗放农牧制、粗放旱地制、玉米-菜豆制、沿海种植园混合制、谷物-园艺集约制、集约灌溉制、南部平原谷物-畜牧制、草地制
欧洲区	7.30	0.67	10.20	1.20	温带海洋性气候、温带大陆性湿润气候、地中海气候	草田奶牛制、中规模集约轮栽农牧制、大规模粗放农牧制、林牧制
北美区	2.77	0.073	10.16	1.20	温带暖温带湿润气候、温带大陆性气候	集约商品草田-乳牛制、大规模商品玉米-猪牛制、小麦旱作制、棉作制、园艺作物制、山区粗放放牧制
大洋洲区	0.24	0.02	8.10	0.55	海洋性气候、暖热干旱半干旱气候	大规模旱作或雨养小麦制、草场粗放牧羊制、集约作物-奶牛制
亚寒带区	微	微	—	—	亚寒带大陆性针叶林气候	自然针叶林制、粗放喜凉作物制

刘巽浩和陈阜（2005）按照自然资源、社会经济、农作制度内容等的相对一致性，把中国农作制度划分为 10 个一级区：东北平原山区半湿润温凉一熟农林区、黄淮海平原半湿润暖温灌溉集约农作区、长江中下游及沿海平原丘陵湿润中热水田集约农作区、江南丘陵山地湿润中热水田二三熟农林区、华南湿热双季稻与热作农林区、北部低中高原半干旱温凉旱作兼牧区、西北干旱中温绿洲灌溉农作区兼荒漠放牧区、四川盆地湿润中热麦稻二熟集约农区、西南中高原山地湿热水旱二熟粗放农林区、青藏高原干旱半干旱高寒牧区兼河谷一熟农林区。若以省为单元，按照行政大区可将中国农作制度划分为东南沿海区、东北区、黄淮海区、长江中上游区、西北区和西南区等 6 个大区（图 1-2）。

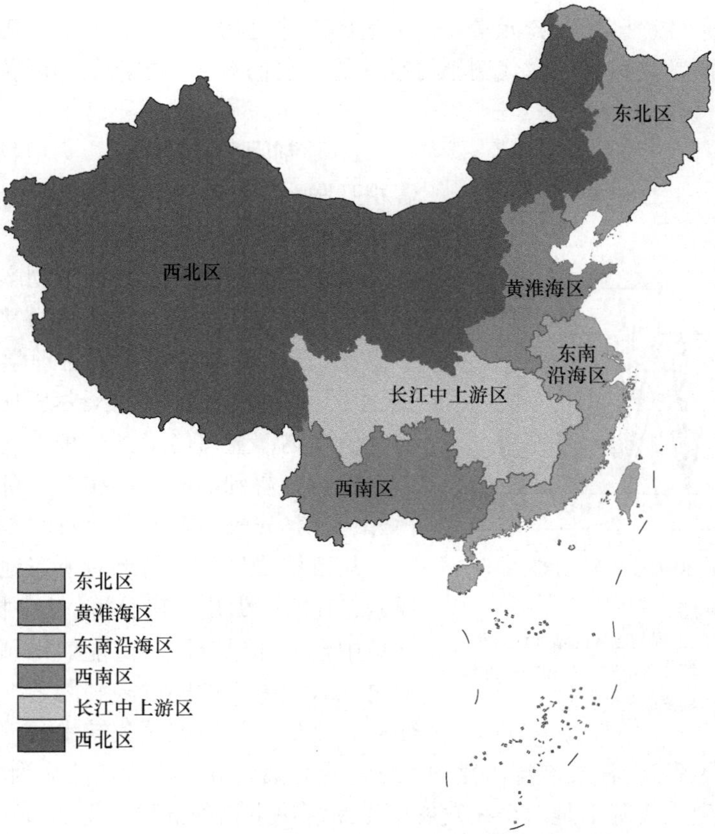

彩图

图 1-2　以省为单元的中国农作制度分区（改自刘巽浩和陈阜，2005）

视频 1-4

第二节　农作制度原理与发展战略

农作制度的综合性和多目标性决定了农作学学科内容的广泛性和交叉性。农作制度的基本理论可以概括为集约高效用地理论、多元持续养地理论和农作经营管理理论三个方面。集约高效用地理论包括农业资源生产潜力理论、作物生态适应性与合理布局理论、多熟种植理论、作物轮作理论等。多元持续养地理论包括植物生活要素调控理论、农田水分和养分循环与平衡理论、耕层构造理论、农田防护理论等。农作经营管理理论包括农业地域资源优势利用理论、资源最佳经济投入理论、农业产业化经营理论等。

一、植物生活要素调控与资源生产潜力

（一）植物生活要素学说

1．植物生活要素的同等重要与不可代替性　农业生产中对植物生长发育有直接影响的环境因素称为生态因素，而植物生命活动必不可少的生态因素叫“生存条件”或“生活要素”。植物只有在光、热、水、气、矿质营养元素等生活要素同时存在的条件下，才能正常地生长发育。光是太阳辐射能的体现，是高等植物光合作用的基本能量来源；热是绿色植物的生活动能，只有在温度适宜的范围内，植物才能顺利地进行全部生命活动；水是绿色植物的重要组成成分，是一切生命的媒介；气指大气和土壤中的氧气、二氧化碳，它们都是植物赖

以生存的养料和条件；矿质营养元素作为能量的载体是构成有机物质的基础。总之，植物生活要素的每一方面都是植物生命代谢不可或缺的，它们对植物生活的作用各具有本质特点，相互之间是不能代替的。

2．限制因素及其克服 植物生活要素之间有着相互联系、相互制约的关系。若因某一要素的不足，限制植物对其他要素的利用，进而影响到植物生长发育和产量水平，则该植物产量由处于相对最小数量的因子所决定，这就是通常所说的“最小因子定律”。1840 年德国植物生理学家利比希提出了“最小因子”概念及其意义，尽管所有其他养分很丰富，但作物产量可能受到一种单一养分不足限制，当有限养分得到供应后，作物产量就会增加，直到另外一种养分成为限制因素为止（图 1-3）。

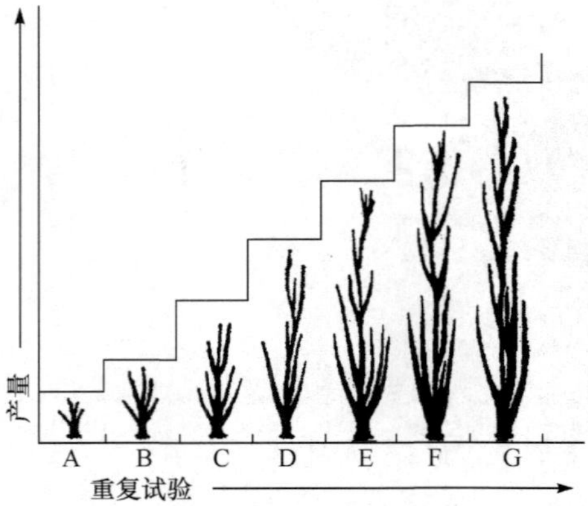

图 1-3 利比希最小因子定律简略图解

（仿 Hangy，1984）

每一试验表示使产量增加的限制因素的增加或矫正。每一限制因素矫正后，可以看出产量在增加，直到某些其他因素变成限制因素

从事植物生产，需要对所在地区植物基本生活要素存在状况做出正确分析，从中找出“限制因素”，并集中全力加以克服，方能取得预期的生产效果。但是，农业生产中的“限制因素”也在不断地发生变动。例如，旱作农区欠缺水分，限制作物产量增长，水是“限制因素”。在发展灌溉克服水分不足之后，养分问题便凸显为生产的主要矛盾。由此可见，农业生产实际上是一个在发展中不断解决生物种群生命需要与环境供给矛盾的过程，是一个永不停顿地克服“限制因素”的过程。

3．生活要素的综合作用 植物生活要素在环境中不是孤立存在的，而是结合成为一个整体，综合地影响植物生长发育。农作物高产的获得是其生理上同等重要的各种生活要素同时存在、共同作用的结果。农业生产任务就是按照植物生长发育进程，对生活要素加以人工调控，以不断满足植物需要，方能取得预期的效果。

生活要素的综合作用表现在要素之间的相互关系上，即一个要素的变化会导致其他要素作用的相应变化。在半干旱区的旱作农田，水分不足固然是农业生产的重要影响要素，然而地力不足使大量水分无谓地耗损，即使大量增加水分也难以相应地增进效益；若培肥农田，即使水分状况未有改善，也可有效地提高水分转化效率，使产量有所增长，这就是植物生活要素之间的相互补充和调节的作用。当然，这只是在一定程度上的相互补充和调节，绝不能彼此完全取代。

（二）植物生活要素调控与农作制度发展

迄今为止的人类农耕历史进程表明，农作制度发展中土地利用率的提高，其关键环节在于对植物生活要素调控力度的增强。农作制度演进的历史是人类对植物生活要素调控力度不断增强的过程。过去，限于科学技术发展水平，难于实施光、热、气等因素调控，只能是通过增加肥力因素改善肥力条件，调节矿质营养和水分，奠定地力条件。在水分调控方面，原始农业没有灌溉条件，到了秦代开始出现水利设施，水分调控成为可能，适宜高水肥条件的作物种植规模得以扩大。在养分调控方面，撂荒制单纯依靠土壤自然肥力维持作物生长；休闲制阶段开始采用粪肥补偿地力的消耗，以后逐步出现粮豆轮作、种植绿肥等生物培肥方式；

近代农业时期，逐渐借助化学肥料人工添加，使有机培肥与无机培肥结合，使土地利用率与生产力持续提高。另外，生产工具的不断进步，也使人们通过耕耘土地调控土壤养分和水分的作用得到强化。

现代科学技术快速发展，使得许多新材料和新技术不断应用于农业，不仅强化了水肥要素调控力度，还能根据植物需要对光、热、气等因素进行调控，从而为农作制度步入全面调控植物生活要素新阶段奠定基础。地膜覆盖、日光温室、植物工厂等不同可控程度的设施农业已成为当代农业高度集约化经营的代表。设施农业将部分环境条件置于人工调控之下，使农业生物生活要素达到最佳组合，故能有效地抵御自然灾害，提高资源的利用效率。目前，设施农业技术被广泛应用于种植业、畜牧业、水产业等领域，由于对生活要素调控力度的提高，使土地利用率和生产效益成倍提高。设施农业由低级向高级发展的过程使得人类对植物生活要素进行全面调控成为可能。

视频 1-5

（三）农业资源生产潜力与土地承载力

资源泛指人类从事社会活动所需要的全部物质和能量来源。在一定技术、经济和社会条件下，人类农业活动所依赖的自然条件和社会条件构成农业资源。

1．作物生产潜力概念与层次　在某一地区特定农业资源组合条件下，农田种植作物应能实现的最大生产能力称为作物生产潜力。受光照、热量、降水、土壤等因素的制约，农田作物生产潜力可划分为光合生产潜力、热量生产潜力、降水生产潜力、气候-土壤生产潜力4个层次。

（1）光合生产潜力　又称光合潜力、光能潜力，是指在植物群体结构及其各种环境因素处于最佳状态时，由光能资源所决定的产量潜力。它是由光能资源和植物光合效率所决定的，是植物生产力的最高层次，计算公式如下：

$$Y_L = f(Q)$$

式中，Y_L为光合生产潜力；Q为光辐射。

（2）热量生产潜力　又称光温生产潜力，是指农田在水、肥、劳力和技术等得到充分保证时，单位面积理想作物群体在当地光、热资源条件下应予实现的最高产量。它是由光照和热量二因素共同决定的，是在特定光、温条件和高投入水平下一个地区可能达到的作物产量上限。热量生产潜力可视为灌溉农田的最高产量水平。热量生产潜力通常可由光合生产潜力与温度订正函数的乘积求得，即

$$Y_{LT} = f_1(Q) \cdot f_2(T)$$

式中，Y_{LT}为热量生产潜力；$f_2(T)$为温度订正函数，一般采用线性订正模型，$0 < f_2(T) < 1$。

（3）降水生产潜力　又称水分生产潜力、光温水生产潜力、气候生产潜力，是指农田在肥料、劳力和技术得到充分保证时，单位面积理想作物群体在当地光、热、水（自然降水）气候资源条件下应予实现的最高产量。它是由光、热、水三因素共同决定的，是在优化管理及自然降水条件下一个地区可能达到的作物产量上限。降水生产潜力可视为旱作农田的最高产量水平。降水生产潜力是在对光温生产潜力进行水分订正的基础上得出的，即

$$Y_{LTW} = f_1(Q) \cdot f_2(T) \cdot f_3(W)$$

式中，Y_{LTW}为降水生产潜力；$f_3(W)$为与降水有关的订正函数，$0 < f_3(W) < 1$。

（4）气候-土壤生产潜力　又称光温水土生产潜力，是指在特定的气候生产潜力条件下，因土壤所限应能实现的生产能力。土壤作为作物生活必需的矿质营养和水分的载体，它的库

容、持水与供肥能力，相当程度地制约着气候生产潜力的开发。现代科学技术对土壤肥力的替代率可以逼近100%，但是在生产实践中，受制于经济代价，土壤将长期地对作物生产起重要作用。因此，农田生产潜力测算，需进行土壤订正，即

$$Y_{LTWS}=f_1(Q)\cdot f_2(T)\cdot f_3(W)\cdot f_4(S)$$

式中，Y_{LTWS}为气候-土壤生产潜力；依照FAO提供的方法，最好的土壤订正系数$f_4(S)$为0.95，取值范围是$0<f_4(S)<1$。

上述4个层次生产潜力可归结为土地物质、能量的收入过程、调节过程和合成过程。如果这个过程中各要素之间有一个高度协调的量比关系，则会获得较高产量。因此，农田生产潜力就由光合生产潜力—光温生产潜力—光温水生产潜力—光温水土生产潜力依次衰减。在我国，作物光合、光温、光温水及光温水土生产潜力基本呈由东南向西北逐渐降低的分布规律。作物生产潜力是在当时当地最佳作物管理技术水平下的最高产量，随着人们对作物生活要素调控力度不断增强，原有的农田作物生产潜力纪录不断被打破，使得农业资源生产潜力不断增大。作物生产潜力研究能够揭示影响作物产量的限制因素，便于确定合理的作物布局和种植制度，选择适宜的作物播期和种植方式，拟定作物灌水和施肥方案，集成作物品种、耕作技术、栽培管理措施等管理要素，不断增进和实现作物生产潜力。

2．作物生产潜力研究方法　在资源生产潜力研究中，常用的方法包括公式概算法、田区试验法、高产纪录值法、作物生长模型法等。公式概算法是按照作物生产力形成过程中光、热、水资源限制程度，采用光、温、水资源满足程度逐级订正方法，依次估算作物光合生产潜力、热量生产潜力和降水生产潜力。田区试验法是采用最佳作物品种和栽培管理措施，通过布设单因素或多因素田间试验，从试验结果中获取作物最高产量值，作为田间试验条件下的潜力值。高产纪录值法是通过广泛调查，收集不同地区、不同气候年型各种作物所出现的最高产量水平，作为大田生产条件下的潜力值。作物生长模型法是基于作物基本生理生态过程的作物生长模拟模型，依据逐日气象要素数据逐日定量模拟计算作物光合产量，并逐日计算温度、水分和养分胁迫程度后获得逐日的光温生产量、光温水生产量和光温水土生产量，最后累加计算得到全生长季作物光温生产潜力、光温水生产潜力和光温水土生产潜力。

在公式概算法中，以瓦赫宁根法（Wageningen method）应用最为广泛，其内容如下。

（1）热量生产潜力　计算公式如下：

$$Y_{QT}=\frac{Y\cdot \mathrm{PE}}{\mathrm{ea}-\mathrm{ed}}\times K\times \mathrm{CT}\times \mathrm{CH}\times G$$

$$Y=F\cdot Y_0+(1-F)\cdot Y_c$$

$$F=(R_{se}-0.5R_g)/0.8R_{se}$$

$$R_g=(0.25+0.5n/N)\,R_a\times 59$$

式中，Y_{QT}为热量生产潜力（kg/hm^2）；Y为标准作物总干物质产量（kg/hm^2）；PE为生育期间日平均可能蒸发量（mm/d）；ea为生育期内平均饱和水气压（mmHg，1mmHg＝0.133kPa），由生育期间平均气温查饱和水气压表得出；ed为实际水气压（mmHg），由饱和水气压乘以生育期间平均相对湿度得出；K为作物种类订正系数；CT为温度订正系数；CH为收获部分订正系数；G为生育期天数（d）；F为白天的云覆盖度；Y_0为生育期间完全阴天时，标准作物总干物质生产率［$kg/(hm^2\cdot d)$］；Y_c为生育期间完全晴天时，标准作物总干物质生产率［$kg/(hm^2\cdot d)$］；R_{se}为晴天最大射入有效短波辐射［$kcal/(cm^2\cdot d)$］，可根据纬度查算；R_g为

实测入射短波辐射［kcal/（cm^2·d）］；R_a 为大气层顶的太阳辐射（mm/d），可根据纬度查算；n/N 为日照百分率（%）；59 为 R_a 由 mm/d 换算成 cal/（cm^2·d）的单位换算系数。

（2）降水生产潜力　在自然降水条件下，作物气候生产潜力计算如下：

$$Y_W = Y_{QT} \cdot f(W)$$

$$f(W) = \prod_{i=1}^{m}\left[1 - K_Y\left(1 - \frac{ET_{ai}}{ET_{mi}}\right)\right]$$

$$K_c = ET_{ai}/ET_{mi}$$

式中，Y_W 为作物的降水生产潜力（kg/hm^2）；ET_{ai} 为第 i 生育阶段的实际耗水量（mm）；ET_{mi} 为第 i 生育阶段的作物需水量（mm）；K_Y 为产量反应系数；K_c 为作物需水系数；$\prod$ 为连乘符号；m 为作物生育阶段数。

3．资源生产潜力与土地资源人口承载力　光、热、水等气候资源和生物资源最终都需要通过土地资源来形成农业资源的生产力。土地资源是农业资源生产力的载体，农业资源生产力实际上就是土地资源生产力。中国农业科学院农业资源和农业区划研究所对全国不同区域耕地资源生产潜力的研究结果如表 1-2 所示。

表 1-2　全国各省（自治区、直辖市）耕地单位面积生产潜力（kg/hm^2）

地区	省（自治区、直辖市）	光温生产潜力	气候生产潜力	气候-土壤生产潜力
东北区	辽	14 580	10 050	8 550
	吉	14 580	9 750	7 905
	黑	12 060	8 085	6 060
华北区	京	20 100	16 290	14 010
	津	20 220	16 380	12 780
	冀	19 950	16 155	13 410
	鲁	18 660	15 120	12 090
	豫	17 115	13 860	10 815
黄土高原区	晋	17 205	6 480	4 920
	陕	16 650	8 865	6 300
	甘	16 365	5 565	4 245
西北干旱区	蒙	16 350	5 535	4 245
	宁	16 350	5 400	3 720
	新	20 895	1 305	1 005
青藏区	青	13 920	4 590	3 583
	藏	14 250	9 555	7 455
长江中下游区	沪	18 645	15 270	13 125
	苏	16 905	14 730	11 640
	浙	19 980	16 830	13 800
	皖	18 540	15 315	12 105
	赣	21 630	18 270	14 790
	湘	18 285	15 540	12 585
	鄂	18 150	15 435	12 345

续表

地区	省（自治区、直辖市）	光温生产潜力	气候生产潜力	气候-土壤生产潜力
华南区	闽	24 210	21 060	17 475
	粤	27 300	23 535	18 120
	桂	25 065	20 070	15 060
	琼	33 795	29 400	20 865
西南区	川	15 495	14 310	11 445
	云	21 285	13 890	10 650
	贵	15 135	15 135	11 505

封志明等（2007）通过模型计算了全国区域粮食生产潜力，最高为华南区，次高为长江中下游区和西南区，其次为黄淮海平原区，最低为东北、西北和青藏高原大部分地区。

土地资源承载力是指未来不同时间尺度上，以预期的技术、经济和社会发展水平及与此相适应的物质生活水准为依据，一个国家或地区利用其自身的土地资源所能持续供养的人口数量，或者简言之是单位面积所能持续地供养的人口数量。有研究认为，中国粮食最大可能生产量为83 000万t，如果按照人均粮食600kg、550kg、500kg的标准，在实现粮食最大可能生产量以后，我国土地资源人口承载量分别为13.8亿、15.1亿和16.6亿。而据统计，2030～2040年中国人口数量将达到14.73亿，以人均粮食450～470kg计，人口高峰时期的粮食需求总量在6.63亿～6.92亿t。不考虑外贸进口的情况下，我国的粮食综合生产能力仍需在现阶段6.1亿t基础上继续提高8.7%～13.4%。

视频 1-6

二、农业生态经济原理与农作经营管理

农业生产系统是由农、林、牧等成分组成的复杂生态经济系统。农业生产经营与农作制度发展要服从农业生态学原理、可持续发展理论和农业经济学原理。

（一）农牧结合与土地用养结合

植物以环境中的物质和能量为原料，通过光合作用合成含能有机物质。植物生命活动所同化的物质与能量，除去自身生命活动耗用外，部分归还于环境，部分以食物形式被动物转化利用，而大量的动植物排泄物及其残体，则被微生物分解利用，并最终使有机态营养物质无机化，连同能量一起返还环境。B. P. 威廉斯认为，有机质合成和分解是农业的两大任务，农业生产是由植物生产、动物生产和土壤管理三个环节组成，彼此密切相关地成为一个生产体系，称为农业工厂的“三大车间”。

1．植物生产——农业的基本生产车间　植物生产是聚集能量和物质的基本生产处所，植物生产结构、规模及其生产力，决定后续部门的结构与功能。植物生产包括森林培育、草地经营及农作物和饲料生产等三方面，不仅是把环境资源潜在生产力转化为农业产品的第一个机能部分，也是影响气候下垫面和控制水土运移的重要因素。组织农业生产应对农田、森林、果树、草地和牧场进行合理规划，以奠定农业整体发展的基础，这是农业的基本“生产车间”。

2．动物生产——农业的加工车间　通过动物饲养，能把人类不能直接利用的、约3/4的植物产品“废弃物”，转化为宝贵的畜产品及农用动力，是经济有效利用第一车间产品的“加

工车间”。同时，牧场放牧也有利于合理利用不宜农耕的土地资源，将牧场自然生产力转化为畜产品，并以厩肥形式把非耕地矿质营养和其他有机物质转移到农田之中。

3. 土壤管理——农业的转化车间　动物粪便连同植物残体中的物质、能量一起输入土壤，为土壤中生存的多种微生物及其他原生动物提供了生命物质与能量，并最终使有机营养物质无机化，重新又为植物利用。通过土壤耕作、土壤改良、水分控制等土壤管理措施，改善微生物的生态环境，加速有机质分解，促进物质的生物循环，是保证植物再生产的基础。因此，土壤管理是继前述两个车间之后的又一重要部门——“转化车间”。

综上所述，农业生产三个“车间”是合理的农业系统所必须具备的基本结构成分，只有当“环境-植物-动物-微生物”成为有机系统，并保持高效率物质循环与能量转化，才能成为一个强有力的农业生产体系。种植业结构调整，强化农牧结合和土地用养结合，确立与环境资源存在状况相适应的农业结构体系，是“三大车间”学说与农业生态系统理论用于农业生产，促进农作制度发展的实质之所在。

（二）农业技术经济与高效农作

农业生产是自然再生产和经济再生产交织进行的过程，其最终目标在于满足社会对农产品需求，增加农民收入，发展农村经济。因此，除了要遵循生物学规律之外，农作制度还要遵循经济学规律。

1. 农业技术经济效果原理　农业技术经济效果是指采用农业技术方案、技术措施或技术制度后农业生产成果与劳动消耗和劳动占用之间的比较关系。由于评价内容标准不同，农业技术经济效果可以分为绝对技术经济效果和相对技术经济效果，前者指某一技术方案或某项技术措施投入产出间的比值或差额，主要通过经济效益临界值的分析，来确定技术方案或措施本身有关经济效益；后者是指两种或两种以上可行方案之间，或新方案与对照方案之间经济效果的相对比较，通过这种比较可以选出最佳的方案或措施。

2. 生产三阶段与边际均衡原理　在农业生产中，产出与投入资源之间存在着函数关系，即 $Y=f(X)$。由于可变资源投入量的变化，生产函数的变化一般分 3 个阶段（图 1-4）。

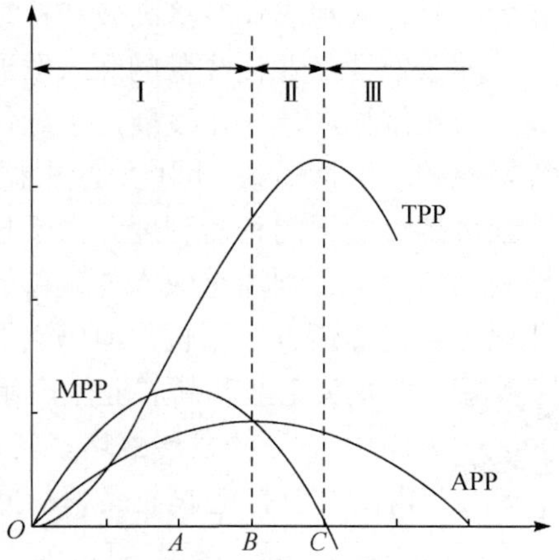

图 1-4　生产函数三阶段示意图

Ⅰ阶段：$O\rightarrow B$，边际产量（MPP）大于平均产量（APP），弹性系数（EP＝MPP/APP）＞1，资源转化效率高，可以获得资源的最大效用（A 点）。此阶段内，总产量（TPP）不断上升，MPP 上升到最高点后开始下降，APP 上升至最高点（B 点），此阶段适宜大量投入。

Ⅱ阶段：$B\rightarrow C$，MPP＜APP，0＜EP＜1，资源转化效率已经下降，但 MPP＞0，继续投入仍有利可图。此阶段内，APP 开始下降，TPP 逐渐上升至最高点（C 点）。这是生产资源投入的最适区间，当边际成本（MIS）等于边际收益（MVP）时，可获得最大纯收入，此时的资源投入量即为最适投入水平。这就是边际均衡原理的经济含义。

Ⅲ阶段：EP＜0，TPP、APP 均下降，MPP＜0。这是生产不合理阶段，资源投入过量。该阶段的起点称为技术界限。

边际均衡原理对农作制度的效益评价、资源投入量的确定、多种资源配合中各种资源投放量的分配都是有意义的。

3．农业生产资源报酬递减律　农产品是由生产资源转化而来的，资源转化的产品量就是资源报酬。在农业生产实践中，最常见的资源报酬状态是开始投入资源时，表现为递增状态，当生产资源投入达到一定数量之后则呈现报酬递减状态，这就是农业生产资源报酬递减规律。在增加投入的增产过程中，随着可供挖掘的作物内在生产潜力的减少，或者外界要素的趋向不协调，则产量的增幅与效益迟早会出现报酬递减。当然，一定范围的报酬递减是允许存在的，因为绝对报酬还是增加的。报酬递减阶段的前中期还处在适宜农业大量投入阶段，一直到边际收益等于边际成本时，利润达到最大点，以后则渐渐下降。

（三）农业产业化经营型农作制度

我国传统的农业生产经营管理方式中，生产与经营脱节，利益分配偏向于加工、销售部门，从事初级生产的农民得利甚微。随着我国农业生产由自给性生产向商品性生产的转变，实现生产—加工—销售一条龙经营并形成一定的规模，实行农业产业化经营，是增加农业生产经济效益和农民增收的需要。

农业产业化经营是指以市场为导向，以家庭承包经营为基础，依靠龙头企业、新型农民合作组织及各种产业协会的组织和带动，将数量大、规模小的农户联合起来，建立相对集中的商品性生产基地，促使农业的生产、加工、销售诸环节联结为完整的产业链条，实行技术互补、信息互通、利益共享、风险共担的一体化经营体制，增强抵御自然风险和市场风险的能力，最终实现农业经济高效和持续发展的新型农业经营方式。

随着农业产业化经营的深入发展，农业生产地域分工日趋明显，生产专业化程度不断提高，作物结构向单一化发展，主导作物连作比例上升，引发连作的弊端和水肥、劳力、机械等资源的阶段性短缺。因此，应根据当地资源状况，处理好专业化生产与多样化生产的关系，建立可持续发展的种植制度。由于技术、资金的高度集约化，在施肥、灌溉、土壤耕作等养地制度方面，必须注重成本与效益的核算，建立农田高效生产管理制度。目前，我国农业产业化经营已逐渐进入正轨，但仍然面临诸多挑战。针对以上挑战，我们首先应进一步发展壮大龙头企业和新农业生产组织，培育具有规模化和国际化的外向型农业企业，实现“走出去”的发展战略。其次，要加强农业产业化项目建设，促进产业进步和发展。再次，要打造农业品牌，提高农业生产效益和市场竞争力。

视频 1-7

三、粮食安全需求与高产优质高效农业

（一）我国粮食安全含义、现状与趋势

1．粮食安全的含义　1974 年，联合国粮食及农业组织（FAO）首次提出粮食安全的概念：“保证任何人在任何时候，都能得到为了生存和健康所需要的足够食物”；1996 年将粮食安全更新定义为：“确保任何人在任何时候，都能通过物质手段和经济手段获得充足、安全而富有营养的食物，以满足其积极健康生活的膳食需要及食物偏好”；2001 年再次将这一概念阐述为：“所有人在任何时候都能够在物质、经济和社会上获得足够、安全和富有营养的粮食来满足其积极和健康生活的饮食需求和食物喜好”。粮食安全是一个发展的概念，不同时代、不同国家、不同粮食生产能力与经济水平以及不同研究者对粮食安全的认识是不相同的。

1994 年，我国在《中国 21 世纪议程》中首次对粮食安全做出界定，将其解释为能够向全体居民提供在数量上充足、在结构上合理、在质量上达标的各种食物。这一概念既强调数量安全，又强调质量安全和结构安全。2014 年“中央一号文件”中提出“以我为主、立足国内、确保产能、适度进口、科技支撑”的国家粮食安全新战略，制定“谷物基本自给、口粮绝对安全”的国家粮食安全新目标。基于对 FAO 和中国的粮食安全概念的解读，我国学者进一步拓展了粮食安全的概念和内涵，认为粮食安全的完整概念应该包含从宏观到微观多个层次，包括国家粮食安全、家庭粮食安全和营养安全三方面，而中国粮食安全问题的核心在于家庭层面的食物安全。可见，粮食安全的概念由最初的建立粮食生产与储备，发展到提高低收入者经济收入与购买力，再发展到现在保护与改善生态环境，指导思想不仅考虑到当代人的粮食安全，还考虑到子孙后代的粮食安全问题。综上所述，粮食安全是指在可持续发展思想的指导下，运用各种科学技术与管理手段，正确处理粮食生产同资源、环境与社会的关系，发展经济消除绝对贫困，保障全社会对粮食的基本需求，实现粮食数量安全、经济安全、质量安全、生态安全、市场安全及可持续发展。

2．我国粮食安全现状和发展趋势　目前，我国已经实现由“吃不饱”到“吃得饱”并且“吃得好”的历史性转变。人均粮食占有量达到 470kg 左右，比 1949 年的 209kg 增长了 124.8%，高于世界平均水平。粮食单位面积产量和总产量显著增加，波动幅度稳定在合理区间。谷物自给率超过 95%，已经确保口粮安全。同时，农业供给侧结构性改革尚有很大空间，充足的粮食储备和现代化粮食仓储物流体系可以保障粮食市场供应和防止区域粮食紧张。

从中长期看，我国粮食产需仍将维持紧平衡态势。人均口粮稳中略降，饲料和工业用粮持续增加，粮食总量需求刚性增长，粮食自给率逐年下降。按照 2017～2018 年的非粮化速度，到 2025 年全国粮食播种面积可能将再减少 7.67 亿 hm^2。按现有单产水平计算，播种面积减少将导致粮食减产约 431.5 亿 kg。

从营养水平看，我国食物营养结构将面临全面的升级和优化，居民人均直接消费口粮减少，动物性食品、木本食物及蔬菜、瓜果等非粮食食物消费增加，食物更加多样，饮食更加健康。未来中国的“粮食安全”主要表现为“饲料安全”。

从消费人群看，随着人均消费量增加和城镇化水平提高，我国城乡居民食物消费结构进一步趋同。口粮类直接消费需求继续下降，水果、蔬菜、猪肉和海产品的消费总量显著提升。但农村“高谷类型”消费结构还将长期存在，动物性食物比重仍然较低，与发达国家还将存在一定差距。

从低收入阶层粮食保障水平看，中国农村贫困人口基本解决了“不愁吃”问题。我国在 2020 年底全面消除了绝对贫困，贫困地区的粮食获取能力和重点人群营养水平明显提高。但脱贫质量的可持续性和可能增加的城市贫困人口数量导致贫困人口粮食安全仍然是一个十分严峻的问题。

（二）粮食安全型农作制度

在五千年的中华文明历史长河中，传统农业的“精耕细作”，多熟种植，间、混、套作等使我国农业经久不衰，堪称世界的楷模。在人口激增、农业资源日益短缺、环境恶化、粮食安全日益严峻的形势下，我国农业资源集约持续利用的方向将不会改变，多熟制依然占据主体地位，并将进一步得到强化，间混套作模式将向土地集约、劳动集约和技术集约方向发展。目前，我国实际复种指数为 120%左右，还有很大的增加余地。如果在未来 20 年内，种植指数提高10%，可增加播种面积0.12亿hm^2，其中70%用来发展粮食作物，以每公顷粮食产量4500kg计算，可增产粮食380亿kg左右。这些成绩和展望主要基于以下几方面工作。

1．科学的指导思想

（1）*藏粮于地，藏粮于技*　2015年，“十三五”规划的建议中正式提出“藏粮于地，藏粮于技”战略，旨在通过提升耕地质量和土地生产力，实现粮食稳产高产，同时根据当前产能和土地状况及时调整种植业结构，实现多样化、可持续的农业生产。其短期目标是提升耕地地力，促进农业供给侧结构性改革；长期目标则是提高土地综合生产能力，促进农业可持续发展，保障国家粮食稳定供给，是新时代确保粮食安全的新路径。

实施“藏粮于地、藏粮于技”的战略核心是“地”，关键是“藏”，通过继续提高粮食潜在生产能力，确保谷物基本自给、口粮绝对安全。实施该战略的主要举措包括：全面划定永久基本农田，继续坚持最严格的耕地保护制度；在粮食主产区继续大规模推进农田水利、土地整治、中低产田改造和高标准农田建设；进一步完善耕地占补平衡制度，全面推进建设占用耕地耕作层土壤剥离再利用；建立粮食生产功能区，确保稻谷、小麦等口粮种植面积基本稳定；深入推进粮食绿色高产高效创建。

目前，我国耕地数量刚性减少，粮食需求不断增加，通过农业技术提高耕地质量是确保“藏粮于地、藏粮于技”战略实施的必由之路。2021年，《全国高标准农田建设规划（2021—2030年）》正式发布，强调建设高标准农田是巩固和提高粮食生产能力、保障国家粮食安全的关键举措。通过建成高标准农田，长期困扰我国农业生产的负面因素，如耕层变浅、干旱缺水、瘠薄、坡耕地、盐碱地、风沙、渍涝、酸化及污染严重等一系列中低产田问题将得到大幅改善。同时，在严守18亿亩①耕地红线的基础上，发展补充后备耕地资源已成为实现耕地动态平衡的现实手段。

（2）*防止耕地非农化、耕地非粮化*　耕地是粮食生产的根基。我国耕地总量少，质量总体不高，后备资源不足，水热资源空间分布不匹配。确保国家粮食安全，必须处理好发展粮食生产和发挥比较效益的关系，不能单纯以经济效益决定耕地用途，必须将有限的耕地资源优先用于粮食生产，进一步优化区域布局和生产结构，实施最严格的耕地保护制度，科学合理利用耕地资源，防止耕地“非农化”、耕地“非粮化”，确保“18亿亩耕地”实至名归，严守粮食生产安全红线，切实提高和保障国家粮食安全和重要农产品有效供给水平。

耕地“非农化”“非粮化”是我国城市化建设和农用地内部结构调整背景下衍生出的耕地面积和粮食播种面积占农作物播种面积比例逐年减少的问题，加之我国人口基数庞大，资源相对匮乏，妥善解决这一问题刻不容缓。据统计，我国耕地面积占国土面积的比例由2011年的12.68%增加至2019年的13.32%，但人均耕地面积仍不足美国的1/5；粮食播种面积占农作物播种面积比则由1978年的80.34%下降至2020年69.72%。整体来看，我国耕地“非农化”依然呈现扩大态势，且“非农”建设重心逐步向东南沿海地区偏移；同时，除个别粮食主产区外，如黑龙江、内蒙古、山东等，绝大多数省（自治区、直辖市）均呈现出不同程度的相对“非粮化”现象。

纵观我国发展进程，驱动耕地“非农化”“非粮化”主要有以下几个重要因素：①人口增长及高人口密度。耕地“非农化”主要源自城镇建设对耕地的占用，其中区域人口增长水平和不断扩张的城镇规模、体量都加重了对耕地占地的压力；②经济发展及产业结构调整。

---

① 1亩≈666.7m^2

人均生活水平提高和不断发展的物质需求促使农村劳动力向二三产业等高收入行业转移，农用地生产者减少，进一步促进耕地“非农化”；③土地流转扩大耕地“非粮化”种植比例。我国现行法律法规对土地流转的用途并不明确，缺少“粮田必须种粮或必须保障一定比例种粮”的硬性规定，导致农用地转而生产经济效益更高的非粮作物，“非粮化”比重增加。此外，碎片化的土地流转规模无法实现连片经营效益，耕地“非粮化”倾向进一步加剧；④粮食作物净利润低与居民消费结构升级。《全国农产品成本收益资料汇编 2021》数据显示，在不计补贴的情况下，我国三大主粮作物的平均净利润通常为负值。生产成本的增加逐渐蚕食生产者的盈利空间，降低生产者的积极性；相比之下，无论是产量还是净利润，生产者更加青睐具备高经济效益的非粮作物。同时，居民消费结构升级及膳食结构转变，推动调整农业种植结构，加重了耕地“非粮化”的现状。

破解耕地“非农化”“非粮化”的关键在于统筹利用现有耕地资源，从多维度开发获取食物资源。因此，一要健全耕地保护制度，完善粮食生产功能区的法律法规，正视不同区域耕地“非农化”现状，因地制宜治理“非农化”；二要助力粮农降本增效，从源头治理“非粮化”。继续增加农业生产要素投入和新农村建设，加强职业农民和新型农业经营主体的培育，逐步实现“精耕细作”。在稳定粮食生产的前提下，延长主粮作物产业链，打造以种植业为基础的一二三产业融合发展模式；三要合理布局粮、饲、经作物，推动耕地“三位一体”保护。全方位多角度地从草原、森林、海洋等系统开发获取食物资源，减轻耕地压力，同时推进传统的耕地数量保护向数量、质量、生态“三位一体”保护转变。

（3）*基本农田保障与高标准农田建设*　基本农田保护制度是国家土地管理法律、法规、规章和政策关于基本农田保护一系列规范的总称。这些规范从不同的方面对基本农田保护行为进行调整，共同组成了基本农田保护的各种制度，如基本农田保护责任制度、基本农田保护区用途管制制度、占用基本农田审批制度与占补平衡制度、基本农田质量与环境保护制度、基本农田保护监督检查制度等。通过对基本农田的保障和实施《全国高标准农田建设规划（2021—2030 年）》，计划到 2025 年建成高标准农田 10.75 亿亩，并改造提升现有高标准农田 1.05 亿亩，以此稳定保障 1.1 万亿斤[①]以上粮食产能；到 2030 年建成高标准农田 12 亿亩，并改造提升现有高标准农田 2.8 亿亩，以此稳定保障 1.2 万亿斤以上粮食产能。

高标准农田的特点是土地平整、集中连片、设施完善、农田配套、土壤肥沃、生态良好、抗灾能力强，与现代农业生产和经营方式相适应，旱涝保收、高产稳产。高标准农田建设现代化模式主要有以下三类：一是高效节水农田，主要目标是推广和优化水肥一体化、地膜覆盖等旱作节水技术在水资源短缺地区的应用；在水资源较为丰富的地区，高效节水农田的优势体现在节水、节肥和节工的同时减轻面源污染。二是数字智慧农田，通过遥感、无人机、植物表型等技术使农业生产中作物与土地的数据信息更易于获取，促进作物生产全环节向数字化、网络化和智能化转变，实现数字化感知、智能化决策、精准化作业和智慧化管理。三是绿色低碳农田，除了减少农业生产对化石能源的使用，还要充分考虑农田生态系统与其他生态系统融合设计，加强生态化设计技术和材料运用，重视耕地内在质量提升和农田生物多样性保护，发挥好农田作为唯一可在短时期内调节的陆地生态系统在气候治理等方面的作用。

（4）树立“大食物观”　“食为政首，粮安天下”，解决吃饭问题不能光盯着有限的耕地，还要树立“大食物观”。2015 年中央农村工作会议提出树立“大农业观、大食物观”；2016

---

① 1 斤＝500g

年，树立“大食物观”被写入“中央一号文件”，成为推动农业供给侧结构性改革的重要内容。“大食物观”的树立把保障粮食安全转向全面保障食物安全，拓宽了食物的边界。强调树立“大食物观”，既是由食物选择的趋势、食品安全的保障所决定的，更是我国进入社会主义现代化新征程、食物进入高质量发展新阶段的战略安排。

一方面，国内外诸多因素推动“大食物观”树立，构建具有多样性、可持续发展的粮食系统以确保食物安全势在必行。另一方面，我国丰富的自然资源为构建“大食物观”奠定了客观基础。树立“大食物观”，其特征是我国已实现从“吃不饱”到“吃得饱”，再到“吃得好”的历史性转变；其本质是审视粮食安全的视角从粮食安全向食物安全转型。到2023年底，中国粮食产量已经实现“二十连丰”，三种主粮的自给率已达到95%以上，粮食储备水平远高于其他发展中国家，食物不足发生率已降至最低水平，与日韩等发达经济体相当。

然而，当前我国粮食安全仍然处于“紧平衡”状态，主要表现在以下几方面：饲料作物主要依赖进口且比重逐年上升；应对全球不确定性风险的能力不足；种业发展仍然存在技术“卡脖子”现象；食品安全社会共治体系不够完善；工业化食物产生的环境负面影响还在持续。因此，实施“大食物观”的食物安全战略，一要加强技术、资金和土地等生产要素的投入和持续改良，形成科学种植，种养结合，高产高效，环境友好的新农业格局。健全法律法规以提高对各个环节的监管力度和效果；确保政策落地，充分发挥市场对各类资源的配置作用。二要打通农产品国内、外流通壁垒，提高农产品流通效率。一方面，建立数字化、产业化的农产品“一条龙”服务平台，降低农产品中间成本，让利于生产者和消费者；另一方面，推进建设区域性双边、多边自由贸易，丰富国民饮食消费结构。

（5）加强全空间国土资源利用、建设“蓝色粮仓” 早在1995年，联合国粮食及农业组织工作会议就突出强调了渔业与粮食安全的关系，认为发展渔业，增加水产品供给是增进粮食安全的一项重要措施。2007年，我国学者正式提出“蓝色粮仓”，倡导“中国蓝色海洋食物发展计划”。“蓝色粮仓”可以归纳为：以优质蛋白质高效供给和拓展我国粮食安全的战略空间为目标，利用海洋和内陆水域环境和资源，通过创新驱动产业转型升级，培育农业发展新动能，基于生态优先、陆海统筹、三产融合构建具有国际竞争力的新型渔业生产体系。

当前，“蓝色粮仓”已成为我国新形势下粮食安全体系和海洋强国建设目标的重要组成部分，同时也是保障国民身体健康的重大战略问题。据估计，每100g海产品中蛋白质含量约为7.7g，是陆地食物蛋白质含量的两倍以上，且更容易被人体吸收。此外，如果2030年全国海洋水产品总产量达到6000万t，对肉类生产的替代作用和由此产生的畜牧业、种植业资源优化配置的节约效应，可使我国粮食需求总量下降到6亿～7亿t，极大缓解我国粮食安全压力。

建设和发展“蓝色粮仓”要在更大的空间尺度上统筹粮食安全、海洋生物资源开发等诸多问题：①放眼深蓝，推动海洋水产品由近海捕捞、养殖逐步转向深海区，缓解近海水域压力；②培育现代渔业生产体系，构建资本密集、技术先进、具有国际竞争力的经营模式；③提高行业队伍整体素质，深挖产品经济价值和文化附加值；④完善财政、政策、法规体系，为积极开拓海外市场和开展多边合作保驾护航。

2．马铃薯主粮化战略 2015年，我国提出了马铃薯主粮化的建议。2016年，农业部（现农业农村部）宣布将马铃薯作为主粮产品进行产业化开发，马铃薯主粮化战略正式实施。

马铃薯主粮化不仅有助于推进种植业结构调整、缓解资源环境的压力、实现农业可持续发展、保障我国粮食安全，而且有助于改善和丰富我国居民膳食营养结构调整与升级，拓宽“粮食安全”和“膳食营养”的内涵。

受亚洲地区传统稻米文化的影响，我国马铃薯主粮化战略的形成和实施与国际影响、国内变化密切相关。21 世纪以前，欧洲是世界马铃薯种植面积最大的地区，历史上素有“马铃薯造就了欧洲”之说。一些国家为摆脱国际传统谷物粮价波动对本国粮食安全的威胁，鼓励国民在日常饮食中以马铃薯粉代替麦粉。而在一些传统粮食短缺的非洲国家，马铃薯在解决营养不良等问题上发挥着难以估量的作用。因此，联合国把马铃薯定义为地球“未来的粮食”，表明马铃薯作为主粮作物在国际上已是不争的事实。在国内，长期以玉米、小麦、水稻构成的三大主粮模式不仅在生产规模和单产水平方面可供开发潜力相对较小，且粮食价格波动和生产成本增加导致经济效益较低；马铃薯兼具粮、经、饲等多重效益，并且是潜在的生物质能源作物，具有较高的产品附加值。另外，我国人口总数持续增加，马铃薯成为继三大主粮作物之后满足国民“吃得饱”需求的重要补充部分。特别是在我国北方地区和一些贫瘠苦寒的高山地带，马铃薯对解决区域性贫困和饥饿的贡献甚至超过了玉米，成为脱贫致富的战略性产业。

3．大豆玉米带状复合种植　我国是世界公认的大豆原产国，距今已有 5000 多年的栽培历史。大豆是重要的经济和油料作物，在食品、饲料、保健等领域具有极高的应用价值。新中国成立至今，我国通过发展多种以主粮作物为对象的高产种植模式实现了我国口粮绝对安全，但在大豆、油料等品类上的发展则相对滞后。2020 年，我国大豆种植面积占主要农作物种植面积比例仅为 5.9%，适宜种植大豆的土地资源短缺；大豆平均单产仅为 $1973kg/hm^2$，远低于美国（$3379kg/hm^2$）、巴西（$3275kg/hm^2$）、阿根廷（$2918kg/hm^2$）和世界（$2784kg/hm^2$）的大豆平均单产水平。大豆栽培技术落后，机械化程度低，经济效益远低于种植区域高度重合的玉米，致使豆农将大豆改种玉米的现象愈发普遍。未来一段时期，我国仍将是大豆净进口国，进口量始终保持高位。如何从根本上提升国内大豆供应能力成为控制进口依赖性风险的关键，同时关系到耕地资源紧张背景下“稳粮、扩油”的战略目标。

进入 21 世纪，传统的“劳动密集型”大豆玉米间套作种植逐渐演变为“劳动节约型”大豆玉米带状复合种植，其核心是 2 行密植玉米带与 2～6 行大豆带交替复合种植，植株群体立体多面受光，玉米行行距有显著的边行优势，大豆受光面增大，边际劣势显著下降。大豆玉米带状复合种植的优势主要表现在以下几方面：一是充分发挥种间优势，提高土地和光照等资源的利用率。合理分配大豆和玉米的种植能够优化作物群体结构，充分发挥光合潜力。同时，豆科作物的固氮效应有利于土壤养分的均衡利用，促进种养平衡。二是大豆、玉米间的生态互作可以增加生态系统的复杂性和稳定性。大豆、玉米种在同一田块，增加了生物多样性，显著降低了病虫害发生率，有效减少了农药使用量和生产成本，促进农业可持续发展。三是玉米不减产，多收一季豆。玉米带与大豆带年际间轮作，从种到收全机械化作业，确保玉米不减产的同时多收大豆 $1650 \sim 2750kg/hm^2$，是传统种植方式下大豆产量的 1.5～2 倍，实现了大豆玉米协同发展。

目前，已从种植密度、品种选育、水肥管理、机械化操作等方面对部分区域的大豆玉米带状复合种植的产量、品质和养地效应进行了系统的研究，技术基本成熟。然而，面向全国的推广和应用还需解决以下几个问题：①不同区域机械化水平、传统种植习惯、财政补贴能力差异较大，复合种植技术与当地农业生产的兼容性有待提高；②农田基础设施薄弱，配套

视频 1-8

技术滞后，复合种植技术无法实现节本增效；③适合不同区域复合种植的大豆、玉米良种搭配方案较少，出现熟制不匹配、作物间不适配等问题；④复合种植技术中，大豆产量少、效益低，长期被农户视为配角，农民选择复合种植技术的意愿不高。

四、循环农业原理与资源高效利用农业

（一）循环农业含义、现状与趋势

1．循环农业的含义　目前，国内外关于循环农业的概念论述较多。尹昌斌等认为，循环农业是通过农业技术创新，调整和优化农业生态系统内部结构及产业结构，延长产业链条，提高农业系统物质和能量的多级循环利用，最大限度地利用农业生物质能资源，利用生产中每一个物质环节，倡导清洁生产和节约消费，严格控制外部有害物质的投入和农业废弃物的产生，最大限度地减轻环境污染和生态破坏，同时实现农业生产各个环节的价值增值和生活环境优美，使农业生产和生活真正纳入到农业生态系统循环中，实现生态的良性循环与农村建设的和谐发展。

高旺盛认为，循环农业是按照循环经济理念，通过农业生态经济系统设计和管理，实现物质和能量资源的多层次、多级化的循环利用，达到农业系统的自然资源利用效率最大化、购买性资源投入最低化、可再生资源高效循环化、有害生物和污染物可控制化的产业目标。为了实现“一高两低”（资源利用的高效率、资源的低消耗、污染物的低排放）的循环农业产业目标，循环农业的核心技术原则应当是坚持“4R 原则”：①减量化（reduce）原则，即尽量减少农业系统外部购买性资源的投入量，实现源头输入技术的科学化；②再循环（recycle）原则，在农业系统中，要对光、热、水等可更新资源，尽量进行周年循环化高效能利用；③再利用（reuse）原则，对于农业生产过程中残留剩余的秸秆、粪便等中间资源，要尽量多级化地再利用；④可控制化（regulating）原则，对于农业系统向界面外部排放的有害、有毒的各种物质要实现技术的可控制化，减少污染排放。

2．我国循环农业现状与发展趋势　当前，循环农业已经从传统种植经验提升为国家战略决策。2015 年和 2016 年的“中央 1 号文件”等明确指出，要加强种养结合、促进农业循环经济发展，加快促进种养结合循环农业发展。2021 年，农业农村部组织遴选了 114 项农业主推技术，其中以循环农业为核心的各类技术多达十余项，涉及粮食增产、油料增效、耕地质量提升和生态环保等多个农业生产生态关键领域。至 2023 年，全国畜禽粪污综合利用率达到 75%以上，当季秸秆综合利用率达到 87%，农膜回收利用率达到 80%以上。

尹昌斌等总结归纳认为，循环农业发展模式可分为 4 类：①农业复合型循环模式，在同一土地管理单元上建设农、林、牧、副、渔一体化；②农业生态保护型循环模式，通过合理投入使农业生态系统保持良好物质和能量循环；③农业废弃物循环再利用模式，农业废弃物资源多级循环利用，变污染负效益为经济正效益；④产业链循环模式，将种植业、养殖业和农产品加工业联为一体，提高资源和能源的利用率。

我国循环农业未来的发展方向是：①现代化，循环农业是现代化技术形态，而不是回归到传统旧产业，要应用现代生物技术、信息技术、制造技术成果，加快常规循环模式改造与技术升级；②高效化，没有经济效益的理想循环模式最终是难以维系的，必须依靠科技建立经济效益高、有市场前景的循环农业体系；③安全化，要研究确定不同地区不同资源条件下

适宜的循环模式、适度的循环量，将循环农业建立在环境安全、资源许可的基础之上；④产业化，循环农业最终要为种植业、养殖业、加工业的产业化发展提供技术支撑；⑤低碳化，全球变暖背景下，可持续农业发展必须将环境效益提高到与经济效益同等的层面，发展低碳的循环农业是农业部门进行节能减排和农业可持续发展的重要途径。

（二）资源节约型农作制度

资源节约型农作制度是指能够实现资源节省利用和集约利用的农作制度，即在农业生产中，遵循“尽量以最少的资源投入争取最大的农产品产出”的经济学原则，通过合理布局、优化生产结构、改革种植模式、完善相应配套技术体系等措施，对有限的农业资源进行科学合理的节约和集约利用，提高农业资源利用效率，挖掘农业资源的生产潜力。资源节约型农作制度的基本特征是以农业资源高效集约利用为基础，通过科技投入、技术改造和技术革新，提高农田光、热、水、土、肥资源利用效率，持续提高资源产出率和农田生态系统生产力。

国内外资源节约型农作制度模式包括美国低耗持续型、以色列节水高效型、荷兰集约高效型、中国台湾生态低碳型等。美国低耗持续型模式包括节地、节水和节肥型农作制度及其配套技术体系，包括作物轮作、生物覆盖、保护性耕作、作物秸秆还田、开发生物肥料、抗旱性作物适应性种植、节水灌溉技术等。以色列节水高效型模式包括节水高效经济作物种植结构、旱作粮食作物布局、开发精准微灌技术、雨水集蓄与污水利用等。荷兰集约高效型模式包括高效益产业结构、高科技农业投入、高生产力水平和高附加值农副产品生产等，减少喜光低价的禾谷类作物生产，发展畜牧业、奶业、温室园艺栽培、温室养鱼，控制化肥农药施用，加强厩肥无害化处理，防治水体和土壤污染等。中国台湾生态低碳型包括规划性休耕和稻田轮休、发展能源作物生产、土壤诊断与合理化施肥、开发生物肥料等。

我国农业资源约束与利用形势日趋严峻，农产品需求的刚性增长需要资源节约技术新突破。从资源的短缺性、节约的紧迫性、模式的普及性等方面考虑，当前我国需要构建资源节约的制度性技术，分别构建节水型农作制度、节肥型农作制度和节地型农作制度。节水型农作制度内容包括节水型种植结构和布局优化、节水型种植模式、节水优化灌溉模式等，主要节水技术包括生物节水技术、农艺节水技术、非常规用水技术、节水灌溉技术、旱作节水技术、管理节水技术等。节肥型农作制度内容包括重点农区合理施肥制度、节肥型耕种技术、地力提升节肥技术等，主要节肥技术包括有机肥与无机肥结合技术、配方施肥技术、新型肥料施用等。节地型农作制度内容包括集约高产型节地农作制度、多熟高效型节地农作制度、区域农用地结构调整与布局优化等，主要节地技术包括高产高效栽培技术、立体种养技术、高产育种技术等。

近年来，我国非常重视资源节约型农作制度的构建及配套技术的研发。尤其在水肥一体化节水节肥型灌溉制度、测土配方施肥技术、缓控释肥等高效节肥技术方面进展明显。水肥一体化节水节肥型灌溉制度的优点是灌溉施肥的肥效快，养分利用率提高，可以避免肥料施在较干的表土层易引起的挥发损失、溶解慢，最终肥效发挥慢的问题。测土配方施肥技术以养分归还（补偿）学说、最小养分律、同等重要律、不可代替律、肥料效应报酬递减律和因子综合作用律等为理论依据，以确定各种养分的施肥总量和配比为主要内容。缓控释肥是指肥料养分释放速率缓慢，释放期较长，在作物的整个生长期都可以满足作物生长需求的肥料。但严格意义上来讲，缓释肥又称长效肥料，主要指施入土壤后转变为植物有效养分的速度比普通肥料缓慢的肥料。其释放速率、方式和持续时间不能很好地控制，受施肥方式和环境条件的影响较大。缓释肥的高级形式为控释肥，是指通过各种机制措施预先设定肥料在作物生长季节的释放模式，使其养分释放规律与作物养分吸收基本同步，从而达到提高肥效目的的一类肥料。

目前，我国虽然在资源节约型农作制度构建、技术研发等方面取得了长足的进步，但是一些技术模式在大田推广和应用过程中仍存在诸多问题亟待解决，如政策配套、技术推广、资金保障、农机融合、从业者知识储备等方面均存在不到位不完善等问题，仍有大量工作需要去做。

视频 1-9

五、农业资源利用与区域农作制度

（一）我国农业地域资源优势利用

1．农业自然资源概况

（1）土地资源　我国陆地国土空间面积广大，居世界第三位，约 60%的陆地为山地和高原。我国地势西高东低，自西向东呈现海拔差异明显的三大阶梯。西部高山广布，以山地、高原和盆地为主；东部平坦低缓，以丘陵和平原为主。同时，耕地减少过多过快，保障粮食安全压力大。全国耕地面积从 1996 年的 19.51 亿亩减少到 2019 年的 19.18 亿亩，人均耕地由 1.59 亩减少到 1.36 亩，逼近保障我国农产品供给安全的“红线”。

（2）气候资源　我国受地形地貌和季风环流影响，既有热带、亚热带和温带季风气候，也有温带大陆性、高原山地和海洋性气候。由东南沿海向西北内陆，水热条件空间分异明显。青藏高原为高寒气候，热量不足；青藏高原以东地区为大陆性季风气候，雨热同期；青藏高原以北地区为干旱气候，降雨稀少。

（3）水资源　我国水资源总量丰富，但空间分布不均。我国水资源总量为 2.9 万亿 m^3，居世界第六位，但人均水资源量仅为世界人均占有量的 28%。水资源空间分布不均，南方地区水资源量占全国的 81%，北方地区仅占 19%；北方地区水资源供需紧张，水资源开发利用程度达到了 48%。水体污染、水生态环境恶化问题突出。

（4）植被资源　我国植被类型丰富，有森林、灌丛、草原、草甸、荒漠和草本沼泽等。森林覆盖率较低，主要分布在南方和东北地区，草原主要分布在北方和青藏高原地区。我国生态类型多样，但生态环境比较脆弱，中度以上生态脆弱区域占全国陆地国土空间的 55%。

2．农业地域资源优势利用　地域资源是在一定的地域范围内长期形成的生态资源、矿产资源、民俗资源、人文环境资源等。由于农业自然资源的地域分异和社会经济发展水平的地区差异，导致不同地区农业资源组合特征表现出强烈的地域性。每一个地区都有其独特的地域资源优势与资源劣势，合理的农作制度可以充分和合理发挥某一地区农业自然资源和社会资源组合和综合优势，利用优势资源弥补或者代替劣势资源。通过采取具有地域特色的农业生产形式，形成具有地域特色主导产品的农业生产分布格局，实行农业生产的地域分工，有利于缓解地区间农业生产的竞争，强化地区间农业生产的合作和互补，促进我国农业生产全面、整体、协调发展。

许尔琪（2018）根据全国各区域农业资源和环境特征，以县域为基本单元，依据气候条件和大地构造的地域分异将全国农业资源划分为 10 个一级区。根据水资源、土地资源和环境问题差异在一级区的基础上又划分 57 个农业资源二级区（图 1-5、表 1-3）。

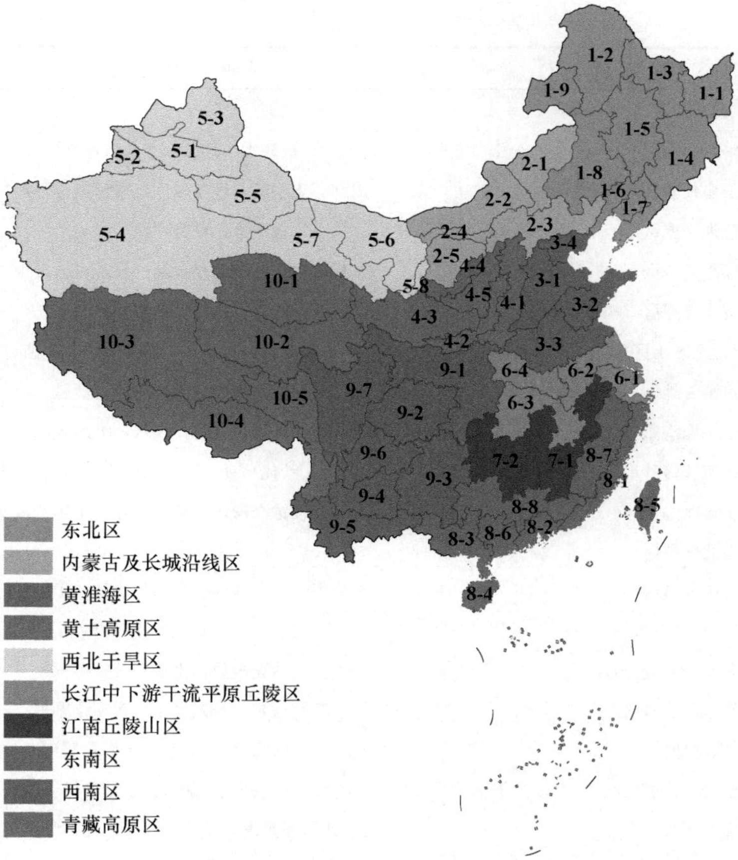

彩图

图 1-5　中国农业资源环境分区（改自许尔琪，2018）

表 1-3　我国农业资源分区和主要环境问题

区号	分区名称	农业资源环境问题
1 区	**东北区**	
1-1	三江平原区	洪涝，轻侵蚀，水污染，灌溉少
1-2	大兴安岭山区	坡度较大，灌溉少，水污染
1-3	小兴安岭山区	坡度较大，灌溉少，水污染
1-4	长白山山区	坡度较大，白浆土质地黏重，灌溉少
1-5	松嫩平原区	黑土变薄，沙化，盐渍化，环境污染，灌溉少
1-6	辽宁丘陵山地区	缺水，侵蚀，水土污染，坡度较大
1-7	辽中南区	水污染，重金属污染，缺水
1-8	西辽河流域区	缺水，侵蚀，沙化，水污染，灌溉少
1-9	呼伦贝尔草原区	草原退化，沙化，盐渍化，水污染，灌溉少
2 区	**内蒙古及长城沿线区**	
2-1	锡林郭勒东部草原区	土层薄，草原退化，沙化，灌溉少
2-2	锡林郭勒西部荒漠草原区	荒漠化，草原退化，缺水，土壤贫瘠
2-3	阴山两麓—长城沿线区	缺水，荒漠化，坡度较大
2-4	呼包河套区	水超载，次生盐渍化，轻侵蚀
2-5	鄂尔多斯高原区	荒漠化严重，缺水，土层薄，养分贫瘠

续表

区号	分区名称	农业资源环境问题
3 区	**黄淮海区**	
3-1	华北平原区	极缺水、污染，重金属污染
3-2	山东丘陵区	缺水，土层薄，坡度较大，水污染，轻侵蚀
3-3	黄淮平原区	极缺水，旱灾，水土污染
3-4	环渤海湾区	极缺水、污染，重金属污染，耕地减少
4 区	**黄土高原区**	
4-1	晋豫土石山区	土壤障碍，极缺水，坡度较大，侵蚀
4-2	汾渭谷地区	缺水，旱涝，水污染，轻盐碱
4-3	黄土高塬沟壑区	侵蚀严重，沙化，缺水，坡度较大
4-4	陕北宁东丘陵沙地区	沙化严重，缺水，土壤贫瘠
4-5	黄土丘陵沟壑区	剧烈侵蚀，缺水，草地退化，土壤贫瘠
5 区	**西北干旱区**	
5-1	天山北坡区	水开发过度，沙化、盐渍化剧烈，土壤贫瘠
5-2	伊犁河流域区	坡度较大，草原退化，荒漠化
5-3	额尔齐斯—乌伦古河流域区	沙化严重，土壤养分贫瘠
5-4	塔里木河流域区	干旱缺水，开发过度，荒漠化剧烈
5-5	东疆地区	沙化剧烈，缺水，土壤贫瘠
5-6	阿拉善—额济纳高原区	沙化剧烈，缺水，土壤贫瘠
5-7	河西走廊区	水开发过度，荒漠化严重，灾害频繁
5-8	银川平原区	缺水，盐渍化，沙化，水污染
6 区	**长江中下游干流平原丘陵区**	
6-1	长江三角洲地区	耕地减少，环境污染，农业用水少
6-2	江淮地区	灾害频繁，水污染，重金属污染
6-3	长江中游平原区	水污染，重金属污染，洪涝
6-4	豫皖鄂平原丘陵区	轻侵蚀，土层变薄，局部坡度较大
7 区	**江南丘陵山区**	
7-1	赣江流域中上游区	坡度较大，轻侵蚀，环境污染，土壤酸化
7-2	湘江流域中上游区	坡度较大，环境污染，荒漠化，土壤酸化
8 区	**东南区**	
8-1	浙闽粤沿海平原丘陵区	耕地减少，环境污染，灾害频繁，局部坡度较大
8-2	珠江三角洲地区	耕地短缺，酸雨、重金属和水污染
8-3	粤西桂南丘陵区	坡度较大，重金属污染严重，灌溉少
8-4	海南岛区	灾害频繁，坡度较大，重金属污染
8-5	台湾岛区	坡度较大，灾害频繁，土壤贫瘠
8-6	粤桂沿海丘陵区	台风频繁，坡度较大，酸雨污染
8-7	浙—闽丘陵山区	坡度较大，酸雨污染，轻侵蚀，土层变薄
8-8	粤北桂北丘陵山区	坡度较大，灌溉少，酸雨污染，土壤贫瘠
9 区	**西南区**	
9-1	秦岭、伏牛、川东山区	低温、坡度较大，灌溉少，土壤贫瘠

续表

区号	分区名称	农业资源环境问题
9-2	四川盆地区	耕地减少，侵蚀，环境污染，灾害频繁
9-3	黔桂岩溶丘陵山区	坡度较大，石漠化严重，侵蚀，灌溉少，环境污染
9-4	云南高原区	坡度较大，旱灾频繁，水蚀
9-5	滇南丘陵山区	坡度较大，水蚀，土壤贫瘠
9-6	长江上游山区	坡度大，侵蚀严重，酸雨污染
9-7	甘孜—阿坝高原区	坡度大，低温，地质灾害频繁，灌溉少
10 区	**青藏高原区**	
10-1	柴达木盆地区	缺水，沙化剧烈，盐渍化严重
10-2	三江源及周边地区	草场脆弱，灾害频繁，坡度较大
10-3	藏北高原区	高寒，土壤贫瘠，灌溉少，荒漠化严重
10-4	藏南一江两河区	荒漠化，灾害频繁，环境污染，坡度较大，土壤贫瘠
10-5	横断山区	坡度大，低温，侵蚀，地质灾害频繁

当前，东北地区是我国商品率最高、粮食增产潜力最大的商品粮输出地区；华北地区是我国粮食生产规模最大、资源环境矛盾最尖锐的地区；南方地区是我国水稻与糖料生产规模最大、粮食供需矛盾最紧张的地区。针对区域资源环境特点和问题，许尔琪（2018）提出“提高东北，整治华北，恢复南方”的调整思路。

针对东北地区的主要措施有：①推行粮豆轮作、粮草（饲）轮作和种养循环模式，建立旱作农业综合发展模式；②稳定和保护好东北的水稻生产基地，适当减少“镰刀湾”地区玉米种植面积；③推进农产品加工基地建设，发挥农产品区位布局优势，推进标准化种养、精细化加工、高效化物流等全产业链发展；④以黑土可持续利用支持东北商品粮基地可持续发展，实施东北西部生态脆弱带土地“三化”（盐渍化、沙漠化、草原退化）综合治理。

针对华北（黄淮海）地区的主要措施有：①调整种植结构麦带南移，适度调减华北地下水严重超采区的小麦种植面积，巩固并建设淮北平原小麦生产基地，发展旱作冬油菜＋青贮玉米，耐旱耐盐碱的棉花、油葵和马铃薯；②加强水资源的综合管理，发展调亏灌溉模式，推广喷灌、滴灌和水肥一体化等高效节水灌溉技术，以南水北调为契机，全面调整、规划用水体系和地下水恢复工程；③农业生态环境综合整治，调整区域产业结构和人口分布格局，减轻生态环境压力，深入实施大气、水、土壤污染的修复与防治行动。

针对南方（长江中下游平原丘陵区、江南丘陵山区和东南区）地区主要措施有：①保护耕地，稳定两季稻面积，增加南方饲料粮自给，扩大南菜北运基地和热带作物产业规模；②发挥东南沿海区位和技术优势，发展花卉、蔬菜、盆栽和水果等外向型农业，推进农业智能化、高效化和精准化，大力发展现代农业；③丘陵山区推进农林果综合发展和农业机械化发展，发展立体型生态农业，实现农业综合开发；④加强酸雨污染和重金属污染源头防治，开展污染土壤治理。

（二）我国农业功能区划

农业生态系统是生产食品、保护环境、保护人类健康、保障可持续发展的多功能实体。开展农业功能区划，不仅是实现农业区域协调发展和保障国家农业整体生产能力安全的重要途径，也是生态文明建设背景下，科学规划国土资源“三生”空间（生产空间、生活空间、生态空间）的重要依据。根据“三生”空间概念，农业发展新格局应着眼于生产空间集约高效、生活空间宜居适度、生态空间山清水秀三个目标。因此，规划农业生产系统范畴，充分发挥实体效益，首先要明确农业的4项基本功能：①农产品供给功能，是指为全社会提供农产品确保国家食物安全，输送工业所需的原材料与出口商品；②就业和生存保障功能，是指农业作为社会生产部门，能容纳劳动力就业和向农村人口提供生活保障；③生态调节功能，农业具有显著的土壤保持、水源涵养、气候调节、生物多样性维护等生态调节作用；④文化传承和休闲功能，是指农业作为生物质产业部门，能传承农耕文化、保护文化多样性和为城市居民提供休闲服务。

当前，我国农业主体功能区划分类及其区域分布如下：

1．优化开发区域　国土开发密度已经较高、资源环境承载能力开始减弱的区域，主要包括环渤海地区、长江三角洲地区、珠江三角洲地区3大区域。

2．重点开发区域　资源环境承载能力较强、经济和人口集聚条件较好的区域，主要包括冀中南地区、太原城市群、呼包鄂榆地区、哈长地区、东陇海地区、江淮地区、海峡西岸经济区、中原经济区、长江中游地区、北部湾地区、成渝地区、黔中地区、滇中地区、藏中南地区、关中—天水地区、兰州—西宁地区、宁夏沿黄经济区、天山北坡地区18个区域。

3．限制开发区域　资源承载能力较弱、大规模集聚经济和人口条件不够好并关系到全国或较大区域范围生态安全的区域。一类是农产品主产区，主要包括东北平原主产区、黄淮海平原主产区、长江流域主产区、汾渭平原农产品主产区、河套灌区农产品主产区、华南农产品主产区、甘肃新疆农产品主产区7大优势农产品主产区及其23个产业带。另一类是重点生态功能区，包括大小兴安岭森林生态功能区、长白山森林生态功能区、阿尔泰山地森林草原生态功能区、三江源草原草甸湿地生态功能区、若尔盖草原湿地生态功能区、甘南黄河重要水源补给生态功能区、祁连山冰川与水源涵养生态功能区、南岭山地森林及生物多样性生态功能区、黄土高原丘陵沟壑水土保持生态功能区、大别山水土保持生态功能区、桂黔滇喀斯特石漠化防治生态功能区、三峡库区水土保持生态功能区、塔里木河荒漠化防治生态功能区、阿尔金草原荒漠化防治生态功能区、呼伦贝尔草原草甸生态功能区、科尔沁草原生态功能区、浑善达克沙漠化防治生态功能区、阴山北麓草原生态功能区、川滇森林及生物多样性生态功能区、秦巴生物多样性生态功能区、藏东南高原边缘森林生态功能区、藏西北羌塘高原荒漠生态功能区、三江平原湿地生态功能区、武陵山区生物多样性与水土保持生态功能区、海南岛中部山区热带雨林生态功能区等25个国家重点生态功能区。

4．禁止开发区域　依法设立的各类自然保护区域，包括国务院和有关部门正式批准的国家级自然保护区、世界自然遗产、国家级风景名胜区、国家森林公园和国家地质公园等。

根据上述农业的四项基本功能和区域异质性，我国农业功能区可进一步划分为10个一级区、45个二级区（图1-6），各一级区的基本特征和农业功能定位如下：

1．东北农产品供给功能主导区　本区包括三江平原区、松嫩平原区、西部半农半牧区、北部林区（包括大、小兴安岭）和南部林区（包括长白山、张广才岭）5个二级区。该区地域辽阔，土地肥沃，耕地平整连片，适于大规模机械化作业。区域土地面积和耕地面积分别占全国的11.19%和17.54%，热量资源较差，水分相对充沛，林、草地资源十分丰富。该区以承担国家级大宗农产品供给为主导功能，同时兼具显著的就业与文化传承等功能。

2．黄淮海农产品供给功能主导区　本区包括冀鲁豫平原区、黄淮海平原区和泰沂山区3个二级区。该区是全国最大的冲积平原，区域土地面积和耕地面积分别占全国的3.14%和15.15%。该区以承担国家级主要大宗农产品供给为主导功能，同时还有重要的生态调节、就业和观光休闲等功能。

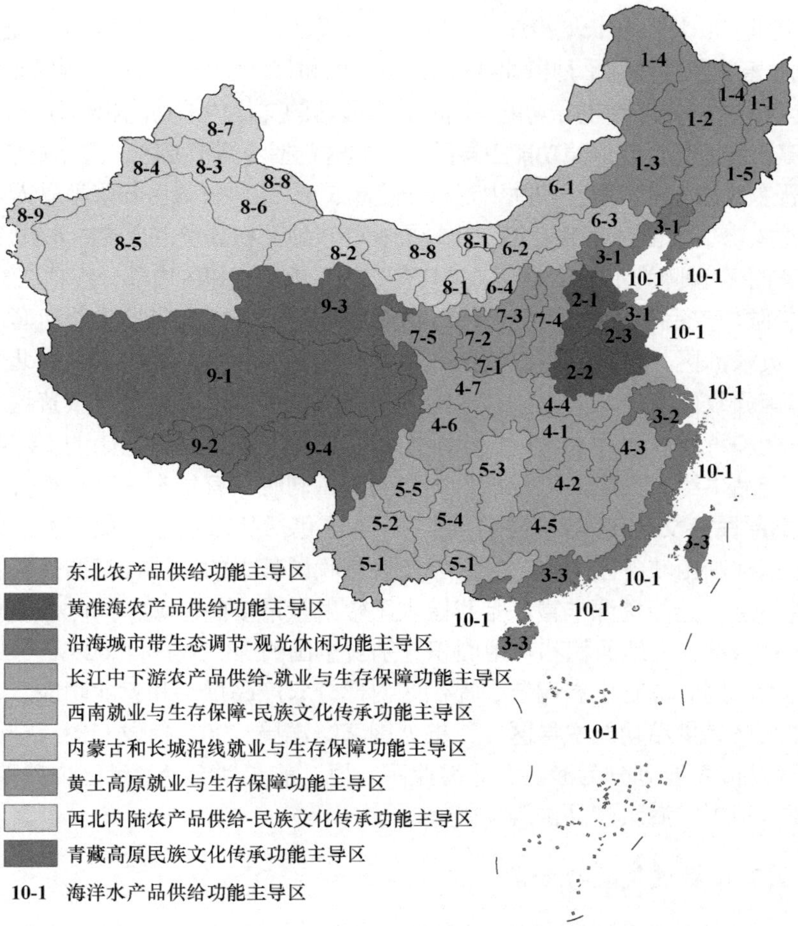

彩图

图 1-6 中国农业功能分区（改自《中国农业功能区域研究》项目组，2011）

3. 沿海城市带生态调节-观光休闲功能主导区 本区包括环渤海区（包括京津、辽宁中南部、山东东部）、华东区（包括长江三角洲、浙闽沿海）、华南区（包括珠江三角洲、闽粤沿海、粤桂沿海、海南、台湾）3 个二级区。该区地跨北温带至热带广大地区，气候类型和农业生产类型多样，区域土地面积和耕地面积分别占全国的 4.72%和 10.73%。该区以承担生态调节、观光休闲为主导功能，同时具有国家级部分重要农产品的供给功能，提供就业和生存保障功能。

4. 长江中下游农产品供给-就业与生存保障功能主导区 本区包括长江中下游平原区（包括江淮平原、江汉平原、洞庭湖平原、鄱阳湖平原）、湘鄂赣红壤丘陵区、东南丘陵区、伏牛大别山区、南岭山地丘陵区、四川盆地区和秦巴山区 7 个二级区。该区属北亚热带和中亚热带，水资源丰富，农林牧渔比较发达，农业生产水平较高，区域土地面积和耕地面积分别占全国的 13.23%和 28.04%。该区以承担国家级主要大宗农产品供给-就业与生存保障为主导功能，同时还有显著的生态调节功能和文化传承功能。

5. 西南就业与生存保障-民族文化传承功能主导区 本区包括滇桂南部热区、滇中高原盆地区、武陵山区、黔桂滇岩溶区和川滇山原区 5 个二级区。该区地处亚热带，水热条件较好，区域土地面积和耕地面积分别占全国的 9.08%和 8.97%。该区以承担就业与生存保障-民族文化传承为主导功能，同时具有生态调节和国家级部分农产品供给功能。

6. 内蒙古和长城沿线就业与生存保障功能主导区 本区包括内蒙古草原牧区、内蒙古中部农牧区、冀辽北部山地区和长城沿线风沙区 4 个二级区。该区自然条件，特别是水分条件不够充足，草原辽阔，畜牧业条件优于种植业。区域土地面积和耕地面积分别占全国的 6.36%和 5.28%。该区以承担就业与生存保障为主导功能，同时具有显著的文化传承功能和部分畜产品供给功能。

7．黄土高原就业与生存保障功能主导区　本区包括汾渭平原区、渭北陇东旱塬区、晋陕黄土丘陵区、晋东豫西山地丘陵区和陇中青东丘陵区 5 个二级区。该区年降雨量为 400～600mm，以旱作农业为主，产量低而不稳定。区域土地面积和耕地面积分别占全国的 4.81%和 9.29%。该区以承担就业与生存保障为主导功能，同时具有文化传承功能和区内部分粮食供给功能。

8．西北内陆农产品供给-民族文化传承功能主导区　本区包括宁蒙河套灌区、河西走廊区、天山北坡绿洲区、伊犁河谷农牧区、南疆绿洲区、吐哈盆地绿洲区、北疆农牧区、蒙甘荒漠牧区和南疆牧区 9 个二级区。该区地广人稀，气候干旱，年降雨量普遍小于 250mm，以绿洲灌溉农业和荒漠牧业为主。区域土地面积和耕地面积分别占全国的 24.34%和 4.38%。该区以承担农产品供给、民族文化传承为主导功能，同时具有生态调节功能。

9．青藏高原民族文化传承功能主导区　本区包括高寒牧区、藏南农业区、高原北部农牧区和高原东部高山峡谷区 4 个二级区。该区是我国最大的高原，高寒是其主要特点，大部分地区热量不足；光能资源丰富，是我国太阳辐射量最多的区域；同时，区域内分布着众多的牧场和天然森林，土地面积和耕地面积分别占全国的 23.13%和 0.62%。该区以民族文化传承为主导功能，同时具有生态调节、提供区内部分农产品供给和就业功能。

10．海洋水产品供给功能主导区　根据国家海洋局 2002 年发布的《全国海洋功能区划》，我国海洋功能主要划分为渔业和非渔业两方面，前者划定了渔港区、养殖区、增殖区、捕捞区，主要承担国家海水产品供给功能。

（三）中国农作制度类型与分区

农作制分区的目的是提高全国各地区农作制的功能与效率，促进农业与农村经济的发展。刘巽浩和陈阜（2005）根据我国人多地少、经济尚欠发达的国情，着眼于向集约化、商品化、现代化的农作制方向发展，强调当前与长远相结合，生产、经济与生态 3 方面协调发展，充分参考和吸收近几十年来我国农业生产实践与农业科研的新成果，从综合角度，以县域为基本单元，将全国划分为 10 个农作制一级区和 41 个二级区（亚区）（图 1-7、表 1-4）。

表 1-4　我国农作制度分区与主要类型（刘巽浩和陈阜，2005）

区号	区名	主要农作制类型
1 区	**东北平原山区半湿润温凉一熟农林区**	平原雨养半机械化粮豆牛猪混合制、低地集约水稻制、山地林农制、大规模雨养农场制、渔作制
1.1	兴安岭丘陵山地纯林区与山麓岗地温凉作物一熟区	山地纯林制、山麓岗地粗放一熟制
1.2	三江平原温凉作物一熟区	大规模机械化雨养粮豆制、水田制
1.3	松辽平原喜温作物一熟区	平原雨养半机械化农牧混合制、水田制、草地放牧与舍饲结合制
1.4	长白山温和作物一熟农林区	山地纯林制、山麓川岗地粗放一熟制
1.5	辽东滨海平原温暖作物一熟农渔区	渔作制、水田制、雨养农牧制、果园制、设施蔬菜制
2 区	**黄淮海平原半湿润暖温灌溉集约农作区**	水浇地两熟集约农牧制、雨养二熟制、水田制、棉田制、旱地雨养一熟制、设施蔬菜制、温带果园制、城郊农作制
2.1	环渤海山东半岛滨海外向型二熟农渔区	水浇地二熟集约制、渔作制、设施蔬菜制、果园制、城郊农作制
2.2	燕山太行山山前平原水浇地二熟区	水浇地二熟集约制
2.3	海河低平原缺水水浇地二熟兼旱地一熟区	水浇地二熟制、旱地雨养一熟制

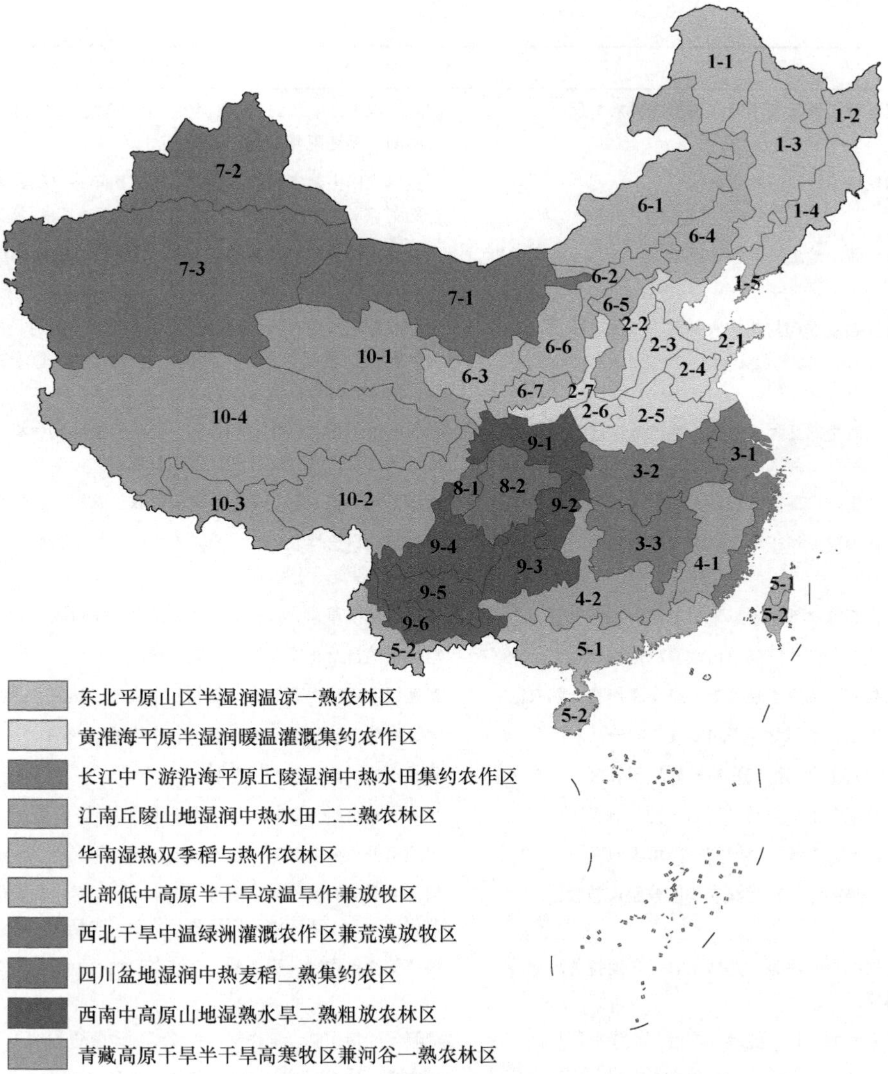

彩图

图 1-7　中国农作制综合分区图（改自刘巽浩和陈阜，2005）

续表

区号	区名	主要农作制类型
2.4	鲁西平原鲁中丘陵水浇地二熟兼一熟区	水浇地二熟集约农牧制、旱坡地雨养二熟一熟制、棉田制
2.5	黄淮平原南阳盆地水浇地旱地二熟区	水浇地二熟与旱地雨养二熟农作制
2.6	汾渭谷地水浇地二熟旱地一熟兼二熟区	水浇地二熟农牧制、旱地雨养二熟一熟制
2.7	豫西丘陵山地旱坡地一熟兼水浇地二熟区	旱地雨养一熟粗放制、水浇地二熟制
3 区	**长江中下游沿海平原丘陵湿润中热水田集约农作区**	水田多熟集约农畜禽渔混合制、岗坡地雨养农果制、低山丘陵林农制、渔作制、麦—棉二熟制、城郊农作制、园艺作物制、沿海外向型农作制
3.1	浜南黄海东海平原二三熟外向型农渔区	水田多熟集约农畜禽渔混合制、沿海渔作制
3.2	江淮江汉平原丘陵旱水二熟兼三熟农区	水田多熟集约农畜禽渔混合制、低山丘陵林农制、岗坡地雨养农果制
3.3	两湖平原丘陵水田三二熟农区	水田多熟粮猪型农作制、岗坡地雨养二熟制、低山丘陵林农制

续表

区号	区名	主要农作制类型
4 区	**江南丘陵山地湿润中热水田二三熟农林区**	川盆地水田多熟集约农牧渔混合制、丘陵山地用材林经济林农牧立体制、旱地雨养二熟一熟制
4.1	浙闽丘陵山地二三熟农林区	川盆地水田多熟农牧渔混合制、山区丘陵林农制、旱地雨养二熟一熟制
4.2	南岭丘陵山地二三熟农林区	川盆地水田多熟农牧渔混合制、山区丘陵林农制、旱地雨养二熟一熟制
5 区	**华南湿热双季稻与热作农林区**	水田双季稻集约农牧渔混合制、粗放二熟一熟制、亚热带热带种植园制、山地丘陵林果农混合制、蔗田与蔗基鱼塘制、园艺作物制、渔作制、外向型农作制
5.1	华南沿海平原丘陵水田三二熟兼热作区	水田双季稻集约农牧渔混合制、亚热带果园制、桑（蔗）基鱼塘制、城郊农作制、渔作制、外向农作制
5.2	海南岛雷州半岛西双版纳水田旱地二熟兼热作区	水田单双季稻二熟制、旱地粗放雨养二熟制、热带亚热带作物制
6 区	**北部低中高原半干旱凉温旱作兼放牧区**	旱作粗放自给性农牧制、灌溉半集约一熟制、草原放牧制、园艺作物制、生态保护农作制
6.1	内蒙古高原北部半干旱干旱草原放牧兼农区	干草原荒漠草原放牧制、农牧交错带旱作粗放自给性农牧混合制
6.2	后山坝上晋西北中高原山地喜凉作物一熟兼轮歇区	旱地粗放自给喜凉作物一熟兼轮歇制
6.3	黄土高原西部黄土丘陵半干旱喜凉作物一熟农区	旱地粗放自给喜凉作物一熟制、水浇地一熟制
6.4	蒙东南辽吉西冀北半干旱喜温作物一熟农区	旱地粗放自给喜温作物一熟制、水浇地一熟制
6.5	晋东土石山地半湿润易旱一熟填闲农区	旱地自给一熟制兼二三熟制
6.6	黄土高原东部丘陵易旱喜温作物一熟农区	旱地粗放自给一熟制、生态保护型农作制
6.7	黄土高原南部塬区半湿润一熟填闲农区	旱地雨养一熟兼二年三熟农牧混合制、果园制
7 区	**西北干旱中温绿洲灌溉农作区兼荒漠放牧区**	绿洲灌溉集约粮作制、灌溉棉作制、半干旱粗放农作制、集约园艺作物制、干旱荒漠草原游牧定牧制、农场制
7.1	河套河西走廊灌溉一熟填闲农区与阿拉善高地荒漠草原牧区	灌溉集约粮作制、棉作制、荒漠草原放牧制
7.2	北疆灌溉兼旱作一熟填闲农区与荒漠草原牧区	灌溉集约粮作制、棉作制、荒漠草原游牧定牧制
7.3	南疆灌溉一二熟农区与荒漠草原牧区	灌溉集约粮作制、棉作制、园艺作物制、荒漠草原放牧制
8 区	**四川盆地湿润中热麦稻二熟集约农区**	水田麦一稻二熟集约粮猪型农作制、旱地雨养间套二熟粮猪型农作制、冬水田制、丘陵地雨养农果菜混合制
8.1	成都平原水田麦稻二熟农区	水田麦一稻二熟集约粮猪型农作制、旱地雨养二熟兼农果菜混合型农作制
8.2	川中丘陵水田旱地二熟农区	水田麦一稻二熟制、旱地雨养间套二熟制、冬水田制、丘陵地雨养农果混合制
9 区	**西南中高原山地湿热水旱二熟粗放农林区**	中低山区农林牧立体雨养粗放二熟制、山麓川盆地水田二熟集约农牧混合制、纯林制、原始生态农作制、烟茶制
9.1	秦巴山区旱坡地二熟一熟兼水田二熟林农区	农林牧立体雨养粗放制、用材林与经济林混合制
9.2	川鄂湘黔交界低高原山地水田旱地二熟林农区	平坝水田二熟制、旱地雨养粗放二熟制、经济林木制
9.3	贵州高原水田旱地二熟兼一熟农林区	平坝水田二熟制、旱地雨养粗放二熟制、经济林木制、烟作制
9.4	滇中高原盆地水田旱地二熟兼一熟农林区	平坝水田集约二熟制、旱地雨养粗放二熟制、烟作制
9.5	横东高原高山峡谷旱地一二熟兼水田二熟农林区	旱地农林牧立体雨养粗放制、原始生态农作制、烟作制、水田二熟制
9.6	滇南中低山宽谷炎热旱地水田二熟农区	旱地水田雨养粗放二熟制、原始生态农作制

续表

区号	区名	主要农作制类型
10 区	**青藏高原干旱半干旱高寒牧区兼河谷一熟农林区**	自然游牧制、河套灌溉麦作制、旱地粗放杂粮兼原始休闲撂荒生态农作制
10.1	青甘干旱半干旱喜凉作物一熟轮歇农区与高寒草原荒漠牧区	自然游牧制、旱地一熟轮作制
10.2	川西藏东南半湿润凉温作物一熟林农牧区	林农牧立体制、旱地雨养一熟轮作制
10.3	藏西南谷地半干旱喜凉作物一熟兼草原牧区	河谷地灌溉麦作制、农牧交错制
10.4	西藏高寒干旱荒漠草地牧区	高寒荒漠草原游牧制

在一级区中，1～5 区属于东中部，编号顺序由北向南排列，其趋势是降水、热量逐渐增多；6～10 区属于西部，随着编号数字的增加，海拔逐渐增高。从表 1-4 可以看出，当前我国农作制度大多数仍处在传统自给粗放型农作制和传统半自给半商品集约型农作制度阶段，也有少量的亚现代商品型农作制度类型准备向现代农作制度过渡。

视频 1-10

六、智慧农业发展与应用

（一）智慧农业概述

“智慧”一词出自《墨子·尚贤中》，是生命所具有的一种高级创造思维能力，包含感知、记忆、理解、分析、判断、升华等多种属性，简而言之就是更好地解决问题的能力。2008 年，国际商业机器公司（IBM）提出“智慧地球”概念，其中“智慧”被定义为“将全新的信息技术（IT）与互联网技术运用于全社会全领域中去，实现广泛的物联化、互联化和智能化”。“智慧”即为精细化、高效化的管理模式。单从文字层面，智慧农业可以认为是赋予农业智慧化的特质。然而，由于农业是支撑国民经济建设与发展的基础产业，其智慧化的含义与研究不能仅停留于微观层面的观察，也不能认为“智慧农业”是现代信息技术与传统农业的简单融合，而更应考虑农业智慧化的宏观影响。目前，“智慧农业”尚处于新兴探索及快速发展阶段，对其概念和意义的解析被散乱地应用于各类的研究需要中。一般认为，智慧农业是农业信息化发展从数字化到网络化再到智能化的高级阶段，是以数字农业为基础，将互联网、物联网、大数据、云计算、人工智能等现代信息技术与农业深度融合，提供农业信息感知、定量决策、智能控制、精准投入、个性化服务的全新农业生产方式。

与以人为中心的传统农业相比，智慧农业借助数字化装置，围绕实时“数据”推进农业生产决策的管理与落实；借助大量的数据与智能生产工具、多元风险管理措施、防范性维护技术，减少主观随意性，增强了农业生产链的经营效率和资源配置效率等。

（二）农业生产管理制度下智慧农业的应用

通过优化种植方案、发展精准农业、提高农业生产效率、加强农业风险管理和推动农业可持续发展，智慧农业正促使现代农作制度发生深刻变革，主要体现在以下几方面：

1．种植方案优化　通过大数据分析、人工智能等技术手段，管理者能够全面分析环境数据，对农作物的总体生长形势进行预测，充分利用互联网技术与智能设备，制定出最佳的作物品种搭配、施肥时间和数量、农药喷洒等方案，将大数据技术应用于农业测土配方和茬口作业计划中，提高农作物的种植效率。与传统种植方式相比，智慧农业提供的优化方案更加科学、合理，有助于提高作物产量和品质，同时降低生产成本。

2．精准农业　利用农业传感器技术、智能决策技术等手段，智慧农业能够实现对土壤状况、气候环境等实时监测。通过对监测数据的分析，生产者可以制定针对性更强、更加精准的种植方案，从而提高农业生产效率，减少资源浪费。精准农业还能够对病虫害进行早期预警和防治，有效降低农药使用量和农产品损失，为农业布局规划、农业生产管理提供了优化支撑。

3．农业智能装备　从田间管理的角度，智能农机在从作物种到收的全生产环节中均可以发挥重要作用。智能农机可以根据不同作物和土壤要求，自动调节播种和施肥设备的精度和间隔，确保种植的一致性和高效性；借助感应器和高精度定位系统，智能农机能精确识别农田中的病虫害，根据作物生长状态和土壤条件，调整施药剂量；利用自动驾驶技术和机器视觉技术，智能农机可以精准地自动收割，大大提高了收获效率和质量。

4．农业风险管理　利用作物模型可以对作物产量、农业气象和田间环境进行模拟，帮助生产者应对天气风险、病虫杂草害等不可预测的因素。此外，通过大数据分析，智慧农业可以预测某一农作物的价格走势和市场供应情况，为生产者提供更加准确的市场预测和种植建议，降低农业风险，增加农民收入。

5．农业可持续发展　通过精准农业和智能化农业等方式，实现对土地、水和生物多样性的保护；减少化肥、农药等化学物质的使用量，降低农业生产对不可再生资源的依赖性，有效地防治农田生态系统面源污染；推动有机农业和绿色食品生产的发展，提高农产品质量安全水平；提高农业生产效率和产品质量，增加农民收入和就业机会，促进农村经济发展。

（三）我国智慧农业发展面临的主要挑战及对策

应该清醒地认识到，我国当前的智慧农业整体水平距离世界发达国家仍然相差15～20年。制约我国智慧农业发展的主要因素已经从单一技术短板转为整体技术水平较低，具体表现在以下几个方面：

1．基础设施投入不足　2020年，全国县域农业农村信息化的资金投入为341.4亿元，农村人口平均为46元。其中，现代化设备成本过高，远超农民承受范围。除资金外，部分区域的基础信息水平和原始数据与智慧农业或者数字农业建设的基本要求相差甚远。当务之急是加快建设统一的数据系统，从国家至园区各个层面建立完善的数据中心，健全配套规划和政策。各级政府积极引导社会和企业对数字农业的关注和投入，适当划拨资金用于智慧农业建设。

2．农业劳动力数量、质量堪忧　首先，农业受市场与自然条件两方面的影响，相对收益较低，农业劳动力数量持续下滑，农业兼业化现象比较显著。其次是劳动力质量，大量青壮劳动力流失，从事农业生产的大多是老弱和妇女，劳动力质量越来越差。智慧农业发展的关键在于大批高素质的农业智慧化人才，要通过多种形式培养一大批跨界复合型人才队伍，满足发展需要。

3．土地因素　我国土地规模化程度不高，土地流转效果和规模效益并未出现，撂荒弃耕现象依然普遍。智慧农业具有规模经济特点。长期实践证明，规模化是降低农业经营成本的关键，也是现代农业发展的必由之路。然而家庭经营并不是阻碍智慧农业技术应用的必然因素，正如小规模家庭农场的机械化水平不断提高，智慧农业的发展也将会因地制宜服务于小规模生产实践，而随着土地产权制度完善和农村劳动力转移后家庭农场发展，土地流转和农场规模扩大的速度也将会加快，智慧农业发展的速度也必将加快。

4．智慧农业基础研究薄弱　智慧农业具有显著的多学科交叉特点，是信息技术在农业领域的应用，最终以农业生物特性呈现的过程。因此，必须开展基于农业生物特性的农业信息学（ag-informatics）交叉研究，揭示基础原理。然而，截至2021年，国家自然科学基金学科目录中只在作物一级学科下设立作物信息学，而农业信息学没有作为学科方向给予支持，对智慧农业基础研究方面的支持力度还需继续加大。

视频 1-11

第三节　中国农作制度发展战略

一、中国农业面临的挑战与发展机遇

（一）中国农业面临的挑战

1．人口增长和耕地减少双重压力下粮食安全保障难度日趋增大　据第七次人口普查结果，至2020年11月1日，中国总人口14.31亿人，按照此前增长速度，至2030年可能达到16亿人，人口压力巨大。与人口数量长期趋长相反，我国耕地数量持续减少，而这种态势随城镇化、工业化和经济发展等需求而不可逆转，粮食安全保障面临新挑战。目前，我国正由“人口红利”转为“人才红利”。至2020年底，我国大专及以上受教育程度的人口占比达到23.61%，比2010年提高11.27%，一批批高水平“三农”工作队伍正在形成。严守18亿亩耕地红线是确保我国在2030年达到人口峰值时粮食安全的重要基石。根据《耕地质量保护与提升行动方案》，计划到2020年，全国耕地质量状况得到阶段性改善，全国耕地地力平均提高0.5个等级。土壤有机质含量平均提高0.2%，耕作层厚度平均达到25cm以上。到2030年，全国耕地质量状况实现总体改善，对粮食生产和农业可持续发展的支撑能力明显提高。

2．水资源短缺是未来农业发展的重要限制因子　我国人均水资源量约2200m^3，是典型资源型缺水国家，被联合国认定为13个贫水国之一。与资源型缺水相伴，我国水资源结构性短缺问题更为严重，一方面表现为60%～80%降水量分布于夏季，形成了农业需水与自然供水时间错位；另一方面表现为水资源空间分布与土地资源分布不相匹配，长江流域及以南地区水资源量占全国的82%，但耕地仅占36%、人口占54%，而我国北方海河、淮河、黄河三大流域拥有45%人口、40%耕地、31%工业总产值，水资源占有量仅为10%。从2010年至2020年，我国年用水总量稳定在6052.28亿m^{3}左右，农业用水平均占用水总量62.32%，粮食产量稳步提升，农业高效用水格局基本形成。

3．全球气候变化使农业面临巨大挑战　相关研究表明，气候变化将会对作物生长和产量产生负面作用，如气温每增高1℃，水稻、冬小麦、玉米生育期分别平均缩短7～8d、17d、7d，单产都有不同程度下降；暖冬有利于农作物病虫害越冬、繁殖；气候变化使农业旱涝等气象灾害频繁加剧发生，预计农业灌溉用水量将增加6%～10%。结合作物生长特点和区域气候资源，持续加强农业基础设施建设，对现有种植结构进行调整，如选用抗旱品种，提高耐旱作物种植面积，南种北移等均能有效应对气候变化对农业生产的不利影响。但根本还是要维护生产生态环境，稳定气候变化趋势，避免更大的环境压力和生产压力。

4．环境问题是中国农业可持续发展的巨大挑战　以土地退化和污染为主的环境问题严重制约了中国农业可持续发展。2012年我国水土流失面积为356万km^2，占国土面积的37%；荒漠化土地面积为262.2万km^2，占国土面积的27.3%，近4亿人口受荒漠化影响。2006

年中国水资源公报指出，全国约 40%河流水质受到严重污染，全国七大江河中淮河、黄河、海河水质最差，均有 70%的河段受到污染，其中劣Ⅴ类水质占 41%；我国北方水资源严重短缺地区，污水灌溉造成的重金属和有机物对土壤复合污染也十分普遍。我国生态文明建设成果不断，农业农村环境稳中向好。2021 年全国水土流失面积较 2012 年减少 24.88%，严重污染河段减少 24%。预计到 2025 年，我国将完成 8 万个行政村环境整治，农村生活污水治理率达到 40%，主要农作物测土配方施肥技术覆盖率稳定在 90%以上，主要农作物化肥、农药利用率均达到 43%，农膜回收率达到 85%；畜禽粪污综合利用率达到 80%以上。

5．农业基础设施和物质技术装备水平低仍是一个突出问题　农业基础设施是农业赖以发展的“先行资本”，是农村生产稳定发展、农业经济良性运行、农民持续创收增收的基础性条件。目前，我国农业基础设施供给依然滞后于农业发展需要，供给数量不足，建设水平落后，质量参差不齐，直接影响了传统农业向现代农业转变。在各级政府引导和实际生产效果的影响下，基础设施在三农建设中的重要性不断加深，投入力度持续增加。至 2020 年年底，全国农业机械总动力达 10.56 亿 kW，较“十二五”末期增长 17.07%。全国农作物耕种收综合机械化率达 71.25%，较“十二五”末期提高 7.43%。其中，机耕率、机播率、机收率分别达到 85.49%、58.98%、64.56%，基本实现“农机化”。

6．农业科技创新任重道远　2012 年，中国农业贡献率约为 53.5%，农业科技成果转化率只有 40%左右，与世界发达国家农业科技贡献率（70%）相比，中国农业科技总体水平比发达国家落后 15 年。2008 年中国谷物单产、水稻和小麦单产达到发达国家水平，但三大作物平均单产与世界最高水平相比差距较大，而中国农业劳动生产率也只有世界平均值的 47%、高收入国家平均值的 2%。农业资源利用率方面，我国水分利用率、化肥利用率平均约为 40%左右，与发达国家 60%以上水平差距明显。2020 年，我国农业科技进步贡献率达到 60.7%，至 2025 年，农业科技贡献率将达到 65%，科技成果转化率将达到 50%，逐步形成农业学科领域三分之一全球领先、半数并跑的创新格局，基本实现建设世界一流院所的战略目标。

7．农业发展模式转型是农业现代化面临的巨大挑战　中国农业发展面临科技支撑和经营模式共同转型难题。一方面，传统拼资源、拼消费的农业生产方式必须转变为依靠科学技术的资源节约、环境友好方式，这种转变面临基础条件薄弱、科技支撑不足、观念落后等多种因子制约。另一方面，小规模家庭经营模式在解决了农村温饱问题之后，要想实现农业生产者收入不断增加、持续调动生产者积极性几乎不大可能，这种模式与现代农业规模化、集约化、专业化需求也存在根本上的冲突。中国农业现代化及现代农业产业体系的建立，只有经历长期努力与创新才可能得以实现。

（二）中国农业发展面临的机遇

1．全球经济一体化为中国农业国际化和现代化提供了广阔市场　全球经济一体化对发展中国家农业发展提出巨大挑战的同时，有利于中国农业在更广阔范围内引进国外资金和先进技术；有利于利用国内外生产要素，提高农业现代化装备水平和管理水平；有利于加速改造国内传统农业，实现向现代农业转变，全面提高农产品质量和农业经济效益；有利于拓展中国农业市场，推动中国农业商业化、科技化、专业化水平，提高农业比较效益。

2．新的科技革命将为农业发展提供强大支撑　信息技术和生物技术突飞猛进，给世界农业发展注入了新的活力。例如，利用物联网技术全方位采集农业生产环境信息，实现农业播种、灌溉、施肥、收获等农艺环节智能决策与实施，农产品冷链运输全程监控管理对有机农产品实现生产流通全程追溯等，有利于全面提高农业综合效益。同时，信息技术与农业管理技术集成将对人类应对气候变化、抗灾减灾及充分利用自然资源提供重要支撑。

3．中国经济结构转型为农业结构优化和产业升级提供了契机　随着国民经济持续、健康发展，我国工业化和城镇化进程加速，产业结构呈不断优化升级态势，农业即将进入与工业平等发展的新阶段。一般而言，当人均 GDP 达到 3000～10 000 美元时，全社会人均动物蛋白消费水平呈快速上升趋势，农产品加工特别是食品加工需求也快速增长。消费结构变化必须导致农业结构相应优化和升级，农业内部畜牧业比例将超过种植业，第三产业对农村经济发展贡献加大，中国农业将由初级农产品生产向食品和农产品加工领域拓展，实行贸工农一体、区域化、规模化和产业化经营，切实形成与社会需求相吻合的农业产业结构。

4．中国农业战略地位提高与优惠政策出台是发展现代农业的有力支持　近年来，中央一号文件大多是关于农业和农村问题的政策安排，在相关会议议题中也将农业放在了极其重要的战略地位。2013 年中央一号文件将创新农业经营体制作为核心，首次出现了“家庭农场”的提法。这些会议议题和文件所提出的方针政策，为中国农业发展指明了方向，为中国农业由传统农业向现代农业转型提供了坚实的政策和经济支撑。2021 年《中共中央 国务院关于全面推进乡村振兴加快农业农村现代化的意见》指出，民族要复兴，乡村必须振兴。要坚持把解决好“三农”问题作为全党工作重中之重，把全面推进乡村振兴作为实现中华民族伟大复兴的一项重大任务，举全党全社会之力加快农业农村现代化，让广大农民过上更加美好的生活。

5．现代农业多功能性和高效性无限拓宽了农业发展空间　随人类社会不断发展，农业作用逐渐从保障食物和食品安全延伸到环境保护、文化传承、休闲娱乐等领域，同时与其他产业间的融合性不断加深，设施农业、数字农业、海洋农业、白色农业、观光农业、都市农业等多样化农业类型不断涌现，提供了将生物技术、信息技术和现代工业技术集成应用于农业的坚实平台，发展空间十分广阔。同时，随着现代科技对农业贡献份额的提高，农业比较效益显著提高，也将成为获取经济效益的重要途径之一。

视频 1-12

二、中国农作制度发展面临的问题

（一）农作制度发展面临的主要问题

1．种植制度革新与机械化需求之间存在错位　现代农业是现代工业装备下的集约化农业，随着经营模式和经营内容的变化，对机械革新的需求将进一步增强。目前，我国小麦、水稻、玉米等主要农作物耕种收综合机械化率均已超过 80%，但相较欧美等全面机械化和现代化国家仍有较大差距。主要原因在于国外人均耕地面积大，高新科技成果转化快，多类型企业融合发展等方面。此外，我国在果园管理、坡耕地管理、特种经济作物管理和多熟种植等领域机械化水平仍极低，使得这些人工驱动农作制模式生产效率较低，缺乏竞争力。导致我国种植制度革新与机械化需求错位的原因，除机械研发能力不足外，种植制度非标准化和不稳定性，也极大增加了机械配套的难度。

2．耕地集约利用与地力培育之间的矛盾　随着农业生产规模化、专业化程度的提高，种植制度单一化问题日趋严重，由此导致作物连作十分普遍，引起了不同程度土壤营养元素偏耗和土传病害加剧，处理好专业化与多样化生产问题是科学利用土地必须解决的难题。同时，不合理的种植制度和耕作方式造成水土流失、耕作层变浅、水体污染等问题，造成了土壤本身和周边环境恶化，研制适用于不同农业生产区地力保育型农作制度模式是解决土地集约利用与地力下降矛盾的重要途径。

3．复种指数下降导致土地利用率降低　20世纪90年代以来，受农业劳动力转移、农业比较效益低下、机械化水平不高等多种因素影响，南方水田单季稻、冬闲田面积较前期明显增多，仅1998～2006年约有166.7万hm^2双季稻改为了单季稻。另据农业部资料显示，中国南方16省（自治区、直辖市）秋冬种植面积仅占耕地面积的60%，冬闲田面积近2000万hm^2，其中有条件直接利用的约667万hm^2。与冬闲田规模较大情况相似，我国夏闲田面积估计也在333.3万hm^2，其中华南地区面积在200万hm^2以上。研发与冬闲田、夏闲田需求相吻合的作物品种、种植技术，提高复种指数是中国农作制面临的重要问题。

4．应对气候变化的抗灾减灾农作制模式缺乏　气候变化与农作制度适应性之间的矛盾，主要表现在许多作物或种植模式界限北移以及干旱、洪涝、极端温度等农业灾害性天气频发对传统农作制度模式的挑战。因此，在积极推进规模化、专业化生产模式的同时，提高农作制度对特定区域灾害性气候的适应能力仍有诸多难题需要克服。

（二）农作制度发展优先解决的重点问题

1．农作制度前沿基础问题　主要包括作物产量差与粮食大面积均衡增产问题，作物复合群落的调控机制与技术问题，集约农作制度的长期土壤功能保育，农业生境过程控制与生态环境保护，应对气候变化的新型农作制度预测与模拟等。

2．区域新型农作制度模式与技术体系构建　区域农作制度建设要突出关键技术研发与成熟技术集成相结合，单季作物高产与周年协调增产相结合，高产高效与资源节约、环境保护相结合，试验示范与推广应用相结合，要充分发挥制度性技术在农作制综合功能中的作用。不同区域农作制研发重点如下：双季稻三熟区稻田高效农作制度，长江下游麦—稻两熟区高产高效及环保农作制度，黄淮海平原小麦—玉米两熟区节本高效农作制度，东北平原地力培育与持续高产农作制度，西北旱作农业区水土资源高效利用农作制度，西南丘陵区避旱减灾多熟农作制度，华南地区外向型多熟高效农作制度。

3．主体种植模式的全程机械化　围绕小麦—水稻、油菜—水稻、小麦—玉米等主体种植模式，研制适用于播种、肥水管理、收获、秸秆处理等不同农艺环节的农业机械，配套相应的耕作、栽培、良种等增产要素，推进农田全程机械化周年高产技术的集成。另外，推动机械化在农业全生产流程的应用，是缓解我国人口老龄化、农村劳动力短缺等社会问题、经济问题的有效举措。届时，传统的靠天吃饭、经验种养、高投低效的生产现状将呈现出科学、高效、有计划的新局面。据预测，一台机器人每年可劳作70 000～83 000个工时，相当于39～46个劳动力一年的工作量。同时，机器人对传统劳动力的代替将促使农业生产者由传统田间管理转为机械化管理，这对于提高农业行业水平和从业者整体素质具有积极影响。

4．建立防灾减灾农作制度　针对大陆季风性气候旱、涝灾害频发造成的农业减产问题，探索趋利避害、防灾减灾的品种搭配、种植模式优化和作物布局调整方案，形成适用于不同农业生产区的防灾减灾预案，推动农业减灾模式由灾后恢复救助向减灾准备和风险管理转变。

5．联合攻关机制和政策扶持　持续提高农业生产能力的关键在于提高水、土、肥等资源投入效率，必须抛弃就作物论作物、就资源论资源、就单项技术论技术的发展模式，必须建立多专业、多部门联合协作机制，切实推行硬技术与软技术的优化配置。对于保障国家粮食安全和战略需求的农作制度模式，要从基础设施配置、土地流转和科技投入等领域给予特殊扶持，即配套有力的制度性保障技术。

视频 1-13

三、中国农作制度发展战略与优先序

（一）农作制度发展的战略需求、目标和技术需求

中国农作制度发展，必须围绕国家粮食安全、生态安全、资源安全和农业现代化等战略需求，构建适用于不同区域的农作制度模式，研发关键技术，形成集关键技术和制度性技术于一体的现代农作制度技术体系，提供现代农作制升级升值的科技支撑。具体战略需求、目标和技术需求如图 1-8 所示。

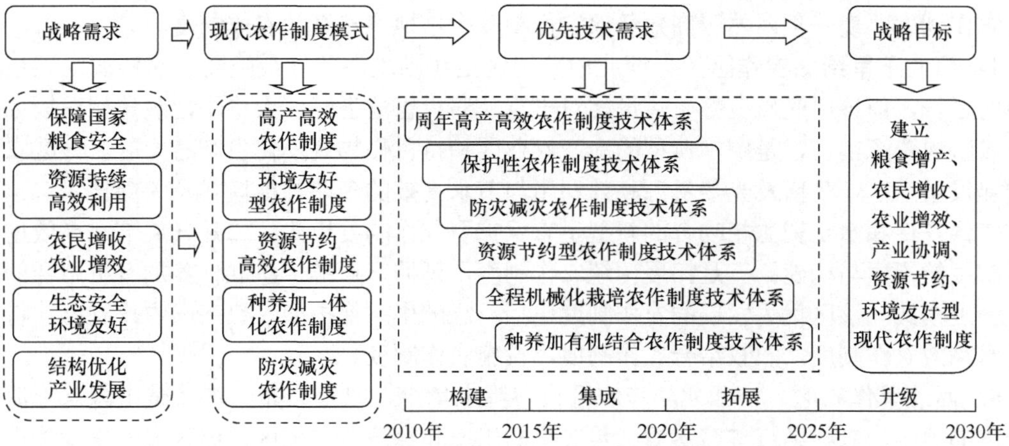

图 1-8　中国农作制度发展战略优先序路线图（陈阜和任天志，2010）

（二）区域农作制度发展思路和优先发展模式

中国幅员辽阔，不同区域的自然、经济和社会条件相差甚远，发展现代化农作制度面临的问题也各不相同。因此，要建成可操作性强、综合效益显著的现代化农作制度，必须根据不同区域的具体情况制定相应的发展思路，明确优先发展模式。

1．东北农作区　该区人少地多，耕地集中连片、广阔平坦，气候适宜，农业机械化水平相对较高，是中国商品粮战略后备基地。农作制度发展应坚持以下基本思路：以持续稳定提高粮食综合生产能力为核心，推进种植业生产规模化、机械化、标准化，实现种植业现代化、高效益；加强农牧结合、种养加结合，提高农业的附加效益，实现增效与农业生产系统物质良性循环；优化农业结构、作物布局和种植体系，建立完善的地力保育技术体系；培植具有国际影响力的大型粮食生产、加工、贸易企业，建立新型规模化经营的现代农作制度样板。该区优先发展的农作制度包括：玉米、水稻、大豆全程机械化精准管理农作制度，禾—豆轮作持续稳产农作制度，东北平原地力培育与持续高产农作制度，种养加复合农作制度。

2．黄淮海农作区　该区热量资源丰富，资源型缺水严重，农业生产基础水平相对较高，是我国大宗农产品主要生产基地，粮食总产量占全国的 15%，未来仍然是中国重要的粮食生产基地。该区农作制度发展应遵循的思路：以强化粮食主产区地位和作用为核心，通过品种筛选和组合、土壤耕作和培肥、水肥管理、病虫害综合防治等技术组装配套，实现单一

作物、单一技术增产向农田作物周年综合增产转变；大力推进农业机械化，提高农业生产效率和现代化水平；科学配置种植业、养殖业和加工业，提高区域农业集约化水平，优化农作制度结构。适用于该区的农作制度包括：麦—玉两熟区小麦玉米一体化周年高产高效农作制度，机械化麦—玉一体化两熟节本增效农作制度，菜—粮轮作高效农作制度模式和现代节水高效农作制度。

3．长江中下游农作区　长江中下游水资源丰富，土壤肥沃，光、热、水配置良好，适于复种，是中国农业气候资源潜力最高的地区之一，区域内人多地少，经济基础较好，是典型的高投高产区。该区要积极开发利用冬闲田，恢复和提高复种指数，力求粮食自给，保证区域粮食安全；优化双季稻和稻—麦两熟种植模式技术体系，形成高产、高效、机械化、环境友好型农作制度模式；积极发展绿色农业、设施农业、养殖业和农产品加工业，形成种养加有机结合的高效现代农作制度模式。优先发展的农作制度包括：双季稻三熟区稻田多熟高效农作制度，麦—稻两熟区高效环保农作制度，旱地多熟高效农作制度。

4．西北干旱绿洲农作区　西北内陆地区是我国生态条件最脆弱、水资源缺乏最严重的地区之一，但该区光质良好、热量相对丰富、病虫害危害轻，人均耕地数量相对较多，后备宜农耕地资源丰富，是中国典型的高产农业区和特色作物规模化生产潜力区。该区农作制度的建设重点：一是研发光热资源高效利用与节水高效的多熟种植模式及关键技术，建立与区域气候条件和水土资源相吻合的新型生态保护型农作制度模式；二是开展节水高效型设施农作制度的探索与构建；三是拓展传统农作制度，延伸产业链，建立种养加有机结合的现代农作制度模式。该区优先发展的农作制度包括：绿洲生态保护型多熟高产农作制度，特色作物节水高效农作制度，农牧结合农作制度，设施农作制度。

5．西北旱作农区　西北旱作农区自然降水量少、时空分布不均，是中国水土流失最为严重的地区，农村经济贫穷落后，是典型的生态和经济双贫地区。该区农作制度建设应以“抗旱、减蚀、增效”为基本目标，集成应用水土保持、作物增产、经济增效关键技术，建立旱农生态系统高效持续发展的保障体系。适用于该区的农作制度主要有：覆盖种植与抗旱减灾农作制度，粮-果-畜复合型农作制度，集水、保水型节水高效农作制度。

6．西南丘陵农作区　该区作物种类繁多，种植模式复杂多样，立体农业应用广泛，季节性干旱严重，农业机械化水平低，农业基础设施建设相对滞后，农业抗灾能力弱，高耗粮养猪业和养禽业仍是该区的主导养殖模式。该区农作制度建设重点是：通过土地流转，发展适度规模经营的稻田农作制度；在丘陵旱作农业区，重点推广立体多熟农作制度；通过冬闲田种草和草食畜禽业发展，促进农牧结合农作制度发展。适用于该区的主要农作制度包括：稻田高产高效与种养复合农作制度，丘陵旱地避旱减灾多熟农作制度，冬闲田高效利用农牧结合农作制度。

7．华南农作区　华南农作区大部分地区自然条件优越，适于发展多熟种植，是中国典型的外向型农业发展地区。目前，存在生产规模小，蔬菜连作严重和土壤生态环境恶化，冬闲田与夏闲田增加，复种指数下降等问题。该区应在强化外向型农业的基础上，探索经济发达区规模化现代稻田农作制度；通过解决传统双季稻区冬、夏闲田利用问题，形成粮—菜、粮—蕉多熟高效农作制度；集成品种搭配、水旱轮作、减投节肥和污染控制等技术，形成新型耕地用养结合农作制度。华南农作区优先发展的农作制度包括：双季稻区冬种经济作物三熟高效多熟农作制度，“菜—稻—菜”夏闲田利用水旱轮作高效多熟农作制度，防灾减灾农作制度。

视频 1-14

复习思考题

1．农作学的概念与内涵是什么？其发展历史与研究内容是什么？

2．农作制度的概念与内涵是什么？国内外农作制度研究内容有何差异？

3．农作制度历史演进阶段及其主要特征是什么？农作制度发展影响因素和基本规律是什么？

4．国内外农作制度的主要类型有哪些？

5．植物生活因素调控理论的主要内容是什么？对农作制度发展有何指导意义？

6．作物生产潜力层次及其评价方法是什么？土地资源生产潜力与人口承载力有何关系？

7．什么是粮食安全？我国粮食安全现状如何？如何发展粮食安全型农作制度？

8．什么是循环农业？我国循环农业发展现状如何？如何发展资源节约型农作制度？

9．我国农业资源主要特点是什么？发挥农业地域资源优势有何意义？我国农业主体功能区是如何划分的？

10．我国农作制度分区及其主要类型有哪些？

11．什么是数字农作技术？如何实现智慧农业管理？

12．中国农业发展面临的挑战与问题是什么？中国农作制度发展战略是什么？

第二章　农田种植制度

本章提要　农田种植制度是指一个地区或生产单位在特定自然资源和社会经济条件下，为了实现农业资源持续利用和农田作物高产高效，而形成的作物组成及其种植方式的技术体系。主要包括作物布局与结构、种植模式和作物连作与轮作等内容。其中，作物布局是指一个地区或生产单位作物结构与配置的总称，作物结构是指作物种类、品种、面积及占有比例等；种植模式是在一年内于同一农田上采用的特定作物结构与时空配置的规范化种植方式；作物连作与轮作是在同一田地上年际间的作物种植顺序组配。

本章重点　讲述作物布局与种植业结构调整的理论，种植模式基本原理与高效用地技术，以及作物轮作与连作理论与技术。要求学生理解作物布局的原则与作物的生态适应性，种植模式类型、特点与土地利用评价，复种应具备的条件与复种技术，间混套作理论与技术，轮作与连作的作用；掌握作物布局与种植业结构调整的原理，种植模式基本理论，作物轮作与连作技术；具备进行作物合理布局与种植业结构调整、高效应用用地技术，以及科学判断与应用作物轮作与连作技术的能力。

第一节　作物布局与结构调整

一、作物布局的意义与原则

（一）作物布局的意义

1．作物布局的内涵　作物布局（crop composition and distribution）是指一个地区或生产单位作物结构与配置的总称。作物结构是指作物种类、品种、面积及占有比例等，配置是指作物在区域或田块上的分布。作物布局主要解决种什么作物、种多少、种在哪里等种植安排问题，通常包括区域型布局和单位型布局，前者是指范围较大、时间较长、具有战略部署作用的地理布局，后者是指生产单位内部范围小、时间短、具有战术灵活性的生产任务安排。作物布局中“作物”的范畴比较宽泛，不仅包括传统粮、棉、油等大宗农作物，还包括饲料作物、绿肥作物、园艺作物（瓜、果、蔬菜、花卉）及其他作物（如食用菌、药材、树木和草类等），多熟制地区还包括上下季作物组合的熟制布局。

2．作物布局的意义　合理作物布局是一种体现综合效益的战略方案，能综合平衡自然资源、社会经济资源及科学技术等因素，并根据社会需要与资源可能条件，统筹兼顾，可持续地利用土地等自然资源和社会资源，获得最大的经济效益、社会效益和生态效益。作物布局是农业生产布局的中心环节。农业生产布局是指农（种植业）、林、牧、渔各业生产结构和地域分布。作物布局关系到作物高产稳产、资源合理利用、农村基础建设、农林牧结合、多种产业经营、生态环境保护等战略部署问题。我国自然条件和社会经济状况的区域差异极大，作物布局不能照搬照套和搞“一刀切”，应因地制宜，实现农作物生产区域分工。

（二）作物布局的原则

作物布局首先要实现农业生产目标，即以自给性生产为主还是以商品性生产为主。其次取决于自然与社会经济条件的可能性。

1．满足社会需求是作物布局的前提　满足人类对农产品需求是农业生产的主要动力与目的。社会需求包括 3 个方面：一是农民自给性需要，主要是农民自己对食品、饲料、燃料、肥料等产品的需要；二是市场对农产品的需求，发达国家农产品主要是以商品形式供应市场；三是国家或地方政府从粮食安全和产业发展全局出发所提出的农产品需求。农产品需求主要包括如下几个方面：①口粮与饲料。2021 年我国粮食总产量达到 68 285 万 t，人均粮食占有量达到 483kg，超过了世界平均水平。居民膳食结构中肉蛋奶消耗量增加，需要消耗大量饲料粮和饲草，因此食物结构改善是以粮食自给和饲料粮增加为前提的。②工业原料。食品加工、制药、酿造、纺织等行业需要大量粮、棉、油等农产品为原材料。③种子用粮。$1hm^2$ 约 45～150kg。④燃料。我国农村生活能源中生物能源（秸秆、薪柴）仍占较大比例，较长时期内仍需要满足部分农户对生物能源消耗的需求。

2．服从作物生态适应性是作物布局的基础　作物生态适应性是作物长期进化过程中系统发育的结果，是经过自然和人工选择形成的一种遗传特性。作物生态适应性差异较大，适应性较广的作物分布较广，但也具有其最适分布的范围。在制订一个地区的作物布局方案时，首先要强调因地种植，根据当地生态条件选择生态适应性最好的作物，可以收到稳产、高产、投资少而经济效益高的效果。其次是强调趋利避害，发挥优势。虽然一个地区生态条件有好坏之分，但在多数情况下，绝对的好坏是不存在的。例如，山区坡地种植大田作物往往得不偿失，但植树种草却是一大优势。

3．经济效益决定作物布局方案的可行性　在农业生产中，社会经济与科学技术因素对作物布局有着重大的影响。农作物种植虽不能脱离生态适应性的基础，但追求较高经济效益也是合理作物布局的主要目标之一。在市场经济条件下，不讲经济效益的作物布局方案，农户显然是难以持久采用的。作物布局的经济效益既要涉及微观的价格成本、产值、利润，也要涉及宏观的产品消费与需求、供应、流通、加工、劳动就业、劳动生产率、出口贸易、多样化与专业化等方面问题。

在确定作物布局时，一方面根据比较效益原则和最低风险原则灵活多变地选择作物，通常是多种收益高的作物，少种收益低的作物。例如，我国当前适当发展瓜、果、菜等效益较高的园艺作物，有利于增加经济效益，但同时要考虑高效益农产品市场容量有限所带来的风险；另一方面要适应市场经济发展和全球经济一体化要求，促进作物结构由满足自给性需要的多样性生产向满足商品性需求的专业化生产转变，积极参与全国和全球性作物生产布局的地域分工，培植具有市场竞争能力和较大规模的农产品专业化生产基地，才能够获得并保持较为稳定的经济收益。

4．生产条件改善和技术进步促进作物布局调整　水利、肥料、机械等生产条件的改善和经济发展所带来市场需求的改变，促使一个地区或生产单位的作物布局随之做出相应调整。例如，在甘肃中部地区由于热量资源不足，露地栽培玉米不能正常成熟，但近年来采取玉米全膜双垄沟播栽培技术，突破了旱地玉米栽培水热条件限制，玉米已经成为陇中旱农区主要粮食作物之一。另外，随着市场经济快速发展，全国作物生产区域分工正在逐步形成，区域型作物布局和单位型作物布局都在不断调整之中。

视频 2-1

二、作物的生态适应性

作物生态适应性是指一定地区作物的生物学特性及其对生态条件的要求与当地实际外界环境相适应的程度。作物生态适应性程度高，则生产力高，适应范围广，容易获得较高的产量与收益。作物生态适应性是作物合理布局的生态学基础。

（一）作物对温度的适应性

温度是影响农作物生长发育的重要生态因子之一。只有在适宜的温度范围内，作物才能正常生长发育，温度过高或过低都会延缓农作物的生长发育，或者不能开花结实，以致死亡。作物所需温度差别甚大（表 2-1～表 2-3），根据作物对温度的要求，一般将其分为以下几种类型。

表 2-1　各类作物与组合所需的积温（≥10℃）

作物	生育期所需积温/℃	作物组合	适宜分布区的积温（℃）	
			≥10℃	≥0℃
冬黑麦	1700～2125			
冬小麦	1800～2100	小麦—谷子（糜）	3000～3300	＞3500
冬大麦	1700～2075			
冬油菜（直播）	2000～3000	小麦/玉米	3600～4400	4100～5000
冬油菜（移栽）	1400～2500			
春小麦	1500～2200	小麦—玉米	4100～4500	＞4500
春大麦	1600～1900			
莜麦	1450～1880	小麦—大豆	4100～4500	＞4500
豌豆	900～2100			
荞麦	1000～1200	小麦—水稻	4200～5000	4700～5500
亚麻	1600～2000			
小油菜（直播）	1300～1500	小麦—棉花	4400～5500	5000
马铃薯	1300～2700			
青稞	1000～1200	小麦—甘薯	4200～4500	4700
向日葵	1300～2200			
芜菁	1400～1600	稻—稻	4900～5200	＞5400
糜（黍）	1450～2100			
谷子	1700～2500	绿肥—稻—稻	4900～5200	＞5300
甜菜	2400～2700			
玉米	2300～2800	油菜（大麦）—稻—稻	5100～5400	＞5600
大豆	2000～2800			
高粱	2400～3000	小麦—稻—稻	5300～5700	5700～6100
北方稻（直播）	2300～4000			
北方稻（移栽）	1800～2500	甘薯—稻—稻	7000～7500	7900
棉花	3500～4000			
甘薯	2200～4000			

续表

作物	生育期所需积温/℃	作物组合	适宜分布区的积温（℃）	
			≥10℃	≥0℃
花生	2400～3400			
烟草	3200～3600			
中稻（移栽）	2300～2800			
早稻（移栽）	1700～1900			
晚稻（移栽）	2000～2700			

表 2-2　主要农作物不同阶段对温度的要求（℃）

类型	作物	播种期			营养生长期		
		最低	适宜	最高	最低	适宜	最高
喜温作物	水稻	10～12	早 12～15 晚 20～25	30～32	18～20	25～30	32～35
	棉花	12	12～14	—	15	25～30	32～35
	玉米	7～8	春 10～12 夏 20～25	30～35	10	25～28	30～32
	大豆	6	春 10～12 夏 25～30	33	10	25～28	30～32
	甘薯	13	15～25	30	10	20～30	32～35
喜凉作物	冬小麦	10～12	14～18	18～20	0～3	5～10	25
	冬油菜	12～14	16～18	20～22	3～5	5～20	25
类型	作物	开花期			灌浆期		
		最低	适宜	最高	最低	适宜	最高
喜温作物	水稻	20～22	25～28	30～32	10～12	20～25	30～32
	棉花	20～22	25～28	30～32	10～12	20～25	—
	玉米	20～22	24～26	28～30	15～16	20～25	30
	大豆	18～22	25～28	30	15	20～30	32
	甘薯	—	—	—	15	20～25	30
喜凉作物	冬小麦	10～12	15～18	25～28	12～15	20～22	25～26
	冬油菜	8～10	15～18	25～28	10～12	15～20	25～26

注：“—”表示缺少这方面的数据，下同

表 2-3　不同作物抗寒能力

耐寒程度	作物名称	对作物有害的温度/℃		
		发芽期	开花期	结实期
最耐寒	春小麦	−10～−9	−2～−1	−4～−2
	燕麦	−9～−8	−2～−1	−4～−2
	大麦	−8～−7	−2～−1	−4～−2
	豌豆类	−8～−7	−3～−2	−4～−3
耐寒	向日葵	−6～−5	−3～−2	−3～−2

续表

耐寒程度	作物名称	对作物有害的温度/℃		
		发芽期	开花期	结实期
耐寒	亚麻	−7～−5	−3～−2	−4～−2
	甜菜	−7～−6	−3～−2	—
	胡萝卜	−7～−6	—	—
中度耐寒	甜菜	−7～−5	−3～−2	−9～−6
	大豆	−4～−3	−3～−2	−3～−2
	意大利谷子	−4～−3	−2～−1	−3～−2
低度耐寒	玉米	−3～−2	−2～−1	−3～−2
	谷子	−3～−2	−2～−1	−3～−2
	苏丹草	−3～−2	−2～−1	−3～−2
	高粱	−3～−2	−2～−1	−3～−2
不耐寒	马铃薯	−3～−2	—	−2～−1
	荞麦	−2～−1	−2～−1	−2～−0.5
	芝麻	−1.5～−1	−1～−0.5	−2
	棉花	−2～−1	−2～−1	−3～−2
	水稻	−1～−0.5	−1～−0.5	−1～−0.5
	花生	−1～−0.5	−1～−0.5	—
	黄瓜	−1～−0.5	—	—
	番茄	−1～0	—	—
	烟草	−1～0	−1～0	−1～0

1．喜凉作物　喜凉作物要求温度水平低，整个生长期需要积温较少，无霜期短，可以忍耐冬春低温，一般需≥10℃积温1500～2200℃，有的只需900～1000℃，一般生长盛期适宜温度为15～20℃，出苗后60～80d即可成熟。在无霜期较短的北方或者南方山区，喜凉作物起主导作用，也可在暖温带或亚热带地区冬春季复种或填闲种植。喜凉作物又可分为两种类型：

（1）喜凉耐寒型　如冬小麦、冬大麦、黑麦、青稞等作物，冬季可耐−20～−18℃的低温，冬小麦以−22℃为极限，黑麦甚至可耐−25℃低温，其耐寒品种可在我国北方暖温带地区安全越冬。

（2）喜凉耐霜型　如油菜、豌豆、大麻、向日葵、胡萝卜、芥菜、菠菜、大白菜、春小麦、春大麦及喜凉饲料绿肥（如箭筈豌豆、毛苕子、草木樨）等作物，生育盛期适宜生长发育温度为15～20℃，生物学最低温度为2～8℃，不怕轻霜，可耐短期−8～−5℃低温。燕麦、亚麻、荞麦、马铃薯、蚕豆及某些谷子、糜品种也较耐凉，能耐0～4℃低温，马铃薯、荞麦可耐−1℃低温。这些作物通常苗期较耐低温，但生殖生长期耐低温能力则下降。例如，小麦拔节孕穗期对低温耐受能力明显下降，晚霜冻易使小麦幼穗受冻害而严重减产。

2．喜温作物　喜温作物生长发育盛期适温为20～30℃，需≥10℃积温2000～3000℃，不耐霜寒。我国多数地区气候温暖，故喜温作物是作物生产中的主体类型。喜温作物又可分为3种类型：

（1）温凉型　如大豆、谷子、甜菜、红麻等作物，适宜生长温度为20～28℃，≥10℃

积温为 1800～2800℃。

（2）温暖型　如水稻、玉米、棉花、甘薯、芝麻、黄麻、蓖麻、苎麻、田菁等作物，适宜生长温度为 25～30℃，温度过低生长慢，生殖生长受阻，但温度超过 30℃也对一些喜温作物不利。

（3）耐热型　如高粱、花生、烟草、苜蓿、南瓜、西瓜等作物，可耐 30℃以上高温。花生可耐 40℃高温，烟草可耐 35～37℃高温，南瓜、西瓜、甜瓜等可耐 35℃以上高温。

作物的温度适应性表现特征包括随纬度变化而产生的水平地带性和随海拔变化而产生的垂直地带性。通常作物水平地带性分布的差别不太显著，但作物分布的垂直地带性差异特别明显。

（二）作物对光照的适应性

从全球范围看，光照的区域分布决定了热量的区域分布，从而间接地对作物分布起了重要作用。若在较小范围内，光照对作物分布的影响就不如热量与水分显著，但光照长度和强度仍对作物分布具有一定影响。

1．长日照作物、短日照作物、中间型作物和定日照作物　光照长度对植物从营养生长期到花原基形成阶段具有决定性影响，对许多植物的开花、结实、休眠、落叶等生长发育过程也有影响。白昼光照与夜间黑暗交替的周期变化及长短，对被子植物的开花具有决定性作用。这种植物对日照长短周期变化的反应，称为“光周期现象”。根据作物的光周期特性，可将作物划分为 4 个生态类型：

（1）长日照作物　如麦类作物、油菜、甘蓝、红三叶等，主要分布在高纬度温带和极地。在其生长发育过程中，每天需要较长时间的光照（如 12h 以上）才能正常开花结实；在一定范围内，白天日照越快，开花结实越早；反之，若光照时间不足，植物则停留在营养生长阶段，不能开花结实。

（2）短日照植物　如大豆、玉米、烟草、麻类、水稻、甘薯、棉花等作物，多原产于低纬度的热带、亚热带地区。在其生长发育过程中，白天需要较短时间的光照（如小于 12h）才能正常开花结实；在一定范围内，暗期越长，开花越早，光照时间过长，反而不能开花结实。

（3）中间型作物　如原产于温带的植物黄瓜、番茄、四季豆、苹果等作物，对光照长短反应不敏感，日照或长或短均不影响开花结实。

（4）定日照作物　要求有一定时间的日长才能完成其生育周期，如甘蔗的某些品种只有在一定的日长条件下才能开花，长于或短于这个日长都不开花。

作物在地理上的分布，受原产地光照长短的影响。原产于赤道地区的作物，多数是短日照作物；超过北纬 60°的作物，多数是长日照作物；在纬度 60°以内，短日照作物、长日照作物和中间型作物都能生长。北方的短日照作物南移栽培，生育期受到高温和更短日照的影响，生育期更为缩短，而南方的短日照作物北移栽培，生育期就要延长，若延长过多，遇到秋季降温，则往往不能成熟。

2．喜光作物与耐阴作物　一般耐阴作物光补偿点与光饱和点低，而喜光作物则相反（表 2-4）。现在人类栽培的绝大部分大田作物是白垩纪的喜光作物，如水稻、棉花、大豆、谷子等。不同作物喜光程度有差别，一般大田作物需光多，果树需光多；某些以茎叶为目的产品的蔬菜需光可稍少一些，如叶菜类、萝卜、马铃薯等；某些树种及茶叶、咖啡等耐阴性稍强。

表 2-4　各类作物的光补偿点与光饱和点

植物类型		光补偿点（×10^4）/lx	光饱和点（×10^4）/lx
草本	C_4 作物	1～3	＞80
	C_3 作物	1～2	30～80
	阳性草本植物	1～2	50～80
	阴性草本植物	0.2～0.5	5～10
木本	冬季落叶乔灌木阳生叶	1～1.5	25～50
	冬季落叶乔灌木阴生叶	0.3～0.6	10～15
	常绿树及针叶树阳生叶	0.5～1.5	20～50
	常绿树及针叶树阴生叶	0.1～0.3	5～10
其他	苔藓及地衣	0.4～2	10～20

同一作物不同发育时期对光强的需求不一致。营养生长期光照不足，对其影响稍小，生殖生长期缺光危害较大。例如，棉花最需光的时期是吐絮期，谷子、高粱是灌浆成熟期，在遮阴条件下玉米物质运输速度仅为可见光下的1/4。

3．C_3 作物和 C_4 作物　作物光合特征首先取决于作物碳循环（固定 CO_2）过程，基于作物固定 CO_2 的生物化学途径不同可把作物分为 C_3 作物、C_4 作物和 CAM 作物。

（1）C_4 作物　主要分布在辐射量强的热带和亚热带地区，包括玉米、高粱、甘蔗、谷子等作物，约占世界栽培作物面积的30%。C_4 作物光饱和点高，光合效率高［以 CO_2 计，20～30mg/（dm^2·h）］，CO_2 补偿点低（5～10μg/g），水分利用效率高。在干旱环境下，当叶片气孔关闭时，C_4 作物能利用胞间较低浓度的 CO_2 继续合成干物质，其生产力高于 C_3 作物，但在弱光和温度较低区域，C_4 作物生产力则低于 C_3 作物。

（2）C_3 作物　包括所有温带作物，如小麦、大麦、马铃薯、甘薯、豆类等，部分喜温作物如水稻、棉花等，一些蔬菜与果树，如番茄、白菜、葡萄等，约占世界栽培作物面积的70%。C_3 作物光饱和点低，光合效率［以 CO_2 计，10～18mg/（dm^2·h）］较 C_4 作物低，CO_2 补偿点高（50μg/g），在高纬度、温凉、湿润条件下，往往表现出比 C_4 作物更广的适应性。

（三）作物对水分的适应性

作物每形成1kg干物质产量需要蒸腾1t左右水分，但不同作物对水分需求和反应差别很大，一般 C_4 作物对水分利用率比 C_3 作物高2～3倍。水分多寡决定了作物类型与分布。在相同热量带内，因水分供应状况及季节分布不同，造成作物分布的巨大差异性。大田作物水旱适应性包括5种类型：

（1）喜水耐涝型　以水稻最为典型，植株的根、茎、叶组织中有通气间隙（占25%），喜淹水或适应在沼泽低洼地生长。因此，在我国年降水量800mm以上地区才盛产水稻，双季稻则主要分布在年降水量1000mm以上地区。但水稻也并非任何时候都要求水分越多越好，适当落干晒田或水旱轮作对其生长发育是有利的。此外，稗、高粱、苘麻、高秆玉米等，也有一定耐涝能力。

（2）喜湿润型　需水较多，喜土壤或空气湿度较高，如陆稻、燕麦、黄麻、烟草等。许多叶菜、根菜类也喜湿润，如黄瓜、油菜、白菜、马铃薯等，适宜空气湿度为75%～95%。一些亚热带生长的作物不但喜温也喜湿润，如甘蔗、茶、柑橘、毛竹。茶适宜生长在降水量多于 1000mm、相对湿度大于 80%、多云雾的地方，因此常说高山出名茶。

（3）中间水分型　多数大田作物，如小麦、玉米、棉花、大豆等均属此类，既不耐旱，也不耐涝。一般前期较耐旱，中后期需水多，如小麦、玉米等苗期适宜土壤水分占田间持水量的 50%～60%，中后期则需 70%～80%，虽然在干旱少雨地方也可生长，但产量不高不稳。这类作物除大豆外一般不耐涝，棉花忌地下水位高。

（4）耐旱怕涝型　这类作物较耐旱，但怕涝，适宜在干旱地区或干旱季节生长，如谷、糜、苜蓿、芸芥、甘薯、黑麦、向日葵、芝麻、花生、黑豆、绿豆、蓖麻等。其抗旱机制表现在两方面：一是通过小叶、角质、茸毛、气孔陷入皮内，直立叶、气孔少、肉质、发达根系等减少了蒸腾；二是增大细胞液浓度，使植物不易失水，细胞内多有亲水胶体等物质和多种糖类与脂肪，加强了固水保水能力。

（5）耐旱耐涝型　这类作物既耐旱又耐涝，适应性很强，在水利条件较差的易旱地和低洼地都可种植，并可获得一定产量，如高粱、田菁、草木樨等。

（四）作物对土肥的适应性

除光、热、水因素外，土壤母质、土壤肥力状况、碱酸盐状况等土壤特性，也影响作物的分布和配置，尤其是在一个较小范围以内，土壤、肥料是影响作物布局的重要因素。

1．作物对土壤养分状况的适应性　根据作物对土壤养分状况适应性的不同，可分为以下几种。

（1）耐瘠型　这类作物包括：一是具有共生固氮能力的豆科作物，如绿豆、豌豆及豆科绿肥（紫云英、苜蓿、苕子、田菁）；二是根系强大，吸肥能力强的作物，如高粱、向日葵、荞麦、黑麦等；三是根系和地上部都不太发达，但吸肥能力较强或需肥较少，适应性强的作物，如谷、糜、大麦、荞麦、胡麻、芝麻等。籼稻比粳稻较耐瘠，薯类作物也较耐瘠。

（2）喜肥型　这类作物包括：一是地上部生物量大的作物；二是根系强大而吸肥多的作物；三是根系不发达，要求土壤有良好供肥能力或耕层深厚的作物，如小麦、玉米、杂交水稻、青稞、纤维用大麻、蔬菜、西瓜、枸杞等。

（3）中间型　这类作物对土壤肥瘦有较宽的适应性，在较瘠薄土壤中能生长，在肥沃土壤中生长更好，如籼稻、谷子、大麻、棉、麦、糜及豆类等作物。

2．作物对土壤质地的适应性　土壤质地指土壤中各种粒径土粒的比例，影响土壤水分和空气保持及其有效性、根系发育状况、土壤透水速率和耕性等。根据作物对土壤质地的适应性不同，可分为以下几种。

（1）适砂土型　砂土质地疏松，总孔隙度虽小，但非毛管孔隙度大，蓄水量小，蒸发量大，土壤升温快，昼夜温差大。由于表面积小，故蓄水、保肥性能差，肥力较低，较适宜于花生、块根块茎作物及瓜类等作物的生长，而且品质优良。此外，沙打旺、苜蓿、大豆、西瓜、南瓜等在砂土上亦生长良好。

（2）适壤土型　壤土质地轻松，通透性良好，土壤肥力较高，适宜大部分作物生长。棉花、大麻、亚麻、烟草、大麦、豆类、谷子、萝卜、胡萝卜等适于偏砂的壤土类型，而需肥较多的小麦、玉米则适于偏黏的壤土类型。

（3）适黏土型　黏土保肥保水能力强，但透水性、透气性等物理性质差，耕作难，易成坷垃或大块。作物在黏土上的生长常表现为“发大不发小”。水稻适于黏土。

作物对土壤质地的适应性是相对的，作物对土壤的适应较广，或者当某一限制因素消除后可能适应性就会发生变化。若能解决漏水问题，沙土上也是可以种水稻的。

3．作物对土壤酸碱度和含盐量的适应性　由于母质、成土条件和利用程度的不同，不同类型土壤的理化性质、酸碱度和盐度等方面有较大差别。一般南方土壤多呈酸性，北方或沿海滩涂多盐碱土。

不同作物对土壤酸碱度的要求不同。荞麦、马铃薯、燕麦、甘薯、黑麦、烟草、芝麻、绿豆、豇豆、肥田萝卜、木薯、扁豆等作物，适于在 pH5.5～6 的酸性土壤中生长。大麦、玉米、花生、油菜、豌豆、大豆、向日葵、亚麻、甜菜、水稻等作物，适于在 pH6.2～6.9 的土壤中生长。苜蓿、棉花、甜菜、苕子、草木樨、高粱适于在 pH＞7.5 的土壤中生长。

耐盐性较强的作物包括稗、向日葵、蓖麻、高粱、田菁、苜蓿、草木樨、苕子、紫穗槐、芦苇等。中等耐盐的作物包括棉花、甜菜、油菜、黑麦、黑豆、葡萄等，棉花在出苗后有较强的耐盐能力。不耐盐或忌盐的作物有糜、谷子、小麦、甘薯、燕麦、马铃薯、蚕豆等。

（五）作物对地貌的适应性

在我国土地面积中，高原占 26%，山地占 33%，丘陵占 10%，平原占 12%，盆地占 19%。在全国耕地面积中，平地占 52%，低洼地占 6%，山地丘陵占 42%。地貌的差别，影响光、热、水、土、肥等条件的重新分配，从而影响作物的分布和种植。

1．地势对作物布局的影响　地势一般指海拔，随着地势升高，温度降低，同时雨量也随之增加。地势对作物布局的影响集中表现在作物分布的垂直地带性上。在我国北方，从低到高的作物分布规律大致是：棉花→冬麦、糜、谷子→喜凉作物（油菜、豌豆、春小麦、青稞）→林地→草地→荒地。在南方，从低到高的作物分布规律大致是：双季稻三熟制→双季稻、果树→麦（油菜）—单季稻→亚热带作物（茶、竹、油茶杉）→常绿阔叶林→落叶阔叶林→草地。此外，地势高低也影响着熟制布局，高寒地区只能一年一熟，低海拔地区可以复种。

2．地形对作物布局的影响　地形是指地球陆地表面的形态特征。地形（包括坡度、坡向）影响光热水气及土壤的再分配，从而影响作物的生产和分布。在山地，同一海拔的不同坡向，由于太阳照射角度不同，作物的生态环境也有较大差别。阳坡日光充足，温度较高，应安排喜光喜温作物；阴坡光照较弱，温度偏低，湿度大，宜安排耐阴喜凉作物。在平原地区，农田小地形有岗地、平地与洼地之分，虽然相对高度上只相差 1～2m 或几十厘米，但水肥条件差异导致作物结构不同。

视频 2-2

三、我国作物布局主要特征

当前，我国农业生产和农村经济发展面临着资源约束日益趋紧、农产品需求刚性增长、市场竞争更加激烈的新形势，对保障农产品总量平衡、结构平衡和质量提升提出了更为严峻的挑战。适应新形势的发展变化，立足资源丰富，统筹粮食作物、经济作物和园艺作物生产，优化作物布局，显得尤为迫切。

（一）粮食作物布局

我国粮食作物占农作物播种总面积的 68%左右。我国粮食作物主要有水稻、小麦、玉米、薯类（甘薯、马铃薯）、大豆、谷子、高粱等。2020 年我国稻谷、小麦和玉米播种面积分别为 3007.6 万 hm^2、2338.0 万 hm^2 和 4126.4 万 hm^2，三者合计占粮食作物播种面积的 81.2%；

豆类和薯类作物分别为 1159.3 万 hm^2 和 721.0 万 hm^2。

1．水稻　水稻是我国口粮消费的主体，依靠国际市场调剂国内需求的余地极为有限，战略地位十分重要。目前我国水稻产需基本平衡，但结构性矛盾突出。未来稻米消费将呈增长趋势，受比较效益低、“双改单”趋势明显、水田面积减少及机械化水平低、良种良法不配套等因素制约，播种面积增加有限，单产提高难度较大，稳定供给压力将长期存在。

水稻生产需要着力建设东北平原、长江流域和东南沿海 3 个水稻优势区。其中，东北平原水稻优势区主要位于三江平原、松嫩平原、辽河平原，主要包括黑龙江、吉林、辽宁 3 个省的 82 个重点县，着力发展优质粳稻；长江流域水稻优势区主要位于四川盆地、云贵高原丘陵平坝地区、洞庭湖平原、江汉平原、河南南部地区、鄱阳湖平原、沿淮和沿江平原与丘陵地区，主要包括四川、重庆、云南、贵州、湖南、湖北、河南、安徽、江西、江苏 10 个省（直辖市）的 449 个重点县，着力稳定双季稻面积，逐步扩大江淮粳稻生产，提高单季稻产量水平；东南沿海水稻优势区主要位于杭嘉湖平原、闽江流域、珠江三角洲、潮汕平原、广西及海南的平原地区，主要包括上海、浙江、福建、广东、广西、海南 6 个省（自治区、直辖市）的 208 个重点县，稳定水稻面积，着力发展优质高档籼稻。

2．小麦　小麦是我国的基本口粮作物，在粮食安全、生态环境保护中的作用突出。2004 年以来，我国小麦生产基本实现全程机械化，播种面积恢复增加，单产和总产持续快速增长，产需总体平衡。但我国优质专用小麦品种比例偏低，高档强筋小麦和弱筋小麦仍需从国际市场进口。随着消费需求刚性增长，加之受资源约束趋紧影响，确保小麦基本自给、满足优质化需求难度依然较大。

小麦生产应加强建设黄淮海、长江中下游、西南、西北、东北 5 个小麦优势区。其中，黄淮海小麦优势区包括河北、山东、北京、天津全部，河南中北部，江苏和安徽北部，山西中南部及陕西关中地区，主要包括 336 个重点县，着力发展优质强筋、中强筋和中筋小麦生产；长江中下游小麦优势区包括江苏和安徽两省淮河以南、湖北北部、河南南部等地区，主要包括 73 个重点县，着力发展优质弱筋和中筋小麦生产；西南小麦优势区包括四川、重庆、云南、贵州等省（直辖市），主要包括 59 个重点县，着力发展优质中筋小麦生产；西北小麦优势区包括甘肃、宁夏、青海、新疆、陕西北部及内蒙古河套土默川地区，主要包括 74 个重点县，着力发展优质强筋、中筋小麦生产；东北小麦优势区包括黑龙江、吉林、辽宁全部及内蒙古东部，主要包括 16 个重点县，着力发展优质强筋、中筋小麦生产。

3．玉米　玉米是我国重要的粮食、饲料和工业原料兼用作物。近年来，我国玉米面积、产量逐年增加，发展势头良好，供求基本平衡。但由于玉米功能用途拓展，在饲用玉米平稳增长的同时，工业消费特别是用于生产燃料乙醇的玉米数量增长迅猛，需求增长趋快。此外，随着我国城镇居民生活水平提升，鲜食玉米市场已由一线城市渗透扩大到全国各地，市场需求量急剧增加，鲜食玉米种植面积快速上升，逐渐成为继玉米饲料和玉米深加工之后又一新兴的玉米产业。目前我国玉米生产仍受优良品种相对较少、区域性适用技术普及率低、机械化收获技术尚未普及和农田基础设施落后等因素的制约，增产幅度难以跟上消费增长速度，实现玉米供求平衡任务艰巨。

玉米生产需要着力建设北方、黄淮海和西南 3 个玉米优势区。其中，北方玉米优势区包括黑龙江、吉林、辽宁、内蒙古、宁夏、甘肃、新疆、陕西北部、山西中北部、北京和河北北部及太行山沿线的玉米种植区，主要包括 233 个重点县，着力发展籽粒与青贮兼用型玉米；黄淮海玉米优势区包括河南、山东、天津、河北和北京大部、山西、陕西中南部、江苏和安徽淮河以北的玉米种植区，主要包括 275 个重点县，着力发展籽粒玉米，积极发展籽粒与青贮兼用和青贮专用玉米，适度发展鲜食玉米；西南玉米优势区包括重庆、四川、云南、贵州、广西的玉米种植区，主要包括 67 个重点县，着力发展青贮专用和籽粒与青贮兼用玉米。

4. 大豆 大豆是我国进口量最大的农产品。2004 年以来，我国大豆产量连年下降，进口急剧增加，目前对外依存度已超过 80%。由于“两低一高”（单产水平低、含油率低、生产成本高）问题尚未从根本上解决，加之基础设施薄弱、科技水平低、生产装备落后、组织化程度低，国产大豆竞争力弱的状况难以在短期内改变，生产供给不足、主要依靠进口的态势将长期存在，亟须明确市场定位，提高比较效益和单产水平，增强市场竞争力。

大豆生产应着力建设东北高油大豆、东北中南部兼用大豆和黄淮海高蛋白大豆 3 个优势区。其中，东北高油大豆优势区包括内蒙古东四盟和黑龙江的三江平原、松嫩平原第二积温带以北地区，主要包括 59 个重点县；东北中南部兼用大豆优势区包括黑龙江南部，内蒙古的通辽、赤峰，以及吉林、辽宁大部，主要包括 22 个重点县；黄淮海高蛋白大豆优势区包括河北、山东、河南、江苏和安徽两省的沿淮及淮河以北、山西西南地区，主要包括 36 个重点县。

（二）经济作物布局

我国经济作物主要包括油料作物（花生、油菜、向日葵、芝麻、胡麻等）、棉花、糖料作物（甘蔗、甜菜）、麻类作物（苎麻、亚麻等）、烟叶等。2020 年我国棉花、油菜播种面积分别为 316.8 万 hm^2 和 676.4 万 hm^2。

1. 棉花 我国自加入世贸组织以来，纺织品出口快速增长，带动纺织工业迅速发展和纺织用棉需求大幅增加，棉花供求关系已由基本平衡进入产不足需阶段，未来依靠大量进口满足国内纺织工业需求的市场风险进一步增大。我国棉花生产长期面临着价格大起大落、面积大增大减的突出问题。同时，品种“多乱杂”、基础设施条件差、病虫危害严重、机械化水平低等因素也制约着棉花生产的稳定发展，需要采取综合措施加以解决。

我国棉花生产区域分为三大产棉区，分别是西北内陆棉区、黄河流域棉区和长江流域棉区，这三个棉区的产量合计占全国 99%以上。近年来黄河流域和长江流域棉花面积逐渐减小，棉花生产逐渐转向西北内陆棉区，且主要集中于新疆维吾尔自治区。国家统计局数据显示，2021 年新疆维吾尔自治区棉花种植面积为 250.6 万 hm^2，占全国棉花总种植面积的 83.22%。

2. 油菜 油菜是我国最重要的油料作物之一，菜籽油占国产植物油总量的 40%以上。2004 年以来，我国油菜生产持续下滑，到 2020 年油菜总产比历史最好年份减少 32.3%。随着植物油需求的增长，未来油菜籽供需矛盾日益突出，亟须突破劳动力成本高、机械化程度低、良种良法不配套、生产效益差等制约，恢复和扩大综合生产能力，增加油菜籽市场供给。

油菜生产应着力建设长江上游、中游、下游和北方 4 个油菜优势区。其中，长江上游油菜优势区包括四川、贵州、云南、重庆和陕西 5 省（直辖市），主要包括 101 个重点县，着力发展高产、高含油量、耐湿、抗病“双低”油菜；长江中游油菜优势区包括湖北、湖南、江西、安徽 4 省及河南信阳地区，主要包括 166 个重点县，着力发展早熟、多抗、高含油量的“双低”、优质油菜；长江下游油菜优势区包括江苏、浙江两省，主要包括 24 个重点县，着力发展高含油量、抗病、中早熟、耐裂角和耐渍优质油菜；北方油菜优势区包括青海、内蒙古、甘肃3省（自治区），主要包括27个重点县，着力发展抗旱、抗冻的优质甘蓝型特早熟春油菜。

（三）园艺作物布局

园艺作物主要包括果树、蔬菜和花卉，果树主要以苹果和柑橘为主。2020年我国果树、蔬菜和花卉种植面积分别为1265万hm^2、2149万hm^2和150万hm^2。

1．果树　我国栽培的果树树种有30多种，大致以北纬30°的长江中下游河段与秦岭为界，其北主要是温带水果，盛产苹果、梨、葡萄、桃、杏、核桃、板栗、柿、枣等，主要产地为黄淮海平原、辽东半岛和黄土高原；其南为亚热带常绿果树带，盛产柑橘、香蕉、菠萝、龙眼、荔枝、杨梅、枇杷等，主要产地为华南和长江流域。

（1）苹果　2020年我国苹果种植面积为199.4万hm^2，产量4406.6万t。近年来，我国鲜苹果出口量和浓缩汁出口量稳定增长，苹果出口量和出口额分别居世界第一和第五位。苹果生产亟须在优良品种培育、栽培技术配套、老果园更新、产后处理、组织化经营等方面缩小与世界先进国家的差距，巩固提高国际竞争力，扩大出口。

苹果生产应着力建设渤海湾和黄土高原两个苹果优势区。其中，渤海湾苹果优势区位于胶东半岛、泰沂山区、辽南及辽西部分地区、燕山、太行山浅山丘陵区，包括山东、辽宁、河北3省的53个县，着力发展鲜食品种；黄土高原苹果优势区位于陕西渭北和陕北南部地区、山西晋南和晋中、河南三门峡地区和甘肃的陇东及陇南地区，包括陕西、甘肃、山西、河南4省的69个县，着力发展鲜食品种，加快发展加工鲜食兼用品种。

（2）柑橘　2020年全国柑橘种植面积为283.1万hm^2，产量5121.9万t。近年来，我国柑橘种植规模不断扩大，总产量稳步提升，鲜食柑橘出口量逐年递增，橘瓣罐头产量和出口量均已超过世界的70%。当前，我国柑橘产业也面临着科技支撑不足、基础设施薄弱、生产管理粗放落后、采后处理能力弱等问题，亟须加以解决。

柑橘生产应着力建设长江上中游、赣南—湘南—桂北、浙—闽—粤、鄂西—湘西、特色柑橘生产基地5个柑橘优势区。其中，长江上中游柑橘优势区位于湖北秭归以西、四川宜宾以东、以重庆三峡库区为核心的长江上中游沿江区域，主要包括38个重点县，着力发展鲜食加工兼用柑橘、橙汁原料柑橘和早、晚熟柑橘；赣南—湘南—桂北柑橘优势区位于江西赣州，湖南郴州、永州、邵阳和广西桂林、贺州等地，主要包括44个重点县，着力发展优质鲜食脐橙；浙—闽—粤柑橘优势区位于东南沿海地区，主要包括50个重点县，着力发展宽皮柑橘、柚类和杂柑类；鄂西—湘西柑橘优势区包括湖北西部、湖南西部地区，主要包括24个重点县，着力发展早熟、极早熟宽皮柑橘；特色柑橘生产基地包括南丰蜜橘基地、岭南晚熟宽皮橘基地、云南特早熟柑橘基地、丹江库区北缘柑橘基地和云南与四川的柠檬基地，主要包括20个重点县，着力发展极早熟、早熟宽皮柑橘等特色品种。

2．蔬菜　蔬菜作物大体可分为喜温、喜冷凉和耐寒3类。喜温的多为茄科与葫芦科：番茄、黄瓜、生姜、茄子、西瓜、甜瓜、南瓜、豇豆、四季豆等。喜冷凉的有白菜、甘蓝、萝卜、胡萝卜、莴苣、花椰菜、马铃薯、蚕豆等。耐寒性较强的有大葱、蒜、韭菜、百合、菠菜、芹菜、洋葱、不结球白菜等。

全国蔬菜产区可划分为华南与西南热区冬春蔬菜、长江流域冬春蔬菜、黄土高原夏秋蔬菜、云贵高原夏秋蔬菜、北部高纬度夏秋蔬菜、黄淮海与环渤海设施蔬菜6个优势区域，重点建设580个蔬菜产业重点县（市、区），提高全国蔬菜均衡供应能力。

（1）华南与西南热区冬春蔬菜优势区　分布在海南、广东、广西、福建和云南南部、贵州南部及四川攀西地区，共有94个蔬菜产业重点县（市、区），冬春季节气候温暖，有“天然温室”之称，可露地栽培豇豆、菜豆、丝瓜、苦瓜、西甜瓜、番茄、辣椒、茄子等喜温蔬菜。

（2）长江流域冬春蔬菜优势区　分布在四川、重庆、湖北、湖南、江西、浙江、上海和江苏中南部、安徽南部，共有149个蔬菜产业重点县（市、区），冬春季节气候温和，可露地栽培结球甘蓝、花椰菜、莴笋、芹菜、芥菜、大白菜、萝卜、普通白菜、芥蓝、蒜苗等喜凉蔬菜，是我国最大的冬春喜凉蔬菜生产基地。

（3）黄土高原夏秋蔬菜优势区　分布在陕西、甘肃、宁夏、青海、西藏、山西及河北北部地区，共有54个蔬菜产业重点县（市、区），多为海拔800m以上的高原、平坝和丘陵山区，昼夜温差大，夏季凉爽，无需遮阳降温设施，可露地栽培洋葱、萝卜、胡萝卜、花椰菜、大白菜、芹菜、莴笋、结球甘蓝、生菜等喜凉蔬菜，以及茄果类、豆类、瓜类等喜温瓜菜。

（4）云贵高原夏秋蔬菜优势区　分布在云南、贵州和鄂西、湘西、渝东南与渝东北地区，共有38个蔬菜产业重点县（市、区），多为海拔800～2200m的高原、平坝和丘陵山区，夏季凉爽，有“南方天然凉棚”之称，无需遮阳降温设施，可露地栽培结球甘蓝、萝卜、大白菜、芹菜、胡萝卜、花椰菜、青花菜、生菜等喜凉蔬菜。

（5）北部高纬度夏秋蔬菜优势区　分布在吉林、黑龙江、内蒙古、新疆和新疆生产建设兵团，共有41个蔬菜产业重点县（市、区），纬度较高，夏季凉爽，无需遮阳降温设施，可生产番茄、辣椒、黄瓜、菜豆、大白菜、洋葱等多种蔬菜。

（6）黄淮海与环渤海设施蔬菜优势区　分布在辽宁、北京、天津、河北、山东、河南及安徽中北部、江苏北部地区，共有204个蔬菜产业重点县（市、区），冬春光热资源相对丰富，适宜发展设施蔬菜生产，可利用日光温室和塑料大棚栽培番茄、黄瓜、辣椒、茄子、菜豆、西葫芦、西甜瓜、结球甘蓝、芹菜、芦笋、韭菜、食用菌等蔬菜。

3．花卉　2020年全国花卉种植面积约150万hm^2，花卉销售额为2500多亿元。花卉生产大省依次为江苏、河南、浙江、四川和广东等。2020年盆栽植物类种植面积为12.8万hm^2，销售量为2.21亿盆，销售额为622亿元，种植面积以广东、四川、江苏、陕西、福建等省居前五位，主流盆栽植物以凤梨、蝴蝶兰、红掌、国兰、观叶芋和杜鹃花等为主。2020年鲜切花类种植面积为7.51万hm^2，销售量为321亿枝，销售额为318亿元，主产区是云南、广东、辽宁3省，主要切花品种以月季、康乃馨、百合、菊花、非洲菊和唐菖蒲等为主。

中国花卉产业区域特色日益突出，目前已形成“西南有鲜切花、东南有苗木和盆花、西北冷凉地区有种球、东北有加工花卉”的格局。北京、上海、广东、云南、四川、河北主要生产鲜切花；江苏、浙江、四川、广东、福建、海南以生产苗木和观赏植物为主；江苏、广东、浙江、福建、四川生产商品盆景；四川、云南、上海、辽宁、陕西、甘肃生产种球种苗。

（四）绿肥饲料作物布局

绿肥作物（green manure crop）是指以其新鲜植物体就地翻压或沤制、堆制肥料为主要用途的栽培植物总称。绿肥作物多属豆科植物，除用以改良土壤以外，多数绿肥作物地上部还可兼作饲草，而只以根茬肥田，或作为覆盖作物（cover crop）栽培以保持水土和保护环境。饲料作物（forage crop）是指人们有意识和有计划栽培的单位面积产量高、营养价值较全、家畜喜食的牧草作物，既可作为青刈饲料直接鲜饲，也可制成干草或加工成草粉，以供冬季饲草缺乏时调剂使用。饲料作物多以禾本科和豆科牧草为主，既可专作饲料，也可饲料和绿肥兼用。由于用途上的高度兼容性，生产上常将绿肥作物和饲料作物统称为绿肥饲料作物。绿肥饲料作物栽培有利于种植业与饲养业相结合，有利于用地与养地相结合。

我国绿肥饲料作物包括豆类、谷类、叶菜类、根茎类、瓜类等，最常见的绿肥饲料作物有：苜蓿、紫云英、箭筈豌豆、毛叶苕子、三叶草、红豆草、草木樨、沙打旺、紫穗槐、羽扇豆、小冠花、田菁、聚合草、苏丹草、燕麦草、油菜等。常见的青刈饲料作物包括青刈玉米、青刈高粱、大麦、燕麦、黑麦、小黑麦、黑豆、蚕豆、饲用甘蓝和甜菜等。以菜叶、根茎和藤蔓等为青绿饲料的绿肥饲料作物包括胡萝卜、白萝卜、甘蓝、甜菜、马铃薯、甘薯、南瓜、满江红、水花生、水葫芦、水浮莲等。

视频 2-3

绿肥饲料作物可春夏秋冬四季栽培，通常以轮种、复种、间作、套种和混作等方式栽培，如粮草（肥）轮作、粮草（肥）间作套种、果园和林地间作套种、农田隙地和荒地种植、非耕地营造绿肥饲草林、水面放养水生绿肥饲草作物等。我国利用南方的冬闲田和北方的夏闲地，可大面积填闲种植或复种绿肥饲料作物，可因地制宜采取豆科与非豆科、一年生与多年生多种绿肥饲料作物并举，发展饲肥兼用和粮肥兼用型作物生产，实行种草养畜、畜粪与根茬肥田，促进种植业与养殖业相结合、用地与养地相结合、作物生产和水土保持相结合。

四、农业结构调整与混合农作制度

（一）农业结构层次及其调整方向

农业结构通常是指农业内部各个组成部分的组合方式及数量比例关系。农业结构调整是指根据市场对农产品需求结构的变化改变农产品的生产结构，从而使农业生产和市场需求相协调的过程。

1．农村产业结构　是指农村第一、第二、第三产业的比例与关系，第一产业是指农业，第二产业是指农村工业与农村建筑业，第三产业是指运输业与商业、饮食业。随着农村经济发展，农村产业结构中第一产业比例降低，第二、第三产业比例增加。农村产业结构中的第一产业涉及种植业和养殖业，是农村第二、第三产业发展的基础。

2．农业生产结构　是指农业内部种植业、畜牧业、渔业、林业的比例与关系。在确保粮食总产量稳定增长、提高单产和改善品质的同时，积极发展林业、畜牧业和其他各业，使种植业比例逐渐下降，而畜牧业、水产业比例逐步增加。例如，我国农林牧渔业总产值比例已从 1978 年的 80∶3∶15∶2 调整为 2020 年的 55∶5∶30∶9。世界农业发达国家的畜牧业发展速度普遍快于种植业，畜牧业产值比例高达 50%～90%。

3．种植业结构　是指种植业内部粮、经、饲、果、菜、药、糖等作物间的比例与关系。在确保粮食安全的前提下，应逐步扩大饲料绿肥种植面积，促进畜牧业发展。我国粮∶经∶其他作物种植面积比例已从 1978 年的 80.4∶9.6∶10 调整为 2020 年的 70∶27∶3，粮食作物比例明显降低，经济作物比例大幅提高。

4．粮食作物结构　包括粮食作物内部各种作物面积、产量与产值的比例。随着生产的发展，一般是高产作物（如玉米、水稻）和细粮（水稻、小麦）等比例增加，相对低产的杂粮（如谷子）和低效作物比例则下降。在世界粮食总产量中，人类口粮占 59%，而饲料粮占 41%，一些发达国家饲料粮比例高达 70%以上。

5．养殖业结构　畜牧业结构涉及各种畜群的比例与饲料的组成。我国传统畜牧业以农区畜牧业为主，养殖业结构中以猪和鸡等耗粮畜禽为主，以牛和羊等草食型畜禽为辅。因耗粮型畜禽大量消耗饲料粮，导致人畜争粮矛盾尖锐，而食草型畜禽规模和比例较低，对作物秸秆和农田饲草资源利用不足。因此，在稳定生猪和禽蛋生产规模的同时，需要扩大食草型、节粮型牛、羊生产规模和比例。

（二）农业结构调整的规律与重点

1．农业结构调整的基本原则　在一定条件下和一定时期内，自然资源、生产条件、人类生活习惯等影响农业结构的因素具有相对稳定性，因而农业结构也具有相对稳定性，有利于农业专业化、区域化布局和经济效益提高。但随着生产条件和社会需求变化，需要加强农业结构调整，促进农业区域分工与特色农业发展。因此，农业结构调整应该遵循的原则是：第一，结构要与资源相适应，不能超越条件与阶段性；第二，结构要与市场需求、生产条件和科技进步相一致，以取得较好的经济、社会和生态效益；第三，各业之间及组成成分之间的比例要协调，使生产要素趋于最优组合。

2．农业结构调整的阶段性规律　农业结构调整的阶段性规律是：第一步先调整种植业内部结构，在粮食满足后增加收益高的作物比例；第二步是在种植业发展并有了饲料、资金等基础上，调整农业结构，增加畜牧业、水产业和农产品加工业比例；第三步是在资金、劳力、技术准备后，进一步调整一二三产业结构，减少农业产值比例，增加工商业产值。我国农业结构调整主要历程如下。

首先是种植业结构调整，在 20 世纪 80 年代初期至 90 年代中期由“以粮为主”的一元种植业结构逐步调整为“粮-经（包括果、蔬）”二元种植业结构，从 90 年代中期至今则由粮-经二元结构逐步向“粮-经-饲”三元种植业结构转变。

其次，在种植业结构调整基础上实施了农业生产结构调整，从 20 世纪 80 年代中期至 90 年代中期由“以种植业为主”的一元农业生产结构逐步调整为“种植业-畜牧业”二元农业生产结构，从 90 年代中期开始，还扩大了水产养殖业发展规模，促进“种植业-畜牧业-水产业”多元农业生产结构的形成。

再次，在农业生产结构调整基础上又进一步实施了农村产业结构调整，从 20 世纪 80 年代中期至 90 年代中期由“以农牧业为主”的一元产业结构逐步调整为“农牧业-乡镇企业”二元产业结构，从 90 年代中期至今则加大了农产品加工业和农产品销售服务业等农业产业化经营的发展力度，促进农村产业结构向“农牧业-农产品储藏加工业-农产品销售服务业”三元产业结构的转变。

3．我国农业生产结构调整的原则与重点　2003～2023 年，我国实现了粮食生产“二十年连丰”，连续 9 年保持在 1.3 万亿斤以上。农产品供求关系由刚性短缺转向“总量基本平衡、丰年有余”，但农业发展由资源约束转为资源与市场双重约束，农业生产结构性矛盾仍较突出，农业区域性结构基本雷同，地区比较优势发挥不足，大宗低质农产品积压，特色名优农产品短缺，仍面临着土地经营规模狭小、粮食生产后继乏力、农村劳动力短缺、农业比较效益低下、农民持续增收困难等问题困扰。

当前，我国农业生产结构调整的原则是：一是以市场为导向，满足社会对农产品数量和质量增长的需求；二是发挥区域比较优势，逐步形成具有区域特色的农业主导产品和支柱产业；三是提高农业综合生产能力，不断改善农业生产基本条件；四是依靠科技进步，推进农业增长方式转变；五是运用经济手段，引导农民生产适销对路产品，促进总量平衡；六是尊重农民意愿和生产经营自主权，让农民主导农业生产结构调整。

我国农业生产结构调整的重点有以下几方面。

（1）种植业　　大力发展市场适销的优质作物生产，调整粮、经、饲作物结构和种植业区域结构，建立专业化、规模化和集约化的优质农产品产业带和产业区，积极发展优质饲料作物生产，为农区畜牧业发展提供保障。

粮食作物结构调整重点是：继续调减南方早籼稻面积，稳定中稻、一季稻和晚稻面积，重点发展优质稻生产；稳定发展北方冬小麦生产，适当调减南方冬小麦面积，大力发展加工专用小麦；重点发展优质饲用玉米生产，配合加工需要发展高淀粉、高含油等玉米生产，适度扩大南方地区玉米面积；扩大大豆面积；稳定薯类面积，积极发展名特优杂粮生产。

经济作物结构调整重点是：控制新疆棉区面积扩张，调减长江流域棉区面积，压缩黄河流域棉区面积，稳定集中连片高产优质高效棉田；大力发展“双低”油菜生产，稳定花生种植面积；控制糖料作物种植面积，向适宜种植地区集中；水果、瓜菜、特色产品等其他经济作物也要向优势区集中。

（2）畜牧业　　畜牧业是农产品转化增值的重要途径，要把粮食主产区同时建成畜产品主产区，在东部地区和大城市郊区发展规模化、集约化和产业化的畜牧业经营，在中西部地区舍饲和规模化养殖，在草原牧区建立优质饲草基地，提高单位面积载畜量，在南方草山草坡发展种草养畜合作社和家庭牧场，在农区利用各类农作物秸秆发展节粮型畜牧业；调整畜牧业品种结构，大力发展生猪和肉牛生产，积极发展城市郊区奶牛业，发展优质肉羊和细毛羊生产，加快优质肉鸡和水禽生产。

（3）渔业　　加快发展水产养殖业，保护和合理开发滩涂、水面等宜渔资源，发展名特优新品种养殖；重点发展高效生态型水产养殖业，积极发展高科技工厂化养殖，因地制宜地发展水库和稻田养殖，以及充分挖掘深、远海开放水域和物理空间，强化先进技术装备应用，发展以智能网箱和大型养殖工船为主体的深、远海养殖，建立“蓝色粮仓”；稳定近海捕捞，加强保护近海渔业资源，大力发展远洋渔业；大力发展水产品的精加工、深加工和综合利用，重点抓好大宗水产品保质和低值水产品深加工。

（三）农牧结合型农作制

1．“农牧结合”的含义　　农牧结合中的“农”是指狭义的农业，即指种植业，“牧”是指广义的牧业，即动物生产，包括畜禽业与水产业。农牧结合（coordination of farming and animal husbandry）是指农区种植业与牧渔业相互适应与协调，牧渔业的规模与种类与种植业提供的饲料相适应，而种植业生产又适应于牧渔业的需要，二者协调平衡发展。国际上，农牧结合也称为混合农作制（mixed farming systems），是指种植业和畜牧业相互结合、兼而有之的综合性农业。世界上混合农业的主要类型之一是将饲养牲畜和谷物生产有机结合起来的谷物和牲畜混合农业，主要分布在欧洲、北美、南非、澳大利亚及新西兰等地，主要种植小麦、玉米等谷物及牧草和饲料作物，同时饲养牛、猪、羊等牲畜。

农牧结合的种植制度（cropping system，related with animal husbandry）是指农区种植业为满足牧渔业发展需要而采取的有关饲料作物生产布局、种植方式和轮作体制的总称，即种植业的结构、产品、种植方式能适应一定水平牧渔业的数量与种类。

2．农牧结合的意义

（1）农牧结合能促使更多植物产品更有效地转化为动物产品　人类只能直接食用植物的籽粒、块根、块茎等小部分产品，而作物秸秆和糠麸等绝大部分副产品，只能通过畜牧业养殖来加以利用和转化，生产人类需要的肉、蛋、奶、皮毛等动物产品，有利于提高农业生态系统生物量生产力。

（2）农牧结合能增加种植业产品的附加值　养殖业是植物性副产品主要转化者之一，粮食转化为牧渔产品后，可增加附加值 50%左右，发展养殖业可以增加农民收入，有利于增加农业经济系统的资金收益。

（3）畜牧业能为种植业提供动力与有机肥料　牛、马等役畜是传统农业生产中的重要动力来源之一。畜牧业能将饲料有机物质的 15%～18%转化为动物产品，同时把其余 80%的部分转化为厩肥，可为种植业系统提供优质有机肥，培肥农田土壤。

3．我国农牧结合的特点

（1）农区是我国畜牧业生产主体　由于我国草地数量不足和质量较差，农区一直是畜牧业产品的主产区，畜牧业生产强烈依赖于种植业生产，农区肉、蛋、奶生产量均占全国 90%以上。

（2）杂食畜禽是我国畜牧业结构的主体　猪和鸡等耗粮性杂食畜禽养殖一直占据我国畜牧业主导地位，猪、禽、牛、羊、杂畜肉类产量所占比例依次为 65∶19∶9∶5∶2，猪肉占居民肉类食品消费量的 66%，牛、羊肉和奶类占有量偏低。现阶段，正推进畜牧业结构调整，逐步向草食性牛、羊生产发展。

（3）农牧比例以农为主　在我国以耗粮性杂食家畜为主的养殖结构条件下，受制于长期粮食生产能力制约，我国畜牧业发展长期处于辅助地位。2020 年种植业和畜牧业占农业总产值的比例分别为 52.1%和 29.2%。

（4）饲料生产水平低　目前，我国畜牧业生产方式已由分散和小规模家庭养殖为主，转变为规模化养殖为主，但饲料来源仍主要以玉米、稻谷、薯类、农副产品（秸秆、藤蔓、糠、麸、饼）为主，专用饲料作物生产面积不大。在饲料结构中，以粗饲料为主，精饲料不足；以能量饲料为主，蛋白质饲料严重不足；以单元饲料为主，配合饲料不足。

4．建立农牧结合的种植制度　建立农牧结合种植制度的基本措施是：一是将饲料作物生产正式纳入种植制度，确立合理的粮、经、饲三元种植业结构；二是逐步增加专用与兼用饲料作物种植比例，如苜蓿、玉米、薯类、大麦、油料作物、大豆，生产优质饲料饲草；三是加大高蛋白作物和饲料作物种植比例，建立农牧结合的种植模式和轮作方式。

（1）农牧结合的种植模式　包括粮饲复种和饲料作物间混套作。在生长季节较长地区，在一茬主作物收获后或播种前，可复种一种或几种饲料作物，也包括利用短生育期作物的填闲种植。我国南方冬闲田复种多花黑麦草、胡萝卜、萝卜、大头菜、饲用甜菜、秋甘蓝、青刈玉米、苕子、甘薯、荞麦、绿豆、小白菜、南瓜、马铃薯、绿萍、紫云英等，我国北方夏闲地则复种青刈或青贮玉米、高粱、大豆、青刈大麦、燕麦、黑麦、夏甘薯、甘蓝、萝卜等。此外，在粮食作物、经济作物中间套饲料作物，如豆类、甘薯、毛苕子、箭筈豌豆、草木樨、蚕豆、饲用白菜、甜菜、绿萍、紫云英等，在幼林期或幼果期间作各种饲料作物，如豆类、苜蓿、三叶草、瓜、菜等。

（2）农牧结合的轮作方式　是指全年或整个轮作期以种植饲料作物为主的青饲料轮作或粮饲轮作，以生产鲜嫩多汁饲料和青饲料为主。轮作的青饲料作物包括紫花苜蓿、沙打旺、杂交酸模、草木樨、光叶紫花苕子、红花草、多花黑麦草、青刈黑麦、青刈大麦、青刈玉米、青贮玉米、青刈甘薯、青刈油菜、饲用甜菜、饲用瓜类、饲用甘蓝、豌豆、苕子、胡萝卜、白菜等。

（四）农林复合型农作制

农林复合系统（agroforestry ecosystem）也称为混合农林系统，是指在同一土地上，有目的地把林业（乔木、灌木、竹子等多年生木本植物）与农业（一年生农作物）或牧渔业相结合，组成一个多组分、多功能、多目标的综合性经营体系，以提高生物资源和空间利用率，增加人工生态系统多样性和稳定性，并提供农林牧渔多样化产品。农林复合系统是多种农林牧生物资源集约利用的立体农业，也是混合农作制的重要形式之一。根据农林复合系统的经营目标、组成和功能差异，农林复合系统可分为农林复合型、林牧（渔）复合型、农林牧（渔）复合型和特种农林复合型等多种形式。

（1）农林复合型　在同一土地单位上，把林木和农作物相结合种植，包括以林为主、以农为主和农林并举3种类型，主要有林农间作型、农田林网型等形式，前者如河南的“桐粮间作”、华北平原的“粮枣间作”、黄土高原的“果粮间作”、江淮流域的“桑农间作”“茶农间作”、南方的“杉树与农作物间作”“油桐与农作物间作”“油茶与农作物间作”等，后者如我国“三北”和沿海平原农区的农田防护林网型。

（2）林牧（渔）复合型　在同一土地单位上，将林业与牧业进行间作或者把林业与渔业相结合的复合经营模式，主要包括林牧间作型、林渔结合型等。前者如北方果园种植绿肥牧草作物、北方牧区草场上栽植防护林网，后者如广东的“桑基鱼塘”“蔗基鱼塘”和“果基鱼塘”等。

（3）农林牧（渔）复合型　可分为农林牧多层种植型、农林渔结合型等，如南方丘陵山地的“稻＋桑＋渔系统”“稻＋林＋渔系统”“稻＋果＋渔系统”“林草＋果草系统”等。

（4）特种农林复合型　包括林药间作型、林食用菌结合型等，如东北的林参（人参）间作、南方丘陵区的“松茶间作”“果茶间作”，华南山区的“胶茶间作”、林下栽培蘑菇和木耳等。

视频 2-4

五、全球气候变化与应变型农作制度

1. 全球气候变化的概念　全球气候变化（global climate change）概念包括广义和狭义两种。广义的“全球气候变化”是指全球范围内气候的各种变异和变化，如风暴潮、飓风等现象；狭义上的“全球气候变化”等同于“全球增温”“全球变暖（global warming）”，是指在各种因素影响下改变了地球表面温度，使大气趋于变暖。近百年来，全球气候正经历一次以全球变暖为主要特征的变化过程。中国气象局发布的《中国气候变化蓝皮书（2022）》指出，过去140多年间（1880～2022年）全球海陆表面平均温度呈线性上升趋势，2021年，全球平均温度较工业化前水平（1850～1900年平均值）高出1.11℃；最近20年（2002～2021年）全球平均温度较工业化前水平高出1.01℃。2021年，联合国政府间气候变化专门委员会（Intergovernmental Panel on Climate Change，IPCC）第六次评估报告指出，未来全球极端热事件（包括热浪）将继续增多，强度加强。中纬度和半干旱的一些地区以及南美季风区，是极端高温上升幅度最大区域。气候变化严重地扰乱了世界气候自然状况，对自然和人类社会生产活动等产生了一系列的明显影响，如1993～2021年期间全球平均海平面的上升速率为

3.3mm/年，近20年较上世纪90年代冰川消融速度加快数倍，强降雨、热浪、洪水、干旱等极端天气事件频发。

2．我国气候变化特征　近70年来，中国气候变化总体特征以增温为主，温度升高和降水量增多地区最广，气候变暖区域和季节差异颇大，呈现“北变暖南变冷，冬变暖夏变凉”特点。

（1）气温变化　近70年全国年平均地表气温增加1.8℃，增温速率为0.26℃/10年，明显高于全球或北半球同期平均增温速率。20世纪90年代后期以来，极端高温事件明显增多。2021年，中国平均暖昼日数为1961年以来最多，地表平均气温较常年值高0.97℃，为1901年以来的最高值。

（2）降水变化　1961年至2021年，我国平均年降水量呈增加趋势，极端强降水事件也呈增多趋势。我国降水变化的区域间差异明显，地表水资源量年际变化明显。青藏高原地区平均年降水量呈显著增多趋势，西南地区平均年降水量总体呈减少趋势。其中青海湖水位自2005年以来连续17年回升，并在2021年水位达到3196.5m，已超过20世纪60年代初期的水位。

（3）其他气象要素变化　近70年全国日照时间、水面蒸发量、近地面平均风速、总云量均呈显著减少趋势。

3．气候变化对种植制度的可能影响　气候变暖导致平均气温和积温升高，增加了各地热量资源状况，作物种植界限向高纬度和高海拔地区移动，多熟制种植北界向北推移，复种指数有所提高。年平均温度每增加1℃，北半球中纬度地区作物带在水平方向北移150～200km，在垂直方向上移150～200m。气候变暖对我国作物种植制度的可能影响是：

1）长江以北地区（特别是中纬度和高原地区）生长季开始日期提早、终止日期延后，潜在生长季延长，使多熟种植北界向北推移，有利于多熟种植和复种指数提高。年平均温度增加1℃时，我国≥10℃积温持续日数平均可延长15d左右。例如，20世纪90年代以来，我国东北地区气候增暖明显，水稻种植面积得以北扩，黑龙江省水稻种植面积扩大7倍，玉米主产区发生南移，麦豆产区北移，吉林省玉米生育期延长7～10d，高产晚熟玉米种植面积增长迅速。

2）气候变化对南方地区种植制度界限有较大影响，造成多熟种植界限向北、向西推进，多熟种植区域扩大，总体上有利于单位面积周年作物产量增加。与1980年相比，南方一年二熟区和一年三熟区分界线平均向西推进约0.2个经度、向北移动约0.2个纬度，据此三熟制地区北界将从长江流域北移至黄河流域，黄淮南部可变为旱三熟区，长江流域三熟制可变为稳定三熟制，华南地区三熟制可变为热三熟制，云贵高原南部可变为三熟区，新疆北部和南部可变为二熟区。同时，在东北一熟区、华北二熟区和长江流域三熟区，小麦春性品种增加，冬性品种减少，玉米、水稻等可种植生育期较长的晚熟品种类型。

4．气候变化对粮食生产的可能影响　气候变暖加速了农作物生长，缩短了作物生育期，促使呼吸作用增强，从而影响农作物产量。因气温升高，全球热带和亚热带地区作物减产，中国大部分地区主要粮食作物产量下降。但CO_2浓度倍增，将使C_3作物产量提高30%，而C_4作物产量仅提高10%左右。气候变暖和CO_2浓度增加，有利于我国西南和西北地区粮食作物增产。东北地区和内蒙古夏季升温，也有利于粮食作物增产。

气候变暖有利于我国冬小麦种植区北移和西扩，有利于东北、华北和新疆小麦增产。但因气候变暖、降水减少、太阳辐射减弱和病虫草害加剧，导致黄土高原、黄淮海和长江中下游区小麦减产，也导致半干旱区春小麦播种期提前、生育进程加快、生育期缩短和产量下降。气候变暖促进玉米生育时期提前和全生长期缩短，可扩种生育期长、产量高和品质优的玉米品种。气候变暖有利于东北地区水稻面积扩展，华南和长江流域冬春季增温有利于水稻产区熟制增加，但因水稻生长期和灌浆期缩短，可能导致单季稻减产。

5．应对气候变化的农作制度策略

（1）大力选育高产优质抗逆性强的作物良种　一般新品种对作物增产贡献率占 40%左右，培育适应气候变化的优良品种是保证作物持续增产的首要措施。在良种选育中，要考虑气候变化的连续性、不同地区的差异性、对极端灾害的抗逆性和高产优质需求等关键问题。

（2）加强适应气候变化的种植制度规划和布局　气候变化导致农业水热资源分布格局发生变化，要优化作物适宜种植区划，合理调整农作物播期，调整熟制和提高复种指数。例如，由于冬季增温，在水分充足的双季稻区，应加强开发利用冬闲田，发展冬季农业和设施农业；在双单稻混作区，可适当发展再生稻；在水分不足地区，应发展旱地立体栽培多熟制。

（3）建立防灾抗灾和稳产增产栽培技术体系　针对未来气候变暖趋势，应避免或减轻不利热量条件的影响。冬季气温升高可使作物冻害概率降低、作物生育期提前，有利于亚热带作物良种引进和越冬作物生长，但也要考虑冬季热量条件波动和春季低温冷害对作物生产的可能危害。同时，冬季气候变暖使越冬虫源和菌源基数增加，加重了农业病虫危害程度，要加强病虫害预报和防治。

（4）构建气候智慧型农作制度　气候智慧型农业（climate smart agriculture，CSA）是联合国粮食及农业组织（FAO）于 2010 年在海牙农业粮食安全和气候变化会议上正式提出的一个新农业发展模式，充分考虑了应对粮食安全和气候变化挑战的经济、社会、环境等复杂性，提出通过发展技术，改善政策和投资环境，实现在气候变化条件下保证粮食安全和农业持续高效发展。气候智慧型农作制度围绕农业高产、集约、弹性、可持续和低排放目标，探索提高生产系统的整体效率、应变能力、适应能力和减排潜力的可行途径，构建有弹性的作物生产管理技术体系，增强气候变化适应能力、实现固碳减排。

第二节　种植模式与高效用地

种植模式（cropping pattern）是指一个地区在特定自然资源和社会经济条件下，为了实现作物高产高效和农业资源可持续利用，于一年内在同一农田上将特定作物按一定结构进行时空配置的规范化种植方式。不同地区都有与当地生态、社会和作物生物学特性相适宜的种植模式。

一、种植模式的基本原理

种植模式是在当地气候和农业生产条件综合影响下，经过人们长期选择而形成的高产稳产高效种植方式，在当地作物种植方式中占据主导地位，反映了对农业气候和土地资源利用的主要方式与效率。

（一）种植模式类型与特点

种植模式由作物结构与种植熟制组成。作物结构是指田间作物种群组成与空间配置，包括单作（单一作物结构）和多作（由多种作物组成的复合作物结构）。种植熟制是指一年内种植作物的季数，包括一熟制（一年内种植一季作物）和多熟制（一年内种植两季或两季以上作物）。由不同作物结构和种植熟制组合形成 4 种种植模式基本类型：单作一熟型、单作多熟型、多作一熟型和多作多熟型（图 2-1）。

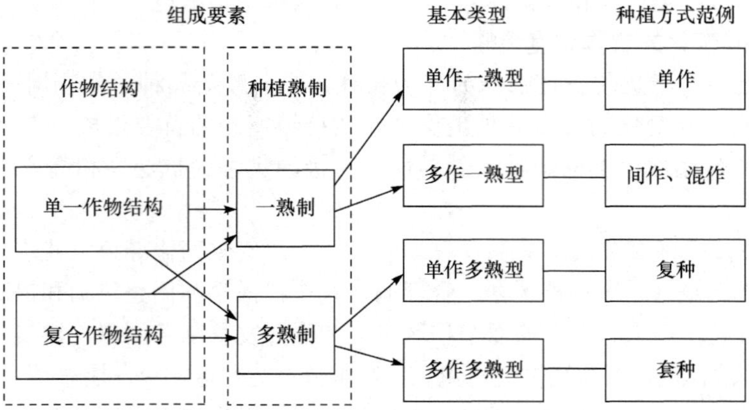

图 2-1　种植模式组成要素与基本类型图解

1．单作一熟型　单作一熟型（sole cropping annually）是指由单一作物组成单一群体结构，实行一年一熟制的种植模式，即一年内在同一块土地上只种收一种且为一季作物的种植方式，简称单作，如冬小麦一年一熟、春玉米一年一熟、棉花一年一熟等都属于此类。单作一熟型是农业生产中应用历史最悠久和最基本的种植模式。

单作一熟型的特点：①单一的作物群体结构，只有种内竞争，没有种间竞争（与杂草竞争除外），群体内部矛盾较少，田间管理简单；②单一的作物和品种，生长整齐划一，播种、管理、收获一致，便于机械化作业；③在一熟有余而二熟不足地区，一年只种收一季作物时生长季节较充分，便于种在高产期、收在安全期，并可选用生育期较长和增产潜力较大的品种，实现一季高产，同时有足够的农耗时间用于整地和施肥，有利于提高播种质量；④在生长季节较长地区，一年只种收一季时，生长季节有富余，未能充分利用气候和土地资源，农田产出量低，适用于生长季节较短或地广人稀、机械化程度较高的地区。

2．单作多熟型　单作多熟型（sole and multiple cropping）是指由单一作物种类组成单一群体结构，但一年之内种收两次或两次以上，能充分利用生长季节的种植模式。上下两茬作物之间通常具有一定的农耗时间，采用直播或移栽方式种植后茬作物，由此构成的两熟或多熟种植通常称为复种或接茬种植（sequential cropping），是从时间上集约利用资源的高效种植方式。复种的表示符号为“—”。单作多熟型种植模式按接茬种植作物的多少可分为 5 种类型：①两茬复种（double cropping），即一年内按顺序种植两茬作物，如小麦—玉米、小麦—水稻、水稻—水稻等；②三茬复种（triple cropping），即一年内按顺序接茬种植三季作物，如小麦—水稻—水稻；③四茬复种（quadruple cropping），即一年内按顺序种植四茬作物，如水稻—水稻—水稻—水稻；④再生种植（ratoon cropping），即多年生牧草和水稻收获后，通过作物根茬自生生长进行再生产；⑤隔年复种，即在热量资源一季有余但不足以保证连年复种的地区，或者热量资源充裕但降水不足以连年复种的地区，在越冬作物后复种夏播作物形成隔年二熟制，即在两年内种植三季作物，形成二年三熟制，如春玉米→冬小麦—大豆、冬小麦→冬小麦—谷子等，符号“→”表示作物在年际之间轮换。

单作多熟型的特点：①作物群体内只有种内竞争、无种间竞争，但前后茬作物间存在资源利用上的竞争与互补；②作物播种与收获整齐一致，田间管理相对简单，便于机械化管理；③一年种收两季或两季以上，延长了光合时间，集约利用农业气候和土地资源，通过增加熟制，提高耕地年产量；④复种对土壤水肥消耗和田间用工量显著增加，需要充足的水肥、劳力及机械供应，否则易造成增种不增收或因农时拖延难以实现增产目标；⑤适用于生长季节较长、水肥及劳畜力充足和机械化程度较高的地区。

3．多作一熟型　多作一熟型（mixture cropping annually）是指由两种或两种以上生育期相近作物组成复合群体结构，种收基本同时（共生期较长），一年只种收一季（熟期相同，仍称一熟），能充分利用空间的种植模式。多作一熟型通常被称为间混作（row or mixed intercropping）或混合作（mixture cropping），是一种集约利用空间的种植方式。多作一熟型主要包括两种类型。

（1）混作（mixed intercropping）　指在同一块土地上，同时无规则地混合种植两种或两种以上生育期相近作物的种植方式。其表示符号为“×”，如胡麻×芸芥、青稞×箭筈豌豆（图 2-2）。混作时，作物可同时撒播或在同行内混合、间隔播种，或一种作物成行种植，另一种作物撒播于其行内或行间。混作的两种作物生态适应性要求比较一致，田间管理措施也基本一致。

彩图

图 2-2　青稞×箭筈豌豆田间

（2）间作（row or strip intercropping）　指在同一田地上于同一生长期内，分行或分带相间种植两种或两种以上作物的种植方式。分带指间作作物成多行或占一定幅宽的相间种植，构成带状间作。其表示符号为“‖”，如玉米‖大豆（图 2-3）、春小麦‖玉米。间作的几种作物播种期和收获期相同或相近，作物共生期较长（超过其中一种作物全生育期一半），在生长季节利用上只按一熟计算，其播种面积均不能计算复种面积。农作物（粮食、蔬菜、绿肥等）与木本植物（林木、果树和茶树等）相间种植也称为间作（或立体种植，图 2-4），以农作物为主、间作林果的方式称为农林间作，反之则称为林农间作。

彩图

图 2-3　玉米‖大豆田间

图 2-4　新疆枣树‖马铃薯（左）、枣树‖棉花（中）和核桃树‖小麦（右）田间

彩图

多作一熟型的特点：①两种以上作物构成复合群体，群体内既有种内竞争、又有种间竞争和互补，通过合理选配田间作物结构，采取适当水肥管理措施，能减缓竞争和增强互补，发挥增产增收效果；②虽然是多作，但只算一熟，也无多熟的优缺点，但可从空间上集约利用光、热、水、土资源，增产潜力较单作多熟型低，但高于单作一熟型；③对气候和生产条件要求相对较松，在能实行单作一熟型的地区，都能实行多作一熟型，适用范围广；④因田间作物结构复杂，机械化作业较为困难，主要依靠手工管理，因此多适用于人多地少、生长季节较短的地区。

4．多作多熟型　多作多熟型（multiple crop and multiple cropping）是指在同一块田地上，一年内分期种植两种或两种以上生育季节不同的作物并构成复合群体结构的种植方式，是同步集约利用时间和空间的种植模式。两茬或两茬以上作物套作是多作多熟型的典型代表。套作（relay intercropping）是指在同一田地上，在前季作物生长后期的株行间或预留空带内播种或移栽后季作物的种植方式，也称为套种、串种，其表示符号为“/”，如小麦/棉花、小麦/玉米/甘薯。套作是一种集约利用时间的种植方式，套作作物共生期较短，不足作物全生育期一半，或在后茬作物产量形成阶段，独立（或上位）生长时期占全生育期 1/3 以上。

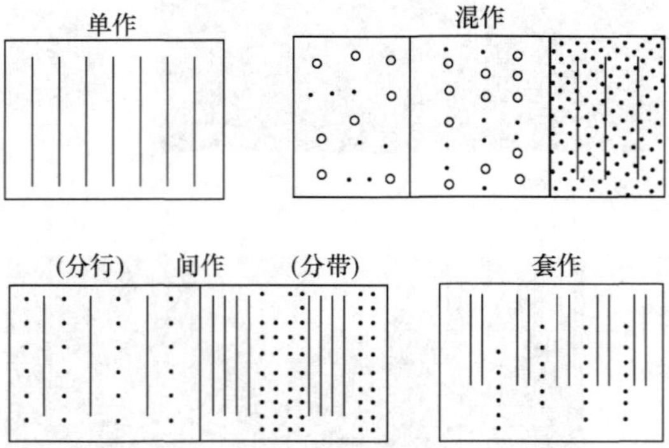

图 2-5　作物种植方式示意图

图 2-5 为几种作物种植方式示意图。

多作多熟型特点：①形式丰富多样，除单纯套作外，还有与间混作组成的其他多作多熟模式，如小麦/玉米‖大豆等，田间作物群体结构复杂，作物共生期内种间竞争和互补同时存在，只有选配合理田间作物结构、选择适宜套种时期和水肥管理措施，才能发挥空间上和时间上集约化种植作用，从而取得增产增收效果；②套作是一种特殊形式的复种方式，适用于生长季节一熟有余而二熟不足或二熟有余而三熟不足地区，可以免去复种所需农耗时间，争取较长生长季节，有效地增加熟制，提高单位耕地年产出率；③由于田间作物种类多，群体结构复杂，共生期间田间管理难以实行机械化作业，适于一熟向二熟过渡和二熟向三熟过渡地区及劳动力资源丰富、水肥条件好的地区。

5．其他种植模式概念　除上述种植模式类型外，在国际上和国内生产上还有其他几种与种植模式相关的概念。

（1）多熟种植（multiple cropping）　是指在一年内，在同一块农田上前后或同时种植两种或两种以上作物的种植方式。多熟种植是时间和空间上的种植集约化，通常包括复种、套作、间作和混作，即除了单作一熟型外，其余 3 种种植模式都属于多熟种植的范畴。多熟种植是国际上常用的概念。

（2）立体种植（multistory cropping）　是指两种或两种以上的作物（包括木本）从平面上或时间上多层次地利用空间的种植方式。立体种植也是生产上对间混套作的总称，在多物种共生期内能多层次利用光热水肥资源，包括同基面（同一农田）和异基面（不同海拔地带）立体种植两类方式。

（3）带状种植（strip cropping）　是指在一年内，在同一田地上前后或同时分带相间种植两种或两种以上作物的种植方式。分带是指作物多行相间种植，构成带状间作或套作，如玉米‖马铃薯、冬小麦/玉米等。带状种植是生产上对带状间作和带状套作的通称，实行机械化作业的潜力较大。

（4）立体种养（multistory cropping and raising）　是指在同一田地上，作物与食用微生物、农业动物或鱼类分层利用空间的种植和养殖模式；或在同一水体内，水生植物与鱼类、贝类相间混养、分层混养的模式。前者如玉米和蘑菇、水稻和鸭、水稻和鱼共同种养，后者如海带和扇贝、海参共养。

（二）种植模式与土地利用

不同种植模式的熟制和作物结构不同，反映了对土地利用程度不同。随种植熟制增加和作物结构改善，土地利用程度随之提高。

1．种植指数与土地当量比　种植指数（cropping index）是指作物总收获面积占耕地面积的百分数，作物总收获面积包括粮食作物、经济作物、绿肥作物和饲料作物收获面积在内。其公式表达如下：

$$\text{种植指数}（\%）=\frac{\text{作物总收获面积}}{\text{耕地面积}}\times 100$$

种植指数是国际上衡量耕地利用程度的常用指标。在休闲农作制中，种植面积小于耕地面积，种植指数小于100%，土地利用率较低；在连年耕作制阶段，单作一熟制时种植指数达到100%，即通过增加种植指数提高了土地利用率。当种植指数大于100%时，我国通常称为复种指数，即复种指数是土地利用程度较高时的种植指数。单作多熟制和多作多熟制通过增加熟制，提高了复种指数和土地利用率，如一年二熟、一年三熟和二年三熟复种指数分别为 200%、300%和 150%。为了准确计算套作和短生育期作物的种植指数，刘巽浩等提出了相关计算规则：①一茬作物是指作物独立生长期（非共生期）达3～4个月以上，且其生长盛期能达到全田覆盖；②套种或复种作物独立生长期占应有生长期（＞90d）比例系数，可作为其种植指数；③短生育期（生育期60d以下）蔬菜和青饲料作物生长期占标准作物生长期（90d）比例系数，可作为其种植指数。

多作一熟制仍属于一年一熟种植方式，不论涉及几种作物，都不计算复种面积和复种指数，常用土地当量比（land equivalent ratio，LER）衡量土地利用程度。多作多熟制可通过复种指数衡量土地利用程度，但复合群体田间结构复杂，复种指数计算规则较难确定，同样常以LER衡量土地利用率。土地当量比（LER）是国际上衡量间混套作土地利用效益的指标，是指为获取与某种种植方式单位面积同等产量，所需该种植方式中各作物单作面积之和，也就是间混套作中各组分产量与对应单作产量之比的总和。其公式表达如下：

$$\text{LER}=\sum_{i=1}^{n}\frac{y_i}{y_{ii}}$$

式中，y_i 为单位面积内间混套作中第 i 个作物的实际产量；y_{ii} 为第 i 个作物单作时的产量。LER＞1，表示间混套作有增产优势，且增加幅度越大说明间混套作优势越大；LER≤1，表示间混套作无优势。例如，在小麦/玉米‖大豆模式中，小麦、玉米、大豆产量分别为 5250kg/hm^2、10 500kg/hm^2、1200kg/hm^2，单作产量分别为 7500kg/hm^2、13 500kg/hm^2、3000kg/hm^2，则该模式 LER：

$$\text{土地当量比（LER）}=\frac{\text{套作玉米产量}}{\text{单作玉米产量}}+\frac{\text{套作小麦产量}}{\text{单作小麦产量}}+\frac{\text{间作大豆产量}}{\text{单作大豆产量}}$$

$$=\frac{10500}{13500}+\frac{5250}{7500}+\frac{1200}{3000}=0.778+0.700+0.400=1.878$$

2. 熟制　熟制是我国对耕地利用程度的另一种表示方法，是指一年内种植作物的季数。这里的“一季作物”是指生长期在 3～4 个月以上的标准作物，如一年三熟、一年二熟、两年三熟、四年五熟、一年一熟等都称为熟制，表示了土地利用程度的高低。其中，对播种面积大于耕地面积，即种植指数大于 100%的熟制统称为多熟制；而三年二熟制、五年四熟制的播种面积小于耕地面积，即种植指数小于 100%，属于休闲制。

视频 2-5

二、复种

（一）复种的意义与发展

1. 复种及其相关概念　复种（sequential cropping）是指在一年内，在同一田地上顺序接茬种植两季或两季以上作物的种植方式。其中，“一季作物”应包含一季生长时间、一季投入和一季产量三方面特性。复种的方法包括直播复种、移栽复种、套作复种和再生复种，主要是集约利用时间的种植模式。与复种作用相反的农作方式是休闲和撂荒。

（1）休闲（fallow）　是指耕地在可种作物的季节只耕不种或不耕不种的土地利用方式。休闲方法包括裸地休闲（只耕不种）和留茬覆盖休闲（不耕不种），前者是采用有壁犁将作物残体和杂草翻埋进土壤后形成裸露地表的休闲方式；后者是在地表保留作物残茬且不进行耕作的休闲方式。休闲的主要目的是使耕地短暂休息，通过蓄积雨水和土壤熟化作用，为后茬作物生长创造良好土壤条件，但休闲期因土地闲置导致光热水土等资源浪费，易加剧水土流失和土壤有机质矿化。

根据时间长短，休闲可分为全年休闲和季节休闲。全年休闲是指在一年内不种植任何作物的休闲方式，主要分布于中亚、地中海、非洲、美国中西部等半干旱地广人稀地区，我国西北半干旱农区也有少量分布，因降水不足难以连年种植，通过休闲可将两年降水蓄积于土壤供一季作物生长利用。季节休闲在农区较为普遍，是指在冬季、夏季和秋季等某一生长季节不种植作物的休闲方式，按休闲季节不同可分为冬闲、夏闲和秋闲。冬闲为作物秋收后至来年春播前的休闲，冬闲地在冬季翻耕或不翻耕，可利用冬季冻融与干湿交替作用，改善土壤结构和促进土壤养分矿化。夏闲为夏收作物收获后的休闲，主要用来蓄积夏季雨水，供下季作物利用，以提高来年单产。秋闲是在早秋作物收获后，秋播作物播种前的短暂休闲（一般为 1～2 个月）。全年休闲和夏闲属于季节上允许种植一季作物但却没有种植的长期休闲，可纳入休闲轮作类型；而冬闲和秋闲属于前后茬作物间不足以生长一季作物的短暂休闲，在轮作中则不占有位置。

（2）撂荒（shifting cultivation）　是指荒地开垦种植几年后，较长时期弃而不耕，待地力恢复时再行垦殖的一种土地利用方式。当休闲时间在两年以上并占到整个轮作周期 2/3 以上时，称为撂荒。撂荒在原始农业和传统农业阶段较为普及，现代农业阶段撂荒比例和面积越来越少。

2．我国复种发展现状　我国是世界上出现复种最早的国家之一，已有 2000 多年发展历史，但受制于生产技术落后和社会需求不足，历史上复种程度并不高，复种并不占主导地位。20 世纪 50 年代以来，随农业生产条件改善和人口快速增长压力，复种规模逐渐发展，复种程度不断提高，如华北麦玉两熟和麦豆两熟、南方麦稻两熟和双季稻三熟面积得以扩大。1949 年我国耕地复种指数约为 128%，1995 年时已达 157.8%，通过复种增加播种面积近 2667 万 hm^2，我国东南大部（约 1/2 耕地）实行复种。1952～1995 年，华东、华南和华中 10 省平均复种指数从 159%增加到 220%，主要发展稻麦两熟、双季稻和双季稻三熟制；西南的云、贵、川从 127%增加到 207%，主要发展稻麦两熟、小麦（油菜）—玉米（甘薯）两熟、小麦/玉米/甘薯三熟制；华北的冀鲁豫平原由 138%增加到 158%，主要发展了小麦—玉米（大豆、甘薯）两熟、麦棉套种两熟；西北五省从 96%增加到 106%，灌区实行小麦—玉米两熟或间套作；东北三省从 99%增加到 102%，增加了短生育期作物的套种或复种。

20 世纪 90 年代末至 21 世纪初，受粮食效益比较低、农村劳力转移、多熟种植劳动力需求较多等因素影响，我国复种程度明显降低，“冬闲田”面积增加，如 1998～2006 年南方双季稻改为单季稻面积达 166.7 万 hm^2，南方 16 省（直辖市）冬闲田面积约 1333 万 hm^2，其中能直接利用的近 667 万 hm^2，秋冬种植面积仅占耕地面积的 60%。在华南、长江流域、黄淮海等蔬菜集中产区，夏季高温和高湿导致蔬菜产量和效益较差，出现了大面积“夏闲田”，面积超过 333 万 hm^2。“冬闲田”和“夏闲田”面积扩大，降低了多熟区耕地复种程度。之后，随科技进步和气候变暖，我国西北和东部南部多熟种植逐渐发展，如新疆绿洲区麦玉套作、麦后复种大豆或油葵等多熟面积扩大，而地膜覆盖提高地温也促进了北方多熟种植发展，全国复种指数略有提升，2013 年至今比较平稳，复种指数保持在 123%左右。

3．复种在农业生产中的作用

（1）复种有利于增加作物播种面积和耕地生产力　复种能增加耕地利用的次数，明显增加农作物播种面积，显著提高单位耕地的年产出率和总产。我国耕地面积少于美国，但单位耕地年产量高于美国，其主要原因是增加了耕地复种水平。在我国不同农业发展阶段，复种程度对耕地综合开发能力的贡献率均大于耕地扩大的贡献率。

（2）复种有利于优化种植业结构，缓和不同作物争地的矛盾　我国人均耕地少，粮、经、饲、果、菜等各类农产品生产争地矛盾突出。复种通过延长耕地利用时间、增加作物栽培次数，解决了对农产品需求的多样化和耕地不足的矛盾。麦棉套作二熟或麦棉移栽二熟，可使粮棉双丰收；南方的油菜、大豆、花生等经济作物都是通过复种生产的。随复种指数提高，粮食作物播种面积显著下降，而油料和果蔬类作物种植比例显著提高，说明复种指数提高有利于优化种植业结构（表 2-5）。

表 2-5　1980～2020 年我国种植业结构的变化（%）

年份	粮食作物							棉花	油料	其他
	小麦	稻谷	玉米	薯类	大豆	其他粮食作物	小计			
1980	19.7	23.1	13.7	6.9	5.9	10.8	80.1	3.4	5.4	11.1
1990	20.7	22.3	14.4	6.1	5.1	7.9	76.5	3.8	7.3	12.4

续表

年份	粮食作物							棉花	油料	其他
	小麦	稻	玉米	薯类	大豆	其他粮食作物	小计			
2000	17.1	19.2	14.8	6.7	6.0	5.6	69.4	2.6	8.7	19.3
2010	15.1	18.6	20.2	5.4	7.0	2.1	68.4	3.0	8.6	20.0
2020	14.0	18.0	24.6	4.3	5.9	2.9	69.7	3.7	8.2	18.4

（3）合理复种有利于耕地用养结合，促进农业可持续发展　复种增加了对耕地土壤养分和水分消耗，但返还给土壤的有机物质增加，如果前后茬设计合理，有利于提高土壤养分平衡能力。主栽作物之后复种短生育期作物既可提高耕地产出率，又可起到轮作倒茬作用。此外，复种缓解了开垦荒地的压力，因而减少了土地退化、沙化或草原与林地破坏，保护了生态，有利于农业可持续发展。

（4）复种具有稳产和提高经济效益的作用　复种有利于年内多季作物的产量互补，特别是以秋粮补夏粮，保证粮食作物全年产量稳定。此外，复种由于涉及不同作物，具有潜在的生态稳定性，而农产品的多样性则具有更高的市场适应能力，因此复种具有稳产和提高经济效益双重作用。

（二）复种效益原理

复种通过提高对光、热、水、土等资源的利用率，在有限的土地上实现了农作物高产、稳产和多种经营，与一熟制相比显著增加了农田经营效益。

1．复种有利于提高光能利用率　复种通过延长光合时间、扩大光合面积来提高年光能利用率，实现作物高产。研究表明，光能利用率（E）与作物光合效率（P）、光合面积（L）和光合时间（D）的关系可简化表达为：$E=P\cdot L\cdot D$。光合效率（特别是群体光合效率）与作物产量呈显著正相关，但通过作物光合效率来提高光能利用率相对较难；叶面积在一定范围内与产量呈正相关，但叶面积系数过大时，作物群体内部受光结构恶化，叶片净光合速率和作物产量都呈下降趋势；延长光合时间是提高光能利用率的可行途径，即在生长季较长地区，复种通过延长利用生长季节，可提高光能利用率。一季作物生长期只有4～7个月，高叶面积持续期仅2～3个月。在生长季节较长地区，一年一熟制由于光合时间短、光合面积小，光能利用率很低，复种正是通过填补剩余生长季节提高了光能利用率，可使光能利用率由单季作物的0.5%提高到二熟和三熟时的1.0%～1.5%。但是，通过复种提高光能利用率，必须具备一定的叶面积，即延长光合时间必须与合理叶面积系数相结合，单纯依靠延长生长季节难以挖掘复种潜力。刘巽浩研究表明，作物产量与光合时间和叶面积不一定呈正相关，但与叶日积（LAI-D）（即叶面积系数和光合时间乘积）多呈正相关性（$r=0.95$），可用LAI-D衡量多熟种植效果。

2．复种有利于热量资源集约利用

（1）复种与生长季节的集约利用　热量资源可以用生长季节的长短来表示。按卡拉柯夫分类法，农作物生长期可分为5类：特早熟（生长期小于85d）、早熟（85～115d）、中熟（115～145d）、晚熟（145～175d）和特晚熟（175d以上）。在特定地区若一年只栽培一季作物，受作物生育期限制，都可能剩余一定生长季节，复种可以提高生长季节的利用率。例如，长江流域水稻一熟制一年利用生长季150～180d，剩余180～200d；稻麦两熟可利用330～

350d，油菜—早稻—晚稻可利用450～470d，将全年生长季利用指数（GSUI）提高到1.23～1.28（表2-6）。

表2-6　长江中下游地区主要复种方式的生长季节利用情况

复种方式	利用生长季日数/d	GSUI	复种方式	利用生长季日数/d	GSUI
小麦/棉花	400～420	1.09～1.15	油菜—早稻—晚稻	450～470	1.23～1.28
蚕豆/棉花	420～440	1.15～1.20	大麦—早稻—晚稻	440～450	1.20～1.23
油菜—早稻	350～360	0.95～1.00	小麦/玉米/甘薯	420～430	1.15～1.18
小麦—早稻	330～350	0.90～0.95	小麦/玉米/晚稻	430～440	1.18～1.20
冬闲—早稻—晚稻	260～280	0.71～0.77	小麦—早稻—晚稻	420～430	1.15～1.88
绿肥—早稻—晚稻	430～440	1.18～1.20	小麦/绿肥—晚稻	380～400	1.04～1.09

注：生长季日数包括套作共生期、秧田期在内；GSUI＝利用生长季日数/一年内可生长作物的日数

（2）复种与积温的集约利用　不同作物生长需要的起点温度不同，将生长起点温度不同的作物适当组合为能充分利用生长季的复种体系，可提高对积温的利用效率。我国主要作物对积温要求如表2-7所示，不同复种方式对≥10℃积温的需要与适宜分布区如表2-8所示。不同地区可根据生长季节长短和作物对生长期的需要，选择早熟高产品种组合复种体系。

表2-7　我国几种主要作物对积温的要求（℃）

类别	作物	早熟品种	中熟品种	晚熟品种
喜凉作物（≥0℃积温）	冬小麦	1700～2000	2000～2200	2300～2400
	冬油菜（直播）	1700～1900	1900～2100	2100～2300
	冬油菜（移栽）	1400～1600	1600～1800	1800～2000
	蚕豆、豌豆	1500～1700	1700～1900	1900～2100
	马铃薯	1600～1800	1800～2000	2000～2300
喜温作物（≥10℃积温）	大豆	2000～2200	2000～2500	2500～2900
	玉米	2000～2200	2200～2800	2800～3000
	谷子	1700～1800	2200～2400	2400～2600
	早稻（直播）	2300～2400	2400～2600	2600～2800
	早稻（移栽）	1700～1800	1800～1900	1900～2000
	中稻（直播）	＜3000	3000～3200	＞3200
	中稻（移栽）	2300～2500	2500～2700	＞2700
	晚稻（直播）	2700～3100	3100～3300	3300～3500
	晚稻（移栽）	2000～2300	2300～2500	2500～2700
	棉花	2800～3500	4000～4500	＞4500
	甘蔗	4000	4000～4500	5000～6500

表2-8　不同复种方式与适宜分布区需要积温（℃）

复种方式	需要积温		适宜分布区积温	
	≥10℃积温	≥0℃积温	≥10℃积温	≥0℃积温
小麦—糜（谷子）	＞3000	＞3400	＞3000	＞3500
小麦/玉米	—	—	＞3600	＞4100
小麦—玉米	＞4100	＞4500	＞4100	＞4500

续表

复种方式	需要积温		适宜分布区积温	
	≥10℃积温	≥0℃积温	≥10℃积温	≥0℃积温
小麦—大豆	>4200	>4500	>4200	>4500
小麦—水稻	>4100	>4500	>4200	>4700
小麦—棉花	>4400	>4800	>4400	>5000
小麦—甘蔗	>4500	>4900	>4200	>4900
水稻—水稻	>4700	>4900	>4900	>5400
绿肥—水稻—水稻	>4500	>5000	>4900	>5300
油菜—水稻—水稻	>4900	>5500	>5100	>5600
小麦—水稻—水稻	>5000	>5600	>5300	>5700
甘薯—水稻—水稻	—	—	>7000	>7900

注：—表示没有数据

（3）复种对热量资源的节约与超额利用　　在复种多熟制中，前后茬作物之间因农事操作而消耗的生长期称为农耗期。复种时应尽量压缩农耗期，延长作物对有效生长期的利用。采取移栽、套作、直播等技术可压缩农耗期，提高热量资源利用率。贵州农学院（现贵州大学农学院）研究表明（表 2-9），玉米一熟制生长季利用率（GSUI）仅为 36.7%，麦玉薯套作三熟的 GSUI 可达 129.8%，实现了对热量资源的超额利用。

表 2-9　旱地不同熟制对生长季与积温的利用

熟制类型	小麦或油菜		玉米		甘薯		合计		GSUI/%
	生长天数/d	积温/℃	生长天数/d	积温/℃	生长天数/d	积温/℃	生长天数/d	积温/℃	
玉米一熟	—	—	134	2918	—	—	134	2918	36.7
油菜—玉米	198	2046.3	117	2614.5	—	—	315	4660.8	86.3
小麦—玉米	201	1672.0	134	2514.6	—	—	335	4186.7	91.8
小麦—甘薯	201	1933.8	—	—	143	2949.9	344	4993.7	94.2
小麦/玉米/甘薯	188	1933.8	129	2760.3	157	3231.6	474	7925.7	129.8
油菜/玉米/甘薯	198	2041.3	131	2899.3	151	3129.4	480	8675.0	131.5

3．复种有利于降水资源集约利用　　在农业生产中，降水季节与作物生长期错位矛盾十分普遍，不利于降水资源高效利用。复种通过作物组合，使耕地在热量许可和降水丰沛季节内都有作物生长，提高了水热资源利用效率。我国降水资源主要集中于 6～9 月，一年一熟无法利用后期较多降水资源，通过复种可提高降水资源利用效率。但一年多熟必然增加了对土壤水资源消耗，部分地区还需进行补充灌溉才能复种。例如，北京和河北曲周水浇地麦玉二熟制总耗水量分别为 829mm 和 884mm，高于一季小麦或玉米耗水量，提高了水资源利用率。

4．复种有利于土壤肥力集约利用

（1）复种增加了养分消耗，提高了肥料利用率　　复种提高了用地强度，农产品产出增加，随产品输出的土壤养分增多。例如，华北大麦—玉米两熟比大麦一熟增产 121.23%，多消耗 N 80.97%、P 80.12%、K 68.41%，由于 N、P 主要随经济产品输出土壤，复种模式中即使茎、叶、根茬全部还田，土壤养分仍有亏缺，必须补充肥料。同时，复种有利于提高肥料利用率。例如，江西农业大学 2010～2011 年稻田复种研究表明，紫云英—水稻—水稻、油菜—水稻—水稻、水稻—水稻 3 种复种模式氮素吸收利用率为 36.22%～58.50%，两种三熟制模式氮素积累总量和氮素收获指数均显著高于二熟制模式。

（2）复种有助于增加土壤有机质　复种虽增加了养分消耗量，但只要模式和管理措施得当，土壤养分将得到改良。二熟制生物量和有机质生产量较一熟制翻倍，可归还有机物比一熟制总干物质还多，成为增加土壤有机质的重要来源。近年来，随保护性耕作技术和秸秆还田技术不断普及，复种模式中秸秆还田量及其有效性也在不断提高。福建省农业科学院研究表明，4 年后二熟制土壤有机质、全 N、碱解 N 含量都较一熟制有所增加，P、K 也有改良趋势。

（3）复种有利于改良土壤物理性状　复种增加作物生长次数，增加了农田施肥量，增强了作物根系对土壤穿插作用，增大了土壤动物的多样性，有利于增加农田土壤养分和降低容重，有利于协调水、肥、气、热等因子，有利于改良土壤理化性状。

5. 复种有利于多种经营和经济效益提高　在我国现有土地和水资源基础上，通过扩大耕地解决农产品多样化需求的可能性极小，复种增加了作物播种面积和种植次数，既可保证粮食安全，又可适时生产效益较高的经济产品。合理复种，不仅通过产量增加提高了效益，而且通过多样化产品增强市场竞争能力，因而具有较高的经济效益。

（三）复种的基本条件

虽然复种综合效益显著，但一个地区必须具备相应的基本条件才能实行复种，不合理的复种往往会造成所谓“秋赶夏、夏赶秋，两茬不如一茬收”和“三三见九，不如二五一十”的被动局面。复种的成败和复种程度首先取决于气候条件，而复种的效益高低则取决于社会经济条件。

1. 热量　热量条件是决定一个地区能否复种的首要条件。一个地区的热量状况决定了复种的可能性与复种的程度。通常采用以下方法来确定一个地区能否复种和复种的程度。

（1）年平均气温法　根据年平均气温可以粗略评价一个地区的热量状况。在我国，一般年平均气温 8℃以下为一年一熟区，8～12℃为二年三熟区与套作二熟区，12～16℃为一年二熟区，16～18℃为一年三熟区。

（2）生长期法　当以无霜期表示生长期时，生长期在 140～150d 为一年一熟区，150～250d 为一年二熟区，250d 以上为一年三熟区。当以≥10℃日数表示生长期时，≥10℃日数在 160～180d 以下为一年一熟区，180～230d 为一年二熟区，230d 以上为一年三熟区。

（3）积温法　在我国，一般≥10℃积温低于 2600℃的地区只能一年一熟；2600～3600℃的地区可以实行二年三熟，复种生育期短的作物和绿肥，或者可实行套作二熟；3600～5000℃的地区可以一年二熟；5000℃以上的地区可以一年三熟。不同复种方式需要的积温计算公式如下：

$$\sum T=\sum_{i=1}^{n}(\mathrm{Ct}+\mathrm{ft}-\mathrm{St}\text{或}\mathrm{Rt})$$

式中，$\sum T$、Ct、ft、St、Rt 分别为某种复种方式所需的≥10℃积温、作物全生育期需要≥10℃积温、农耗期积温、苗床期或秧田期积温、套作共生期积温；i 为熟制。一般秋播夏收的喜凉作物需要≥10℃积温 1500～1600℃，春播或夏播秋收作物需要≥10℃积温 2400～2600℃，农耗期积温以 100℃计，秧田期积温与套作共生期积温依据秧田期与套作共生期实际情况计算。例如，小麦—玉米、小麦—水稻需要≥10℃积温为 4400℃，达到该复种方式所需积温的保证率最低要求为 80%，最好能达到 90%以上，以保证复种作物的安全成熟。我国部分省份熟制热量指标如表 2-10 所示，热量带与复种的关系如表 2-11 所示。

表 2-10　我国部分省份熟制热量指标（≥10℃积温，℃）

省份	一熟制	套二熟制	二熟制	二熟稳产区	双季稻	温三稻	热三熟
河北		3800	4300	4500			
甘肃	2700		3700	4400			
山西	3100	3500～4000	4000	4500			
陕西	3500	3500～4200	4200				
江苏			4600	4700	4900～5000	5200	
浙江					4800	5200～5800	
福建			4000		4000～4800	5500～6400	
贵州	3500	3500～4000	4000～4500	4500～5000	5000～5500	5500～6500	
广东						5200	7300

表 2-11　热量带与复种的关系

热量带	≥10℃积温/℃	≥10℃天数/d	熟制特点
寒温带	1600～1700	＜100	喜凉作物一熟带
中温带	1700～3400	＜160	喜温作物一熟与填闲
暖温带	3400～4500	＜200	一年二熟与套二熟
北亚热带	4500～5300	＜240	稻麦二熟、双季稻早三熟
中亚热带	5300～6500	＜300	中三熟、晚三熟
南亚热带	6500～8000	＜365	晚三熟、热三熟
边缘热带	8000～9000	365	热三熟、三季稻
热带	9000～10000	365	稻周年作、热作
赤道带	＞10000	365	稻周年作、热作

2．水分　在热量许可时，水分是决定复种的第二大要素，实际生产上能否复种和可能的复种程度取决于降水量、降水季节和灌溉条件。

（1）降水量　一般旱作作物一熟需水量为 250～600mm，水稻一熟需水量为 600～800mm，一年二熟需水量为 600～1000mm，一年三熟需水量在 1200mm 以上。因此，年降水量 600mm 以下地区的旱作农田只能实行一年一熟，600～1000mm 地区的旱作农田可实行二熟或套作二熟，1200mm 以上地区旱作农田可实行三熟制。

（2）降水季节　降水季节与作物生长季基本一致是决定降水有效性的重要条件。若降水过分集中，旱季时间过长，则旱作农田复种稳产性差。此外，降水还可通过影响温度来影响复种效果，降雨过多易导致秋季气温偏低，最终影响复种方式。

（3）灌溉条件　在降水不足以保证复种但热量丰富地区，灌溉既可解决降水不足矛盾，同时对调节降雨分配矛盾具有重要作用。南方双季稻区和稻麦两熟区均需要灌溉才能保证稳产，而黄淮海平原、关中平原和西北内陆灌区的复种或套作二熟也都依赖于灌溉。

3．地力　在光、热、水允许的条件下，较高的地力是保证复种成功的基础条件。复种时，土壤养分消耗量增大，二熟耗肥明显多于一熟，因此需要加大施肥量。我国不同复种方式需要施肥量如表 2-12 所示。

表 2-12　不同复种方式的施肥量（kg/hm²）

复种方式	N	P_2O_5	复种方式	N	P_2O_5
小麦/草木樨	112～150	38～53	小麦—水稻	188～300	60～90
小麦—谷子（糜）	150～188	53～63	小麦/棉花	188～388	60～105
小麦/玉米	225～300	90～128	水稻—水稻	225～300	60～90
小麦—玉米	225～300	90～128	绿肥—水稻—水稻	188～300	75～122
小麦—大豆	112～150	53～68	油菜—水稻—水稻	225～300	75～122
小麦—棉花	188～225	60～75	小麦—水稻—水稻	300～375	112～150
小麦—甘薯	225～300	90～128	甘薯—水稻—水稻	300～375	112～150

4. 农机具　复种时作物种植次数增加，用工量比一熟制显著增大，特别是为了充分利用生长季节，尽可能缩短农耗期，前茬作物收获和后茬作物播种等农事活动比较集中，对劳畜力和农机具需求较高。在机械化程度不高地区，复种超过了劳畜力许可条件，容易贻误农时，造成减产。所以全程机械化作业是促进复种的重要技术保障（图 2-6）。目前，我国小麦、玉米、水稻三大粮食作物耕种收综合机械化率分别超过 97%、90%和 85%。因此，在机具配套和劳畜力充足情况下，宜采用接茬复种；在生长季节紧张、人多地少且缺乏必要机具时，可采用套作、移栽等措施实行一年二熟。

翻耕　旋耕镇压

起垄施肥播种　收获

彩图

图 2-6　麦田机械化作业

5. 经济收益　前述 4 个条件是决定复种能否实现的资源条件，反映了复种的可能性，而经济收益则是决定复种能否持久发展的必要条件，反映了复种的经济持续性。事实上，在市场经济条件下，经济收益常常是复种成败的最终决定性因素。为了提高复种的经济收益，需要在复种时通过高投入获得高产出，引入高价值的经济作物及节省生产投入来降低生产成本。

（四）复种的技术要点

复种是一种时间、空间、投入和技术高度集约经营型种植模式，只有科学协调影响复种的各种因素，解决好产前、产中和产后领域的各个环节，复种增产增效的潜力才能挖掘出来。复种技术的核心内容是作物组合、品种搭配和田间布置。

1．作物组合和品种搭配技术

（1）充分利用冬闲田和夏闲地增种一季作物　南方冬闲田可种植小麦、大麦、油菜、蚕豆、豌豆、马铃薯及冬季绿肥作物。北方小麦收后也有 70～100d 夏闲期可供开发利用，夏闲期在 65～75d 的可以复种荞麦、糜，75～85d 的可复种早熟大豆、谷子，85d 以上的可复种早熟夏玉米，110d 的可复种中熟玉米。华南专业化蔬菜基地盛行夏季休闲，可实行“菜—稻—菜”复种，有利于提高耕地复种指数和增加粮食生产面积。

（2）利用短生育期作物代替长生育期作物增加熟制　例如，浙江杭嘉湖地区麦—稻—稻三熟生育期较紧，可选择生育期较短的大麦代替生育期较长的冬小麦。

（3）发展短间隙利用的填闲种植　当前后茬间隙为仅两个月左右时，一般难以生长一季粒用作物，应选择短生育期作物进行填闲种植，如绿肥、饲料、蔬菜等作物。填闲种植（catch cropping）是指主要作物收获后利用较短生长季节复种一茬短生育期作物的种植方式。

（4）生长季节富裕地区选用生育期较长的作物　在周年进行作物生产或生长季富裕地区，在传统栽培模式上增加熟制受热量影响或对主栽作物形成不利时，提倡选用生育期较长的作物，以充分利用生长季节。例如，河南南部冬小麦收获后剩余生长季节较长，过去主要复种生育期相对较短的中早熟玉米品种，近年来选择生育期较长和产量潜力较大的中晚熟玉米品种，显著提高了单位耕地的粮食产出率。

（5）生长季节紧张地区选用早熟高产品种　在生长季节相对紧张的地区，应选用中早熟品种代替晚熟品种，并把农耗期压缩到最低限度，组成早熟高产复种模式，但应避免勉强复种造成减产。

（6）选用可避开气候灾害的品种　作物品种熟期安排应有利于保收避灾。例如，贵州东部、四川东部生育季节长，伏旱严重，麦稻和油稻两熟的水稻品种，以早中熟品种为主，便于避开伏旱的威胁。

（7）发展再生稻　再生稻生育期比插秧的短 1/2 以上，生育期 50～70d 的产量一般可达到一季稻或早稻的 30%～40%，产量可达 2250～3750kg/hm^2。因此，在热量不足以发展中稻和晚稻，但雨水充沛地区发展再生稻比较适宜。

2．田间布置和管理技术

（1）育苗移栽技术　育苗移栽是缩短作物本田期，克服复种作物生育季节不足的简便方法，在水稻、甘薯、油菜、烟草、棉花、高粱、蔬菜等稀植类作物上应用较广，减少了作物苗期生长群体过小对光能的浪费，并节约了一定时间，为后季作物生长提供了适宜的时间和热量资源。在热量资源较为紧张，但有复种潜力的地区，可通过育苗移栽技术增加熟制。

（2）套作技术　在生长季一季有余、两季不足地区，常用套作技术增加熟制。即在前作生长后期（收获前 20～40d），在其株行间或预留带内套播一季作物，利用前后茬作物共生期弥补后茬作物对生长季节的需求。我国黄淮海和长江流域麦棉套作，华北、西南和西北地区麦田套作玉米、花生、烤烟等十分普遍。

（3）早发早收技术　①合理运用免耕播种技术，减少农耗期，早播后茬作物；②加强水肥管理，促进早熟；③化学催熟，在玉米生长后期喷乙烯利可提早 7d 成熟，棉花、烤烟施用乙烯利也可早熟；④采用地膜覆盖栽培技术可促进作物提前 5～7d 成熟；⑤前作及时收获，在前茬作物成熟后及时早收快收，有利于缩短前作收获时的农耗期，为后作早播创造条件。

（4）作物晚播技术　在播种季节较紧张的地区，可采用晚播技术，晚播作物在水肥许可前提下可适当增大播量，通过提高植株密度，减少分蘖或分枝，促进主茎发育和提早成熟。

（五）我国复种的主要类型与方式

1．二年三熟　二年三熟制是一年一熟向一年二熟的过渡形式，指在同一块地上二年内收获三季作物，是一种隔年复种形式，主要分布在温暖带北部一季有余二季不足、≥10℃积温在 3000～3500℃的地区，以及降水不能满足连年复种要求的二熟制旱作地区，如黄土高原东南部、鲁东丘陵和鲁中南山区。因水分不足，还形成了复种程度更低的三年四熟和四年五熟制，即隔二年复种和隔三年复种。主要种植形式有春玉米→冬小麦—大豆，冬小麦—大豆（绿豆、糜、谷子）→冬小麦，春甘薯→小麦（大麦）—芝麻（大豆、花生），小麦→小麦—玉米等。

2．一年二熟

（1）分布区域　≥10℃积温在 3500～4500℃的暖温带是旱作一年二熟制的主要分布区域，如黄淮海平原、汾渭谷地；≥10℃积温在 4500～5300℃的北亚热带是稻麦两熟的主要分布区，并兼有部分双季稻，如江淮平原、西南地区。

（2）主要方式

1）麦玉两熟。该种方式是一年二熟制中面积最大的复种方式，包括小麦—玉米、小麦/玉米。小麦—玉米主要分布于黄淮海、长江中上游和西南等地，麦后复播玉米或者免耕直播玉米，适于机械化作业。小麦/玉米是华北平原北部等热量有限区麦玉两熟方式，多采用田间带状种植形式，以利于农事操作（图 2-7）。

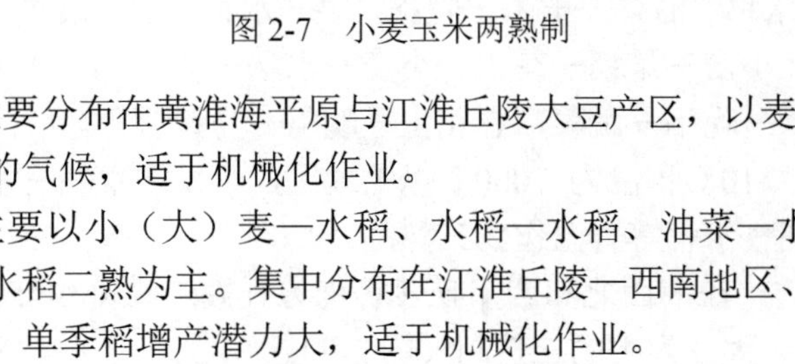

图 2-7　小麦玉米两熟制

2）麦豆两熟。主要分布在黄淮海平原与江淮丘陵大豆产区，以麦后接茬复种大豆为主，能适应热量条件稍差的气候，适于机械化作业。

3）稻田两熟。主要以小（大）麦—水稻、水稻—水稻、油菜—水稻、蚕豆—水稻、马铃薯—水稻、烤烟—水稻二熟为主。集中分布在江淮丘陵—西南地区、汉中盆地（图 2-8）。本模式气候风险较小，单季稻增产潜力大，适于机械化作业。

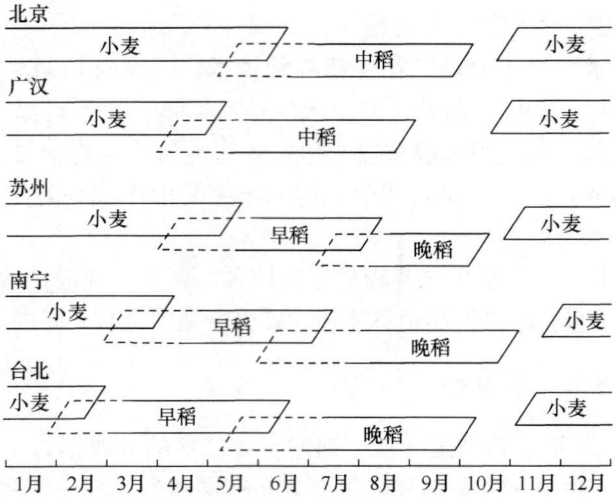

图 2-8　各地稻田二熟制与三熟制

4）玉米两熟。包括川渝的蚕豆—玉米、豌豆—玉米，湖南的玉米—水稻。本模式以玉米为主栽作物，对气候灾害适应能力强。

5）花生两熟。在山东、广东、河南、河北等花生主产区，盛行小麦—花生两熟，以麦茬复种花生为主。在川渝地区，有油菜（蚕豆、黑麦草、燕麦）—花生两熟。在华南稻作区，还有花生—水稻两熟。

6）麦薯两熟。在山东、河南、河北、四川、广西及江苏北部等旱地或丘陵坡地，盛行小麦—甘薯两熟。

7）麦棉两熟。在黄淮和江淮棉区，小麦收获后移栽棉花苗（行距 70cm）复种棉花。

8）青稞—豌豆（油菜）两熟。分布在西藏、青海、川西高原及甘南等区域。该区域地势较高，气候冷凉，主要种植青稞、豌豆、油菜等耐寒作物，其主要模式为青稞—豌豆、青稞—油菜等。复种的豌豆和油菜主要作为青饲料或青干草利用，之后根茬翻压还田。

3．一年三熟

（1）稻田三熟制　以双季稻为基础的三熟制，主要分布于中亚热带以南湿润气候区，包括 3 种模式。

1）冬作双季稻三熟制。包括小麦—水稻—水稻、油菜—水稻—水稻、绿肥（紫云英、黑麦草）—水稻—水稻、芥菜—水稻—水稻、马铃薯—水稻—水稻、甜玉米—水稻—水稻、蚕豆（豌豆）—水稻—水稻等模式，分布于长江中下游和华南各省。在≥10℃积温为 5000～5500℃、5500～6500℃和 6000～7000℃地区，双季稻应分别选用早中熟、中晚熟和晚熟品种，分别发展早三熟、中三熟和晚三熟（图 2-8）。

2）两旱一水三熟制。在长江中下游水源有限和种植业结构调整地区，常采用两旱一水三熟制：小麦/玉米—水稻、油菜—玉米—晚稻、菜—水稻—菜、蔬菜—水稻—蔬菜、小麦—大豆（花生）—水稻、小麦—早稻—花生、小麦—水稻—花生等。在华南地区，常采用春烟—水稻—蔬菜、春玉米—晚稻—蔬菜、春花生—晚稻—马铃薯等。

3）热三熟制。在≥10℃积温为 7000℃以上地区，可发展水稻—水稻—水稻、甘薯—花生—水稻、花生—水稻—水稻等喜温作物三熟制。

（2）旱地三熟制　在湘西北和四川丘陵等南方丘陵旱地降雨较多地区，实行以小麦/玉米/甘薯、小麦/玉米/大豆为主的三熟制（图 2-9）。

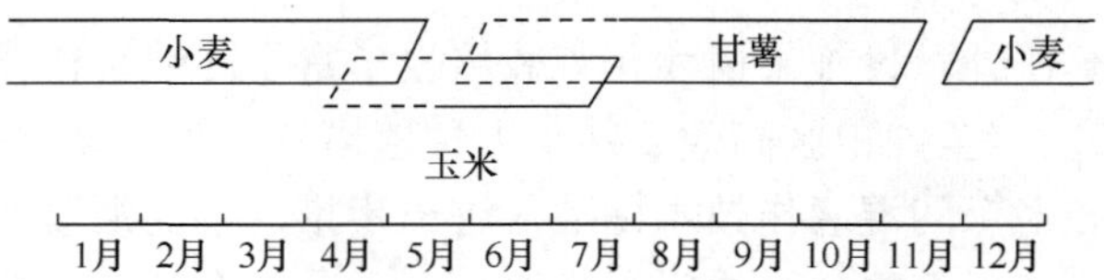

视频 2-6

图 2-9　小麦/玉米/甘薯旱地三熟制

三、间混套作

（一）间混套作的意义和发展

间混套作是间作、混作和套作的总称，是我国传统农业精耕细作、集约多熟种植技术之一。间混套作是我国传统农业的精髓。早在公元前 1 世纪之前的西汉《氾胜之书》就有相关记载。公元 6 世纪《齐民要术》、明代《农政全书》、清朝《农桑经》均有间套作相关记述。至新中国成立前，玉米（*Zea mays*）与豆类间作在全国各地已有分布。经历了 2 千多年，间套作从过去的低投入低产出，演变为高投入高产出的现代农业模式，并在现代农业中具有一定的地位。

1. 间混套作的生产意义

（1）间混套作有利于增产与增效　　合理的间混套作可以增产 30%～50%。近年来，我国出现的“吨粮田”和超高产粮田大多与间混套作技术有关。在增产基础上，间混套作通过产品多样化实现了经济高效化。例如，黄淮海麦棉两熟纯收益比单作高 15%左右，玉米/甘薯间作纯收益增加 1800 元/hm^2 以上。

（2）间混套作有利于提高资源利用率　　合理的间混套作能在时间和空间上集约利用光、热量、水、养分等资源。在适宜栽培密度下间套复合群体可获得最大光能利用率，提高光能转换效率，延长高光合面积日数，提高热量资源利用率。豆科作物和非豆科作物间套作可缓和营养竞争，增加非豆科作物氮素供给，提高磷素吸收率和水分利用效率。

（3）间混套作有利于稳产保收　　不同作物间混套作可利用其生态适应性差异和资源利用时空补偿机制，增加农田生态系统生物多样性和稳产性，提高农田生产力稳定性和市场适应性。例如，黄土高原芸芥与油菜混作，芸芥耐旱而油菜喜湿，在干旱和丰水年份都具有稳产作用。

（4）间混套作有利于优化农业结构　　在人均耕地稀缺地区，作物多样化往往依赖于间混套作，在对主栽作物影响较小情况下，满足了对农产品多样化需求，有利于优化种植业结构。

2. 间混套作的发展现状

（1）间混套作功能多样化　　在增加作物产量的传统功能基础上，间混套作在增收和环保方面的功能也逐渐彰显。例如，在间作群体内配置高附加值的蔬菜、中药材和特用经济作物，可实现经济高效化。间混套作可通过间作控制病虫草害，减少农药用量；禾豆间作可利用生物固氮降低氮肥投入量，抑制土壤氮素损失；吸收土壤重金属，修复污染土壤。

（2）间混套作模式种类增多，规范化程度提高　　一是涉及作物种类增多，由过去以禾谷类和豆科作物间混套作为主，已扩展到粮食、经济作物、饲料、药材、食用菌、蔬菜、瓜类、果树等不同生物种类，甚至包括立体种养；二是间混套作种收次数增加，即从种收 2 次向 3～4 次拓展；三是栽培方式增多，即由单纯间混套作向间混套作结合复种发展，模式组合、品种筛选、水肥配施、田间管理等集约化管理水平增强；四是设施多熟种植发展迅速，除蔬菜与蔬菜、瓜类间混套作外，设施果树和花卉栽培也丰富了间混套作模式；五是编写和出版了《新型多熟种植研究》《全国粮区高效多熟十大种植模式》等专著，系统总结了50多种间混套作技术规范，发布多个间混套作技术标准，进一步推动了间混套作规范化。

（3）间混套作推广应用面临的主要问题突出　一是间混套多熟模式对热、水、肥资源要求较高，在不适宜地区盲目推广应用易导致生产效率低下；二是间混套作农事操作与田间管理复杂，当前多依赖于人工作业，比较费工费时，难以适应机械化作业；三是间混套作所需物资投入水平较高，而经济纯收入相对较低，难以在经济欠发达地区运用。

（二）间混套作增产理论

间混套作形成的作物复合群体水平结构复杂，垂直结构明显，田间生态条件非均质化，群体内部种内与种间竞争激烈。需要研究间混套作群体在光、热、气、水、肥等生活要素利用上的互补与竞争关系，采取有效管理措施，弱化竞争、增强互补，才能实现间混套作高产高效目标。

1. 生态位理论与间混套作增产实质　生态位是指生物在完成其正常生活周期时所表现的对环境的综合适应特性，包括空间生态位、营养生态位和时间生态位，即不同物种在生物群落中所占据的空间位置、营养级别和生长季节不同。间混套作复合群体是人类模拟自然植物群落结构与功能的人工复合群体。自然植物群落是在物种间竞争与互补作用下，通过长期进化而形成的具有较高生态适应性的植物群体结构，具有空间上的成层性分布和时间上的演替性分布特征。自然植物群落在地上部冠层和地下部根层均表现出空间上成层性分布，使得不同物种能够分层利用不同空间层次和强度的光、热、水、气、矿质营养；自然植物群落不同类型植被在一年之内随着季节的气候变化而交替生长，占据了不同的生长季节，表现为时间上演替分布，能充分利用一年中不同的生境和生长季节，同样获得光、热、水、气、矿质营养等资源的高效利用。人类通过选择适宜的作物种类，组配成具有空间成层性分布和时间演替性分布的作物田间群体结构，并运用合理的田间管理技术发挥作物间的互补作用，削弱竞争关系，能充分利用环境资源，显著提高单位面积产量，这就是间混套作能够增产的实质所在。

2. 间混套作作物对光资源的竞争与互补

（1）作物群体光分布规律与冠层光能利用　太阳辐射通过植物群体时，其强度逐层削减，遵守Beer-Lambert（比尔-朗伯）定律，即太阳光进入作物群体后呈指数函数递减。因此，如何调整叶片分布、优化群体受光结构是提高光能利用率的关键。理想的光分布与叶群结构是：适当大的叶面积，叶倾角上大下小，冠层呈伞状结构，群体内光分布上下均匀，并能使强光经过叶群结构调整变为中等光。

间混套作复合群体是将空间生态位不同的作物进行组合而成的立体结构，由于不同组分在形态上的高矮、叶型上的圆尖、叶角的平直、最大叶面积出现的早晚存在一定差异，使田间冠层结构高矮相间，改单作群体平面受光结构为复合群体立体受光结构，因此能够适应光资源分配的空间不均匀性，形成复合冠层对光资源的高效集约化利用。其作物截获太阳辐射能多，且光在冠层内分布合理时，有利于光合作用和产量提高。

（2）间混套作作物对光资源竞争与互补　间混套作复合群体的光竞争又称为冠竞争。间混作时，冠层较高作物截光面积大，使矮位作物受遮阴而受光减少；套作时，后茬作物受光条件受前茬作物遮阴而恶化。光资源互补主要指：复合群体伞状冠层结构有利于群体内垂向光趋于均匀化，提高作物对光的转化效率；矮位作物适应弱光环境，缓解了光强不足对作物生长的不利影响；套作播种时间上的错位可从时间上互补不同作物对光的需求。间混套作有利于弱化光竞争矛盾，使不同作物光需求在时间上、光质上实现了互补。

（3）*复合群体光资源互补的影响因素*

1）株型：高位作物株型紧凑时对矮位作物遮阴少，矮位作物株型相对松散时，可更多接受高位作物的透射光、漏射光和反射光。

2）作物对光强的适应性：高位作物光补偿点低、光饱和点高时有利于上部光的利用，矮位作物耐阴性强时利于光资源的互补利用。

3）作物高度差：复合群体中不同组分在共生期内要保持适度的高度差，以增加太阳高度角大时的受光面积，变强光为中等光。高度差过小，立体结构不明显；高度差过大，矮位作物受遮阴严重，茎叶徒长。

4）不同作物间距及矮位作物幅宽：两种作物的间距越小，高位作物对矮位作物遮阴越严重，光竞争越激烈。矮位作物幅宽过小容易造成高位作物从不同侧面争夺光资源，适当增大矮位作物行数，可弱化高位作物对光资源的竞争。

5）种植行向：单作时南北行向种植接受的光照强度大，因而优于东西行向，增产幅度一般在 5%以上。复合群体中，受光环境要同时考虑作物高度差，一般南北行向种植有利于中午前后接受全日照。但低纬度地区，东西行向种植较有利；高纬度地区，南北行向种植较有利。

3．间混套作作物对矿质营养的竞争与互补　间混套作作物复合群体对地下不同矿质营养吸收的互补，表现出营养异质效应。营养异质效应是指利用作物营养功能的差异，正确组配作物所起到的增产增收作用。各种作物的营养生态位不同，利用间混套作作物营养生态位上的差异，可以协调、全面、均衡地利用地力，提高作物产量。

（1）*复合群体矿质营养互补产生的主要原因*　间混套作复合群体混合、强大、功能期较长的根系系统是矿质营养互补和高效利用的主要原因。

1）不同作物根系形态差异是形成互补的重要原因。作物根系有深有浅，有疏有密，在空间分布范围不同，形成了对矿质营养利用的立体结构，如棉花、玉米、高粱等作物根系较深和较疏，水稻、小麦、谷子、花生等作物根系较浅和较密，根系深浅疏密不同的作物组合在同一群体时，即形成了对矿质营养的立体利用。

2）根系相互穿插提高了养分利用率。土壤中非移动性养分互补主要是靠根系相互穿插实现的。复合群体中不同作物根系存在相互穿插，可从不同组分栽培带中吸收非移动性矿质元素（如磷素）。

3）不同作物对养分需求的种类和数量不同形成互补。例如，禾本科作物需 N 较多，马铃薯和甘薯消耗土壤 K 较多，豆科类作物能固定自身需 N 总量的 1/4～1/2，紫云英、油菜、苜蓿等作物能吸收土壤中难溶解性 P。将需肥和吸肥特性不同作物搭配种植，能互补、全面、均衡地利用土壤中的养分。

4）不同作物根系生理特性差异促成了养分的高效利用。例如，一些作物根系分泌物可活化土壤中难溶性磷，供给另一作物利用。当豆科与非豆科作物间混套作时，禾本科作物能够刺激豆科作物增加结瘤量和固氮量，豆科作物生物固氮量可达 50～300kg/hm^2，可向非豆科作物转移氮素量 25～155kg/hm^2，豆科和非豆科作物间的氮转移和氮竞争整体地促进了复合群体氮素高效利用。

5）不同作物最大耗肥期错位形成了养分利用的时间互补效应。在间作套种中，早熟作物避开了晚熟作物最大营养需求期，前后茬作物养分供给可得到适度协调。同时，晚熟作物在共生期因早熟作物竞争所致养分吸收不足，可在早熟作物收获后得到一定程度补偿。

（2）*弱化复合群体不同组分矿质营养竞争的主要措施*　主要技术措施包括：①将须根系和直根系等不同根系形态特征的作物组合为复合群体；②将需肥和吸肥特性不同的作物组合为复合群体；③确定适宜的栽培密度，避免超过养分承载力；④组分间保持适宜的间距，减缓作物根系水肥贫乏区过度竞争；⑤适当调整作物播种期，缩短共生期养分竞争，如套作时，早熟作物应尽量早播，而晚熟作物可适度迟播，避开养分需求重叠和竞争；⑥复合群体耗肥量增多，需从外部补充和增加施肥量。

4. 间混套作作物对水资源的竞争与互补　复合群体对水分竞争与互补往往是与养分竞争与互补同时存在。与单作群体相比，间混套作复合群体耗水量差异不明显（6%～7%），具有较高水分利用效率，水分利用效率（water use efficiency，WUE）提高 18%以上。复合群体提高水分利用效率的原因是：①复合群体密度较大，冠层结构利于光截获和 CO_2 同化，抑制了土壤水分蒸发，蒸腾比率高；②复合群体中主导作物为具有较高水分利用效率的 C_4 作物；③人工复合群体微生态环境有利于提高蒸腾效率；④间混套作复合群体高低镶嵌的冠层结构有利于空气流动和降低边界层扩散阻力；⑤不同作物需水时间和吸水空间上的差异，有利于提高复合群体水分利用效率；⑥根系提水作用形成了复合群体的水分补偿效应。

5. 复合群体作物竞争与互补产生的增产效应　间混套作复合群体中，作物对生态因子的竞争与互补，最终会表现在作物本身的生长发育、生理生态特性上，并决定复合群体对资源的综合利用效率。具体体现为多种生态学效应。

（1）*边际效应*　边际效应是指间作套种时，作物高矮搭配或存在空带，作物边行的生态条件不同于内行，由此而表现出来的特有产量效益。高位作物所处位置较高，通风照光条件好，根系分布范围广，竞争能力强，其生育状况和产量高于内行，表现为边行优势；而矮位作物边行受高位作物影响，生长状况和产量往往弱于内行，表现为边行劣势。发挥边行优势是间作套种增产的重要原因之一，生产中常通过品种选配、模式组合、田间管理等措施来强化优势而弱化劣势。影响边际效应的主要因素可归纳为以下几个方面。

1）生态因子。在低产稀植条件下，水肥条件改善是强化边行优势而弱化边行劣势的主要途径；而在高肥高密条件下，光热气是影响边际效应的主要因子。据甘肃农业大学（2008～2010）小麦‖玉米隔根试验结果显示，间作增产的 43.3%～58.3%来自于地上光热气条件的影响，41.7%～56.7%是受地下水肥影响。

2）田间带型。主要包括带宽、间距、密度、行向等指标。带宽主要指间套作中两种作物所占带的宽度或者是不同作物行数比。例如，河西走廊小麦‖玉米间作以行比 6∶2（或带宽 80cm∶80cm）优势最大。两种作物间距过小时，作物间竞争加剧，边行优势削弱，边行劣势加剧；间距过大时，播种密度下降，不利于高产。此外，种植行向和密度也影响边际效应。

3）作物种类和品种。不同作物种类对边行环境的敏感程度不同，高位作物边行优势表现为玉米＞高粱＞小麦，而矮位作物中耐阴性越强，作物边行劣势越小，马铃薯＜大豆＜小麦，同种作物的不同品种边际效应也不同。

4）地力水平。地力水平越好，边行优势涉及范围扩大，劣势弱化。低产、中产和高产麦田边行优势纵深范围分别为 30cm、45cm 和 60cm 左右，边行较内行分别增产 10%～30%、30%～40%和 40%～50%。

（2）*密植效应*　密植效应是指复合群体的混合密度大于单作的密度所起到的增产增效作

用。密植效应常用密度土地当量比表示，即以密度为参比指标的土地当量比表示，密度土地当量比大于 1 时，说明复合群体有密植效应。间混套作产生密植效应的主要原因有以下几个方面。

1）复合群体的立体结构透光，能充分利用光能。当早晚太阳高度角较小时，复合群体中高位作物可最大限度地利用太阳辐射；当中午太阳高度角较大时，强光能较多地透射冠层，被矮位作物截获利用，减少冠层漏光，保持中等光强环境。

2）复合群体中，高位作物除了能截获从上部照射的光线外，还增强了侧面受光，形成了立体受光；光线由平面向侧面的扩充使受光面积由小变大，由强光变为中等光，提高了光能利用率（图 2-10）。

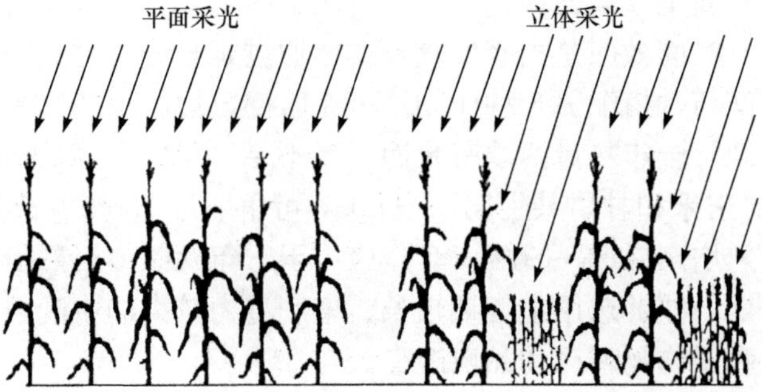

图 2-10　单作与间作的采光面积示意图

3）喜光作物与耐阴作物合理搭配，在光资源利用上可起到异质互补作用。将玉米、高粱、甘蔗等喜光类作物作为高位组分，将马铃薯、豌豆或蔬菜等耐阴作物作为矮位作物，可提高光能利用率。

4）复合群体立体结构有利于 CO_2 供应。单作群体内植株郁闭，造成通风不良和 CO_2 浓度过低，影响作物的光合效率。高矮秆作物带状间套作时，矮位作物生长带成了高位作物的通风“走廊”，有利于加速群体冠层与大气 CO_2 交换。

（3）补偿效应　　补偿效应是指间混套作复合群体中，由于多种作物共处，能减轻病虫害、草害和旱涝风自然灾害所致的减产效应。当不适宜的作物组合在同一群体时，可能导致因病虫害加重而减产的效应，则称为致害效应。间混套作具有补偿效应的主要原因如下。

1）间混套作复合群体可减少病虫危害。间混套作复合群体微生境改变，间接抑制了生态可塑性较小的病虫发生发展。间混套作时病虫寄主资源密集度下降，不同作物组分对害虫可造成视觉和嗅觉干扰，降低其生存能力。复合群体中生物多样性增加，病虫天敌增加，可减轻病虫危害。例如，麦棉套作时，瓢虫和食蚜蝇可减轻棉蚜危害。当然，间混套作田生态环境改变也可使某些病虫害加重。例如，小麦间套玉米黏虫危害较大。

2）间混套作可以抑制杂草生长。例如，多年生牧草苜蓿若与麦类作物混播，可借助麦类作物快速生长抑制杂草，保证多年生牧草的正常生长。

3）间混套作具有较高抗灾能力。将抗旱、耐涝、耐冻、抗风等生物学特性有差异的作物组合形成间混套作复合群体，可通过作物组分间的补偿作用提高复合群体整体抗灾能力。调整套作作物播期可避免或减轻部分灾害。

4）间混套作中一种作物可为另一种作物起机械支撑作用而产生补偿。例如，玉米和菜豆间作，高秆玉米可为菜豆攀援提供支撑。

（4）化感效应　植物的化感作用（allelopathy）是指一种植物通过向环境释放化学物质而对另一种植物（包括微生物）产生的直接或间接的有益或有害作用。能够产生化感作用的物质称为化感物质，主要包括碳水化合物、醇类、酚类、酮类、酯类、有机酸、氨基和亚氨基化合物，主要通过淋溶、挥发和土壤传输等途径产生作用。

由于间混套作时存在两种或两种以上作物，也存在通过化学物质产生的化感作用。化感效应是指间混套作作物间通过化感作用而产生的增产增值效应。在生产中构建复合群体时，可将具有正效应的作物组合在同一群体，也可通过作物与病、虫、杂草间的负效应来减轻非目标作物的危害。例如，马铃薯和菜豆、小麦和豌豆间作可互相刺激生长，大蒜能分泌大蒜素而减轻作物病虫害，高粱、向日葵、小麦、玉米、黑麦、甘薯等作物可抑制杂草生长。

（5）时间效应　时间效应是指套作复合群体通过延长光合时间产生的增产增值效应。套作是在前作生长期间巧妙搭配另一种作物，可克服部分地区增加熟制受热量不足的制约。例如，在四川丘陵旱地，全年热量两季有余而三熟不足，采用小麦/玉米/甘薯模式，小麦和玉米共生期 40～50d，玉米和甘薯共生期 50～60d，可争取近 100d 生长期，能实现一年三熟，比麦玉两熟和麦薯两熟增产 33%～50%。套作应用于一年两熟或三熟但农事紧张的地区，还有利于保证作物生育期，能够选用生育期较长、增产潜力较大的中晚熟品种，避免了时间和生长季节的浪费，有利于作物增产和品质改良。

（三）间混套作技术要点

间混套作增产的关键是作物之间的互补，但复合群体中组分间的竞争是不可避免的，因此间混套作技术的选择以强化互补、弱化竞争为基本要求。生产中，确定适宜的作物种类、品种、田间结构、水肥管理、调控措施等至关重要。

1．选择适宜的作物种类和品种　将生态适应性具有适度差异的作物组合为复合群体时，互补性强，竞争性小。一般遵循以下原则。

（1）在株型选择上坚持高矮和胖瘦搭配原则　小麦、高粱、玉米等禾谷类作物株型紧凑，便于密植和优化群体受光结构，但马铃薯、豆类、蔬菜及各种果树，大多株型松散。在配置复合群体时，将株型紧凑型高秆作物和松散型矮秆作物搭配，可发挥冠层光互补作用。

（2）在作物生育期选择上坚持早晚搭配原则　为尽可能弱化作物共生期矛盾，要求间作套种时作物早晚搭配，还可通过调整播种时间来调节共生期，同时考虑田间搭配方式、上茬作物长势、作物种类和品种等。宽带幅可早间套，窄带幅可晚间套；上茬作物长势好可晚间套，长势差可早间套；较耐阴作物可早间套，喜光作物应晚间套。

（3）在作物根系选择上坚持深浅搭配原则　为全方位利用水分和养分，减缓地下水肥竞争，应选择根系下扎深度不同的作物构建复合群体。一般直根系和多年生作物根系下扎较深，而须根系作物、各种蔬菜根系横向生长特征明显；短生育期作物根系较浅，长生育期作物根系较深。此外，还可调节各种作物根系深度，如林粮间作可切断林木浅层根系，能减轻作物间水肥竞争。

（4）在作物对光热资源适应性选择上坚持阴阳搭配原则　水稻、玉米、棉花、小麦、谷子等大多数大田作物是喜光植物，而大豆、马铃薯、豌豆、生姜、荞麦及蔬菜类作物则相对较耐阴。构建复合群体时，应将喜光类作物设计为上位作物，耐阴作物设计为下位作物，做到阴阳搭配，提高光能利用率。

（5）在水肥适应性选择上坚持适度差异原则　作物最大需水时期错位可演化为互补作用，而喜水和抗旱作物组合对水分环境适应范围更广。但水分适应性差异过大的作物，如水生作物与怕淹忌涝型作物，则不能组合在同一群体内。同样，作物对养分需求种类和时期不同也可形成互补。例如，耗氮富碳类的禾本科作物和富氮类豆科作物间易形成互补。

（6）*在化感作用上选择“互利而无害”的作物搭配*　不同作物之间根系分泌物的作用表现为：一是相互起促进或抑制作用；二是单方面起促进或抑制作用；三是作用不明显或不发生作用。在作物搭配时，要选择根系分泌物具有相互促进作用的作物进行组合，如玉米和菜豆、春小麦和大豆搭配较好。

（7）*在市场适应性上坚持高经济效益原则*　间混套作选择作物是否合适，要求增产又增收，只有经济效益好的模式才能在生产中大面积推广应用。例如，麦棉套作经济效益好，可应用育苗移栽和地膜覆盖，缩短套作共生期，缓解麦棉生长竞争。

2. 科学设计田间结构　作物田间结构是指作物群体的田间组合、空间分布及其相互关系。间混套作群体田间结构包括水平结构和垂直结构。垂直结构是指作物群体在田间垂直分布或植物群落成层现象。水平结构是指作物在田间的水平排列，也是田间配置的关键，主要指标包括密度、行数、行株距、幅宽、间距、带宽（图 2-11）。

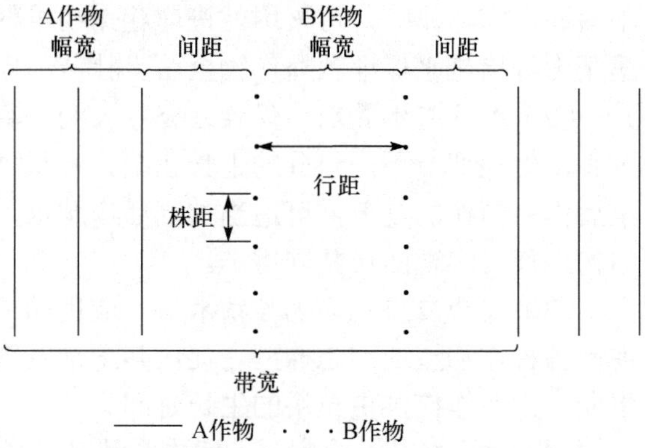

图 2-11　间套作的田间水平结构示意图

（1）密度　间套作时，一般高位作物种植密度大于单作，矮位作物播种密度应略低于单作或与单作相同。为提高高位作物密植效应和边行优势，可采用宽窄行、带状条播、宽行密株和一穴多株等种植形式，做到“挤中间、空两边”，即以缩小高位作物的窄行距和株距来保证较高密度，同时增大高矮位作物间距，以强化边行优势、弱化其边行劣势。当作物有主次之分时，一般是主作物密度和田间结构不变，副作物比例和密度依据水肥条件而定，水肥条件好时，可适当增加副作物比例和密度。

（2）行数、行株距与幅宽　一般间套模式可用行比来表示，即各种作物实际行数相比。例如，6 行小麦套作 3 行玉米，其行比为 6∶3。间套作时，高位作物行数不可多于而矮位作物不可少于边际效应所能影响行数的二倍。例如，麦棉套作中，小麦的边行效应可达 3 行，其行数一般不多于 6 行。矮位作物行数还与其主次地位和耐阴程度有关，当矮位作物为主作物时行数要多，以尽量减少高位作物对其遮阴和肥水竞争。例如，以大豆为主间作玉米时，大豆幅宽要较大。若作物耐阴性强时，矮位作物行数可少些。行株距是决定密度的主要因素，间套作时作物行距小于单作，以利于增大作物间距。幅宽是指间套带状种植中每种作物两个边行相距的宽度。幅宽与作物行数成正比，间套作幅宽要小于与单作相同行数行距的总和。生产实践中，间套作作物行数和行距还要与农机作业宽度相适应，即农艺和农机要配套。

（3）间距　间距是相邻两作物边行的距离。间距所处位置是组分竞争最激烈地带，间距大小既要有利于降低矮位作物边行劣势，又要保障合理密植，经济利用土地。矮位作物行数、耐阴程度、高位作物遮阴强度（高度差、密度）、水肥条件等因素都影响间距，矮位作物行数较少、耐阴性差，高位作物遮阴强，间距应适当加大，可根据两个作物行距一半之和来调整和确定间距。

（4）带宽　带宽是指间套作各种作物顺序种植一遍所占地面宽度，包括各个作物幅宽和间距，即

$$W=\sum_{i=1}^{n}[S_i(N_i-1)+D_i]$$

式中，W 为带宽；S 为行距；N 为行数；n 为作物数目；D 为间距。带宽是间套作的基本单元，各作物行数、行距、幅宽和间距决定带宽，同时上述各指标又是在带宽内进行调整。带宽要与自然条件、作物种类和机械化水平相适应，以适宜带宽为基础，确定合理的行株距、行数和间距。

3．合理运用生长发育调控技术

（1）适时播种，保证全苗　间套作时，前作迟播晚熟或后作早播都会延长共生期，加大对后作苗期生长的不利影响；而后作播种过晚，资源利用的空间集约程度不够，增产效果不明显。间套作时，可采用促进前茬作物早熟技术，并运用地膜覆盖、增大播种量、提高土壤肥力等措施来保证秋播作物全苗、壮苗。

（2）加强肥水管理，促控结合　间作套种时，复合群体整体需肥水量大于单作，可通过肥水促控调节不同组分的生长状况。带状种植时可按条带分别进行肥水管理。例如，为减小后作对前作的竞争，可适当控制后作肥水，待前作收获后加强肥水，促进其达到适宜群体结构，最终实现两作共同增产。

（3）大力应用化学调控技术　应用缩节胺、802 等植物生长调节剂可起到控上促下，促进各种作物塑造理想株型，促进其正常发育成熟。例如，乙烯利可促进前作成熟，缩短共生期，为后作提供更充裕的生长时间。

（4）综合防治病虫害　间作套种可以减轻病虫草害，但也可能增添或加重某些病虫害，要对症下药，科学防治。除化学防除外，可运用生物群落规律，通过繁衍天敌，达到生物防治的目的。

（5）早熟早收　早收对优化后茬作物生长环境有利。例如，玉米蜡熟期提早收获，可堆放后熟，其产量不受影响，但为后茬适期播种奠定了良好基础。

（四）我国间套作的主要类型与方式

近年来，随着我国种植业结构调整的不断深化以及对土地资源利用的重视，间作种植在作物生产中的占比不断增加。

1．间作类型

（1）粮粮间作

1）玉米‖豆类。与玉米间作的豆类包括大豆、花生、豌豆、绿豆、菜豆、蚕豆等，主要分布在我国东北到西南的玉米带。玉米与豆类间作可充分发挥豆类作物培肥土壤的作用，低水肥条件下适应性更强。玉米间作大豆（图 2-12）具有密植效应、营养异质效应、边行优势、补偿效应、化感正效应，能全面体现间套作的各种互补关系，增产增效显著。以玉米为主的间作，可在玉米产量比单作不减少或基本不减的基础上，增收豆类。以豆类为主的间作，

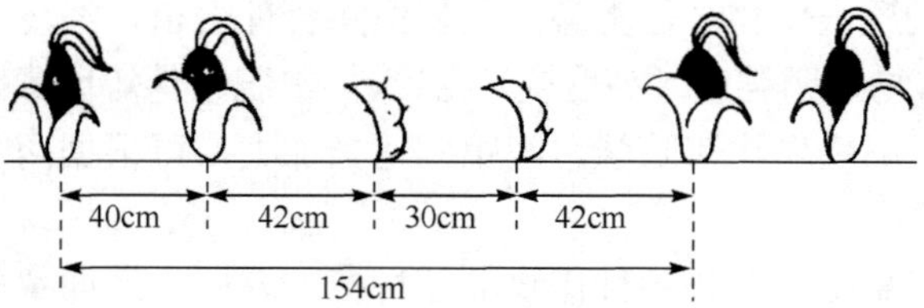

图 2-12　玉米‖大豆

要求保证在豆类丰产的基础上增种玉米，可通过扩大豆类行数、两作间距，减少玉米行数或压缩玉米行株距等措施来达到增产目的。

当前生产上，全国较为典型的玉米‖大豆间作模式为玉米‖大豆带状复合种植。2020 年以来，我国农业农村部把玉米‖大豆带状复合种植列入粮食增产主推新模式。玉米‖大豆带状复合种植模式（图 2-13）是采用玉米带与大豆带复合种植，让高位作物玉米株株具有边行优势，扩大低位作物大豆受光空间，适于机械化作业，作物间和谐共生的一季双收种植模式。玉米‖大豆带状复合种植模式根据自然生态系统的物种多样性原理，模拟自然群落的成层性建立的人工复合群落，增加农田生物多样性，提高系统的光能和水分利用效率，促进玉米和大豆对养分的吸收利用，控制病虫害，提高了单位面积土地产出率，增产增收（图 2-14）。

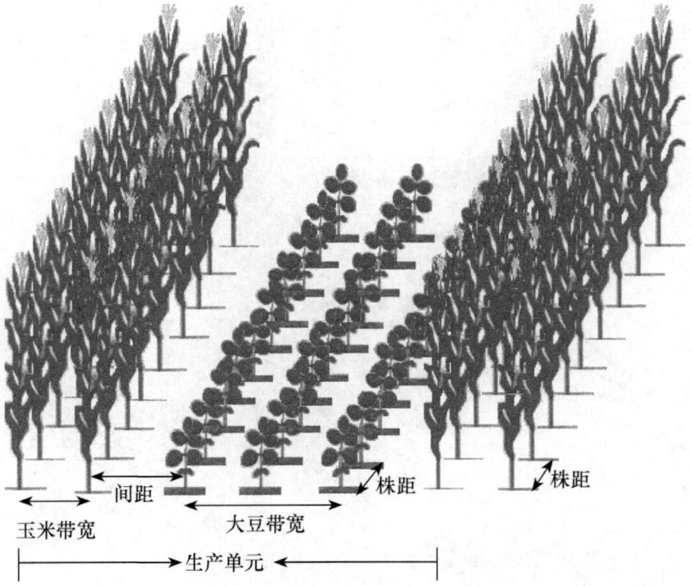

图 2-13　玉米‖大豆带状复合种植模式

针对目前黄淮海、西北、西南和长江中下游地区 4＋2（4 行大豆＋2 行玉米）和 3＋2（3 行大豆＋2 行玉米）玉米‖大豆带状复合种植模式，农业农村部制定了玉米‖大豆带状复合种植全程机械化技术指引，以复合种植机械化播种、植保、收获为重点作业环节，提出复合种植全程机械化基本原则、技术路线、技术要点、机具配套等，形成了一套比较完备的机械化工艺流程和装备体系（图 2-15），加快推进复合种植全程机械化（图 2-16）。

2）玉米‖薯类。间作薯类包括马铃薯和甘薯，其地下经济器官需磷钾多且根系浅，与玉米间作营养异质效应明显。玉米间作马铃薯时，玉米喜光喜高温，马铃薯耐阴和喜低温，有利于品质和产量提高。玉米间作甘薯时，一般行比为 2∶2，行距为 60cm，为弱化甘薯薯块膨大期与玉米争光的矛盾，玉米应选用早中熟品种，适时早播，尽早收获。

3）春小麦‖玉米。适用于甘肃河西走廊、陕西北部、内蒙古河套等一熟有余两熟不足的春麦区，麦收后仍有两个多月无霜期，且光照条件好，适宜玉米生长。小麦间作玉米时，带状相间排列，小麦 5～6 行，玉米 2～3 行，共生期长达 60～80d，生长盛期重叠极少，麦收后玉米生长条件近似于单作，能充分利用生长季节，可增产 50%～75%。但受耗水量大、劳力需求大、机械化程度低、经济效益相对较低等因素影响，其应用面积呈萎缩趋势。

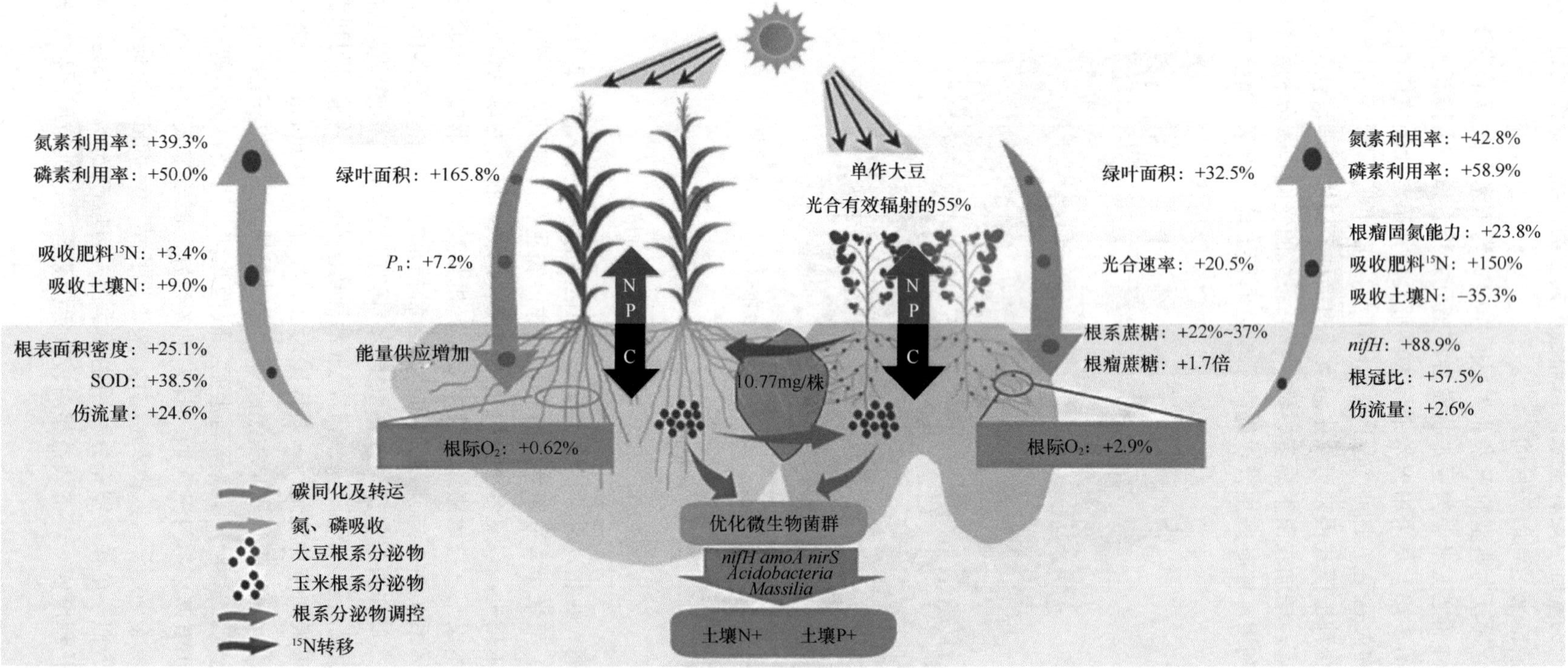

图2-14 玉米‖大豆带状复合种植系统高效利用机理（杨文钰，2021）

彩图

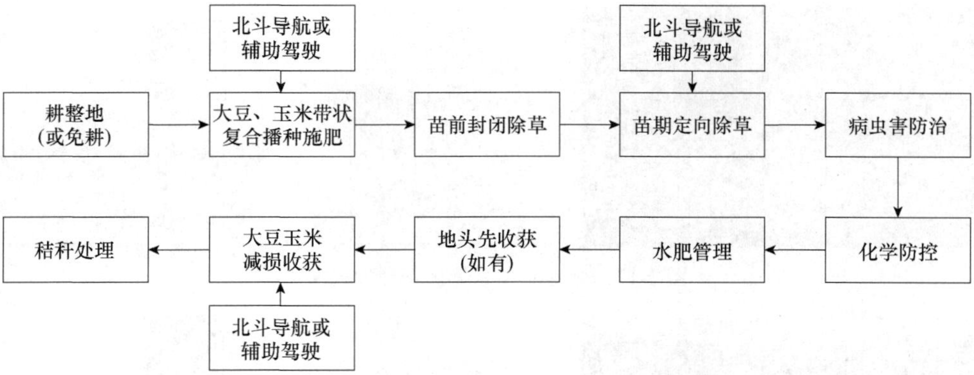

图 2-15　玉米‖大豆带状复合种植全程机械化技术路线

施肥播种　　喷叶面肥

无人机飞防　　机械收获

图 2-16　玉米‖大豆带状复合种植全程机械化作业

彩图

当前生产中，北方农牧交错带粮粮间作和粮油间作的典例有燕麦与大豆、马铃薯和向日葵带状复合种植。中国农业大学研究表明，在农田风蚀沙化、土地瘠薄、产能较低的北方农牧交错带，基于燕麦的带状复合种植模式具有显著的产量优势和生态效益，该系统年际间产量稳定性也高于单作，系统生产力提高了 10%～50%，单位产量碳足迹排放降低37%～73%，与单作大豆、向日葵、马铃薯相比，降低风蚀 22%～68%。燕麦‖大豆（图 2-17）能够改善氮素利用效率，通过增加土壤速效养分含量和驱动根际土壤细菌群落组成的变化来提升土壤生态系统多功能性，提升作物产量 14%～82%，显著降低系统碳足迹。燕麦‖向日葵（图 2-18）模式具有较高的土地利用集约度，土地当量比可达 1.38，经济效益增加 20.7%～55.6%，该模式中，燕麦、向日葵均具有籽粒产量及氮素吸收的边行优势，能够提升氮肥利用效率。燕麦‖马铃薯（图 2-19）具有较高的土地利用集约度，土地当量比为 1.23。同时，燕麦收获后留茬能有效减少风蚀水蚀，增加土壤保水保墒能力。

彩图

图 2-17　燕麦‖大豆带状复合种植模式

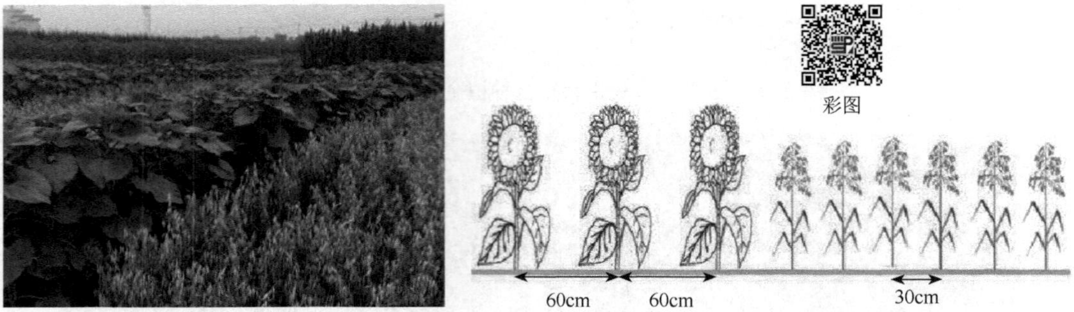

彩图

图 2-18　燕麦‖向日葵带状复合种植模式

彩图

图 2-19　燕麦‖马铃薯带状复合种植模式

（2）经粮（经）间作

1）棉田间作。在行距较宽棉田内，在其生长前期间作短生育期作物，主要类型有：棉花间作早春蔬菜，如大蒜、圆葱、甘蓝、花椰菜和水萝卜等；棉花间作西瓜，棉花宽窄行播种，宽行栽植早熟西瓜，并于棉花显蕾前收获；棉花间作豆科、薯类，棉花宽窄行种植，宽行内种植花生、豆类、甘薯、马铃薯等。

2）蔗田间作。甘蔗宽窄行种植，窄行距为 50～60cm，宽行距为 1m，可间作粮食作物（豆类、薯类、麦类、玉米）、油料作物（花生）、蔬菜、食用菌等。

当前生产上，南方蔗田间作的典例有甘蔗‖花生。近年来，随着现代农业的发展，甘蔗耕种管收生产机械化，农机农艺配套的甘蔗大小行行距为（140＋40）cm，比人工种植甘蔗单行距 90～100cm 的增加土地裸露率 27%～33%。另一方面，甘蔗生长季节长（12 个月左右），苗期生长缓慢，行间裸露时间长达 90～120d，花生生育期较短（4 个月左右），与甘蔗行间裸露时间相吻合。甘蔗与花生间作充分利用两种作物不同的形态特征和生长发育特性，合理布局种植的幅宽、行数、行株距，利于两种作物高效复合群体建成，使甘蔗和花生协调生长，花生在甘蔗封行前已经完全成熟收获，可有效发挥复合群体作物间的互补效应，成为我国华南地区特有的高效种植模式之一（图 2-20）。

图 2-20　甘蔗‖花生模式（左：前期；右：后期）

彩图

生产上，在甘蔗间作花生的种植模式中，甘蔗的主要种植类型有 3 种：宽窄行种植、宽行密植和宽行丛式种植。其中以宽行丛式甘蔗间作花生更有利于开展甘蔗中耕培土等田间管理和机械化砍收；同时，还有利于来年的宿根蔗行间继续间作花生。宽行丛式甘蔗间作花生的田间结构配置（图 2-21）为：①新植蔗种植规格：行距 2.4m，穴距 0.5m，每穴放双芽段种茎 6 条或单芽种茎 12 条。②甘蔗、花生间作规格：甘蔗宽行间作 3 行花生，甘蔗‖花生行距 75cm，花生行距 25cm，穴距 12cm，单粒播种。③行向宜东西向。

彩图

图 2-21　宽行丛式甘蔗‖花生田间结构配置

甘蔗‖花生不会减少甘蔗基本苗数，还能挤出一部分土地种植花生，花生的生物固氮特点又能培肥土壤，有利于甘蔗的生长发育。甘蔗地间套种花生可实现甘蔗地的生物多样性，提高土地利用率和复种指数，增加经济效益。

3）高粱‖花生。高粱和花生均具有相对较强的抗逆能力，因此被认为是适合干旱、贫瘠、盐碱等边际土地种植的先锋作物，在种植产业布局和农业生产中具有重要地位。高粱‖花生间作（图 2-22）作为一种典型的禾本科‖豆科模式，可以通过种间互惠，利用时、空生态位上的互补提高农田生态系统的生物多样性，增强作物对自然资源（光、热、水、养分）的利用，并具有改善土壤微环境（土壤养分循环、微生物群落结构等）的作用。高粱‖花生模式下，高粱通过土壤养分竞争降低了土壤有效氮含量（特别是土壤硝态氮），从而促使花生更多依赖生物固氮来满足氮素需求。此外，花生也可以通过根系组织分解、根系分泌物释放和菌根侵染等方式将固定的生物氮向高粱转移。

高粱‖花生系统中，花生容易受到遮阴和邻体效应等不利影响。在生产中需要优化株行配置并选择适宜品种，如选择矮秆高粱和耐阴花生进行宽幅间作（8∶8、16∶8 或 8∶16），从而通过优化群体冠层结构提高群体对光能的利用率，且便于农事操作。同时，通过科学施肥充分发挥高粱‖花生的互惠效益，进一步增强高粱获取土壤氮素的竞争力，减少花生根瘤“氮抑制”的障碍，对于减少对化肥等资源的依赖，提高农田生态系统氮素利用效率具有重要意义。

彩图

图 2-22　高粱‖花生

（3）多年生木本植物与一年生作物间作

1）农林间作。主要有风沙沿线区的农桐间作和南方地区的杉农间作。农桐间作是以农作物为主的农林间作，泡桐树可降低风速和减轻风害，可间作玉米、小麦、甘薯、花生。杉农间作是以杉树为主的林农间作，一年生杉林可间作玉米，二三年生杉林可间作花生、大豆等。

2）果粮菜间作。一是果树盛果前间作一年生作物。例如，北方地区在苹果、梨、桃等幼树下间作豆、薯、花生、蔬菜等矮生作物；南方丘陵山区在果树、油茶、油桐、柑橘幼林中间作秋冬菜、花生、大豆、木薯或夏季绿肥等；云南、海南岛在橡胶下面间作花生、大豆，可弥补果树幼龄期经济效益低下的不足。二是以粮经作物为主的农果间作。例如，华北和黄淮海平原风沙区的枣粮间作，蚕桑养殖区的桑粮间作，花椒产区的椒粮间作。枣树和桑树多呈大行距栽植，间作小麦、花生、豆类等矮生耐阴农作物。

当前生产上，新疆绿洲农林间作的典型案例有果粮间作和果棉间作模式。近年来，新疆地区农业农村经济发展以结构调整为主线，大力推进棉花、粮食、特色林果和畜产品四大基地建设。为此，新疆维吾尔自治区政府提出大力发展环塔里木盆地林果业种植。由于塔里木盆地人均耕地较少，果树只能定植在农田，必然形成以果树为母田的果农（粮、棉、瓜菜等）间作复合种植模式，并长期存在。在塔里木盆地，杏树‖小麦和核桃树‖小麦（图 2-23）是较为普遍的果粮间作模式，该模式与传统的单作相比，能够提高总光能利用率，其原因是林木的存在使总的有效光合面积和时间增加；小气候的改善，使农作物的光合作用提高。但由于果树树冠较大，根系发达，小麦在复合群体中处于竞争劣势，地上部受到果树遮阴，光照条件变劣，地下部与果树竞争水分和养分，影响小麦生长。尤其是近树冠区小麦幼穗分化延迟，分蘖少，成穗率低，籽粒的灌浆也受到一定的影响，从而造成小麦减产。在调节栽培措施的过程中，需要在发挥杏树效益的同时，能够保证一定的小麦产量，最终实现杏树‖小麦、核桃树‖小麦种植模式增大效益。

彩图

图 2-23　杏树‖小麦（左）和核桃树‖小麦（右）

在新疆南疆棉花主产区，枣‖棉复合生态系统是普遍推广应用的果‖棉模式之一。枣‖棉模式（图 2-24）改变了以往单一枣树或单一棉花的平面种植方式，不但能有效提高土、水、热、光资源的利用率，增加经济产值，还有利于良性生态循环和农业可持续发展。虽然枣‖棉模式的经济价值相对较高，但枣‖棉系统对棉花的产量有不利影响，主要是因为枣树会对棉花产生一定的荫蔽效应，影响棉花生长发育。研究发现，枣‖棉模式中，光照因素和肥料（尤其是氮肥）对作物的根系生长发育、根系生理特性、生物量累积、产量，以及作物品质有着决定性的影响。对于 1～2 年树龄的定植枣园，枣树较小，对棉花影响微小。对于 4～5 年树龄的定植枣园，枣园冠下区日最大光截获量不超过 65%，枣园冠外区日最大光截获量不超过 25%，对棉花有较轻的影响。对于 7～8 年树龄的定植枣园，枣树冠下区日最大光截获量不超过 85%，枣树冠外区日最大光截获量不超过 55%，对棉花有一定影响。10 年以上树龄的定植枣园，由于树冠直径大，遮阴明显，难以满足棉花生长的光照需求，不建议间作。

2．套作类型

（1）*麦田套作两熟*　　主要分布在华北、西南等热量一熟有余而接茬复种不足地区，或者在热量能接茬复种二熟但为了获得超高产的地区，主要类型有以下几种。

图 2-24　枣‖棉模式

彩图

1）小麦套作玉米。依热量不同分为两种。

A．窄行晚套。适用于≥10℃积温在 4000℃以上直播玉米热量不足或者保证复种玉米高产和稳产地区，于小麦收获前 10d 左右在麦垄人工点播中晚熟玉米，麦收时玉米正值 3 叶期，保证玉米稳产增产，两季总产可达 16 500kg/hm^2，有“三密一稀”或“四密一稀”模式（图 2-25）。本模式可改良为“冬小麦/玉米‖秋菜”粮菜复合种植模式，即在玉米行间间作芸豆、菜豆、花生、花椰菜、早熟黄瓜等，增加一季秋菜种植。

B．宽行早套。适于≥10℃积温在 3600～4000℃难以直播复种的玉米地区，在小麦播种时预留套种玉米空行，于麦收前 25～30d 在麦行间较早套种中晚熟玉米，可保持小麦基本不减产。增种一季夏玉米，可在麦收后玉米行间空地复种大豆，形成玉米间作大豆，构成“小麦/玉米‖大豆”模式（图 2-26）。

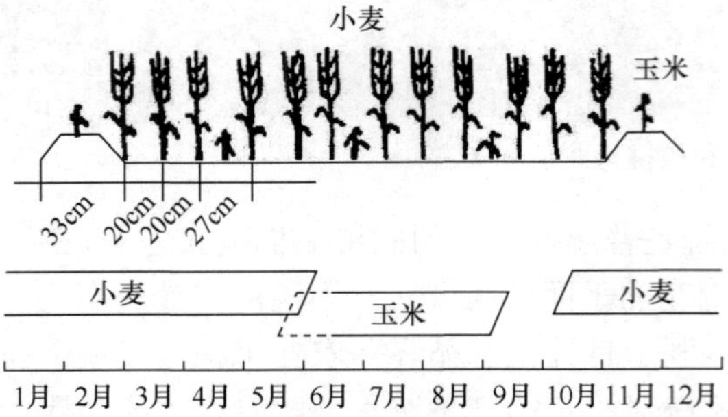

图 2-25　小麦窄行晚套玉米

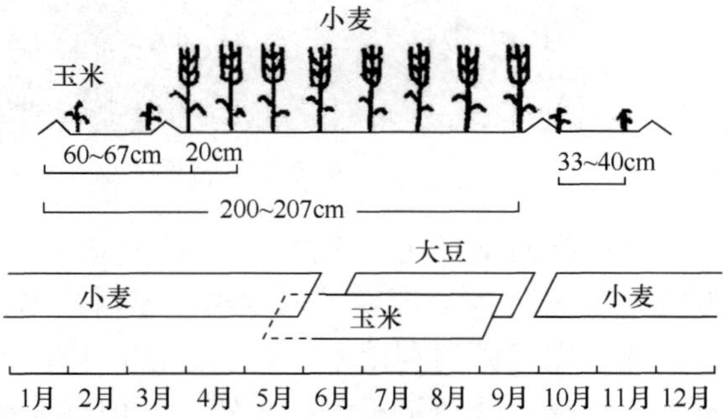

图 2-26　小麦宽行早套玉米

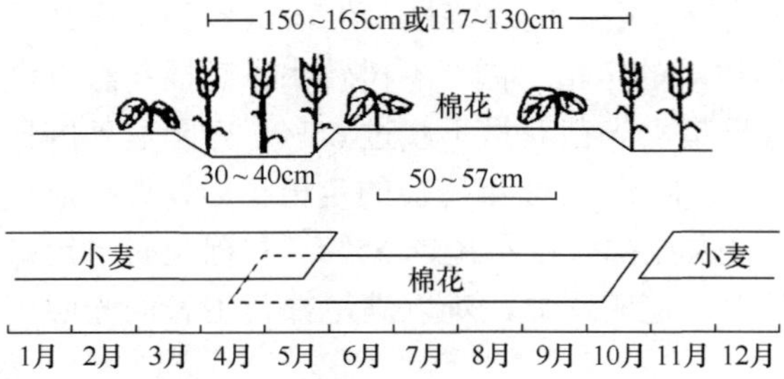

图 2-27　小麦套作棉花三二式

2）小麦套作棉花。该种模式是黄淮、江淮棉区以粮保棉、以棉促粮、粮棉双丰收的种植模式，能从时间和空间上充分利用全年生长季。小麦利用了棉花不能利用的冬季和早春季节；于 4 月中旬把棉花移栽或者套种在预留行中，5 月底至 6 月初麦收后棉花单作生长至 10 月中下旬收获。常用模式有“三一式”“三二式”“四二式”和“六二式”（图 2-27），且以“六二式”为麦棉双高产模式，小麦单产可达 4500～5250kg/hm^2，皮棉产量可达 1800～2250kg/hm^2。此模式在棉花行间套种西瓜（甜瓜），可形成“小麦/西瓜（甜瓜）/棉花”高产高效模式，即于 4 月上中旬在预留空行中移栽 1 行营养钵西瓜（甜瓜）苗，4 月下中旬在瓜行两侧各移栽 1 行棉花，麦收后西瓜（甜瓜）和棉花间套作，西瓜（甜瓜）于 7 月上中旬前收获完毕，可增收西瓜（甜瓜）37 500kg/hm^2，本套种模式有“六一二式”和“五一二式”。

3）小麦套作花生。在黄淮海花生产区，在冬小麦收获前 10～15d 套作花生，改春花生为小麦/花生二熟。

4）小麦与玉米和瓜菜套作。在黄淮海麦玉二熟区，在麦玉二熟套种基础上增加春、秋两季蔬菜种植，形成粮菜复合种植模式，即冬小麦和越冬春菜（大蒜、圆葱、菠菜、青蒜苗）相间种植，5 月上中旬春菜收获后套种玉米，小麦收获后在玉米行间间作秋季蔬菜（黄瓜、花椰菜、地芸豆、地菜豆），并于 10 月上旬收获后种植冬小麦（图 2-28）。

（2）麦田套作三熟　分布于热量三熟不足两熟有余地区，在麦类作物收获后，在玉米行间套种其他作物，可延长作物生长期，增大冠层覆盖度，套作三熟可比复种二熟显著增产增收。

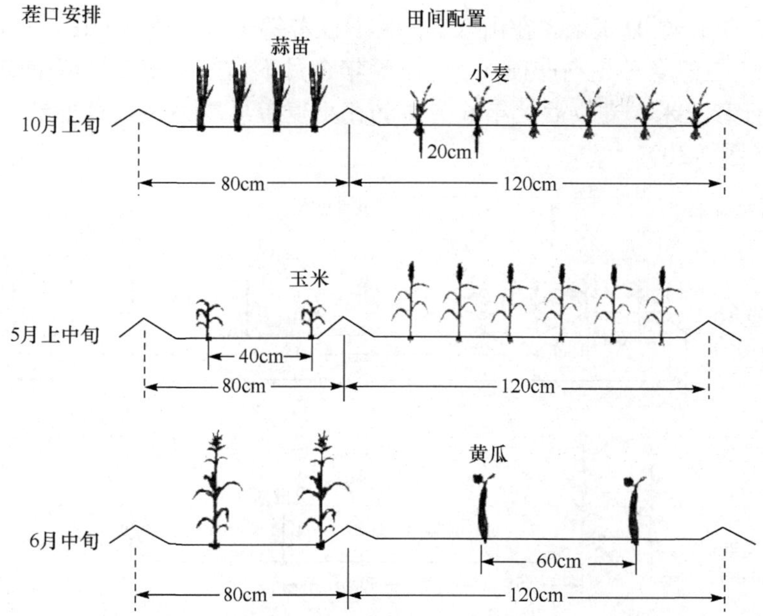

图 2-28　“冬小麦‖春菜/玉米‖秋菜”套作模式

1）小麦‖蔬菜/玉米/甘薯/玉米。在南方丘陵旱地原有“小麦/玉米/甘薯”旱三熟模式基础上，经改良形成高效粮菜复合种植模式，即小麦间作早熟蔬菜，蔬菜收后套作早春玉米，形成小麦套作早春玉米；小麦收后种植甘薯，形成早春玉米套种甘薯；早春玉米收后再种秋玉米，形成甘薯间作秋玉米，实现一年三熟四作（图 2-29），可较原麦/玉/薯模式增产 25%～40%，增收 8000 元/hm^2。近年来，分别用春马铃薯和大豆代替冬小麦和甘薯，形成“春马铃薯‖蔬菜/玉米/甘薯/玉米”“小麦‖蔬菜/玉米/大豆/玉米”“春马铃薯‖蔬菜/玉米/大豆/玉米”等派生模式。

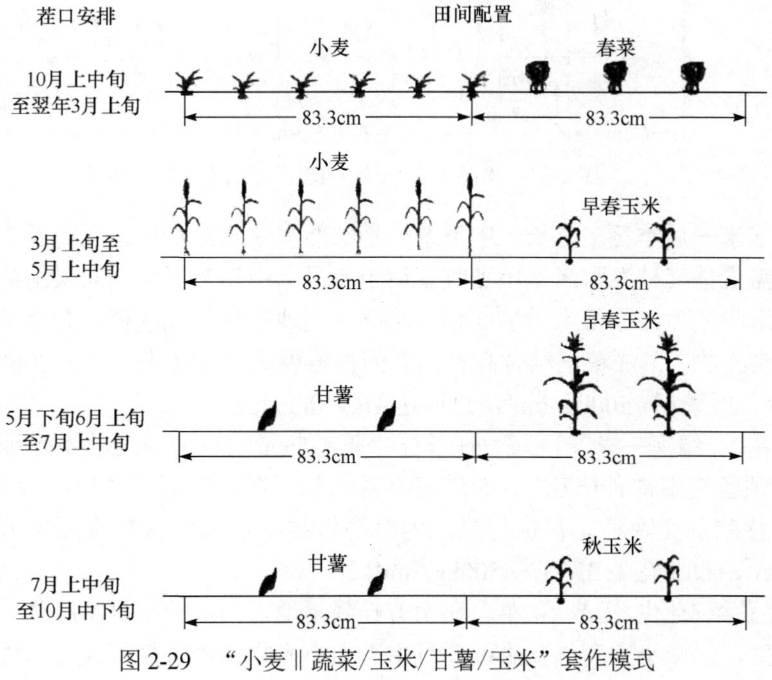

图 2-29　“小麦‖蔬菜/玉米/甘薯/玉米”套作模式

2）冬小麦/春玉米/夏玉米。在山东、河南、江苏等麦玉二熟高产田，形成了“冬小麦/春玉米/夏玉米”三熟套种超高产模式，即于翌年 3 月下旬在小麦田预留空带内移栽或者地面覆盖套种 2 行春玉米，麦收后翌年 6 月中旬在小麦带再复种 3 行夏玉米，三季总产可达 18 750kg/hm^2（图 2-30）。

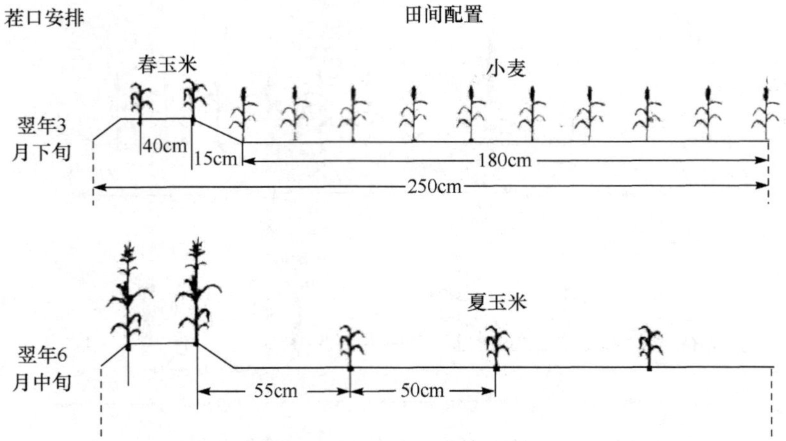

图 2-30　“冬小麦/春玉米/夏玉米”套作模式

3）小麦/玉米/花生。近年来，将小麦宽行早套玉米和小麦套作花生模式相结合，形成“冬小麦/玉米/花生”三熟高效模式，即在麦收前 25～30d 在麦行间套作中晚熟玉米，在麦收前 10～15d 在麦行间套作单行花生，在冬小麦/玉米模式基础上增收一季花生，玉米和花生较直播复种可增产 20%以上（图 2-31）。

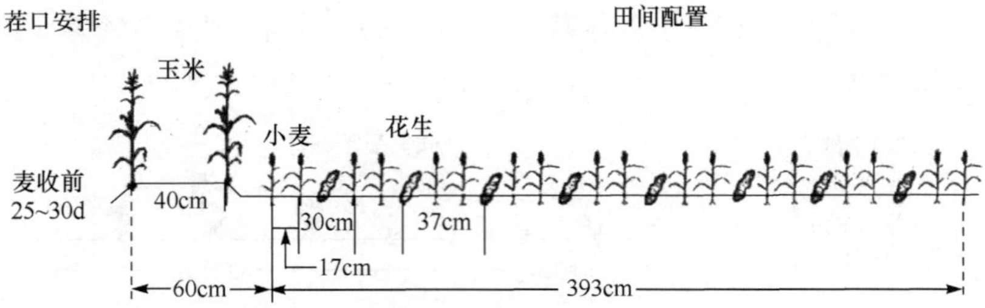

图 2-31　“冬小麦/玉米/花生”套作模式

4）小麦/玉米—后季稻。在长江中下游热量二熟有余三熟不足地区，于 3 月中旬在冬小麦行间地膜覆盖直播套种春玉米，小麦收获后于 6 月上中旬在玉米行间采用免耕机直播技术种植水稻，玉米收获后在原玉米种植处翻土施肥、就地拔秧移栽水稻。春玉米为饲料作物，水稻为主体粮食作物，形成粮饲结合高产高效的种植模式，可收获冬小麦 3000kg/hm^2、春玉米 6000kg/hm^2、后季稻 7500kg/hm^2，总产达 16 500kg/hm^2。

5）小麦/花生/绿豆—杂交晚稻。在长江中下游热量二熟有余三熟不足地区，于 3 月底在冬小麦行间预留空带内种植花生，5 月底小麦收获后在原麦幅土地种植绿豆，7 月底花生和绿豆收获后移栽杂交晚稻。花生与绿豆为经济作物，水稻为主要的粮食作物，可生产粮食 11 250kg/hm^2，收获花生 3750～4500kg/hm^2。

6）小麦‖蔬菜/花生/玉米/秋菜。在南方丘陵旱地，小麦间作早熟蔬菜，3 月下旬早熟蔬菜收后种花生，形成小麦套作花生；5 月中下旬小麦收后种植夏玉米，形成花生套作夏玉米；7 月下旬至 8 月上旬花生收后种植秋菜，形成夏玉米套作秋菜；9 月上旬收获夏玉米；10 月中下旬收获秋菜（图 2-32）。本模式比“小麦/玉米/甘薯”模式少收粮食 3000～4500kg/hm²，但多增收 10000 元/hm² 以上。

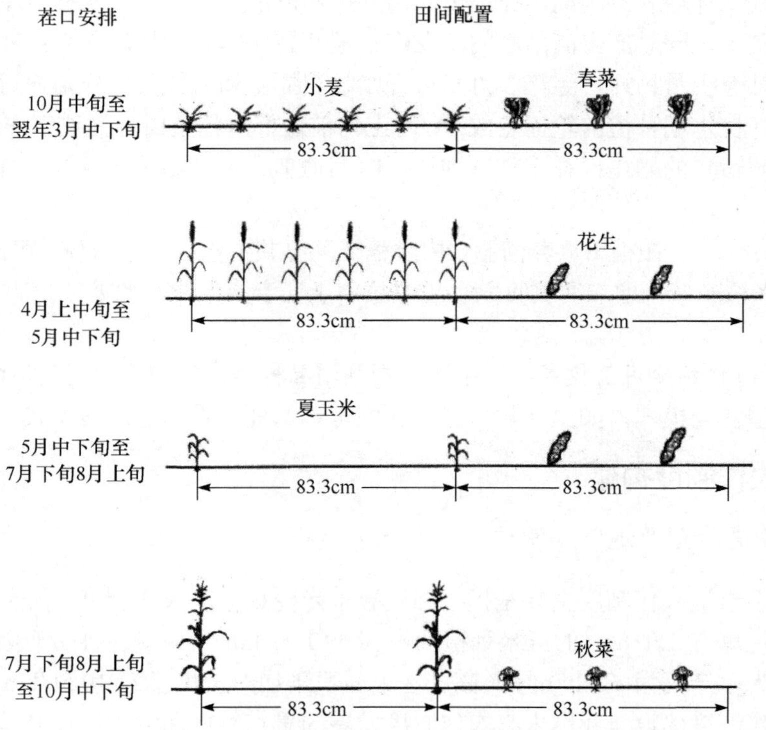

图 2-32　“小麦‖蔬菜/花生/玉米/秋菜”套作模式

（3）其他作物套作　主要有绿肥作物和粮食作物套作、不同经济作物套作、粮食作物与饲料作物套作等，套作作物有草木樨、箭筈豌豆、毛苕子等饲料作物和烟草、蔬菜等，如小麦‖苕子/玉米‖大豆、小麦‖苕子/玉米‖甘薯、小麦/蔬菜/西瓜/玉米、油菜/春玉米/糯玉米/棉花、春烟/夏玉米/甘薯—蔬菜等。

3．立体种养模式

（1）稻鱼萍混合种养　在稻田养鱼类（鲤鱼、鲫鱼、草鱼、鲢鱼、鳙鱼）和绿萍，采取垄上栽稻、垄面养萍和沟中养鱼，形成稻、鱼、萍多物种共生系统，水稻可降低水体温度，稻田可为鱼提供杂草、昆虫等优质饵料，而鱼能除草、灭虫、保肥、造肥，促进水稻和鱼类共同增产增收，可产稻谷 12 000kg/hm²，产成鱼 900～1000kg/hm²。

（2）稻鸭混合种养　在稻田养家鸭和绿萍，利用鸭在稻间捕虫、除草、防病、增肥和刺激水稻生长，稻田养鸭，以养鸭肥稻保稻，能够改善生态环境，节省农药和化肥，为生态化农牧结合模式，可实现稻鸭增产增收。

（3）稻鸭鱼立体种养　在稻田放养鸭和鱼，构建稻、鸭、鱼同田共生系统，通过鸭、鱼采食水生生物和虫类，排泄粪便，减少饲料投喂量和化肥农药施用量，鸭、鱼活动提高水体含氧量，促进水稻生态化生产，可产稻谷 8000kg/hm²，产成鸭 600 只/hm²，产成鱼 600kg/hm²。

（4）稻虾共作　21 世纪初，湖北省潜江市探索出“先稻后虾”的稻虾连作模式，并在此基础上发展出稻虾共作模式。近年来，稻虾共作模式在我国尤其是长江中下游地区推广迅速，2016～2020 年湖南、安徽、江西、江苏 4 省小龙虾养殖面积逐年增长率均在 45%以上，截至 2021 年底，已达 140 万 hm^2。稻虾共作模式是将水稻种植与小龙虾养殖有机结合于一体，充分利用稻田浅水环境和冬闲期，在稻田四周开挖环形沟渠、筑埂，能够在稳定水稻种植面积和产量的基础上，同时产出高品质的小龙虾。稻虾共作模式具体流程为：在水稻收割前视小龙虾存塘量补充少量种虾，翌年 3 月即可开始收获虾苗和成虾，新养殖户可选择在春季投放虾苗，小龙虾在水稻种植前轮捕轮放；6 月上旬前做好水稻整田、插秧工作；7～9 月继续收获成虾和按照适宜的雌雄比补充部分种虾；10 月收割水稻，冬季自繁自育虾苗，年复一年如此循环轮替。

（5）稻蟹共作　在稻田放养河蟹，构建稻蟹互惠共生水田生态系统，可改善水稻品质，稳定水稻产量，增加河蟹收入。主要集中于辽宁、天津、黑龙江、吉林 4 个省（直辖市）。

视频 2-7

（6）作物食用菌模式　主要是指利用高秆类作物构建食用菌生活的特殊环境，形成粮经兼具型复合模式，如玉米与平菇，甘蔗与黑木耳、香菇等栽培模式。

四、节地型农作制度构建

（一）集约高产型节地农作制度

集约高产型节地农作制度主要是指一熟区春玉米吨粮丰产农作制度。我国一熟区光、温、水生产条件满足单产 15t/hm^2 的玉米种植面积有 540 万 hm^2，但受各种生产因素的限制，目前一熟区春玉米单产仅为 6.62t/hm^2，高产区大面积平均产量也仅为 10.5t/hm^2。因此，一熟区玉米丰产农作制度建设是我国未来农作制度发展的重点领域和潜力区，其建设途径包括以下几个方面。

1．加强良种培育，挖掘增产潜力　我国适用于不同气候生态区的品种培育相对滞后，玉米本身生物学高产潜力未能充分发挥。应根据自然资源特点选育丰产、抗逆品种，同时针对不同品种配套相应高效栽培技术。在水肥条件较好的情况下，培育和采用生育期相对较长的玉米品种，有利于提高全年光能利用率和玉米单产。

2．培肥地力，奠定高产基础　玉米生产中均存在“重无机、轻有机，重利用、轻养护”的耕地管理问题，普遍存在重氮肥、轻磷钾肥问题，贯彻配方施肥和增加施肥量是提高玉米产量的重要途径。

3．发展节水农业，减轻干旱胁迫　我国因水分条件不能满足“吨粮田”生产的玉米面积占光温土适宜玉米生产面积的 36.3%，而具有灌溉条件且理论上具备生产吨粮的耕地中，仍有 46.2%存在水分制约，优化水分环境是进一步挖掘玉米生产潜力的重要途径。在灌溉农业区，发展以膜下滴灌、垄作沟灌为主体的高效节水灌溉技术；在旱作农业区，发展全膜双垄沟播、集雨补灌等技术，均可缓解季节性干旱造成的不利影响，显著提高玉米产量和水分利用效率。

4．优化群体结构，实现均衡增产　适宜的群体大小和空间布局是玉米高产的关键，在肥水条件满足时，可适当增大玉米种植密度，而采用宽窄行种植可优化群体受光结构，利于产量构成因素的提高。“吨粮田”试验点和高产区调研数据表明，“吨粮田”玉米穗数、穗粒数和千粒重分别比农户高产田增加了 11.3%、22.7%和 7.0%，产量三要素对增产贡献率分别为 49.3%、24.5%和 15.1%，可见增大播种密度、优化肥水管理和提高穗粒数、千粒重三管齐下是玉米高产、再高产的可靠措施。

5．大力发展精准管理　生产实践中，水肥一体化、膜下滴灌、缓控释肥、化学调控、智能农业机械等高新技术和设备的出现，提供了精准投入、精准调控的操作手段，是玉米持续高产的重要支撑。目前，我国的农业生产经营规模相对偏小，但随农业现代化对农业规模化转型的推动，精准管理技术的潜力将日益显现出来。

6．热量一熟富余区推行间作　在热量条件一熟有余地区，发展间作是提高单位耕地产出率的可行途径，也是实现亩产吨粮的简易技术。在品种和水肥、耕作技术不断改进的情况下，间作仍不失为提高单位耕地产出率的理想技术。

（二）多熟高效节地型农作制度

多熟高效节地型农作制度主要是指我国二熟区以复种和套作为主的小麦、玉米二熟农作制度，三熟区以双季稻为主体的三熟农作制度。适于发展多熟高效节地型农作制度的地区大多水热条件良好，其稳产和高产受保障制度、基础设施和农业机械化等因素的影响。该类农作制度建设的主要措施包括以下几个方面。

1．提高种植业比较效益，激励农民通过增加投入而提高产量　在二熟和三熟农作制模式中，主要组分是粮食类作物，其本身经济效益相对较低，生产者积极性受到影响。因此，除粮食产品本身经济效益外，在国家层面加强粮食生产补贴，在产业开发层面延伸粮食产品产业链，提高种植业衍生产品的附加值，并以此带动农作制度整体效益提高，激励农民在农业生产中的物资投入积极性。

2．加强农业基础设施建设，减轻自然灾害　首先，要加强水利设施建设。我国北方二熟粮食区普遍水资源短缺、灌溉设施陈旧、河渠老化、蓄水灌溉能力差，是粮食生产能力提升的重大障碍；在水资源相对丰富的西南、长江中下游三熟地区，季节性干旱也严重威胁种植业稳定发展。其次，要加强道路和市场建设，完善农作制度发展的保障体系。

3．用养结合，培肥地力　在农田小规模经营模式下，劳畜力和小型农机具耕作质量较差，有机肥投入不足，化肥投入结构和数量不合理，需要优化耕作方式，加强有机和无机结合，实施配方施肥和计划施肥，提高耕地的综合生产能力。

4．合理配置作物，实现周年高产　在麦玉二熟区，小麦和玉米收后农耗期长达 10～20d，自然资源浪费严重，需要集成应用保护性耕作技术，选配生育期较长的玉米品种，缩短茬口衔接时的农耗期，可达到周年高产效果。在双季稻三熟区，可通过冬种马铃薯、黑麦草、油菜等模式，提高冬闲田利用率；在夏季可配置耐高温、高湿和抗病性较强的作物，实现耕地周年利用。

5．优化作物群体结构，提高单季作物产量　河南省麦玉二熟制“吨半田”与农户高产田相比，小麦和玉米单位面积穗数分别增加 30.43%和 26.93%，千粒重分别增加 3.89%和 7.70%，说明优化作物群体结构具有显著增产作用。需要选用合理的作物品种，确定适宜群体结构，配套专门管理技术，实现单季作物产量和复种模式总体产量的显著提高。

6．提高机械化水平和生产技术水平　提高农业机械化程度，能够缩短多熟制农耗期，提高作物播种质量和水肥管理精准化水平，推动农业生产规范化与标准化水平，有利于实现多熟高产高效。

视频 2-8

第三节　作物轮作与连作

一、轮作与连作的概念与作用

（一）轮作与连作的概念

轮作（crop rotation）是指在同一块田地上不同年际之间有顺序地轮换种植不同种类作物或轮换使用不同种植模式的种植方式。例如，豆类→小麦→玉米属于不同种类作物之间的轮作；小麦/玉米→水稻，绿肥—水稻—水稻→油菜—水稻—水稻→小麦—水稻—水稻等属于不同种植模式间的轮作。不同复种方式之间的轮作又称为复种轮作，如小麦—玉米→小麦—水稻，绿肥—水稻—水稻→油菜—水稻—水稻→小麦—水稻—水稻等。

连作（continuous cropping）与轮作相反，是指在同一块地上连年种植相同作物或连续使用同一种种植模式的种植方式，如连年种植小麦，连年种植水稻；连年应用小麦/玉米、玉米‖大豆、小麦—水稻—水稻等种植模式都可称为连作。其中同一种复种方式的连作（如小麦—水稻—水稻→小麦—水稻—水稻；小麦—玉米→小麦—玉米等）又称为复种连作。在生产上连作也称为重茬，但重茬更偏重于同一种作物的连年或连季种植。

通常，正规轮作应具有周期性和顺序性两个特征。所谓周期性是指一个固定的轮作方式有它的轮作周期，如豆类→小麦→玉米这个轮作方式是以三年为一个周期的轮作。一个周期完成之后，如无重大调整仍按这个方式进入下一个轮作周期。所谓顺序性是指较为成熟的轮作方式，作物的排列顺序是在考虑了前后作物的协调性关系、有利于地力培养和病虫害防治等多方面因素而确定的，随意改变可能会造成茬口的混乱。正规轮作的典型代表是目前一些发达国家实行的及苏联和我国 20 世纪 50 年代大型国有农场中曾实行过的“定区式轮作”。这种轮作要求划分面积大致相等的轮作田区，有严格的轮作周期和作物轮作顺序，实行时间和空间上的轮换，有明确的轮作周期表。其特点是生产计划性强，在生产任务比较固定的情况下，能较好地完成生产任务。但灵活性差，难以适应不断变化的生产体制和市场经济发展的要求，因而在我国农业生产中实际很少应用。

换茬是指同一块田地上前茬作物收获后换种另一种作物，也称为倒茬。从实质上看换茬也是轮作的一种形式，因此也称为换茬式轮作。换茬式轮作是以某一田块或地段为目标，无严格的作物轮换顺序和轮作周期，只着重考虑前后茬作物病虫害及茬口衔接关系，实行灵活多样的作物轮换种植。这既是我国传统轮作的主要形式，也是目前广大农村盛行的作物轮作形式，特别是在目前市场经济发达、商品需求多样化条件下，换茬式轮作将继续发挥其重要作用。

（二）轮作与连作的作用

长期以来，作物轮作换茬都是我国传统农业精耕细作生产技术之一。在低投入传统农业阶段，农田投入很少，主要依靠轮作来维持地力常新和作物稳产、高产。《齐民要术》中的“谷田必须岁易”“稻无所缘，唯岁易为良”和“麻欲得良田，不用故墟”等都是对轮作倒茬的经验总结，今天看来仍不失其对生产的指导意义；我国农谚“倒茬如上粪”“要想庄稼好，三年两头倒”就是对这一历史阶段轮作作用的生动描绘。它主要依靠轮作中豆科作物的生物固氮维持土壤氮素平衡；依靠谷类作物和绿肥牧草残留的茎叶、根茬及施用有机肥等维持土壤中有机质的平衡；依靠不同生育期间所采取的农业技术措施及作物根系生长特性等差异进行合理的作物轮换，维持土壤良好结构；依靠轮作换茬和相应的栽培管理技术有效地控制病虫草害，避免了土壤肥力的无效损失，起到间接养地作用。在这个阶段内轮作对农业生产的积极作用得到了充分发挥。

在高投入的现代农业阶段，生产条件得到很大改善，投入水平和生产水平大幅度提高，尤其是化肥、农药的大量施用，在培养地力和杀灭病虫杂草等方面明显地削弱了轮作的作用，并日益成为现代作物生产的主要手段。在我国，绿肥作物面积大幅度下降，绿肥轮作比例已经很小，禾豆轮作也仅是在生产水平较低的旱茬地上有一定的比例。高产田、水浇地已不依靠轮作养地，而主要依靠化肥养地，人工施肥逐步取代了牧草、绿肥养地，连作和复种连作逐渐增加而占据优势。种种迹象似乎表明轮作已成为过时的作物生产技术，并终将被连作所代替。

然而，国内外大量的生产实践和轮作的试验研究证明，轮作在现代农业中仍具有不可替代的作用，特别是在防除病虫草害方面的作用不但不能削弱，而且应得到加强。某些障碍性病虫草害，尤其是病害，如大豆紫斑病、花生褐斑病、棉花枯黄萎病、小麦全蚀病等，即使使用最新型的农药也无济于事，唯有作物轮作才能得到有效控制。同时，长期大量施用农药，病虫草害的抗药性增强，还造成农田生态系统大量有毒物质的积累与流动，污染环境与作物产品。此外，作物的合理轮作可继续发挥其养地和减轻病虫杂草危害的作用，减少化肥与农药的投入量，降低生产成本，提高经济效益。

1．轮作的作用　合理轮作具有积极的增产作用，这是经长期生产实践和大量科学试验所证明的不争事实。当然，随着农业生产的发展，轮作的作用及其地位也在发生相应的变化，使得轮作的理论及技术与生产实际的结合日益紧密。归纳起来，轮作促进作物增产的主要原因有调养地力、减轻作物病虫草害、合理利用农业资源等方面。

（1）调养地力

1）协调和均衡利用土壤养分和水分。各种作物的生物学特性不同，从土壤中吸收养分的种类、数量、时期和吸收利用率也不相同。禾谷类作物氮、磷、硅吸收量较多；豆类作物吸收大量的氮、磷、钙，但在吸收的氮素中 40%～60%是借助于根瘤菌固定空气中的氮，对土壤中的氮素消耗并不多，而磷的消耗量却较大；块根块茎类作物吸收钾的比例高，同时氮的消耗量也较大；纤维和油料作物吸收氮、磷皆多；对土壤中难溶性磷，小麦、玉米、棉花等吸收利用能力弱，而油菜、荞麦、燕麦等吸收能力较强。因此，将营养生态位不同而又具有互补作用的作物合理轮作，可以协调前后作物养分供应，均衡地利用土壤养分，充分发挥土壤肥力的生产潜力。

不同作物需水量、时期和吸收能力也不相同。水稻、玉米和棉花等作物需水多，谷子、甘薯等作物耐旱能力强。将水分适应性不同的作物轮作能充分而合理地利用全年自然降水和土壤中贮存的水分，对农田高效用水有重要作用。各种作物根系深度和发育程度不同，水稻、谷子和薯类作物根系浅，主要吸收利用土壤上层的养分和水分，而大豆、棉花、苜蓿等作物根系深，可从深层土壤吸收养分和水分。将不同根系特性的作物轮换，可全面地分层利用土壤养分和水分，协调土壤与作物之间对水分、养分的供求关系。

2）改善土壤理化性状，调节和提高土壤肥力。作物的秸秆、残茬、根系和落叶是补充土壤有机质和养分的重要来源。禾本科作物秸秆量大，有机碳含量多；豆科作物、油菜等落叶量大，含氮量高。进行禾豆轮作，可利用豆科作物的生物固氮维持土壤的氮素平衡，利用谷类作物和绿肥牧草残留的茎叶、根茬维持和提高土壤有机质平衡，增加土壤肥力因素的数量。

作物轮作换茬还具有改善耕层理化性状的作用。密植作物的根系细密，数量较多，分布均匀，对土壤穿插力强，使土壤疏松、结构良好。深根性作物和多年生豆科牧草的根系对下层土壤有明显的疏松作用。水稻和旱作作物组成的水旱轮作还有利于减轻土壤容重，增加土壤孔隙和通透性，促进氧化反应，防止稻田土壤次生潜育化过程，消除土壤中有毒还原性物质（Mn^{2+}、Fe^{2+}、H_2S 及盐分等）的积累，促进有益微生物活动，对改善稻田土壤理化性状有显著效果。在水土流失地区，有多年生牧草作物参加的草田轮作，可增加土壤团粒结构，有效地保持水土，在盐碱地区可降低土壤盐分含量，起到间接养地的作用。

（2）*有效减轻农作物的病虫草害* 农作物的病原菌一般都为专性寄生菌类，害虫也有一定的专食性和寡食性，有些杂草也有其相应的伴生者或寄生者，它们是农田生态系统的组成部分，在农田土壤中都有一定的生活年限。如果连续种植同种作物，通过土壤传播的病害，如小麦的全蚀病、棉花的枯黄萎病等必然会大量发生。实行抗病作物与感病作物轮作，更换其寄主，改变其生态环境和食物链组成，可使之不利于某些病虫的正常生长和繁衍，从而达到减轻农作物病虫害和提高产量的目的。一些作物的伴生性杂草，如稻田的稗、麦田的燕麦草、谷田的狗尾草等，与其伴生作物的生活型相似，形态特征也相似，不易分辨和消灭。一些寄生性杂草如大豆菟丝子、向日葵列当等连作后更易滋生蔓延，不易防除。通过轮作并结合土壤耕作则可有效地防除伴生性和寄生性杂草。水旱轮作生态条件改变相当显著，防治病虫草害的效果尤为突出。在水田阶段能使旱地病虫草害减少或消失，转为旱田栽培时，可减轻水田病虫草害。例如麦稻轮作，在旱田时小麦能抑制稻田中的稗生长；在水田时，麦田中的野燕麦等旱生杂草在淹水条件下很快丧失其活力。

（3）*有利于合理利用农业资源，提高经济效益* 根据作物的生理生态特性，在轮作中前后作物搭配，茬口衔接紧密，既有利于充分利用土地和光、热、水等自然资源，又有利于合理均衡地使用机具、肥料、农药、灌溉用水及资金等社会资源。还能错开农忙季节，均衡投放劳畜力，做到不误农时和精细耕作。由于轮作具有培肥地力和减轻农作物病虫草害的作用，无须肥料、农药、劳力等资源的过多投资，只需作物合理的轮换就可获得与连作在高投入条件下相当的产量，降低了生产投资成本，提高了经济效益。

轮作模式节水效果主要通过土壤水分的时空互补实现。华北平原粮食高产和农业的高度集约化导致了巨大的资源环境压力和生态代价，严重影响着农田生态健康与农业可持续发展。传统麦—玉一年两熟模式需要长期抽取地下水灌溉，导致地下水位严重下降；粮食高产过度依赖化石能源的投入，导致农田温室气体排放加剧。中国农业大学基于华北平原长期定位试验，构建了适合华北平原的节水、经济、高产和环境友好的基于麦玉的多样化种植模式：粮油模式（PWM），春花生→冬小麦—夏玉米，两年三熟制；粮饲模式（WMRS），冬小麦—夏玉米→黑麦草—饲用高粱，两年四熟制；粮棉油模式（RCPWM），黑麦草—棉花→春花生→冬小麦—夏玉米，三年五熟制（图 2-33）。与麦玉模式（WM）相比，粮油和粮棉油模式可以促进下茬小麦和玉米的产量分别增加 7.9%～15.9%和 15.7%～36.5%。研究发现，与麦玉模式相比，粮油模式和粮棉油模式分别节水 15.1%和 10.6%。利用农田生态系统碳足迹方法，从多角度较为全面地评价不同种植模式的固碳减排效益，发现多样化轮作模式可有效降低农田碳足迹。在连续试验观测过程中发现，作物多样性高的轮作模式可以显著提高土壤有机碳储量，与传统麦玉模式相比增幅可达 58.8%。

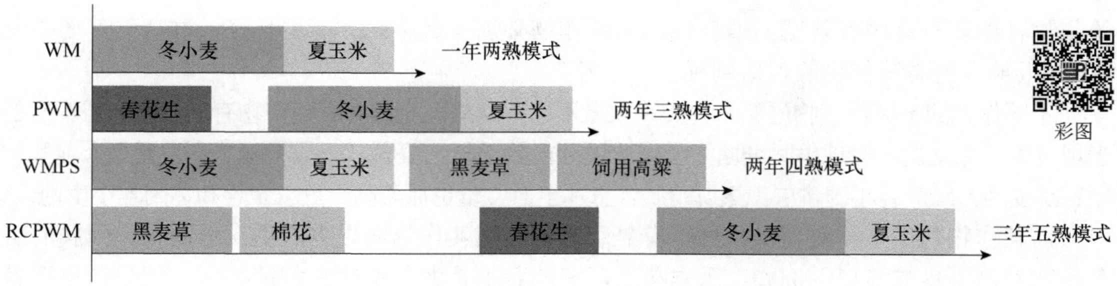

彩图

图 2-33　华北平原基于麦玉的多样化轮作模式

2．连作的作用　　在低投入的传统农业阶段，长期连作的弊端是十分明显的，由于连作导致土壤营养物质的偏耗、物理性状恶化、水分大量消耗、有毒物质积累、病虫草害加重，因此人们往往把连作视为是一种必定要产生不利影响并降低农作物产量的种植方式。这种观念也导致了长期以来人们对连作的模糊认识。随着农业科技的飞速发展，现代科学技术和化学制品大量地投入农业生产，可以有效地克服或减轻连作所产生的某些不利影响，因而一些作物连作后的产量和经济效益不但不会降低，反而会大幅度地提高，这同样是被国内外大量生产实践所证明的事实。

连作是现代农业生产中，尤其是专业化生产比较明显的地区或生产单位广泛应用的一种种植方式。由于社会需要大量粮、棉、糖等作物，不实行连作便难以满足全社会对这些农产品的需求。另外，在特定的资源条件下最适宜栽培某种作物，也不可避免地出现该作物的连作，特别是一些不耐连作的经济作物如棉花、烟草等，由于经济效益高，轮作换茬年限缩短，最终导致连作。但是，连作的某些弊端是现代化手段也无法克服的，因此，在生产中应正确地应用连作。

视频 2-9

二、作物茬口特性及其轮作应用

茬口（previous crop with its stubble field）是在轮连作中给予后茬作物以种种影响的前茬作物及其茬地的泛称。它是作物轮作换茬的基本依据。茬口特性是指栽培某一作物后的土壤生产性能，是在一定的气候、土壤条件下栽培作物本身的生物学特性及其栽培措施对土壤共同作用的结果。根据不同作物的茬口特性，选择作物并组成适宜的轮作顺序，形成特定的轮作方式。

（一）作物茬口特性的形成和评价

影响茬口特性形成的因素有三个方面：

1．时间因素　　前作收获和后作播种、移栽季节的早晚，是茬口季节特性的表现。一般前作收获早，茬地有一定的农闲期，有充分的时间施肥与整地，土壤熟化好，有效态养分丰富，对后作影响好，称为“早茬”；反之则差，称为“晚茬”。作物茬口的季节特性，对后作影响的时间较短，一般只影响一季后作物。

2．生物因素　　包括作物本身生物学特性、土壤微生物区系及活动和病虫杂草等。

作物本身生物学特性对茬口特性有影响，不同作物收获后茬地土壤有机质和各种营养元素含量不同，表现出不同的茬口肥力特性。豆类、瓜类、芝麻等作物茬口的有效肥力在后作施肥较少的情况下，也可有较好的收成，群众称之为“油茬”或“黑茬”；反之，甘薯、荞麦等作物种植后对土壤有效肥力消耗多，后茬作物必须大量施肥才能生长好，群众称其为“白茬”。玉米、麦类等作物的茬口则称为“平茬”。

不同作物的土壤微生物区系、种类和数量不同，这些微生物对后茬作物有的表现有益，有的表现有害。绿肥茬小麦地根际细菌数量、土壤细菌数量与土壤固氮菌数量明显高于夏玉米茬和休闲茬小麦地，绿肥茬小麦耕层土壤腐殖质含量和全氮含量也显著高于夏玉米茬和休闲茬小麦地。

前茬作物病虫杂草对茬口特性也有显著影响。前茬作物病虫害严重，对同科、同属的后茬作物就是不良的茬口。例如，禾本科杂草多的茬地，尤其不适宜种植谷子。病虫杂草严重的农田，作物多年连作，其不良后果还有积累作用。

3．栽培措施因素　作物生长过程中所采取的各项农业技术措施，如土壤耕作、施肥、灌溉、施用农药等对作物茬口特性的形成有深刻影响。措施得当不仅使当季作物受益，而且使其后茬作物受到不同方面和不同程度有益的影响。

前茬作物对土壤的影响及通过土壤又影响其后茬作物，产生不同的生产效果，茬口特性的好坏最终体现在后茬作物的生长发育和产量上。研究茬口特性有利于合理地轮作换茬，提高后茬作物的产量。

但是作物的茬口特性是复杂的，茬口的好坏是有条件的，也是相对的。茬口好坏要看和什么作物相比，还要看在什么地方，以及在什么条件下。一般认为苜蓿茬是许多作物的好茬口，但对啤酒大麦则因种子含氮量高，酿造啤酒品质差，不是其好茬口。因此，对作物茬口特性评价要全面考虑，不能脱离特定的作物、地点和时间。否则不可能正确地为轮作或连作选择合理茬口。

（二）作物茬口特性类型及其轮作应用

1．抗病与易感病类作物　禾本科作物对土壤传染的病虫害的抵抗力较强，比较耐连作。茄科、豆科、十字花科、葫芦科等作物易感染土壤病害，不宜连作。在轮作中，要坚持易感病作物和抗病作物相轮换的原则。同科、同属或类型相似的作物往往感染相同的病害，要避免它们之间的连续种植。同一作物的不同品种抗病能力不同，应选用抗病品种，通过定期或不定期的品种轮换来防治病害，尤其是对防治流行性强的气传病害、土传病害及其他方法难以防治的病害更加经济有效。

2．富氮与富碳耗氮类作物　各类作物对于沉淀性元素（磷、钾、钙等）都是消耗的，但对于氮素和碳素却有消耗和增加之分。

富氮类作物主要是豆科作物，包括多年生豆科牧草、一年生豆科绿肥和一年生食用豆科作物。多年生豆科牧草固氮量高；而一年生食用豆科作物固氮量低，消耗氮与固定氮大体相当，对土壤氮素含量没有明显影响，即使如此，比禾本科作物耗氮量还是少得多。一年生豆科绿肥年固氮量一般为 30～45kg/hm^2，翻埋后可全部归还土壤，具有一定的养地作用，但因固氮量低，养地作用不宜高估。多年生豆科牧草根系发达，重量占总生物量的 1/3，高于一年生豆科作物的 1/10～1/8，有利于促进土壤有机质积累。绿肥对积累土壤有机质没有明显作用，但可改善有机质品质和土壤结构。富氮类作物以其对土壤增氮和平衡土壤氮素的作用，成为麦类、玉米、水稻及各种经济作物的良好前作，均表现出不同程度的增产作用。

富碳耗氮类作物主要是指禾本科作物。它们的种植面积比例占 70%左右，是我国的主要作物茬口类型。禾谷类作物一般从土壤中吸收的氮素比其他作物多。由于禾本科作物生物量很大，能够还田的根茬、茎叶数量也多，通过秸秆还田等形式，可把长期固定的大量碳素投入土壤中，因而有利于维持或增加土壤有机质的数量。富碳耗氮类作物病害相对较轻，是易感病作物的良好前茬。而其前茬以豆类作物和豆科绿肥为好。实行禾豆轮作换茬，相互取长补短，有利于土壤碳、氮平衡。

3．用地与半养地作物　甜菜、马铃薯等块根、块茎类作物生物产量虽高，但大部分都随产品或副产品移出田间，在田间遗留量少，栽培中吸收养分多，对土壤钾和氮吸收量大，属于用地作物。它们通过土壤传播的病虫害较多，一般忌连作，应与禾本科作物进行轮作换茬。棉花、油菜、芝麻、胡麻等作物虽不能固氮，但其大量的落叶、落花、根茬及饼粕可以归还土壤，特别是含氮、磷、钾及有机质的饼粕通过饲养家畜过腹还田，不仅发展了畜牧业，还有培肥地力的作用，称为半养地（兼养地或准养地）作物。油菜、芝麻病害多，不宜连作。棉花在枯黄萎病已被控制的情况下，比较耐连作，产量和品质也较好。

4．密植与中耕作物　这两类作物在保持水土、改善耕层土壤结构方面的功能差异悬殊，具有截然不同的茬口特性。密植作物如麦类、谷子、大豆、花生及多年生牧草等，由于种植密度大，枝叶茂密，覆盖面积大，覆盖时间长，能缓冲暴雨雨滴冲击地面，有利于防止和减轻土壤水蚀和保持土壤良好结构。而中耕作物如玉米、高粱、棉花等，行株距较大，植株对地面的覆盖度小，需经常中耕松土，连年种植常使土壤结构破坏，导致土壤水蚀增大，引起土壤养分和水分的非目标消耗。

5．休闲在轮作中的地位　休闲是在田地上全年或可种植作物的季节只耕不种或不耕不种以休养地力的土地利用方式。根据休闲时间的长短，可分为全年休闲和季节休闲。全年休闲主要分布在东北和西北地区。季节休闲可分为夏季休闲和冬季休闲，主要分布在华北和南方各省。冬季休闲在南方又有“冬晒”和“冬泡”两种形式。

休闲的主要作用是通过土壤的冻融交替和干湿交替，改善土壤的物理性质，加速有机质矿化分解，提高土壤的有效肥力；通过耕耙作业蓄水纳墒，提高土壤水分含量，增加抗旱能力；通过休闲消除病虫，减少有毒物质。休闲是轮作中一种特殊类型的茬口，是许多作物的良好前茬。但休闲期间，浪费了光、热、水、土资源，随着人地矛盾的激化和培肥地力手段的增加，休闲面积正在不断缩小。

（三）茬口顺序与安排

近年来，农业生产向商品性生产转化，轮作换茬的灵活性很大，甚至没有一定的轮换顺序与周期，尽管如此，各地的轮作基本上还是遵循轮作倒茬的原则和茬口特性的。在一个地区总有几种比较固定的轮作倒茬方式（包括连作方式），特别是对于一些经济作物更是如此。那么轮作中茬口顺序怎样安排呢？一般原则是：瞻前顾后，统筹安排，前茬为后茬，茬茬为全年，今年为明年。

1．把重要作物安排在最好的茬口上　由于作物种类繁多，必须分清主次，把好茬口优先安排优质粮食作物、经济作物上，以取得较好的经济效益和社会效益。

2．考虑前、后茬作物的病虫草害及对耕地的用养关系　前作要为后作尽量创造良好的土壤环境条件，在轮作中应尽量避开相互间有障碍的作物，尤其是相互感染病害、虫害、草害的作物（同科、同属或类型相似的作物）要避开。在耕地用养关系上，不但要处理好不同年份间的作物用养结合，还必须处理好上下季作物的用养结合，一般是含富氮作物的轮作成分在前，含富碳耗氮作物的轮作成分在后，以利于氮、碳互补，充分发挥土地生产力。

3．严格把握茬口的时间衔接关系　复种轮作中前茬作物收获之时，常常是后茬作物适宜种植之日，因此，及时安排好茬口衔接尤为重要。一般是先安排好年内的接茬，再安排年间的轮换顺序。为使茬口的衔接安全适时，必须采取多种措施，如合理选择搭配作物及其品种，采取育苗移栽、套作、地膜覆盖等措施均可促使作物早熟，以便及时接茬，还能给接茬农耗期留有一定余地。

三、轮作主要类型与形式

1. 根据轮作中养地手段特点划分

（1）撂荒轮作　一种原始的轮作形式，采用耕种与撂荒相轮换，利用自然植被恢复地力。在原始农业阶段和非洲人少地多的地区采用，如我国的“熟荒制”即属此类。

（2）休闲轮作　在轮作中有一定比例的全年休闲，利用休闲蓄纳雨水，熟化土壤，恢复地力，是一种生产水平较低的轮作制度。例如，我国西北半干旱偏旱区的休闲轮作：休闲→春小麦→糜（谷子）。

（3）换茬轮作　也称为轮种轮作，将不同作物进行轮换种植，包括禾谷类作物之间的轮换，也包括禾谷类作物与豆科作物之间的轮换。例如，欧洲的改良三圃制：中耕作物→冬谷类作物→春谷类作物，我国西北半干旱地区换茬轮作：大豆→小麦→谷子。

（4）草田轮作　将多年生牧草作物与大田作物进行轮换种植，恢复和提高土壤肥力，在人少地多和畜牧业比例大的地区适用。例如，黄土高原采用苜蓿与大田作物的轮换即属此类。

（5）绿肥轮作　轮作中有一年生或多年生绿肥作物如草木樨、毛苕子、紫云英等参加，利用绿肥翻压恢复地力。例如，南方稻区的“绿肥—水稻→油菜—水稻→小麦—水稻”。

（6）离区轮作　在实行草田轮作时，多年生牧草作物通常利用 2～5 年，组成的轮作方式年限通常长达 8～10 年，不便于轮作。可将多年生牧草种植区脱离原来的轮作顺序，待其利用年限完成后，再加入轮作中。例如，黄土高原有苜蓿参加的草田轮作多采用离区轮作：小麦→小麦→玉米→小麦—谷子×苜蓿→苜蓿（5 年）。

（7）禾豆轮作　指一年生豆科作物与禾谷类作物轮换种植，属换茬轮作的一种形式。此种形式在我国旱作地区运用的历史长、范围广。

2. 根据农业主要生态环境划分

（1）旱地轮作　在旱地生态环境条件下，全部由旱作物参与的轮作。

（2）水旱轮作　实行水稻（水田）与旱作物（旱田）交替种植的轮作类型，如“绿肥—水稻—水稻→油菜—水稻—水稻→小麦—水稻—水稻”组成的“二水一旱”轮作即属此类，北方地区“小麦→玉米→水稻”也属水旱轮作。

（3）水田轮作　在难以实行旱作的水田种植水稻、莲藕、茭白等水生作物进行轮作。

3. 按熟制划分

（1）一年一熟轮作　一年一熟地区采用的轮作多为此类，如大豆→小麦→玉米→谷子。

（2）二年三熟轮作　如小麦→小麦—谷子、玉米→小麦—大豆、小麦/玉米→水稻。

（3）一年二熟轮作　小麦—玉米→小麦—大豆、小麦—水稻→油菜—水稻→绿肥—水稻。

（4）一年三熟轮作　绿肥—水稻—水稻→油菜—水稻—水稻→小麦—水稻—水稻→蚕豆—早稻—甘薯。

4. 按轮作周期长短划分　轮作实施一个周期所需要的年数，称为轮作周期。轮作周期 2～5 年为短周期轮作，轮作周期 6 年以上为长周期轮作。有人按轮作年限分为年间轮作和年内轮作，上述所讲的轮作均属年间轮作，是指作物或复种方式在年际之间的轮换。年内轮作是指一年多熟地区在同一年份之内，不同作物的轮换，如小麦—水稻—水稻，小麦/玉米/甘薯。

视频 2-10

四、作物连作响应及连作应用

（一）不同作物对连作的响应类型

实行合理的轮作，可以增产节本。但在实际生产中，某些作物的连作又是不可避免的，有时还是必要的。在一定条件下，连作又是可行的。实践证明，不同作物和同一作物不同品种连作致害的原因和程度有差异，甚至同一种作物、同一品种在不同气候、土壤及栽培条件下对连作的忍耐力也有差别。表 2-13 是 1970 年日本对连作有害性的一次全国性调查结果，反映了不同作物在连作时表现出有害、无害的发生次数以及连作致害减产幅度。

表 2-13　各种作物对连作的反应

作物	连作有害的发生次数	连作无害的发生次数	大致减产/%	作物	连作有害的发生次数	连作无害的发生次数	大致减产/%
番茄	23		35	小麦	3	8	30
黄瓜	21		40	玉米	3	8	40
陆稻	18	1	20	甘薯	3	9	25
豌豆	10		50	水稻		12	
青芋	14	1	30	大麦		7	
魔芋	14	1	30	洋葱		10	
西瓜	12		30	意大利黑麦草		2	
白菜	11	1	40	南瓜	1	5	20
大豆	9	2	30	葱	1	6	30
茄子	8		20	烟草	2	1	15
啤酒大麦	6		40	油菜	1	2	17
花生	5		30	甘蓝	4	2	56
甜菜	3		15	马铃薯	4	3	20
蚕豆	2		30				
胡萝卜	6	6	30				

按照作物对连作的反应敏感性差异，大致可分为如下 4 类。

1．忌连作作物　以茄科的马铃薯、烟草、番茄，葫芦科的西瓜、亚麻、甜菜等为典型代表，它们对连作的反应最为敏感。这类作物连作时，作物生长严重受阻，植株矮小，发育异常，减产严重，甚至绝收。其忌连作的原因是特殊病害和根系分泌物的致害作用。通常需要间隔 5～6 年以上方可再种。

2．不耐连作作物　以禾本科的陆稻，豆科的豌豆、大豆、蚕豆、菜豆，麻类的大麻、黄麻，菊科的向日葵，茄科的辣椒等作物为代表，其对连作的反应仅次于忌连作作物。一旦连作，生长发育受到抑制，造成较大幅度的减产。这类作物连作障碍多为病害所致，间隔 3～4 年受害较轻。

3．耐短期连作作物　甘薯、紫云英、苕子等作物，对连作反应的敏感性属中等类型，生产上常根据需要实行短期连作，连作2～3年时受害较轻。

4. 耐连作作物 这类作物包括水稻、甘蔗、玉米、麦类及棉花等作物。它们在无障碍性病害和采取适当农业技术措施的前提下，耐连作程度较高。其中又以水稻、棉花的耐连作程度最高，在施足肥料的情况下，长期连作时表现出高产稳产，连作年限可长达百年以上。

（二）连作弊端与消除途径及连作应用

合理的连作可以增产，而不适当的连作不仅产量锐减，而且品质恶化。因此，必须采取相应的措施，消除连作的弊端。

1. 连作的弊端

（1）连作导致营养物质的偏耗 特定作物对矿质营养元素吸收的种类、数量和比例是相对稳定的，对某些元素的吸收量大，对另外一些元素则吸收量小，该作物长期连作，势必导致土壤中吸收量大的元素严重匮乏，造成土壤养分比例的失调，作物生长发育受阻，产量下降。

（2）连作导致土壤水分大量消耗 某些作物吸收水量大，连作时易造成土壤水分大量消耗，导致水分不足而减产。如甜菜、向日葵即属此类。

（3）连作导致有毒物质积累 有些作物生长过程中的分泌物及其残体分解物对自身有害，如陆稻和大豆连作时，受到自身有毒物质的影响。稻田连作还会导致还原性有毒物质如Fe、Mn还原物及H_2S的积累，抑制和毒害水稻根系生长。

（4）连作导致土壤物理性状恶化 某些作物或复种方式连作，如双季稻连作，土壤淹水时间长，土壤大孔隙减少，容重增加，通气不良，土壤次生潜育化明显，物理性状恶化，严重影响连作稻的正常生长。

（5）连作导致病虫草害加重 连作时，某些土壤传染的病害显著加重，某些害虫虫口密度增大，危害加剧，某些伴生性和寄生性杂草的危害累加效应突出，均可导致产量锐减和品质下降。

（6）连作导致土壤供肥能力降低 连作时土壤微生物种群数量与比例失调，土壤酶活性下降，降低了土壤的供肥能力，致使作物减产。

2. 连作弊端的消除途径 采用适当的技术措施可以有效地减轻连作弊端，延长作物连作年限，提高作物耐连作程度。

1）及时足量地施肥和采取灌溉措施，可以消除连作营养偏耗和水分不足。

2）及时合理使用各种农药，可以缓解连作造成的病虫草害和土壤微生物区系变化带来的障碍。

3）有计划地进行品种更换，用抗病虫、耐瘠薄、高产品种代替感病虫品种，减轻连作的弊端。

4）采用适宜有效的土壤耕作措施，改善土壤理化性状，促进有毒物质分解，调节土壤微生物活动状况，提高土壤供肥能力。

5）凡是有利于控制病虫蔓延和杂草滋生的各种农业技术措施都可缓解连作的危害。

3. 连作的应用

（1）连作的必要性 轮作通常是有益的，连作是有害的，但生产上仍需要连作：

1）社会需要决定连作。粮、棉、糖等作物的社会需要量大，不实行连作便满足不了全社会对这些农产品的需求。

2）资源利用决定连作。在特定的资源条件下最适宜栽培某种作物，不可避免地出现该作物的连作，如南方水稻连作、黄淮海小麦—玉米复种连作。

3）经济效益决定连作。一些不耐连作的经济作物如棉花、烟草等，由于经济效益高，轮作换茬年限缩短，最终导致连作。

4）作物结构决定连作。在商品粮、棉、蔗基地，这些作物在轮作计划中占绝对优势比例，基地内作物种类单一化，导致商品性作物的多年连作或连作年限延长。

（2）连作应用的可能性　生产上不仅需要连作，而且新技术的应用为连作提供了可能性。

1）作物耐连作特性允许连作。不同作物和不同品种对连作的反应敏感性有差异，连作减产的幅度也不同。连作弊端少、减产幅度小的作物和品种可以适当连作。对耐连作程度不高的作物，可在其主要连作障碍消除之后实行短期连作。

2）新技术推广应用允许连作。可采用物理的、化学的、农业的新技术消除连作障碍。如采用各种技术进行土壤和茎叶处理，杀死土壤病菌、虫卵及草籽；消灭土壤中障碍性微生物，减少有毒物质，可使连作受害减轻；依靠化肥及有机肥施用，保持土壤有机质和矿质养分的动态平衡；采用合理的灌排措施，冲洗土壤毒质；实行水旱轮作，改善农田生态环境，防止多种连作障碍出现；选用抗病虫高产品种，并有计划地进行品种更换，可降低连作危害程度，延长连作年限。

（三）连作主要类型与模式

我国作物连作制包括单作连作制和复种连作制两种类型，其主要模式与分布地区如下。

1．小麦连作制　①春小麦连作制：主要分布在东北平原地区。②冬小麦连作制：主要分布在北方无灌溉的冬麦区。

2．冬闲—玉米连作制　主要分布在北方春玉米区。

3．冬闲—水稻连作制　①单季稻连作制：南北方都有分布，主要分布在长年积水或冬旱的稻田。②双季稻连作制：多分布在南方双季稻区的冬晒与早秧双季稻田。

4．绿肥—水稻连作制　①绿肥（苕子、紫云英）—中稻连作制。②紫云英—双季稻连作制。

5．小麦—单季稻复种连作制　主要分布在淮河以南及长江两岸。

6．麦（以大麦为主）—稻—稻复种连作制　主要分布在长江以南至华南人口稠密地区。

7．小麦—玉米复种连作制　主要分布在黄河流域南部平原地区和长江流域山地。

8．小麦/棉花复种连作制　主要分布于长江流域棉区和黄淮地区棉区。

9．棉花连作制　主要分布在新疆棉区。

10．西瓜连作制　主要分布在甘肃、宁夏的砂田。

复习思考题

1．作物布局的意义及其原则是什么？作物布局时如何遵循作物生态适应性要求？

2．按照作物对温光的适应性可各分为哪些类型？其主要代表性作物有哪些？

3．按照作物对水肥的适应性可各分为哪些类型？生产上如何满足作物的水肥适应性？

4．我国作物布局的主要特征是什么？我国 4 大粮食作物优势产区是如何划分的？

5．我国农业结构包括哪些层次？我国农业结构调整的规律和重点是什么？

6. 农牧结合含义和意义是什么？如何发展农牧结合型农作制度？农林复合系统有哪些类型？

7. 全球气候变化主要特征如何？对农业有何影响？如何应对全球气候变化？

8. 种植模式的主要类型和特点是什么？如何用种植指数、土地当量比和熟制等指标评价土地利用集约化程度？

9. 复种的生产意义、效益原理和基本条件是什么？我国复种的技术要点、主要类型与方式有哪些？

10. 间混套作的生产意义和增产原理是什么？我国间混套作的技术要点、主要类型和方式有哪些？

11. 如何构建节地型农作制度？

12. 作物轮作有何作用？作物茬口特性及其在轮作中如何应用？轮作类型有哪些？

13. 作物对连作的响应有哪些类型？连作有何弊端？生产上如何合理应用连作？

第三章　农田养地制度

本章提要　地力是农田培肥的调控中心，农田肥力高低与质量对农作物产量、品质有着直接的影响。农田养地主要是通过化学、物理、生物、防护等途径提升农田肥力，维持土壤养分平衡。农田培肥制会根据自然条件、肥料状况和种植制度而发生变化，是一个动态系统。土壤耕作主要通过调节土壤水分、空气、温度和养分的关系调节土壤肥力。农田节水灌溉培肥制度建立主要依据农田水分循环与作物需水规律，改进灌溉技术，实现土壤肥力与灌溉水资源利用效率协同提升。

本章重点　讲述农田培肥与循环农业、土壤耕作与保护性耕作、农田灌溉与节水农业等农田地力培肥和持续养地的技术原理和方法，是我国农作制度的核心内容之一。要求学生掌握地力、土壤耕作、土壤耕作法、少免耕、地膜覆盖技术、作物需水、节水灌溉等基本概念。掌握地力演变类型、农田培肥途径、土壤耕作基本任务和技术原则、土壤耕作类型及作用、农田水分循环和节水灌溉技术类型、农田地力变化与培肥的关系，能够学会建立旱区节肥型、节水型农作制度，并在农田实际生产中进行科学应用。

第一节　农田培肥与循环农业

一、土壤养分平衡与地力培肥

（一）地力的概念及其演变类型

1. 地力的概念　“地力”是农田培肥的调控中心。在我国古代农业著述中，就有“多粪肥田”“地力人助”“地力常新壮”的论述。地力是在特定的种植制度和气候条件下，由土壤物理、化学、生物特性与作物生长相适应而具有的生产能力，或称土地生产力。地力的含义包括两个方面：第一，地力通过作物生产来反映，同时受众多因素制约；第二，地力是在人为控制和管理下实现的，是自然与人为干预综合作用的结果。显然，地力与土壤肥力既有共同点，也有不同含义，即二者均具有能够生长植物的能力，但地力是自然土壤经人类长期耕种后形成的农田生产能力。地力具有综合性、可培育性和可控性。

2. 地力的演变与类型　土地开垦为农田后，在人为因素作用下，自然肥力逐步发展成为具有经济能力的地力。由于气候条件、地貌条件、栽培管理措施的差异，同时受农田生态系统物质循环和能量转化的作用，会形成不同生产水平的地力类型。根据农田培肥管理内容，可把地力分成 4 种类型。

（1）提高型　我国高产农田属多肥集约型培肥管理，采取多途径养地措施，土壤肥力因素得以积聚，肥力条件得到改善，有助于地力恢复与提高，具有高产性和稳定性，形成了高投入与高产出相结合的地力生产模式。提高型地力应该是培肥农田的目标。

（2）维持型　我国大多数中产农田养分输入和输出大体趋于平衡，培肥途径比较单一，过多地依靠化肥，忽视有机培肥，仅能维持简单再生产，难以扩大再生产，是我国北方旱区分布最广的一种地力类型。

（3）减退型　我国中西部黄土高原和西南丘陵山区的低产农田培肥不力，物质与能量投入不足以维护农田产出，用地力度大于养地力度，地力趋于减退，难以维持地力平衡，需要多种途径增加投入，控制农田水土非目标性输出，扭转地力减退趋势。

（4）枯竭型　在地力减退情况下，没有采取相应的有效养地措施，实行掠夺式经营，或是在生态环境脆弱地区不适当地耕垦，使农田物质循环产生严重障碍，农田生态环境急剧恶化，如坡耕地水土侵蚀、农牧交错区土壤沙化、内陆绿洲灌区土壤盐渍化等，导致地力每况愈下，直到废弃。

（二）农田地力动态与培肥原理

地力的形成和培育是一个渐进累加的演变过程，而地力衰退、土壤环境恶化也是一个渐进过程，往往不为人们直接观察到而被忽视。由于地力组成因素的多维性、随机变动性和相互制约的关联性，可利用农田养分输入-输出关系来描述地力演变动态。

1. 农田有机质动态与平衡　土壤有机质是地力的物质基础，其含量高低直接影响土壤的结构性、紧实度、通透性、容量、养分、颜色、耕性及微生物的活动。在生物作用下农田土壤有机质不断地发生变化：其一是由矿物质或简单有机质转化为腐殖质的腐殖化过程，即腐殖质的合成过程；其二是由腐殖质分解为各种简单的有机质或矿物质的矿质化过程，即有机质的分解过程。土壤中有机质的 60%～70%为土壤腐殖质形态，其含量水平是腐殖化和矿质化共同作用的结果。当农田生态系统各因素相对稳定时，有机质的矿质化和腐殖化过程将使农田土壤有机质趋于平衡，反之，土壤有机质将向新的平衡发展。

农田作物生产是土壤有机质产生与消耗的动态平衡过程，农田土壤有机质状况主要取决于作物生产对土壤有机质消耗和作物生产的有机质对土壤有机质补充过程。研究表明，在自然植被覆盖下，有机质腐殖化作用明显，使土壤有机质就地逐渐积累；而荒地在开垦为农田后，作物生产形成的有机质大部分随农产品收获而离开农田，只有少部分以根茬、落叶等形式归还给农田，有机质矿质化加剧，土壤有机质含量呈指数下降，即在最初几年、十几年损失很快，以后逐渐减慢，直至与作物生产维持低水平平衡。这一过程取决于气候、土壤和耕作栽培措施，即取决于地力的使用与培养关系的协调程度。

农田土壤有机质含量受种植制度和农田培肥的严重影响。常耕地土壤有机质分解缓慢，已开垦千百年的常耕地土壤有机质已达到稳定状态，土壤有机质变化与有机质归还数量有关。在作物生产过程中，作物生长形成的有机质通常以根茬、落叶等形式归还给农田，其所占比率称为自然归还率。不同作物自然归还率不同，因而对土壤有机质消长有不同影响。豆科作物自然归还率高于禾谷类作物，对增加农田有机质作用明显；但禾本科作物因总生物量大，可以归还的有机质绝对量并不低。另外，通过人为秸秆还田、厩肥等有机粪肥形式，可以对土壤有机质进行人工添加（其比率称为人工归还率）。虽然禾谷类作物属耗地作物，但通过秸秆人工还田，也可使土壤有机质得以增加。因此禾本科作物对改善土壤有机质状况的作用较强。种植牧草和绿肥作物能够丰富土壤有机质和氮素，是增加土壤有机质的重要措施。

我国农田有机质含量从东南向西北递减。受水热条件等众多因素影响，有机质含量一般是阴坡大于阳坡，坡底大于坡顶，缓坡大于陡坡，川台地大于分水岭，川地大于塬地。但随海拔高度增加，有机质含量也增加。研究表明，土壤有机质含量在 4%以下时，与作物产量之间呈明显正相关。因此，在农田培肥中，注重农田有机质平衡，使土壤有机质稳定增长，是培肥地力、提高作物产量的重要环节。

2．农田养分动态与平衡　养分是地力的重要组成成分，其动态平衡是合理施肥的依据。养分平衡关系由养分自然输入与输出、人工施肥输入和收获农产品输出来确定，依赖于物质循环的途径和效率。其中养分的自然输入包括降水灌溉带入、自生固氮和土壤形成发育中释放的养分、随播种材料进入等；养分的自然输出包括挥发与反硝化、风蚀和水蚀损失、下渗及径流损失等。在自然植被条件下，土壤养分不断富集，形成闭合式循环。而在农田作物生产条件下，土壤养分动态平衡关系主要依赖于投入与产出之间的差异。人工施肥输入主要包括施肥、种植豆科作物和绿肥作物、根茬残留；农产品输出主要包括收获农产品。如果仅依赖于作物产品废弃物或产出秸秆养畜过腹还田，则土壤养分投入和产出之间为欠量平衡关系，需要开辟新肥源，实行有机肥与无机肥相结合，才能达到用养结合、培肥土壤的目的。

作物与土壤间存在着营养元素的吸收存留与归还的关系，即作物对吸收的营养元素存在一定的自然归还率。所谓自然归还率是指通过根、茎、茬、落花、落叶等归还养分于土壤的比率。不同作物对不同营养元素的自然归还率不同，多种营养元素的自然归还率可分为 3 种类型：低度归还型，包括氮、磷、钾，归还率一般低于 10%；中度归还型，包括镁、钙、硫、硅、钠等，归还率为 10%～30%；高度归还型，包括铁、铝、锰等，归还率大于 30%。施肥主要是补充低度归还型的营养元素。现阶段，在大量投入低度归还型营养元素的情况下，需要注重中度和高度归还型营养元素的投入。营养元素除自然归还外，还有人工可以归还的茎秆、壳皮、饼粕等。自然归还和人工可以归还的总量占其生物产量的比率称为理论归还率。不同作物理论归还率有较大差异（表 3-1），合理的作物轮作有助于整体地提高养分归还率。

表 3-1　不同作物氮、磷、钾养分理论归还率

作物	N/%	P_2O_5/%	K_2O/%
麦类	25～32	23～24	73～79
油菜	51	65	83
绿肥	100	100	100
水稻	39～63	32～52	83～85
大豆	24	24	73

（三）农田养分循环与平衡研究进展

1．农田生态系统养分循环与平衡的长期联网研究　农田生态系统养分循环与平衡是影响生产力和环境的重要过程。在植株、根际、农田、农场、区域和全球等不同尺度上，国内外广泛开展了养分平衡状况对土壤肥力和区域环境治理的影响研究，主要内容包括养分交互作用及其微生物机制、政策及施肥行为对养分管理的影响、养分平衡与环境效应等。

有关农田生态系统养分循环与平衡的长期试验研究，如英国洛桑试验站（Rothamsted Experimental Station）、美国亚拉巴马农业试验站（Alabama Agricultural Experiment Station）等持续百年以上的长期田间定位试验，记录了长时间尺度下农田生态系统和环境变化信息，揭示了生态系统长期变化过程以及生态系统对人为干扰和环境变化的响应与反馈机制，为农业施肥技术进步、环境健康和生态科学研究提供了无法替代的研究平台。其重要作用主要表现为：①评价农业技术对产量和土壤的长期效应，如土壤有机质含量变化缓慢，经过 20 年才能观察出明显变化，有些施肥处理经过 75 年土壤有机质才增加一倍，而不施肥连作小麦系统土壤全氮含量自 1843 年以来保持不变；②研究长期施肥措施对环境的影响，提出治理对策，如洛桑试验站结果表明，长期施入厩肥的硝态氮淋失量是化肥的 5 倍，据此提出了农场肥料管理模型，颁布了英国"农业与园艺施肥推荐"标准；③研究环境的长期变化，如长期试验保持的土壤样品是环境的记录载体，记录了土壤环境演变过程，为农田施肥和环境污染监测提供了依据；④研究人为管理措施对生态系统生物多样性的长期影响，如施用化肥改变了农田杂草的种群结构，草地生物多样性降低；⑤建立生态系统养分循环模型，模拟生态过程对全球的响应，如 CREAMS、GLEAMS、LEACHM、RZWQM、HYDRUS、RothC、CENTURY、DNDC 等。

我国也建立了相关农业长期试验研究网络，如 20 世纪 80 年代中国科学院在 16 个农业生态试验站设立了农田氮磷钾养分长期试验，开展了农田养分循环与平衡的长期定位联网研究，并据此组建了中国生态系统研究网络（CERN），开展了"农田生态系统水分、养分循环与生产力""农田 NPK 养分迁移转化和调控"等方面的研究，通过联网试验数据对比研究，揭示了农田养分循环的长期变化及其影响。

2．中国农田养分使用和平衡时空变化规律　化肥的大量投入是过去 70 年世界粮食产量持续增长的主要因素。自 20 世纪 50 年代以来，中国化肥生产水平和投入水平逐年增加，化肥施用总量由 1980 年的 1296.4 万 t 上升到 2015 年的 6022.7 万 t，增加了 3.65 倍，而同期粮食总产量由 3.21 亿 t 上升到 2015 年的 6.61 亿 t，增加了 106%（图 3-1）。2015 年 2 月 17 日，国家农业部下发了《〈到 2020 年化肥使用量零增长行动方案〉推进落实方案》，化肥年施用量开始下滑。2015～2020 年，我国化肥使用量年均减少 3.37%，但粮食产量年均增加 1.35%。目前，我国农田化肥（$N+P_2O_5+K_2O$）施用量超过世界总用量的 1/3，仍位居世界第一，第二至第四分别为印度、巴西、美国。据估计，自 1997 年和 2006 年以来，我国在氮肥和磷肥方面分别实现了自给自足，但仍有大约一半的钾肥进口。随着需求的持续增长，我国清洁的磷矿资源（近 7 亿 t）可能在 30～40 年内耗尽。未来更多需要依赖商业化肥进口、能源和技术来确保粮食安全。

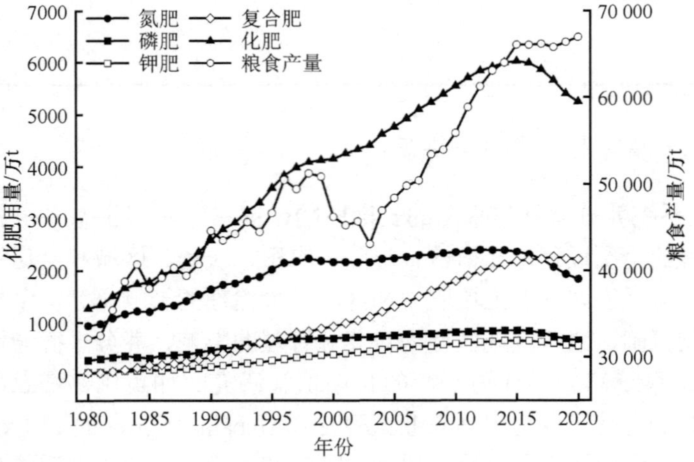

图 3-1　1980～2020 年中国化肥投入量与粮食产量的变化

在区域分布上，华东和华中地区化肥施用强度最高，华北、西北、西南次之，东北和华南地区较低。我国化肥用量区域不平衡问题仍较突出，施用量高的地区如山东、江苏（化肥用量超过 390kg/hm^2，其中江苏仅氮肥用量就达 300kg/hm^2 左右），是内蒙古、贵州等用量低地区（＜195kg/hm^2）的 2 倍。在作物分布上，我国园艺和设施农业年均化肥使用量分别为

555kg/hm^2 和 365kg/hm^2，远超出安全值。相反，化肥肥效（kg/kg）（单位播种面积上的作物产量与化肥用量比值）逐年下降，自 1980 到 2014 年平均下降了 57.8%。过量施肥导致不同程度的土壤富营养。统计结果表明，我国农田氮素和磷素处于盈余状态，磷素盈余量不到氮素的 1/3；氮素盈余量基本稳定，磷素盈余量逐年增加，钾素处于亏损状态，但亏缺量不断下降。从地理分布看，东南部经济发达省份氮素盈余量大，其次为中部和部分东部地区，北部和西部地区氮素盈余量较低。磷素平衡状况也有类似的地理分布。除东南部省份钾素亏缺量较大外，北方的新疆、黑龙江钾素亏缺也较严重，而中西部地区钾素亏缺较低。目前，我国三大主粮作物的氮肥使用量控制在 210～220kg/hm^2，均低于发达国家氮肥使用量的标准上限。同时，三大主粮作物的氮、磷和钾肥利用率分别达到国际公认的有效范畴。

3．长期施肥对作物产量和土壤肥力的影响　洛桑试验站长期经典肥料试验结果表明，连续百年以上不施肥的农田可维持 1～3t/hm^2 的谷物产量，主要依赖于土壤自身养分释放、土壤生物固氮和大气干湿沉降养分等肥力因素维持产量；有机肥配施化肥等可使小麦产量提高到 6～7t/hm^2；长期合理施用氮磷钾化肥（其中 N 144kg/hm^2）可以获得与 3t/hm^2 厩肥相同的小麦产量，并且不破坏土壤质量。我国陕西长武农业生态试验站建立的黄土旱塬地黑垆土长期定位施肥试验结果表明，长期施用有机肥对提高作物产量具有明显的促进作用，单施磷肥增产 6.8%，单施氮肥增产 28%，氮磷配施增产 179.7%，单施有机肥增产 155.2%；在施用有机肥基础上，增施氮肥增产 9.8%，增施磷肥增产 17.1%，增施氮磷增产 15.5%。长期化肥单施时肥料利用率较低，氮肥和磷肥利用率分别为 16.0%和 7.0%；氮磷肥配施时，氮肥和磷肥的利用率分别为 37.7%和 13.9%；氮磷配施有机肥时，氮磷吸收量分别增加 18.2kg/hm^2 和 4.1kg/hm^2。同时，旱地施肥增产效应受降水年型和施肥类型的显著影响。例如，长期单施氮肥时冬小麦平均增产率为 28.4%，分别在常态年和丰水年增产 30.3%和 58.8%，而在干旱年减产 13.9%；长期单施磷肥时冬小麦平均增产率为 9.3%，常态年和丰水年冬小麦分别增产 15.4%和 10.0%，而在干旱年增产 6.5%；氮磷配施以及化肥与有机肥配施平均增产率为 118.9%～169.3%。在干旱年型中，冬小麦成穗数、穗粒数和千粒重降低，而在丰水年型增加。

有机肥和化肥配施能显著增加土壤全氮含量；施用磷肥和有机肥，显著提高了土壤全磷和速效磷含量，而单施氮肥作用不大。氮磷配施和氮磷配施有机肥处理的土壤有机质增加明显，而单施氮肥、单施磷肥和不施肥处理的土壤全氮含量分别下降 5.5%、12.3%和 7.3%，施用磷肥和有机肥处理的土壤全氮含量增加 7.9%；氮磷配施有机肥处理全磷含量最高，且有效磷含量逐渐增加。因此，长期单施氮、磷化肥不利于土壤养分平衡，氮磷配施能改善土壤养分状况，施用有机肥或者有机肥与化肥配施能显著增加土壤有机碳、全氮、速效氮、全磷、速效磷和速效钾含量。

长武旱塬不同氮、磷施肥配比定位试验结果表明：随施氮量增加，土壤剖面硝态氮累积量和累积率呈线性增加，15 年连续单施氮肥 180kg/hm^2 处理 0～320cm 土层的硝态氮累积量达 1143kg/hm^2，累积深度达 200～260cm；施肥氮磷比例失调导致土壤剖面硝态氮累积，单施氮肥处理硝态氮累积率剧增，15 年后累积率达 42.3%，累积深度超过 200cm；在一定氮磷比例范围内（N∶P<1），随施磷量增加，硝态氮累积量降低，增施磷肥降低了土壤剖面硝态氮积累量。

4．过量施肥导致农业面源污染严重　农业面源污染是指在农业生产活动中，农田氮素和磷素等营养物、农药及其他有机或无机污染物，通过农田地表径流和农田渗漏形成地表和地下水环境污染，以 N_2O、NH_3 和 CH_4 等气态形式逸散空气中加剧温室效应。《第一次全国污染源普查公报》结果显示，农业污染导致的化学需氧量（COD）、总氮（TN）和总磷（TP）排放分别占地表水体污染总负荷的 43.7%、57.2%和 67.4%。近 20 多年来，中国农业面源污染问题日趋严重，沿海发达地区尤为突出。农业面源污染影响了土壤、水体和大气的环境质量。累积于饮用水源和土壤中的化肥和农药对沿海省份的广大居民健康构成了威胁；湖泊、河流、浅海水域生态系统的富营养化，引起水藻疯长，鱼类等水生动物因缺氧数量减少甚至全部死亡，引发赤潮；在全球尺度上，过度依赖氮肥的农业耕作增加了温室气体一氧化二氮（N_2O）的排放量，加剧全球变暖，我国农田施氮排放 N_2O 量占世界的 1/3。化肥过量投入不仅增加了生产成本，而且还引发环境污染，引起残留超标、农产品质量下降。多年多地的试验表明，长期过量施肥的农田土壤中的重金属含量严重超出国家标准，农田生产力显著降低。南方设施蔬菜生产中不合理的灌水或揭棚洗盐方式，使氮磷水体淋溶超出露天蔬菜产地的 2～3 倍，而北方设施蔬菜种植区大部分地下水硝酸盐均超过了我国《生活饮用水卫生标准》（GB 5749—2022）的中限值，远远高于大田区。此外，连年施用氮肥会加剧土壤酸化，在湖南祁阳红壤的长期定位施肥试验表明，连续 10 年施用氮肥（N、NP、NK、NPK），土壤 pH 降低 1.2 个单位，酸化速率高达 3.5kmol H^+/（hm^2 • 年），而在自然状态下，土壤酸碱度长期稳定。

由于我国粮食安全保障压力较大，导致化肥过量使用。2020 年我国化肥用量为 6023 万 t，按照播种面积平均化肥施用量达 318kg/hm^2。粮食高产地区使用量远超此值。有研究指出，在中国的“过量施肥”地区，如华北平原、长江中下游等地区，减少 60%的氮肥施用量不但不会明显影响作物产量，还会显著降低这些地区的温室气体排放，从而减缓气候变暖。农田土壤的氮素有很多来源，如化学氮肥、有机肥（如作物秸秆、畜禽粪便等）的生物固定及大气沉降。化学氮肥的施用是我国农田土壤氮素的主要来源，有机肥投入次之。农田土壤氮素的去向包括作物生长吸收、氨（NH_3）挥发、氮的淋溶和径流、脱氮及土壤储存。据估计，NH_3 挥发损失占我国农田土壤氮素总投入量的 13.6%；以径流和淋溶损失的活性氮占土壤氮素总投入量的 7.6%；通过脱氮以及储存在土壤中的总量占土壤氮素去向的 36.8%。我国农田化学氮肥的当年利用率从 1980 年的 59.6%增加到 1982 年的 62.2%，随后波动下降到 2008 年的最低点 28.3%，近年来呈现出了缓慢增加的趋势，并于 2010 年达到了 31.1%。由于过量施用以及不合理的管理措施，我国近 20 年来化学氮肥利用率低于世界的平均水平，并明显低于欧美等发达国家（普遍高于 40%）。

视频 3-1

二、农田培肥技术与培肥制

（一）农田培肥途径

由于地力是多因素综合作用的结果，需要建立与种植制度相适应的多途径农田培肥技术体系。所谓多途径农田培肥技术体系是指以地力动态平衡为基础，在建立良好农业生产体系的同时，以人工施肥为核心，通过化学、物理、生物和工程防护措施实行多维养地，全面调控地力的技术体系。实施全方位、多途径培肥，尽可能使更多的物质和能量纳入到农田生态系统中，即使某些培肥措施暂时削弱或中断，地力也能保持相对稳定，而且各途径之间可以取长补短、综合利用，避免单一途径的不足或弊端。当然，针对不同地区不同农田土壤特点，也应有所侧重、有主有次。多途径农田培肥技术体系主要由化学途径、物理途径、生物途径和防护途径等 4 个部分组成（图 3-2）。

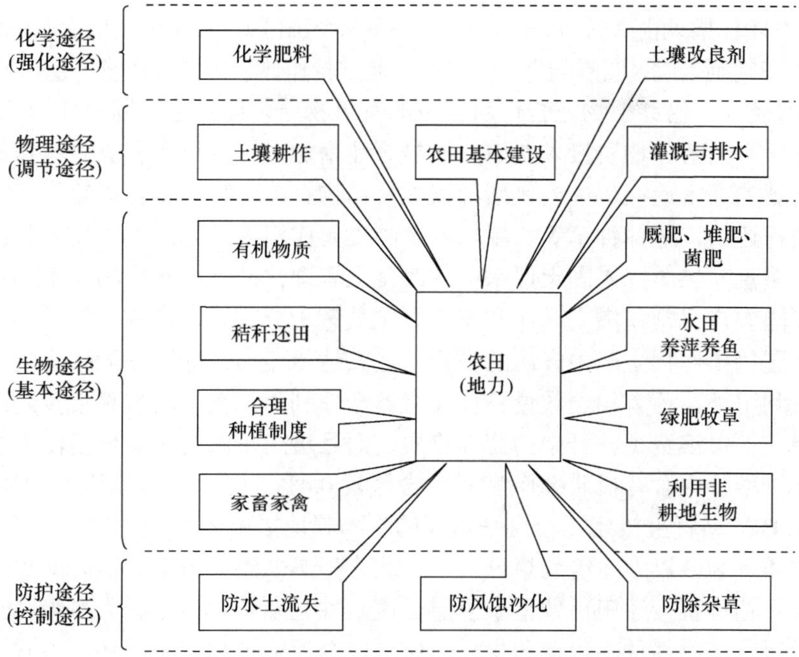

图 3-2　多途径培肥地力示意图

1．化学途径　通过施用化学肥料、土壤改良剂，弥补因农产品输出带走的养分，强化农田物质循环，增进地力，是现代农业扩大再生产的基础，也是现代农业培肥地力的重要途径和标志。化肥施用量与作物产量水平密切相关。据 FAO 估计，世界粮食增产额中约有50%靠的是化肥。化肥能有效地保持土壤氮、磷、钾、钙养分平衡，促进碳循环。化学培肥应该遵循的原则是：①化肥施用量应服从施肥经济原则，避免出现“报酬递减”现象。②化肥施用必须体现因土壤、因作物制宜，氮、磷、钾合理配合施用原则，推荐测土配方施肥。③在强化无机投入的同时，应注重有机培肥，坚持有机与无机相结合。化肥的肥效快，但后效短、养分单一；有机肥的肥效慢，但后效长、养分全面，含有微量元素。有机肥与化肥配合施用，可以相互取长补短，能够持续均衡地全面满足作物生长过程中对养分的需求，保持地力经久不衰。④缓释肥料的应用，利用物理包膜、化学合成或添加抑制剂的方法，控制水溶性肥料的溶出和释放，保障缓释肥养分释放规律与作物吸收养分规律一致，以减少因施肥造成的面源污染，提高作物品质，同时减少施肥次数、节约劳动力。

2．物理途径　借助土壤耕作、休闲轮耕、灌溉与排水、农田基本建设等措施，可有效地改善耕层构造，协调耕层土壤水分、空气和养分的矛盾，改善肥力条件，促进肥力因素有效化，控制地力非目标性消耗，为农田作物生长发育创造一个良好的土壤环境条件。例如，采取适宜的少免耕技术，可减少对土壤扰动而改良土壤结构，优化土壤物理性质，提高土壤生物多样性，从而达到提高土壤肥力的目的。另外，在集约化种植严重的区域，可以适当进行休耕，也就是耕地在可种作物的季节只耕不种或不耕不种，其目的主要是使耕地得到休养生息，以减少水分、养分的消耗，并积蓄雨水，消灭杂草，促进土壤潜在养分转化，为以后作物生长创造良好的土壤环境和条件，实现真正的“藏粮于地”。目前重点在地下水漏斗区（河北黑龙港）、重金属污染区（湖南长株潭）和生态严重退化区（西南石漠化区和西北生态脆弱区）开展休耕试点。根据休耕时间长短，可将休耕分为季节性休耕、全年休耕和轮作休耕。季节性休耕指耕地在一年中某个季节休闲，如冬闲、秋闲或夏闲等；全年休耕指耕地整年休闲；轮作休耕是将作物轮作与耕地休耕结合起来，即耕地在轮作周期内（一般为 3～5 年，3～5 个田区），各个田区依次轮流休闲，如国外的“二圃制”“三圃制”或“四圃制”就是如此，通过轮作休耕可提高作物产量，增加农民收入。

3. 生物途径　借助植物光合作用合成的有机物质，通过生物固氮作用增加氮素营养，连同家畜粪便含有的营养物质投入农田，能显著地增加土壤有机质和氮素等营养物质。生物培肥是地力培肥的基本途径，主要包括种植豆科作物、绿肥牧草，合理轮作，施用厩肥、堆肥、菌肥，秸秆还田，造林种草等。生物养地的主要作用表现为：①生物固氮；②增加有机质；③增加土壤营养物质；④固土保水；⑤改良土壤理化性状；⑥生物排水和消除盐碱等。

目前，我国农户日常积攒人粪尿和家畜厩肥数量十分有限，增施农家肥料的潜力有限。与此同时，全国每年作物生产中产出的秸秆总量高达 8 亿 t，除了作为家畜粗饲料、农户生活燃料等方式利用外，还有相当数量秸秆没有被合理利用，在田间被直接焚烧或丢弃在村庄和田间道路旁，不仅浪费了秸秆中的营养物质，而且造成了农村生态环境污染和卫生状况恶化。禾本科作物秸秆中含有机质 80%左右，含氮素 0.4%～0.6%，含磷素 0.13%～0.27%，含钾素 1.0%～2.0%，秸秆直接还田一直是重要的生物养地措施之一。但作物秸秆在高温潮湿环境下需要经过 40～80d 以上才能腐烂分解，在北方干旱低温环境下所需时间更长。在我国多熟种植制度下，秸秆直接还田后残留于表层土壤，并且腐解时微生物大量吸收土壤中的有效氮磷，不利于后茬作物播种、出苗和生长。所以，今后需要加强秸秆还田方式、时间、机具等技术研究，促进秸秆还田技术的不断普及推广。

在湖南湘东水稻生产区，“紫云英—稻—再生稻”是一种引入绿肥，通过生物途径进行农田培肥的周年种植模式。“紫云英—稻—再生稻”种植模式（图 3-3）利用冬闲田种植紫云英并于翌年春季盛花期翻压还田，不仅能增加冬季再生稻稻田绿色作物覆盖度，减少冬季裸露；而且可以改善土壤理化性质，增加土壤微生物多样性，提高土壤有机碳含量，达到“以地养地”的生物培肥目的，从而实现再生稻稻田的绿色可持续发展。基于全量数据集和土壤健康指数的方法，对“休耕—稻—再生稻”和“紫云英—稻—再生稻”2 种种植模式的土壤健康进行评估，结果表明紫云英翻压还田的生物培肥途径可显著提高再生稻稻田的土壤健康；其中土壤铵态氮、硝态氮、可溶性有机碳氮、微生物量碳氮、易氧化有机碳、总可溶性有机氮和可溶性无机氮均是影响土壤健康的主要指标。

彩图

图 3-3　紫云英—再生稻培肥模式

此外，通过种植业结构调整，扩种饲料、饲草作物，实行粮草轮作，以农养牧，以牧促农，农牧结合，对于培肥地力、稳定农业生态系统有积极作用，也是今后我国农业发展应予强化的途径。

4．防护途径　建立综合的农田防护体系，控制因水蚀、风蚀和草害导致农田肥力因素的非目标性输出。对此，通过基本农田建设，营造农田防护林带，实施保护性耕作与保护性种植、控制农田水土流失、防除农田杂草危害等为主要内容的保护性农业措施，能够提供土壤肥力，改善农田生态环境条件，维护和提高农田地力。

（二）农田培肥制

农田培肥制是农业生产单位根据当地自然条件、肥料状况和种植制度的要求，统筹安排有助于恢复和提高地力的培肥体系，便于合理分配使用肥料，使有限肥料能够较好地满足不同种植制度中多数作物需要。农田培肥制不同于单一作物施肥技术，而是以种植制度为中心的肥料全局性运筹，具有空间和时间上的双重概念，即在时间上从一个轮作周期考虑各季节作物的肥料布局，在空间上以整个生产单位全部农田需要考虑肥料合理安排，以保证农田地力经久不衰和持续增产。

1．确立农田培肥制的原则　制订农田培肥制，应以农田养分平衡为基本依据，同时要遵循以下原则：

（1）保证重点，兼顾一般　有限的肥料尽可能多地供给增产潜力大、经济价值高、对生产全局有举足轻重作用的作物，再兼顾其他作物，实现全面增产。在肥料分配上，还应根据作物需求和茬口特点区别对待，如豆类作物要注意磷肥的施用，薯类作物、烟草等应注重钾肥施用。

（2）注重中低产田投入，力求均衡增产　依照边际效益原理，中低产农田培肥远较高产农田培肥效果显著。对此，施肥不应追求少量田块最高产，而应着重中低产田投入，力求均衡增产。

（3）协调生物培肥与人工培肥关系　为促进养分平衡，在人工肥源不足条件下，可以扩大豆类作物、绿肥及其他养地作物种植面积；在肥源丰足时，养地作物面积可相应收缩，但强化农牧结合，拓宽土壤有机质源仍然十分必要。

（4）坚持有机培肥与无机培肥的结合　化肥施用具有强化物质循环、扩大再生产的作用；有机培肥具有集增加肥力因素和改善肥力条件于一体的功效。在化肥投入量日益增长的现阶段，坚持两者结合，既利于化肥肥效的发挥，更有助于地力的持续增进。对此，在地力低下、有机培肥不力的条件下，可以"先用无机换有机"；在地力水平较高时，应"有机不足无机补"。

（5）实施测土配方施肥　依照植物生活要素的同等重要与不可代替律，测定土壤各种养分含量，实施大量元素、微量元素、痕量元素配合施用，能有效地提高肥料效果。一般在低产量水平下，施用氮肥增产效果显著；随着产量提高，配施磷钾肥显得重要，若氮磷钾比例失调，必然会限制施肥增产效果。

（6）协调与其他农业技术措施的关系　农田培肥制必须与作物种植制度、土壤耕作、农田防护等措施相协调，如绿肥、厩肥等有机肥施用应与耕翻结合，追肥要与中耕培土结合。

2．农田培肥研究方法　农田培肥主要是通过增加土壤肥力因素，改善土壤养分供应状况，达到土地用养结合的目的。农田培肥研究中，常常涉及有机质平衡分析、营养元素平衡分析和合理施肥量的确定。

（1）有机质平衡分析　一般采用投入产出法，即将有机肥料、根茬等作为投入项，耕层土壤有机质矿化量作为产出项，计算有机质的产投比。

$$R_{\mathrm{H}}=\frac{H_1\times r}{W\times H\times R}$$

式中，R_{H} 为有机质平衡值；H_1 为投入农田的有机质数量（$\mathrm{kg/hm^2}$）；r 为有机质腐殖化系数（一般为 0.2～0.4）；W 为耕层土壤总重（一般按 225 万 $\mathrm{kg/hm^2}$ 计）；H 为土壤有机质含量（%）；R 为有机质矿化系数（一般在 1%～3%）。当 $R_{\mathrm{H}}>1$ 时，平衡为正，土壤有机质积累大于消耗，有机质含量增加；反之，有机质含量下降。

（2）氮、磷、钾养分平衡分析　一般也是采用投入产出法，计算作物大量元素 N、P、K 及其他微量元素的产投比。

$$Y_i=X_i-a_{ij}X_i$$

式中，Y_i 为某元素的最终输出量；X_i 为第 i 个投入项目；a_{ij} 为投入产出系数（即第 i 个项目，第 j 元素的产出）；i 为投入产出项目的数目（i=1，2，…，n）；j 为养分平衡分析所涉及元素的数目（j=1，2，…，m）。若某元素平衡值大于 1，表明该元素投入量大于产出量，有利于该元素在土壤中的积累；若平衡值小于 1，产出量大于投入量，土壤中该元素的贮存量减少。

（3）农田施肥量的确定　施肥量常用估算方法包括目标产量法和肥料效应函数法。

1）目标产量法。作物施肥量估算基于养分平衡法，可由下式求得：

$$\text{施肥量}（\mathrm{kg/hm^2}）=\frac{\text{农作物需肥量}（\mathrm{kg/hm^2}）-\text{土壤供肥量}（\mathrm{kg/hm^2}）}{\text{肥料中有效养分含量}（\%）\times\text{肥料利用率}（\%）}$$

$$\text{农作物需肥量}（\mathrm{kg/hm^2}）=\frac{\text{作物目标产量}（\mathrm{kg/hm^2}）}{100}\times\text{形成100kg经济产量所需要养分数量}（\mathrm{kg/hm^2}）$$

$$\text{肥料利用率}（\%）=\frac{\text{施肥区作物吸收的该元素养分量}（\mathrm{g/kg}）-\text{空白区作物吸收的该元素养分量}（\mathrm{g/kg}）}{\text{施入肥料中含该元素总量}（\mathrm{g/kg}）}\times100$$

$$\text{土壤该元素供应量}（\mathrm{kg/hm^2}）=\text{土壤养分测定值}（\mathrm{mg/kg}）\times2.25\times\text{校正系数}$$

式中，2.25 为土壤养分测定值（mg/kg）换算成每公顷土壤养分含量（$\mathrm{kg/hm^2}$）的换算系数。校正系数可由下式求得：

$$\text{校正系数}=\frac{\text{空白区产量}\times\text{作物单位产量的养分吸收量}}{\text{土壤养分测定值}（\mathrm{mg/kg}）\times2.25}$$

在上述估算施肥量的养分平衡法公式中存在的主要问题是：①肥料利用率只计算了当年一季作物所利用的肥料数量，其数值大约只有 20%～30%；②土壤供肥量是以不施肥土壤上作物产量所含养分数量计算的，适用于刚开垦的自然土壤，但不适用于多年耕垦的熟化土壤。为了弥补平衡法只计当季肥料利用率的不足，刘巽浩、陈阜等（1990）采用多年连续全方位氮分析法，以土壤为黑箱（即成熟土壤上氮不增不减），研究了多年农耕土壤氮素投入与产出间的关系，提出了实际氮累加利用率的概念和计算方法：

$$\text{实际氮累加利用率}=\text{产出 N}/\text{投入 N}$$

研究结果表明：①我国实际氮累加利用率为 60%～70%，世界为 50%～70%；②在作物产量不断上升时，氮多年累加利用率尚未出现显著下降现象。由此改进得到计划施肥量计算公式为

$$施肥量（kg/hm^2）=\frac{计划产量所需养分量（kg/hm^2）}{肥料中有效养分含量（\%）\times 作物对该肥料的累加利用率（\%）}$$

以氮肥为例，其具体步骤是：①算出计划产量所需养分量，一般每百千克籽粒与秸秆所移走的氮量为小麦 3.0kg，玉米 2.5kg，水稻 2.1kg；②累加氮肥利用率以 60%计为宜；③由化肥与有机肥等所含的氮百分率算出计划施肥量。

2）肥料效应函数法。对不同施肥处理田间试验作物产量和施肥量进行回归分析，求得供试条件下作物产量与施肥量之间的数量关系，即肥料效应函数。最常用的肥料效应函数为二次多项式：

$$一元肥料效应\ y=b_0+b_1x+b_2x^2$$

$$二元肥料效应\ y=b_0+b_1x+b_2x^2+b_3z+b_4z^2+b_5xz$$

式中，y 为施肥后可获得的产量；x、z 分别表示氮、磷或其他两种肥料施用量；b_0、b_1、b_2、b_3、b_4 和 b_5 为回归（或偏回归）系数。

A．最大施肥量：在肥料效应变化过程中，在达到最高产量之前，总产量随施肥量增加而逐渐上升，而边际产量则随施肥量增加而渐次减少。当边际产量等于零时，作物产量即达最高点（图 3-4），此时施肥量为最大施肥量。

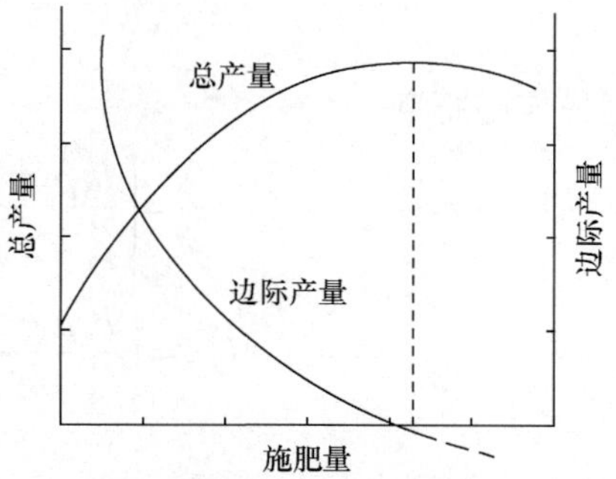

图 3-4　施肥量与总产量、边际产量的关系

对于一元二次效应函数，令

$$\frac{dy}{dx}=b_1+2b_2x=0$$

则

$$x=\frac{b_1}{-2b_2}$$

对于二元二次效应函数，令

$$\begin{cases}\dfrac{\partial y}{\partial x}=b_1+2b_2x+b_5z=0\\[2ex]\dfrac{\partial y}{\partial x}=b_3+2b_4z+b_5x=0\end{cases}$$

则

$$x=\frac{2b_1b_4-b_3b_5}{b_5^2-4b_2b_4}$$

$$z=\frac{2b_2b_3-b_1b_5}{b_5^2-4b_2b_4}$$

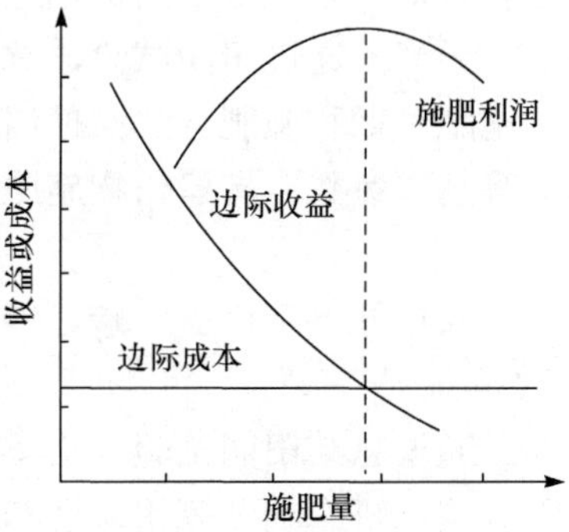

图 3-5　施肥量与边际收益、边际成本和施肥利润的关系

B．最佳施肥量：在技术经济研究中，当边际收益（$dy\cdot p_y$）与边际成本（$dx\cdot p_x$）相等时，边际利润为零，而单位面积总经济效益最大（图 3-5）。此时施肥量为经济最佳施肥量。最佳施肥量计算规则可用下式表示：

$$dy\cdot p_y=dx\cdot p_x$$

移项得

$$dy/dx=p_x/p_y$$

式中，dy/dx 为养分 x 的边际产量；p_y 为作物产品的价格；p_x 为养分 x 的价格。

对于一元二次效应函数，令

$$\frac{dy}{dx}=b_1+2b_2x=\frac{p_x}{p_y}$$

则最佳施肥量

$$x=\frac{\dfrac{p_x}{p_y}-b_1}{2b_2}$$

对于二元二次效应函数，令

$$\begin{cases}\dfrac{\partial y}{\partial x}=b_1+2b_2x+b_5z=\dfrac{p_x}{p_y}\\[2ex]\dfrac{\partial y}{\partial x}=b_3+2b_4z+b_5x=\dfrac{p_z}{p_y}\end{cases}$$

则最佳施肥量

$$x=\left(\frac{b_5p_z+2b_4p_x}{p_y}+2b_1b_4-b_3b_5\right)/(b_5^2-4b_2b_4)$$

$$z=\left(\frac{b_5p_x+2b_2p_z}{p_y}+2b_2b_3-b_1b_5\right)/(b_5^2-4b_2b_4)$$

（三）测土配方施肥

测土配方施肥是以土壤测试和肥料田间试验为基础，根据作物需肥规律、土壤供肥性能和肥料效应，在合理施用有机肥料的基础上，提出氮、磷、钾及中、微量元素等肥料的施用数量、施肥时期和施用方法。其核心是调节和解决作物需肥与土壤供肥之间的矛盾。同时有针对性地补充作物所需的营养元素，作物缺什么元素就补充什么元素，需要多少补多少，实现各种养分平衡供应，满足作物的需要；达到提高肥料利用率和减少用量、提高作物产量、改善农产品品质、节省劳力、节支增收的目的。

视频 3-2

1．实施步骤　测土配方施肥技术主要包括“测土、配方、配肥、供应、施肥指导”五个核心环节、九项重点内容。

（1）田间试验　田间试验是获得各种作物最佳施肥量、施肥时期、施肥方法的根本途径，也是筛选、验证土壤养分测试技术、建立施肥指标体系的基本环节。通过田间试验，掌握各个施肥单元不同作物的优化施肥量，基肥、追肥分配比例，施肥时期和施肥方法；摸清土壤养分校正系数、土壤供肥量、农作物需肥参数和肥料利用率等基本参数；构建作物施肥模型，为施肥分区和肥料配方提供依据。

（2）土壤测试　土壤测试是制定肥料配方的重要依据之一，通过开展土壤氮、磷、钾及中、微量元素养分测试，了解土壤供肥能力状况。

（3）配方设计　肥料配方设计是测土配方施肥工作的核心。通过总结田间试验、土壤养分数据等，划分不同区域施肥分区；同时，根据气候、地貌、土壤、耕作制度等相似性和差异性，结合专家经验，提出不同作物的施肥配方。

（4）校正试验　为保证肥料配方的准确性，最大限度地减少配方肥料批量生产和大面积应用的风险，在每个施肥分区单元设置配方施肥、农户习惯施肥、空白施肥 3 个处理，以当地主要作物及其主栽品种为研究对象，对比配方施肥的增产效果，校验施肥参数，验证并完善肥料配方，改进测土配方施肥技术参数。

（5）配方加工　配方落实到农户田间是提高和普及测土配方施肥技术的最关键环节。目前不同地区有不同的模式，其中主要的运作模式就是市场化运作、工厂化加工、网络化经营。

（6）示范推广　为促进测土配方施肥技术能够落实到田间，建立测土配方施肥示范区，为农民创建窗口，树立样板，全面展示测土配方施肥的技术效果，是推广前要做的工作，也是限制测土配方施肥技术推广的“瓶颈”。

（7）宣传培训　宣传培训是提高农民科学施肥意识，普及技术的重要手段。积极向农民传授科学施肥方法和模式，同时还要加强对各级技术人员、肥料生产企业、肥料经销商的系统培训，逐步建立技术人员和肥料商的持证上岗制度。

（8）效果评价　通过对一定的区域进行动态调查，获取并分析农民的反馈信息，检验测土配方施肥的实际效果，不断完善管理体系、技术体系和服务体系。

（9）技术创新　技术创新是保证测土配方施肥工作长效性的科技支撑。重点开展田间试验方法、土壤养分测试技术、肥料配制方法、数据处理方法等方面的创新研究工作，不断提升测土配方施肥技术水平。

2．确立测土配方施肥的理论依据　测土配方施肥是以养分归还（补偿）学说、最小养分律、同等重要律、不可代替律、肥料效应报酬递减律和因子综合作用律等为理论依据，以确定养分的施肥总量和配比为主要内容。为了补充发挥肥料的最大增产效益，施肥必须和选用良种、肥水管理、种植密度、耕作制度和气候变化等影响肥效的诸因素结合，形成一套完整的施肥技术体系。

（1）养分归还学说　作物产量的形成有 40%～80%的养分来自土壤，为保证土壤有足够的养分供应容量和强度，保持土壤养分的携出与输入间的平衡，必须通过施肥这一措施来实现。依靠施肥可以把作物吸收的养分“归还”土壤，确保土壤肥力。

（2）最小养分律　作物生长发育需要吸收各种养分，但严重影响作物生长，限制作物产量的是土壤中那种相对含量最小的养分因素，也就是最缺的那种养分（最小养分）。只有增加最小养分的量，产量才能相应提高。经济合理的施肥方案，是将作物所缺的各种养分同时按作物所需比例相应提高，作物才会高产。

（3）同等重要律　对农作物来讲，不论大量元素或微量元素，都是同样重要、缺一不可的，即缺少某一种微量元素，尽管它的需要量很少，仍会影响某种生理功能而导致减产。微量元素与大量元素同等重要，不能因为需要量少而忽略。

（4）不可代替律　作物需要的各营养元素在作物内都有一定功效，相互之间不能替代。如缺磷不能用氮代替，缺钾不能用氮、磷配合代替。缺少什么营养元素，就必须施用含有该元素的肥料进行补充。

（5）报酬递减律　从一定土地上所得的报酬，随着向该土地投入的劳动和资本量的增大而有所增加，但达到一定水平后，随着投入的单位劳动和资本量的增加，报酬的增加却在逐步减少。当施肥量超过适量时，作物产量与施肥量之间的关系就不再是曲线模式，而呈抛物线模式了，单位施肥量的增产会呈递减趋势。

（6）因子综合作用律　作物产量高低是由影响作物生长发育诸因子综合作用的结果，但其中必有一个起主导作用的限制因子，产量在一定程度上受该限制因子的制约。为了充分发挥肥料的增产作用和提高肥料的经济效益，一方面，施肥措施必须与其他农业技术措施密切配合，发挥生产体系的综合功能；另一方面，各种养分之间的配合作用也是提高肥效不可忽视的一个问题。

3．测土配方施肥方法　目前各地推广的测土配方施肥方法归纳起来有三大类六种方法：第一类是地力分区法；第二类是目标产量法，包括养分平衡法和地力差减法；第三类是田间试验法，包括肥料效应函数法、养分丰缺指标法、氮磷钾比例法。

（1）地力分区配方法　主要是利用土壤普查、耕地地力调查和当地田间试验资料，把土壤按肥力高低分成若干等级，或划出一个肥力均等的田片，作为一个配方区，再应用资料和田间试验成果，结合当地的实践经验，估算出这一配方区内，比较适宜的肥料种类及其施用量。这一方法的优点是较为简便，提出的肥料用量和措施接近当地的经验，方法简单，群众易接受。缺点是局限性较大，每种配方只能适应于生产水平差异较小的地区，而且依赖于一般经验较多，对具体田块来说针对性不强。

（2）目标产量配方法　根据作物产量的构成，由土壤本身和施肥两个方面供给养分的原理来计算肥料的用量。先确定目标产量，以及为达到这个产量所需要的养分数量，再计算作物除土壤所供给的养分外，需要补充的养分数量，最后确定施用多少肥料。包括养分平衡法和地力差减法。

（3）田间试验法　通过简单的单一对比，或应用较复杂的正交、回归等试验设计，进行多点田间试验，从而选出最优处理，确定肥料施用量。

1）肥料效应函数法。即采用单因素、二因素或多因素的多水平回归设计进行布点试验，将不同处理得到的产量进行数理统计，求得产量与施肥量之间的肥料效应方程式。根据其函数关系式，可直观地看出不同元素肥料的不同增产效果，以及各种肥料配合施用的效果，确定施肥上限和下限，计算出经济施肥量，作为实际施肥量的依据。这一方法的优点是能客观地反映肥料等因素的单一和综合效果，施肥精确度高，符合实际情况。缺点是地区局限性强，不同土壤、气候、耕作、品种等需布置多点不同试验。

2）养分丰缺指标法。利用土壤养分测定值与作物吸收养分之间存在的相关性，对不同作物通过田间试验，根据在不同土壤养分测定值下所得的产量分类，把土壤的测定值按一定的级差分等，制成养分丰缺及应该施肥量对照检索表。在实际应用中，只要测得土壤养分值，就可以从对照检索表中按级确定肥料施用量。

3）氮磷钾比例法。通过田间试验，在一定地区的土壤上，取得某一作物不同产量情况下各种养分之间的最好比例，然后通过对一种养分的定量，按各种养分之间的比例关系，来决定其他养分的肥料用量。

（四）循环农作制

循环农业是相对于传统农业发展提出的一种新的发展模式，是按照循环经济理念与生态工程学方法，结合生态学、生态经济学、生态技术学原理及其基本规律，在保护农业生态环境和充分利用高新技术的基础上，调整和优化农业生态系统内部结构和产业结构，提高农业生态系统物质和能量的多级循环利用，严格控制外部有害物质的投入和农业废弃物的产生，最大限度地减轻环境污染，把农业生产经济活动真正纳入到农业生态系统循环，建立农业经济增长与生态系统环境质量改善的动态均衡机制，实现生态的良性循环和农业的可持续发展。

循环农作制就是在循环农业、循环经济理论指导下，实现物质、能量、资源的多层次、多级化的循环利用，达到农业系统的自然资源利用效率最大化、购买性资源投入最低化、可再生资源高效循环化、有害生物和污染物可控制化的产业目标的农业循环模式，以此来维持地力经久不衰，农田生产力持续提高。

甘肃农业大学在河西绿洲灌区构建的“玉米-牛-粪便-沼气-农田”循环农作制模式，主要在绿洲内农户分散式养殖中应用，将制种玉米生产、小规模养牛、沼气生产和温室生产进行了有机结合，玉米秸秆用于养牛、养猪，沼气生产将动物粪便和有机废弃物进行能量化转化，而日光温室辅助缓解了北方地区冬季沼气池温度过低、产气量少的问题，沼渣、沼液除部分用于设施生产外，大部分返还到制种玉米生产中，加强了农田物质循环。

在陕西关中平原普遍应用的“菜-饲-畜-沼-肥”五位一体新型农业循环模式，主要在果园、养殖场里应用，将猪场养殖产生的粪便送到工业区加工成有机肥，用到种植基地的蔬菜种植里去；种植蔬菜水果产生的树叶和残果，将返回到猪场用作猪饲料；猪场产生的废水会经过加工、发酵、除臭等工序成为沼气用到农户家中。从而使种植业与畜牧业在生产中形成了高度依存、相互包含、互相促进或制约的关系，促进了农业物质循环，实现了种养结合、农牧融合、循环发展的现代生态循环农业。

视频 3-3

三、节肥型农作制度构建

节肥型农作制是指一个地区或生产单位以提高肥料利用率为目的的农田种植制度和培肥制度相结合的综合技术体系。其主要内容包括：一是在深入研究作物需肥规律、养分在作物和土壤中转化和去向基础上，采用精确施肥技术，比如平衡施肥、测土配方施肥，目前已广泛应用在水稻、玉米、小麦、大豆、烟草等作物上；二是科学施肥，减少施用过程中肥料损失，如采用水肥一体化技术，以水促肥，以肥调水，达到水肥高效利用的目的，因地制宜地推广缓/控释肥料、专用肥，提高肥料的利用率；三是制定科学轮作倒茬制度，选育适宜作物品种，配套相应耕作栽培管理技术；四是推广机械化种植和施肥技术。

（一）重点农区合理施肥制度

肥料是作物的“粮食”，是作物生产最重要的物质基础。有机肥和化肥均是重要的肥料资源，但不科学的肥料管理和施用导致了农业生产效益、农产品品质和环境质量下降。因此，建立和健全合理施肥制度是作物持续增产、农民持续增收、农田生产力持续提高、农业可持续发展的重要保证。应当依据当地环境条件、种植制度、耕作栽培措施等实际情况，因地制宜地选择肥料类型、施用量、施用方式等，调控农田养分平衡，提高农田地力水平，高效利用资源，促进农业可持续发展。

1．西北冬小麦、春玉米种植区合理施肥制度　西北黄土旱塬区地势平坦，是黄土高原冬小麦和春玉米传统生产基地，素有“旱塬粮仓”之称，粮食总产量为 55 亿 kg。本区耕地 75%以上为旱作农田，干旱缺水和土壤瘠薄是粮食产量低而不稳的主要制约因素。肥料施用中氮、磷素施用过量，但钾素施用较少，土壤有机质含量呈降低趋势。合理的施肥建议与对策如下：①加大秸秆资源化利用，增加农田土壤有机质含量。研究表明，当土壤有机质含量低于 4%时，与作物产量之间呈明显正相关，因此土壤有机质提高是我国西北旱作地区提高作物产量的重要环节。②进行农牧结合，大力发展循环农业，加强畜禽粪便的综合利用，提高土壤碳库，培肥土壤。③有机无机配合使用，降低无机氮、磷素投入。④保护性耕作结合氮、磷、钾平衡施肥，渭北旱塬长期试验研究表明免耕-深松轮耕可改善农田土壤养分含量，结合氮、磷、钾平衡施肥可显著提高冬小麦产量和水分利用效率。⑤在集约化生产条件下，适当进行轮作休耕，减少农田养分消耗，促进土壤潜在养分转化。

2．东北春玉米种植区合理施肥制度　东北是我国玉米主产区之一，种植面积和产量分别占全国玉米种植面积和产量的31%和34%，肥料施用中氮素过量并不严重，但磷素盈余，土壤速效磷含量呈增加趋势。合理的施肥建议与对策如下：①充分利用当地资源，有机无机配合施用。研究表明，用30%有机肥氮替代化肥即可节省化肥氮，又节省部分磷、钾肥，是玉米氮素管理的优化模式。②鉴于东北早春低温干旱，可通过采取适宜的农艺措施，如有机无机配合、地膜覆盖、坐水播种等综合措施，提高磷肥有效性和当季利用效率，减少磷肥投入。③加强有机肥资源利用，特别是人畜禽粪尿和秸秆的资源处理和资源化利用，提高土壤碳库，培肥土壤。④在集约化生产条件下，要考虑由于作物收获而带走的土壤中微量营养元素和有益元素平衡问题，保持农田可持续利用。

3．华北冬小麦—夏玉米轮作区合理施肥制度　在华北麦玉二熟区，过量和不平衡施肥导致肥料利用率下降，氮肥当季利用率仅为28.7%，磷肥为13.1%，钾肥为27.3%；夏玉米重氮肥轻钾肥现象较为普遍，玉米秸秆易倒伏，严重影响玉米产量和品质。合理的施肥建议与对策如下：①适当降低氮肥施用量，加强秸秆直接还田过程中氮素管理，提高氮肥利用率。②增加人畜禽粪尿和秸秆资源等有机肥源投入，增加钾素的投入；结合轮间作技术，适当发展绿肥种植，提高土壤有机质含量和基础肥力水平。③从目前小麦季肥料重施、玉米季少施的施肥现状出发，结合当前小麦与玉米改良的品种资源，建立与小麦—玉米轮作体系相适应的科学施肥制度。④根据小麦与玉米需肥规律和周年养分平衡，设置轮作区合理的周年肥料运筹模式。保障麦玉养分均衡利用的关键是测土配方施肥。

4．长江中下游稻—稻轮作区合理施肥制度　在长江中下游双季稻区，氮肥施用过多，钾肥施用不足，过量施磷现象并不严重；施肥以化肥为主，有机肥用量极少，大量有机肥资源利用率低，如猪粪、稻草等利用率不高，稻田种植绿肥比较少；氮肥施用技术落后，主要采用“一基一追”施肥模式（即基肥和分蘖肥各占 50%），极少追施穗肥。合理的施肥建议与对策如下：①结合测土配方施肥，根据土壤肥力状况、水稻品种需肥特性及目标产量确定合理的氮肥施用量。②合理施用磷肥，对高肥力稻田可在 2～3 年内减施 20%左右磷肥，但必须定期恢复正常水平；在施用有机肥、秸秆和绿肥情况下，也可以减少20%左右磷肥；建议早稻重施磷肥，晚稻适当减施。③推广水稻施肥时空调控技术，优化施肥技术。④综合利用有机肥和秸秆资源，发展绿肥和缓释肥。

（二）节肥型耕种技术

在节肥、高效及环境持续友好等目标指导下，根据各地机械化耕种发展现状，建立适合不同生态类型区高效施肥技术模式。节肥型耕种技术不仅包括肥料合理施用技术，还包括与之配套的品种选择、灌溉方式、田间管理及病虫害防治等耕种技术。例如，华北东部灌区小麦—玉米两熟作物秸秆全还田条件下水肥一体化施肥技术模式是：收获小麦的同时机械粉碎麦秸，将麦秸覆盖田地，然后用免耕播种机播种玉米，在玉米苗期进行小麦灭茬，于玉米苗期至拔节期施肥；待玉米成熟时，收获玉米果穗，粉碎玉米秸秆和根茬或者用联合机械在收获玉米果穗的同时粉碎玉米秸秆和根茬，将粉碎的玉米秸秆和根茬混合均匀、覆盖田地，然后旋耕土壤或深耕翻埋玉米秸秆，整地后播种小麦，同时补施肥料。

（三）地力提升节肥技术

1．绿肥生产和轮作倒茬模式　绿肥作物适应性强，生长迅速，如夏季绿肥柽麻，每公顷可产鲜草 15 000～22 500kg；冬季绿肥紫云英和苕子，每公顷可产鲜草 30 000～37 500kg。各种绿肥作物可为后茬作物提供各种有效养分，是优质的有机肥源。绿肥作物可以利用荒山荒地种植，利用自然水面或水田放养，利用空茬地进行间种、套种、混种、插种，可以就地种植、就地施用，降低施肥成本，有利于改良中低产田，使农田均衡增产。与单一连作相比，轮作平均提高作物产量 20%，实现化肥减施的同时维持并进一步提高作物产量。中国西南部轮作对作物产量的影响（＋38%）比中国东部（＋10%）更为明显。

2．秸秆还田模式　近年来，各地积极推广秸秆还田技术，形成了秸秆堆沤肥还田，秸秆牲畜过腹、厩肥还田，秸秆直接还田和秸秆炭化还田等多种模式。

（1）秸秆堆沤肥还田　堆肥可分为普通堆肥和高温堆肥。普通堆肥一般混土较多，堆腐时温度较低且变化不大，所需堆置时间较长，用于常年积肥；高温堆肥以纤维素较多的有机物为主，加入一定量的人畜粪尿等物质，以调节碳氮比，适用于集中处理大量农作物秸秆物料，使之在短期内迅速成肥。堆肥中有机质丰富，碳氮比较低，是优质有机肥料。堆肥中除含氮、磷养分以外，还富含钾，因此在缺乏钾肥资源的地区，施用堆肥有利于补充农作物钾素营养。堆肥宜作基肥，可结合翻地时施入，做到土肥相融，可改良耕层土壤性质和供肥能力，增加土壤有机质含量。

（2）秸秆牲畜过腹、厩肥还田　秸秆直接喂养牲畜后产生的家畜粪尿（过腹还田）中含 15%～30%的有机质，其中氮、磷含量比钾高，畜尿中含氮较高而缺磷，而厩肥是农畜粪尿和各种垫圈材料混合积制的肥料，在农村一般称为“圈肥”，其有效养分含量较高。由于厩肥肥效好且原料来源广泛，是农村广泛积制的主要有机肥。家畜粪尿和厩肥的腐解有助于提高土壤肥力，可供给作物必需的有机、无机养分等各种营养元素，改善土壤物理、化学性和生物活性，提高土壤缓冲能力，更好地满足植物生长的需要。

（3）秸秆直接还田　秸秆不经过堆沤处理，科学地实行就地直接还田，既能有效地促进土壤肥力逐步提高，又能节约运输动力和劳动力。秸秆直接还田的方式主要有高留茬还田、机械粉碎还田、秸秆整株深埋还田、秸秆覆盖还田等。

四川是西南地区秸秆总量较高的省份，其中水稻秸秆最多，超过 2000 万 t/年，其次是油菜秸秆，接近 590 万 t/年。经过近 20 年的研究和推广，秸秆就地还田已成为当地稻—麦（油）种植模式秸秆处理的主要方式，通常秸秆在作物收获过程中被就地粉碎覆盖地表（图 3-6），

彩图

图 3-6　小麦（左）和油菜（右）收获过程中秸秆粉碎覆盖地表

经旋耕或翻耕（图 3-7，图 3-8）后，平整土地并进行后茬播种。秸秆直接还田对水稻生长的影响一般表现为前抑后促。然而，相较于秸秆覆盖还田，秸秆翻埋还田不仅在一定程度上弱化了秸秆还田对水稻生长的抑制效应，显著增加了水稻有效穗数、穗粒数、结实率、千粒重和产量形成，而且秸秆翻埋还田更有利于油（麦）稻两熟模式的机械化作业。

彩图

图 3-7　水稻（左）和小麦（右）秸秆还田后的旋耕作业

彩图

图 3-8　辽宁中部棕壤土旋耕秸秆还田（左：正在作业；右：作业完成）

我国北方地区，秸秆覆盖还田具有降低地温作用，对早春玉米幼苗生长有一定不利影响。此外，由于无霜期较短，全年平均气温较低，还田秸秆经历一个冬季后，难以得到充分腐解，对农作物出苗造成影响。为了解决秸秆还田导致的上述问题，近年来研发出了一种新的秸秆还田方式，将不同的土壤耕作方式与秸秆还田相结合，仅对种植行的行间土壤进行局部的秸秆旋耕或翻耕还田，即行间条带旋耕/翻耕玉米秸秆还田（即条旋秸秆还田和条翻秸秆还田）（图 3-9）。这种秸秆还田方式减少了玉米等作物生育前期秸秆与根系的直接接触，不仅解决了秸秆还田对作物出苗的影响，而且“苗带紧，行间松”的耕层构造有利于作物的生长发育，

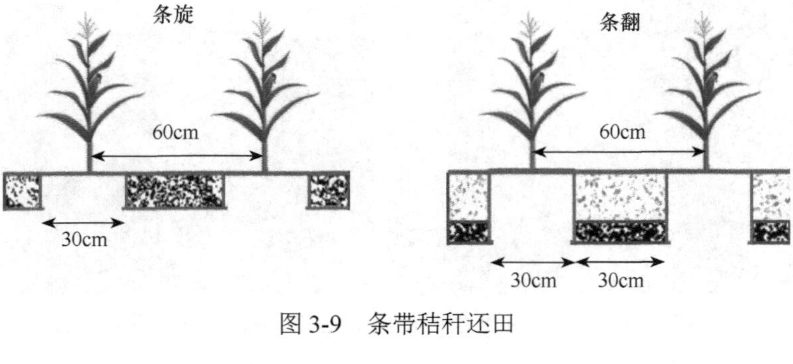

图 3-9　条带秸秆还田

促进深层土壤根系分布。研究显示，条带秸秆还田降低了下层土壤含水量，较少的土壤扰动减少了雨水的入渗损失，并提高了 0～50cm 土层全氮储量，减少了土壤有机养分的矿化损失。与常规全层旋耕秸秆还田相比，条带翻耕秸秆还田和常规全层翻耕秸秆还田处理均可提高作物产量，且条带翻耕秸秆还田的作物增产幅度更大。但由于条带秸秆还田配套机械正处于研发阶段，实际农田生产过程中所需的土地耕作和田间管理成本值得深入探讨与评价。

（4）秸秆炭化还田　对生物质炭的深入研究催生了农业废弃物炭化与生物质炭农业应用的有机结合。农业部将秸秆炭化还田列为全国秸秆资源化综合利用的十大模式之一。目前，秸秆年处理量 1.5 万 t，生物质炭年产 5000t，生物质炭基肥年产 2 万 t 的生产系统已经投入运行并快速商业化推广。尽管秸秆炭化还田的增产效应仍存在区域和作物差异，但其对土壤理化结构的改善已经被广泛证实。秸秆炭化避免了直接焚烧或堆埋分解的排放，增加了土壤有机质碳库，还大幅度改善了土壤的物理性质，促进了生物生长和活性，提升了肥力，且降低了环境污染风险（如降低 N_2O 排放量和土壤重金属污染），是土壤可持续管理的重要途径。

3．农牧结合模式　我国西部地区荒山荒坡面积广阔，草地资源丰富，畜牧业在农业中占据重要地位。因此，将畜牧业和种植业结合起来，充分利用种植业为畜牧业提供饲料资源，以及畜牧业为种植业提供有机肥源，推行农牧结合发展模式，可实现资源集约利用化和产出最大化。以西南丘陵区为例，主要农牧结合模式如下：

（1）粮-饲模式　包括一粮一饲、两粮一饲和两饲一粮模式。如稻区宜推广“黑麦草-单季稻”或“早稻-中稻-黑麦草”模式，旱地宜推广“玉米-光叶紫花苕”模式，而规模化养殖核心区宜推广“小麦（饲料用）-玉米（饲料用）-晚稻”模式。粮-饲模式可为养殖业提供大量优质青饲料，同时也有利于循环农业和生态农业发展。

（2）经-饲模式　可采用果-草模式、菜-草模式、黑麦-花生（或西瓜）模式等。该模式充分利用果园、菜地间作牧草（如黑麦草），为牲畜提供饲料来源。

（3）粮-经-饲模式　如“烟草-牧草-玉米”模式、“粮食-蔬菜-牧草”模式、“大豆-水稻-油菜”模式等。该模式大大提高了耕地利用率，复种指数可达 200%以上。绿肥及豆科作物间作套种，使土壤肥力得以恢复和提高，同时可减轻耕地水土流失，保护农田生态环境。

（4）养-养结合生态循环模式　如“猪-鱼”模式、“猪-蚯蚓”模式。主要是科学处理和利用养殖废弃物资源，结合不同种类动物对食物和环境条件中的需求差异，可以将养殖废弃物作为鱼、蚯蚓等动物的饲料来源，通过不同种类动物的养殖进行合理、科学的组合，在系统中进行各生态诸要素的合理配比和各种投入因素的人工调控，形成物质良性循环的资源高效利用体系。

视频 3-4

第二节　土壤耕作与保护性耕作

土壤耕作（soil tillage）是通过农具的机械力量作用于土壤，调整耕作层和地面状况，以调节土壤水分、空气、温度和养分的关系，为作物播种、出苗和生长发育提供适宜土壤环境的农业技术措施。研究采取适宜的土壤耕作技术，对减少劳动量、节约能源、提高耕作效益、控制土壤侵蚀和保护生态环境具有重要的意义。

一、土壤耕作的任务与原则

（一）土壤耕作的基本任务

土壤耕作泛指运用农具作用于土壤以调节土壤肥力条件与肥力因素的过程与方法。虽然土壤耕作没有直接向土壤投入任何物质，但却能够调节土壤物理性质，是改善肥力条件和提高肥力因素有效性的重要措施。从理论上讲，土壤耕作的核心任务是通过农具的物理机械作用创造一个良好的耕层构造和适宜的孔隙比例，以调节土壤水分和空气状况，从而协调土壤中水、肥、气、热等肥力因素之间的矛盾，为作物播种、出苗、根系生长创造一个松、净、暖、平、肥的土壤环境。在实际生产上，土壤耕作的具体任务包括翻埋肥料、残茬和杂草，翻转耕层、松碎土壤、混拌土壤，平整地面、压紧土壤、开沟培垄、打埂做畦等，以满足作物生长对土壤多方面需求。

1．调整耕层三相比例，建立适宜耕层构造 耕层是指农业耕作经常作用的土层，也是作物根系分布的主要层次，通常厚度为15～25cm。耕层构造（structure of tilth）是指耕层内各个层次中土壤矿物质、有机质与土壤总孔隙之间及总孔隙中毛管孔隙与非毛管孔隙的比例关系。它由各个层次中固相、液相和气相三相比例所决定，对调整土壤中水分、养分、空气和温度等因素具有重要作用。毛管孔隙和非毛管孔隙分别是土壤水分和空气存在之所，其数量多少会影响土壤热量状况和养分有效性。在作物生产过程中，由于降水、灌溉、镇压等因素会使土壤沉积和变得紧实，总孔隙度、毛管孔隙与非毛管孔隙的比例会不断下降，需要通过土壤耕作来调整耕层三相比，建立适宜的耕层构造。一般来说，耕层土壤总孔隙度以50%较为适宜，在湿润气候条件下，毛管孔隙和非毛管孔隙之比约为（1～1.5）∶1较为适宜，而在干旱气候条件下，毛管孔隙和非毛管孔隙之比约为（2～3）∶1较为适宜。

2．创造深厚耕层，准备适宜播床 耕层从上至下可分为表土层（0～3cm）、播种层（或称种床层）（3～10cm）、稳定层（或称根床层）[10～20（25）cm]，耕层之下为心土层，是犁耕难以涉及的层次，俗称生土层，是土壤水分储存的主要场所。在耕作层和心土层之间，有一层厚度为5～10cm的犁底层，是犁耕时犁底与心土层摩擦、压实并淀积黏粒而逐渐形成的紧实土层，作物根系在此受阻，难以伸入心土层。所以，土壤耕作的一个重要任务就是破除犁底层，以增加耕作层深度，促进作物根系下扎，增强作物对深层土壤水分和养分的吸收能力。但对易漏水漏肥的土壤和稻田，则需要通过土壤耕作创造透水性差的犁底层。耕作深度一般受到动力和农具性能的影响，一般畜力耕作深度为14～16cm，机械动力耕作最大深度为22～25cm。此外，耕层深度每增加1cm，机耕费用增加20%，作业成本大幅度上升；作物增产值与耕深值并不呈直线相关，耕深超过25cm以后再增加耕作深度，增产效果并不显著；耕层加深必须与施肥配合，才能够有效扩大土壤水分库和养分库的库容。

在作物播种前，需要通过土壤耕作实行精细整地，为作物播种和种子萌芽出苗创造适宜的土壤环境。一般要求播种区内地面平整，土壤松碎，无大土块，表土层上虚下实，使种子播在稳实而不再下沉的土层中，种子上面又能盖上一层松碎的覆盖层，促使毛管水不断流向种子处。整平地面可以使播种深浅一致，保证出苗整齐均匀。小粒作物种子（如油菜、苜蓿、芝麻）对土壤细碎程度要求严格，而大粒作物种子（如玉米、小麦、水稻等）则可稍粗糙点。

3．翻埋残茬和肥料，消灭杂草和病虫害 在作物收获后，田间通常留有一定数量的残茬落叶或者人为还田的作物秸秆，为了便于播种和掩埋肥料，需要通过翻耕将其翻入土中，并通过耙地、旋耕等措施的搅拌作业，将肥料与土壤混合，使土肥相融。在水田通过精耕细耙，使土肥混合，还可以防止脱氮作用，避免氮素的挥发。土壤耕作还能消灭杂草及其附着的病菌和害虫卵，使杂草病虫等处于缺氧条件下，窒息死亡，也可将躲藏在土中的地下害虫和病菌等翻到地表，经暴晒或冰冻而死亡。当杂草种子翻入土中后遇到疏松湿润的土壤环境，可促使其发芽并随后予以消灭。

4．改变地表形态，调控地表水热状况，保持水土，熟化土壤　在多雨高湿地区，播种时要作畦或作垄，开沟排水，改善通气性；在气候寒冷、无霜期短的我国北部地区，垄作有利于提高地温；在干旱半干旱地区，疏松表土层不宜过厚，否则跑墒严重；坡耕地为减轻水土流失与截留雨水，应进行等高耕作或沟垄种植；在风沙地区，表土层不宜过细过平，应保持较大土块或开沟作垄减少风蚀；新垦农田土壤耕作有利于土壤熟化，促进矿物质和有机质分解释放。

（二）土壤耕作的技术原则

土壤耕作是在一定的时间和空间里进行的作业。确立与气候、土壤和作物相适应的土壤耕作方式，是提高土壤耕作质量、增进土壤耕作成效的关键。

1．与气候条件相适应

（1）降水和蒸发　作物生产要求农田土壤具有足够而又不过多的水分，即要求土壤水分保持动态平衡。通过土壤耕作调节土壤水分的途径是：易旱农田需要尽量把降水蓄存于土壤，防止和减少地表径流，并尽量抑制地面蒸发；湿润多雨或低洼易涝农田则需要在农田里开沟排水，减少外水浸入并促进蒸发。例如，我国西北半干旱农区，夏秋季多雨，早春干旱，雨季前深耕晒垡（伏耕），能促进耕层蓄水保墒，冬春旱季耙耱和镇压能抑制蒸发，可实现伏雨春用和作物高产。土壤水分蒸发除了导致水分损失，还易助长土壤盐渍化。土壤耕作能切断毛细管，在地表形成疏松的干土覆盖层；或压紧土壤，降低上层土壤非毛管孔隙量，堵塞汽化水逸失通道，减少气态水的损失，均能有效地防止土壤蒸发。

（2）干湿交替和冻融交替　干湿交替是根据土壤胶体遇湿膨胀、干燥收缩的特性，利用水热因素的季节变化，使土壤变得松碎，以改善土壤结构，促进团聚体形成。冻融交替是利用冬季低温，膨胀的冰晶引起土块崩解，而春季较暖时，扩大的土壤孔隙却不能还原，于是土壤变得疏松，并形成团粒结构。干湿交替和冻融交替能对提高土壤耕作质量起辅助作用。

（3）水蚀和风蚀　降水过多常会引起坡耕地形成地表径流，进而冲刷土壤而造成水蚀，采用等高耕作、残茬覆盖等保护性耕作措施，有助于控制坡耕地水蚀。风蚀地区应减少耕作次数，创造紧密表土层，保持良好表土结构，如地面留茬或覆盖、少免耕、开沟起垄增大地表粗糙度等，以便减轻土壤风蚀。

2．与土壤特性相适应　土壤理化、生物特性和剖面构造因土壤种类而异，土壤耕作必须与土壤特性相适应，才能创造出适于作物生长的土壤环境。例如，位于西北干旱气候带的黄绵土，土质松散，易受水力、风力侵蚀，故土壤耕作要以蓄水保墒、防止水蚀和风蚀为主要依据；在北方旱农地区，犁底层是影响水分入渗和深层蓄积的重要障碍，故耕作深度以打破犁底层为宜；水田因长期淹水，土壤物理性较差，耕作任务在于使土壤松软、均匀和防止水分渗漏，促进长期淹水条件下潜育化进程中形成的还原性毒害物质降解，其主要耕作措施包括水旱轮作、耕翻晒白、水耙水耖。

影响土壤耕作难易和土壤耕作质量的土壤属性叫土壤耕性。土壤耕性因土壤质地、有机质和土壤水分含量而异。通常砂土耕性好于壤土，壤土好过黏土，有机质含量多的土壤耕性好过有机质含量少的土壤。对一种土壤而言，即质地、有机质含量一定时，土壤水分含量则是耕性和耕作质量的决定因素。干燥的土壤水分含量低，土壤颗粒凝聚力强，耕作阻力大，强行耕作，土壤成块，难以松碎，耕作质量差，耗用动力多；土壤含水量过多时，土壤凝聚力虽小，但耕作时土壤黏附农具的黏着力明显上升，耕作阻力增大，易使过湿的土壤成形，耕作质量更差。基于土壤水分含量与土壤凝聚力呈负相关以及与土壤黏着力呈正相关的情况，选择土壤水分含量适宜、土壤凝聚力和黏着力同时较低时进行耕作，则用力少而质量高。这种处于宜耕阶段的适宜水分幅度起止时限被称为宜耕期。表 3-2 反映了土壤水分状况与土壤宜耕性的关系。通常砂土宜耕期最长，壤土次之，黏土最短。旱地土壤含水量稍低于下塑限，即达到田间持水量的 40%～60%时为宜耕期，水田干耕时在下塑限为宜耕期，水耕时田面有遮泥水层为宜。据此，科学地安排不同土壤类型农田的耕作顺序至关重要。

3．与作物相适应　土壤耕作就是为作物播种、出苗、根系良好发育、生长创造一个相宜的土壤环境，而不同作物对土壤环境的要求不同，土壤耕作必须与作物需求相适应。例如，根茎类作物需要较为松厚的耕层土壤，采用起垄培土的耕作措施，有利于块根、块茎的膨大；小粒种子作物（如油菜、芝麻、苜蓿等）对种床平整、土块细碎要求严格，需要精细整地；而大粒种子作物（如玉米、花生、大豆等）则可稍粗糙点。再如，大豆的茬口特性相对较好，故称肥茬、软茬，播种后作时可不翻耕，而采用耙茬即可；而高粱和谷子易使土壤板结和贫瘠，形成硬茬、瘦茬，所以高粱和谷子茬土壤要进行翻耕疏松，熟化土壤。

表 3-2　土壤水分状况与土壤宜耕性的关系

水分含量状况	干燥	湿润		潮湿		泞湿		多水	极多水
土壤状况	坚硬	酥软（脆）		可塑		黏韧		浓浆	薄浆
主要性状	具有固体性质，不能捏合成团	松散无可塑性，易成团，但不成大土块	下塑限	具有可塑性，无黏着力	黏着限	具有可塑性与黏着力	上塑限	呈浓浆，可受重力影响流动	呈悬浮体，似胶体，易流动
耕作阻力	大	小		大		大		大	小
耕作质量	呈硬土块	呈小土块		呈大垡条		呈大垡条		呈浮流浆	呈花浆
宜耕与否	不宜	宜		不宜		不宜		不宜	宜水耕

视频 3-5

此外，土壤耕作必须配合有关农业技术的需要，才能发挥其最大效益。例如，施肥数量、时期和肥料种类不同，耕作方法和耕作深度应有所不同。通常，施用有机粪肥要求翻耕，绿肥需要翻压，化肥施用量较少，可结合播种、中耕施入。

二、土壤耕作措施与耕作法

土壤耕作措施是指以相应的农具对土壤起特定作用的单项耕作作业。按照土壤耕作措施对土壤影响的深度和强度，可以分为基本耕作措施和表土耕作措施两类。将若干土壤耕作措施相互配套有序地用于土壤，组成一种特定的土壤耕作类型，称为土壤耕作法。

（一）基本耕作措施

基本耕作措施（basic tillage）是指入土较深、对耕层土壤作用较强烈、能显著改善耕层物理性状、后效较长的一类土壤耕作措施，包括翻耕、深松耕及旋耕。

1. 翻耕（plowing）　是国内外农耕沿用历史最长、应用最为广泛的基本耕作措施，对耕层土壤起翻土、松土和碎土作用，促使土壤耕层上下翻转松碎，同时也有翻埋作物根茬、粪肥、绿肥、杂草以及清除病虫害的作用，有利于增加土壤通透性，促进好气性微生物活动和有机质矿化。

翻耕的主要工具是有壁犁。机引半悬挂犁和主体犁的结构如图 3-10 所示。有壁犁的犁壁形状通常分为圆筒型、熟地型、半螺旋型和螺旋型（图 3-11）。圆筒型犁壁无扭曲度，翻土力弱，碎土力强。螺旋型犁壁扭曲度大，翻土力强，碎土力弱。熟地型犁壁介于上述二者之间，兼有翻土和碎土作用。半螺旋型犁壁又介于螺旋型和熟地型之间。由于采用不同形状的犁壁，形成全翻垡、半翻垡和分层翻垡三种翻耕方法（图 3-12）。

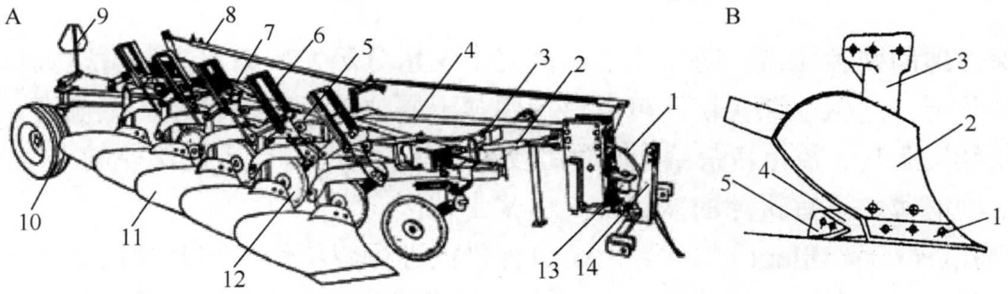

图 3-10　机引半悬挂犁及其主体犁

A. 半悬挂犁：1. 油管；2. 调节螺杆；3. 弧形板；4. 纵梁；5. 主梁；6. 安全器；7. 限深轮；8. 尾轮操向杆；9. 反射板；10. 尾轮；11. 犁体；12. 犁刀；13. 立轴；14. 悬挂头架。

B. 主犁体：1. 犁铧；2. 犁壁；3. 犁柱；4. 犁侧板；5. 犁踵

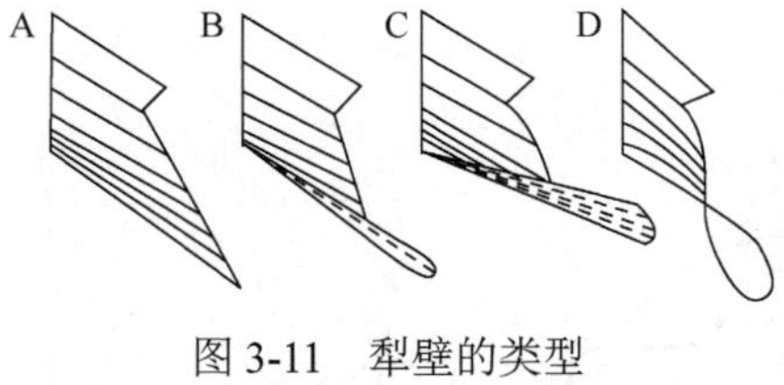

图 3-11　犁壁的类型

A. 圆筒型；B. 熟地型；C. 半螺旋型；D. 螺旋型

图 3-12　三种耕翻方法示意图

A. 全翻垡；B. 半翻垡；C. 分层翻垡

（1）半翻垡　采用熟地型犁壁将垡片翻转 135°，翻后垡片彼此相叠覆盖成瓦状，垡片与地面呈 45°夹角，该方式耕作阻力小，兼有较好翻土和碎土作用，适用于一般耕地，但垡片覆盖不严，灭草性能不如全翻垡。

（2）全翻垡　采用螺旋型犁壁将垡片翻转 180°，翻后垡片覆土严密，灭草作用强，特别适用于耕翻牧草地、荒地、绿肥地或杂草较多的农田，但消耗动力大，碎土作用小。

（3）分层翻垡　使用在主犁铧前上方安装一个小犁铧的复式犁，是苏联的 B. P. 威廉斯为草田耕作特别设计的、适于多年生牧草耕翻的翻耕工具，实行分层耕翻，具有垡片翻转覆盖严密、减轻犁耕阻力的功效。

2. 深松耕（subsoiling）　是以无壁犁、深松铲、凿型铲对耕层进行全面（无壁犁或靴式犁）或间隔（凿形铲或铧形铲）深位松土，不翻转土层。耕深可达 25～30cm，最深为 50cm。图 3-13 和图 3-14 分别为无壁犁和深松铲示意图。

与翻耕相比，深松耕主要特点是只松不翻、不乱土层。深松耕可以分散在不同时期进行，避免翻耕作业时间过分集中，实行耕种结合和耕管结合，可以间隔深松，做到纵向虚实并存，节省动力；深松耕可以打破翻耕形成的犁底层，利于降水入渗，增加耕层土壤持水性能；深

图 3-13　无壁犁

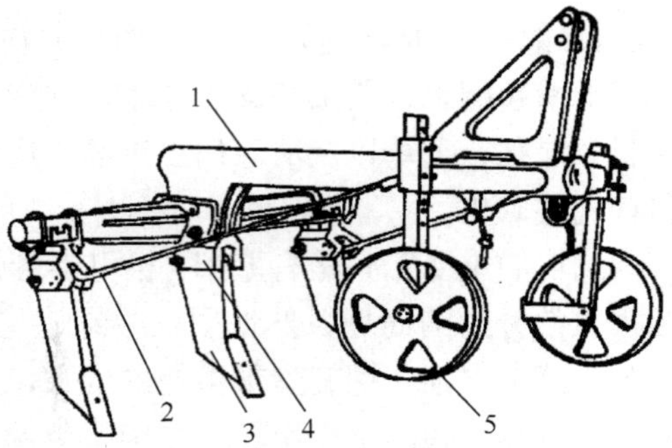

图 3-14　悬挂式深松铲

1．机架；2．拉筋；3．深松铲；4．安全销；5．限深轮

松耕可以保持地面残茬覆盖，防止风蚀，减轻土壤水分蒸发，雨水多时可以大量吸收和保存水分，防旱防涝；盐碱地深松耕，可以保持脱盐土层位置不动，减轻盐碱危害。深松耕不足之处是不能翻埋肥料、残茬和杂草，地面比较粗糙等。它适合于土层深厚的干旱半干旱地区，以及耕层土壤瘠薄、不宜耕翻的盐碱土、白浆土地区。

3．旋耕（rotary tillage）　是指运用旋耕机进行旋耕作业，既能松土，又能碎土，地面平整，集犁、耙、平三种作业于一体，图 3-15 和图 3-16 分别为旋耕机及其工作过程示意图。旋耕多用于农时紧迫的多熟地区和农田土壤水分含量高、难以耕翻作业的地区。用于水田或旱地（图 3-17），一次作业就可以进行旱地播种或水田插秧，省工省时，成本低。但实际运用中，耕深只有 10～12cm，无论水田还是旱地，多年连续单纯旋耕，易导致耕层变浅、理化性状变劣，故旋耕应与翻耕轮换应用。

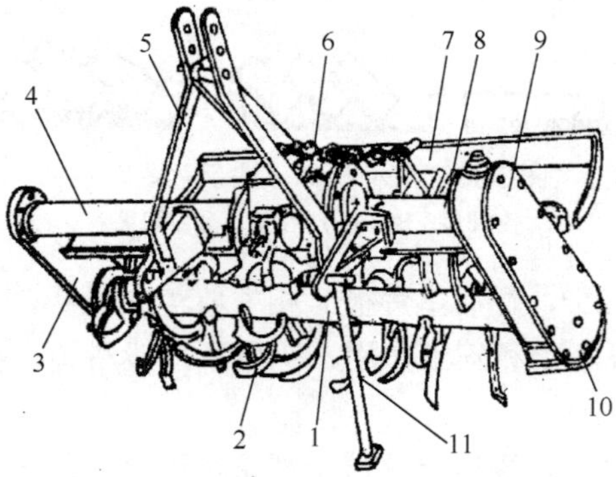

图 3-15　旋耕机

1．刀轴；2．刀片；3．右支壁；4．右主梁；5．悬挂架；6．齿轮箱；7．罩壳；8．左主梁；9．传动箱；10．防磨板；11．支撑杆

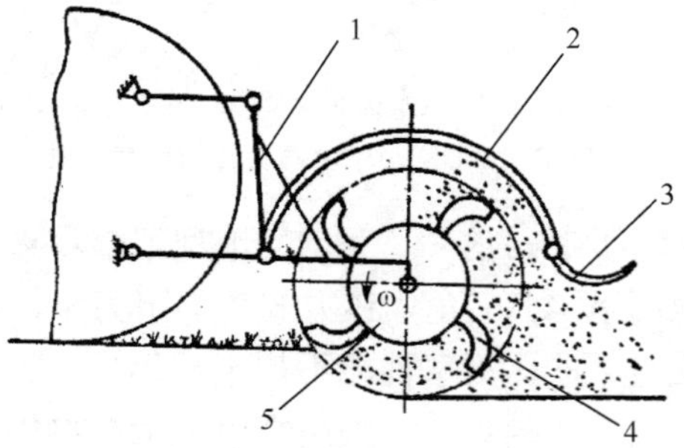

图 3-16　旋耕机的工作过程

1．悬挂架；2．罩壳；3．拖板；4．刀片；5．刀轴

4. 粉垄耕作　粉垄耕作也被称为“深旋耕”，是利用螺旋形钻头耕作工具垂直入土 30～50cm，高速旋磨切碎土壤，进行“横切碎土、超深耕深松、不乱土层”的一种深旋耕技术。该技术可一次性耕作完成整地任务，避免拖拉机重轮反复碾压，有效提高土壤的通气性和透水性，为作物生长提供有利条件。其最显著特点是“超深松耕且不乱土层”，属于“全层耕”或“底层耕”技术，它是对传统的耕作方式进行改进和创新的产物，该技术应用关键是粉垄农机（图 3-18）的研发。

彩图

图 3-17　稻田（左，水地）和麦田（右，旱地）的旋耕作业

彩图

图 3-18　粉垄耕作田间作业（左）及粉垄机（右）

（二）表土耕作措施

表土耕作措施（topsoil tillage method）是在基本耕作措施基础上采用的入土较浅和强度较小，旨在破碎土块、平整土地和消灭杂草，为作物创造良好的播种、出苗土壤环境的一种土壤耕作措施。表土耕作的深度一般不超过 10cm。

1．耙地（harrowing）　是收获后、翻耕后、播种前或播后出苗前、幼苗期采用的一类表土耕作措施，深度一般 5cm 左右。圆盘耙（图 3-19）应用较广，可用于收获后残耕灭茬，耙深可达 8～10cm，也用于水旱田翻耕后破碎垡块或坷垃，耙深 5～6cm；钉齿耙（图 3-20）作用小于圆盘耙，但它常用于播后出苗前耙地，破除板结，保蓄耕层土壤水分。也用于冬小麦越冬前后的早春顶凌耙地。冬前耙地增强麦苗抗性，冬后耙地清除田间枯枝落叶。

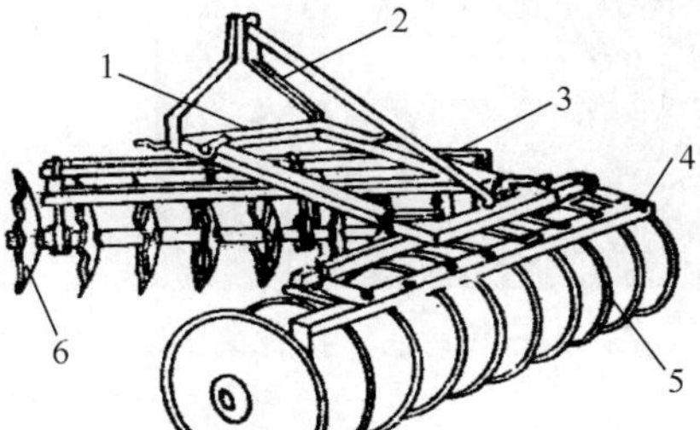

图 3-19　圆盘耙

1．耙架；2．悬挂架；3．横梁；4．刮土器；5．圆盘耙组；6．缺口耙片

图 3-20　钉齿耙

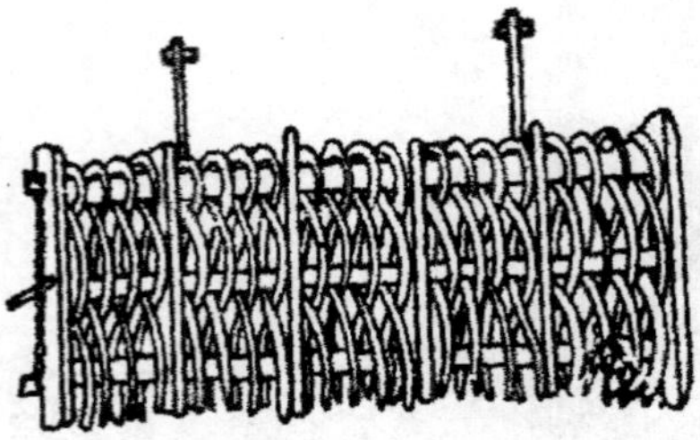

图 3-21　耱（或耢）

2．耱地（dragging）　又称耢地，是耕翻之后或者耙地之后的平土和碎土作业，可与耕翻、耙地、播种联合作业，起碎土、轻压、平土和保墒作用。播种后耱地能促进种子与土粒紧密接触，又使表土形成一极薄的干土覆盖层，有利于保墒。耱地多用于半干旱地区旱地上，也常用于干旱地区灌溉地上，多雨地区或土壤潮湿时不宜采用。图 3-21 为我国传统耱（或叫耢）的示意图。

3．中耕（intertillage）　是在农田休闲期间或是在作物生育期间进行的表土耕作措施。中耕具有松土、除草、破除板结、保蓄土壤水分、增温和晾墒的作用。通常分为播前的“赤地中耕”和作物生长期间中耕两类。采用的工具有人工作业使用的锄、畜力牵引的耘锄和动力机牵引的中耕机。

4．镇压（packing）　是以重力作用于土壤，可以破碎土块、压紧耕层和平整地面。镇压既有减少土壤水分汽化逸失、抗旱保墒的作用，也有提墒、促进种子萌发、助长水分调节作用。镇压作用深度 3～4cm，重型镇压器可达 9～10cm。镇压器种类很多，简单的有木磙、石磙，大型的有机引 V 型镇压器、环型镇压器（图 3-22，图 3-23）。镇压是我国北方旱作农田和灌溉农田的一项辅助性表土耕作措施。播前若遇土块较多，则播前镇压可提高播种质量。播种后镇压可使种子与土壤密接，引墒返润，及早发芽。冬小麦越冬前也常使用镇压，防止漏风，引墒固根，提高越冬率。在盐碱地或水分过多的黏重土壤上不宜镇压。

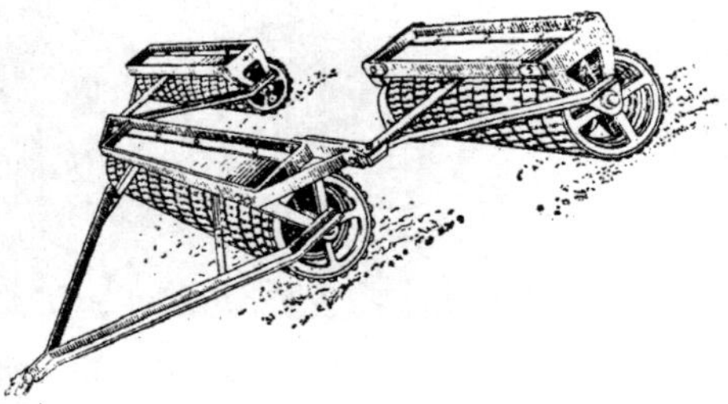

图 3-22　环型镇压器

彩图

图 3-23　稻茬旋耕施肥播种镇压一体化作业（左：镇压轮；右：播种镇压）

5．起垄培土　起垄（ridging）可增厚耕作层，利于作物地下部分生长发育，也利于排水和防止风蚀。在高纬度地区有助于地温提高。近年来南方稻区在排水不良的浸水稻田上实行垄作水稻，改善了土壤的通气性，起到一定的增产效果。培土（earthing up）常与中耕结合进行，将行间的土培向植株基部，逐步培高成垄。主要有固定植株，防止倒伏，增厚土层以利于块根、块茎的发育及防止表土板结，提高地温，改善土壤通气性，覆盖肥料和压埋杂草等作用。

6．作畦（ridge making）　畦是用土埂、沟或走道分隔成的作物种植小区。作畦有利于灌溉和排水。分为平畦和高畦，北方水浇地上种小麦作平畦，畦长 10～50m，畦宽 2～4m，为播种机宽度的倍数。四周作宽约 20cm、高 15cm 的畦埂。灌水时由畦的一端开口，水流至畦长 80%位置即关水闭口，让余水流到畦的另一端。雨水多或地势较低的地方，采用高畦深沟方式。

（三）土壤耕作法

单一土壤耕作措施作用效果有限，根据作物生产对土壤耕作质量多方面需要，通常将若干土壤耕作措施相互配套有序地作用于土壤，组成一种特定的土壤耕作类型，称为土壤耕作法。主要包括翻耕法、深松耕法和旋耕法等，也包括覆盖耕作法、少耕和免耕等保护性耕作法。

1．翻耕法　翻耕法是在以翻耕为基本耕作措施基础上，辅以表土耕作措施整理土垡的一种耕作法。翻耕法适于多种作物，也是世界各国应用最为广泛的一种耕作法，故常被称为传统耕作法。

（1）基本耕作措施——翻耕　翻耕深度以作物根系密集分布深度 20cm 左右为宜，深根作物和根茎类作物、黏重土壤可以稍深些。我国机械翻耕（图 3-24）一般耕深为 18～22cm，畜力翻耕常不足 18cm。加深耕层有一定增产效果，但因耗能多，效益并不与之相应。翻耕作业应有一定的农耗时间，通常是在土地休闲前期进行，无论夏闲期伏耕或者冬闲期秋耕，均宜早不宜晚。翻耕有一定的后效期，北方旱作农田有 2～3 年后效，灌溉农田有 1～2 年后效，因而无须连年进行翻耕。为消除水田土壤还原性毒害物质，水田连年翻耕晒垡仍属必要。

图 3-24　土壤机械化翻耕

（2）表土耕作措施——耙、耱、镇压、起垄、开沟等　是翻耕的辅助作业。翻耕所需表土耕作措施，主要取决于当时作物生产要求。我国北方夏熟作物收获后的夏闲地，先行耙地灭茬，再行耕翻，蓄雨晒垡后，进行耙、耱收墒以待播种。若夏熟作物之后进行复种，多采用耕、耙、耱联合作业，抢时播种。秋熟作物收后实行冬季休闲春播的地区，多于秋熟作物收后实施秋耕翻经冬冻垡，早春进行耙、耱、镇压等表土耕作措施。在半干旱旱作农区，农田则宜在秋耕之后，紧接耙、耱、镇压，控制土壤水分汽化散失。南方水田实施冬闲的地块，在秋冬耕晒基础上，春季放水泡田水耕，再行耙烂田土、耖平田面；夏熟作物收获复种水稻的农田，因农时紧促，可以先行放水泡田水耕，再行耙烂、耖平、插秧。

彩图

由于翻耕法具有熟化土壤、翻埋粪肥、清除杂草、降解土壤毒害性还原物质等优点，仍为世界各国广泛应用，但其不足之处也很明显，如旱作农区翻耕助长了土壤水分散失；坡耕地翻耕助长了土壤侵蚀；长期采用相同耕深的翻耕，使犁底层致密增厚，妨碍作物根系伸展和降水入渗；农田不断地翻耕助长有机质矿化，不利于土壤有机质积累和动态平衡。

2．深松耕法 深松耕法是以只松土、不翻土的深松耕为基本耕作措施，并辅之以耙、耱、镇压、中耕等表土耕作措施共同组成的一种耕作法，在较深部位（耕深 30～45cm）对土壤进行全面或局部疏松，可以打破犁底层，有利于降水入渗和作物根系伸展，增加降水入渗和土壤蓄存量，耕后残茬覆盖散墒失水少，蓄水保墒效果较翻耕法好（图 3-25）。

图 3-25 旱地小麦田夏闲期深松耕作业

彩图

20 世纪 40 年代苏联的 T. C. 马尔采夫在半干旱地区提出深松耕法，用无壁犁与表土作业耙地相配合，通过对致密土层全面深松形成的耕层构造，平衡土壤有机质积累和消耗、蓄水和蒸发矛盾。20 世纪 50 年代起，美国研究用凿式犁等进行深松以代替翻耕，玉米、大豆、棉花等可增产 20%～30%。20 世纪 70 年代，我国首先在东北地区研究深松耕法，用深松机间隔深松，创造了纵向“虚实并存”耕层构造，耕层中“虚”部有利于通气透水贮水，“实”部有利于提墒供水和根系发育，既统一了土壤养分释放与保存，又协调了土壤蓄水与供水矛盾，既抗旱又防涝，同时作物残茬留于地面，可以防止土壤水蚀和风蚀。深松耕法较翻耕法粮豆平均可增产 10%～20%，甜菜和马铃薯平均增产 20%～30%。

深松耕法主要特点是：①分层深松，不乱土层。根据土壤种类和深松深度，安装 1～2 层深松铲，可将耕作层一次加深到适宜深度，并保持各土层位置不变。②间隔深松，虚实并存。在耕层中创造了纵向或横向“虚实并存”的耕层构造。③耕种结合，耕管结合。一次完成深松和播种作业，可省去深翻耕作业，缓解了农时紧迫矛盾，同时地表保留适量作物残茬，增加地面粗糙度，打破了犁底层，有利于接纳雨水、保持水土和抗旱增产，是干旱、半干旱水土流失地区较有希望的土壤耕作方法。但深松耕法难以翻埋有机粪肥、残茬和杂草，田间杂草较多，不能完全取代翻耕法。

3．旋耕法 旋耕法是利用旋耕机旋转刀片切削土壤、疏松耕层、破碎土块的一种耕作方法，集基本耕作和表土耕作措施为一体，也可称之为一种“少耕法”。其特点是：①运用旋耕机进行旋耕作业，既能松土，又能碎土，地面平整，集犁、耙、平三次作业于一体；②旋耕多用于农时紧张的多熟制地区和农田土壤水分含量高、难以耕翻作业的地区，一次作业即可满足旱地播种或水田插秧需要，省工省时，成本低；③临播前旋耕，深度不能超过播种深度，否则因土壤过松，不能保证播种质量，也不利于出苗；④实际生产上旋耕耕深通常只有 10～12cm，多年连续旋耕，易导致耕层变浅、理化性状变劣，故旋耕应与翻耕轮换应用。

视频 3-6

三、保护性耕作

（一）保护性耕作的起源、含义与内容

1．国外的保护性耕作　1934 年美国西部半干旱地区遭遇严重“黑风暴”袭击，超过 300 万 hm^2 耕地遭受风蚀破坏，损失农田表土 3 亿多 t，导致冬小麦减产 510 万 t，由此引发了土壤耕作技术改革，形成了以“少免耕”代替“铧式犁耕翻”、以“秸秆覆盖”代替“裸露休闲”为主要内容的保护性耕作。美国的保护性耕作（conservation tillage）是指用大量秸秆残茬覆盖地表，将耕作减少到能保证种子发芽即可，用农药来控制杂草和病虫害，有利于保护土壤的耕作技术，以免耕播种为主。传统耕作采用铧式犁翻耕，依靠其机械物理作用，通过改变土壤构造来创造适宜孔隙度，但因农机具压实和雨水冲击地表板结，需要经常耕作才能保持土壤疏松状态。保护性耕作则禁止用铧式犁翻耕，主要依靠植物根系生长遗留孔道、蚯蚓挖掘残存孔道、土壤团粒结构形成、冻融与干湿交替涨缩作用等长期和缓慢的自然松土过程来保持土壤疏松状态，并且地表秸秆覆盖率在 30%以上，可有效保持水土和培肥地力。北美保护性耕作主要是通过少免耕和作物残茬管理（crop residue management，CRM）来实现的，美国秸秆还田量占 2/3，秸秆残茬覆盖可减少径流 60%，减少水分蒸发 11%，提高水分利用效率 17%左右。

保护性耕作的核心内容是秸秆残茬与表土处理技术、免耕播种施肥技术、杂草和病虫害控制技术、土壤深松技术等 4 项关键技术的组合，主要内容包括 4 个方面：①免耕施肥播种。在免耕秸秆覆盖条件下，播种和施肥需要使用特殊的免耕施肥播种机，应具有入土防堵、肥料深施与覆土镇压等功能。②秸秆残茬管理。作物收获后或者作物播种前需要实行秸秆粉碎与撒匀覆盖处理，以免秸秆堆积或地表不平而影响播种质量。③杂草和病虫害防治。免耕秸秆覆盖通常会导致病虫草害加剧，需要采用喷除草剂、机械或人工除灭等防除杂草，病虫害主要靠农药拌种预防和喷洒杀虫剂防治。④深松与表土作业。保护性耕作主要靠作物根系和蚯蚓等生物松土，但因作业机具对地面压实，首次实行保护性耕作或已实施 2～3 年免耕后的田块，需要采用机械松土打破犁底层。

2．中国的保护性耕作　我国引进保护性耕作技术后，结合国情对其含义做了扩展。保护性耕作是指对农田实行免耕或少耕，用作物秸秆覆盖地表，减少风蚀和水蚀，提高土壤肥力和抗旱能力的先进农业耕作技术。可见，我国的保护性耕作技术泛指能够保土保水的一整套耕作技术体系，通过土壤少耕或免耕、地表微地形改造技术与地表覆盖技术，达到“少动土”“少裸露”“少污染”并保持“适度湿润”“适度粗糙”的土壤状态，其目的是减少农田土壤侵蚀，保护农田生态环境与土壤生态系统健康状态，从而保护土地可持续生产力。保护性耕作技术具有控制旱区农田沙尘暴、减轻农田水土流失、防止农田秸秆焚烧、充分利用秸秆资源、增加土壤有机碳储量、提高农田综合生产力和节本增效效果明显等生态、生产和经济效果。

我国保护性耕作的核心技术包括 3 类：一是以改变微地形为主的等高耕作、沟垄耕作等技术，利用农机具人为创造沟垄相间的地表形态，减少土壤侵蚀；二是以改变土壤物理性状为主的少耕、深松耕、免耕等技术，以“少动土”为重要特征，通过改变耕作方式、次数和面积，创造松紧适度的土壤结构；三是以增加地面覆盖为主的地膜覆盖、秸秆覆盖、留茬或者残茬覆盖等技术，以“少裸露”为重要特征，通过地膜和秸秆覆盖、残茬还田等技术增加

地表覆盖度和粗糙度，减轻水土流失。保护性耕作包括六大共性技术：①少耕免耕与合理轮耕技术；②地表覆盖技术（生物质覆盖、非生物质覆盖）；③改变微地形技术（等高种植、垄耕等）；④保证全苗稳产高产技术；⑤病虫害、杂草防除技术；⑥适宜农机具技术。

3．保护性耕作制与保护性农业　高旺盛等研究认为，保护性耕作是一类具有蓄水保墒、固土培肥、省工节能等优点的公益性可持续农业技术，但其模式多样、类型复杂，其单一的某项保护性耕作措施并不能解决增产增收、水土保持和环境污染等所有农业问题，需要将保护性耕作技术和种植制度相结合，建立保护性耕作制（conservation farming system），即在保护性种植制度基础上，以保护水土资源和农田生态健康为核心，建立土壤多元轮耕技术和多元化覆盖技术体系，保持稳定持续的土地生产力和经济效益，并得到社会广泛应用的可持续农作系统。保护性耕作制包括四大技术系统：保护性作物种植制度（间作套种、带状种植、农林复合等）、保护性土壤耕作制度（免耕、少耕、等高耕作、深松等）、保护性地表覆盖制度（秸秆覆盖、留茬覆盖、砂石覆盖、地膜覆盖、绿色植物覆盖等）、保护性农田综合管理制度（作物灌溉、播种、施肥、病虫草防治等）（图 3-26，图 3-27）。其基本原理可归纳为“三少两高”，即少动土、少裸露、少污染、高保蓄、高效益。“少动土”主要指尽量减少土壤扰动，“少裸露”主要指尽量降低地表裸露度，“少污染”主要指控制温室气体排放、地下水硝酸盐含量和土壤重金属含量等污染因素，“高保蓄”主要指增强土壤保水保肥能力，“高效益”主要指增加耕地最大效益产出。

彩图

图 3-26　吉林旱地玉米免耕播种

图 3-27　新疆无膜棉免耕播种

彩图

在保护性耕作技术发展的基础上，联合国粮食及农业组织（FAO）提出了保护性农业（conservation agriculture，CA）的概念，即基于实现农业可持续发展前提下出现的新型农业耕作制度和技术体系，其主要目标是通过对可利用的土地、水和生物资源，结合外部投入进行综合管理，以保护、改善并有效利用自然资源，从而实现经济、生态、社会意义上的可持续农业生产。保护性农业的 3 个基本原则是少动土、永久覆盖和作物轮作。但其概念和内涵并不十分明确，时常与保护性耕作相混用，有待于进一步完善。

视频 3-7

（二）保护性耕作发展概况

1．国外保护性耕作技术发展　国际上，保护性耕作技术大体经历了 3 个发展阶段。第一阶段是 20 世纪三四十年代的初创阶段，针对传统机械化翻耕措施在水蚀和风蚀方面存在的弊端，对土壤耕作农机具和耕作方法进行改良，提出少耕、免耕和深松耕等保护性耕作法。第二阶段是 20 世纪 50～70 年代的完善阶段，机械化免耕技术与保护性植被覆盖技术同步发展。虽然机械化保护耕作对减少土壤侵蚀效果显著，但因杂草蔓延、秸秆覆盖降温等使得该项技术推广较慢。而以不同作物轮作与作物秸秆还田覆盖为主的保护性种植得到快速发展。

第三阶段是 20 世纪 80 年代以来的应用阶段，随着耕作机械改进、除草剂应用及作物种植结构调整，保护性耕作的应用得以较快发展。近年来，全球保护性耕作农田面积增长至 1.80 亿 hm^2，约占全球耕地总面积的 12.5%。采用保护性耕作最多的是南美和北美，其次是澳大利亚和新西兰、亚洲、俄罗斯和乌克兰、欧洲和非洲。近年的调查显示，美国对 67%的小麦、65%的玉米和 70%的大豆作物采用了保护性耕作。澳大利亚已全面取消了铧式犁翻耕，保护性耕作应用面积已达 864 万 hm^2。目前，加拿大保护性耕作面积已发展到 408 万 hm^2，80%的农田采用高留茬、少免耕等保护性耕作技术模式。以巴西、阿根廷为代表的南美洲保护性耕作应用面积也超过了 70%。国际上，保护性耕作研究成果主要包括水土流失控制效果，对土壤结构及其理化性状、微生物学特性的影响，作物生长发育及合理调控，配套农机具，生态环境效应，经济效益，推广服务体系，政策机制等。当前，国际上保护性耕作发展趋势表现为：①由以研制少免耕机具为主向农艺和农机结合，并突出农艺措施的方向发展；②由单纯的土壤耕作技术向综合性可持续技术方向发展；③由单一作物、土壤耕作技术研究逐步向轮作、轮耕体系发展；④由单纯技术突破向长期效应及理论机制研究发展；⑤由不规范逐步向规范化、标准化方向发展（表 3-3）。

表 3-3　发达国家保护性耕作核心技术演变趋势

技术环节	1940～1970 年	1980～1990 年	20 世纪 90 年代中期以来
土壤处理	减少翻耕次数	免耕技术	少耕、免耕与翻耕结合
覆盖技术	作物残茬	高留茬和秸秆直接还田	秸秆＋植物绿色覆盖
机械配套	旋耕、深松耕等	大型机械化秸秆处理机械、免耕播种机	高效能、高通过的播种机与全程机械化
除草技术	大量化学除草剂	除草剂与覆盖	植物覆盖、间作、轮作＋除草剂
种植制度	扩大休闲、单作	休闲制与农草结合	多样化和轮作体系
技术目标	保护土壤	保护土壤与获得收益	保护土壤、环境、经济

2. 国内保护性耕作技术发展　在国内，从 20 世纪 70 年代开始，由中国农业大学、东北农业大学等单位引进少耕和免耕技术，在华北和东北平原进行试验、示范与推广。80 年代，在旱地农业攻关、黄土高原综合治理、区域中低产田治理等项目研究中，开展了农田少耕、免耕、草田轮作、沟垄种植等方面的探索研究。在 20 世纪 90 年代，中国农业大学承担了保护性耕作体系及配套机具研究、机械化保护性耕作技术研究与示范项目。2000 年以来，中国农业大学联合全国多家单位重点在我国粮食主产区进行了保护性耕作制联合攻关，初步形成了适宜东北平原、华北平原、长江中下游平原及成都平原的 30 余种保护性耕作技术模式。目前，国内保护性耕作技术研究取得的主要进展和不足有：①以少耕、免耕、垄作、深松耕为核心的保护性土壤耕作技术取得初步发展，逐渐出现了适宜不同地区特点的技术模式，如适宜秸秆产量高地区的宽窄行秸秆条带覆盖免耕技术以及适宜低温冷凉地区的秸秆覆盖垄作少耕技术，但对各区域气候和种植制度下的创新研究仍不足；②以秸秆还田和覆盖为主的农田地表覆盖耕作技术研究取得进展，但秸秆覆盖和绿色覆盖技术的规范化、定量化和标准化仍然薄弱；③保护性耕作配套机具研发、病虫草害控制等单项技术有所突破，如免耕播种机样机研制、秸秆归行机和前置归行机及条带耕作机的出现，但农机和农艺配套的保护性耕作技术模式与技术规程仍不完善，保护性耕作机具作业性能较差，区域适应性不强，耕作、整地、施肥、播种、除草、喷药等作业机具不配套；④保护性耕作对土壤理化性质、土壤耕层

结构、土壤水分和养分、土壤微生物、作物生长与产量、水土保持与抑沙减尘等方面影响的机理性研究普遍展开，但研究时间短、覆盖面窄、系统性差，其长期变化趋势尚缺乏长期定位试验监测数据支撑。

3. 保护性耕作技术的产量效应　据对全球 610 项研究中 5463 个产量观测值进行的 Meta 分析，总的来说，免耕对作物产量有 5.7%的负面影响，但当免耕与秸秆残留和作物轮作这两项保护性农业措施相结合时，其负面影响可降至最低。渭北旱塬长期定位研究表明，免耕秸秆覆盖春玉米和冬小麦产量分别达 5371kg/hm^2 和 4095kg/hm^2，较传统翻耕分别仅减产 0.9%和 5.5%。这表明免耕可能成为世界上干旱地区适应气候变化的重要战略，同时建议形成一套适用于不同气候条件和作物类型种植区的保护性措施。此外，与传统耕作相比，免耕及其与轮作和残留物管理结合都不会影响产量稳定性。黄土高原旱塬多年定位试验表明，翻耕/少耕、免耕/深松耕等轮耕模式均可提高作物产量，其中翻耕/免耕春玉米产量比传统翻耕提高 29.2%，免耕/深松耕冬小麦产量可提高 7.8%，因此传统耕作向保护性耕作的过渡不会影响产量稳定性。

（三）保护性耕作主要技术模式

1. 少免耕技术

（1）*少免耕技术含义及其优缺点*　免耕法（no tillage/zero tillage method）是指作物播前不采用基本耕作和表土耕作，直接在茬地上播种，作物生育期间不使用农具进行土壤管理的耕作方法。典型的免耕法由三个基本环节组成：①地面覆盖残茬、秸秆或其他覆盖物，以减轻风蚀、水蚀和土壤蒸发；②采用联合作业的免耕播种机直接播种，一次完成开沟、播种、施肥、喷药、覆土、镇压等作业；③应用广谱性除草剂杀灭杂草。

少耕法（minimum tillage method）指在常规耕作基础上尽量减少土壤耕作次数或间隔耕种以减少耕作面积的一类耕作方法。它是介于常规耕作法和免耕法之间的中间类型。凡多项作业一次完成的联合作业，以局部深松耕代替全面深松耕，以耙茬、旋耕代替翻耕，在季节间、年份间轮耕，间隔带状耕种，减少中耕次数或免中耕等，均属少耕法范畴。我国多熟制地区硬茬播种、育苗移栽等均属于少免耕法。

少免耕技术的主要优点是：少免耕后土壤少耕或不耕，土壤结构不受破坏，水蚀和风蚀明显减轻；秸秆残茬覆盖有利于蓄水抑蒸，增加了土壤有机质，促进了团粒结构形成；多熟地区减少农耗时间，有利于扩大复种面积；节省机械投资和燃油消耗，节约生产成本。美国研究表明，旱区免耕土壤保水效果优于少耕，少耕优于传统耕作，在连续 15 年免耕和秸秆覆盖还田试验中，每年可减少水分蒸发损失 120mm 左右，通常免耕 4～5 年后耕作一次，长的 10～20 年不耕。加拿大研究表明，免耕作业工序、作业时间比原来减少 52%、耕作成本减少 4.23%、油耗和机械修理费节约 7.18%；一般年份免耕对作物产量影响不大，但在干旱年份或者土质较差的农田，免耕增产效果一般可达 20%；大范围看，免耕与否对作物产量影响存在地域差异。当灌溉使水不受限时，干燥气候下免耕保持了与传统系统相似的产量。在北方干旱雨养条件下免耕会增加产量，而在南方湿润气候条件下进行免耕都会降低产量。澳大利亚广泛采用固定道作业式保护性耕作，即大型拖拉机田间多次作业时采用固定道行走方式，可避免土壤压实，增加降水入渗，可节约 50% 动力能耗和油耗，降低作业成本 30%左右，农机进地次数由 10 多次降低到 3 次左右，小麦增产 15%左右；通过改进农机具实行农艺农机相结合，采用制式为 44cm 小麦宽行播种方式，增强了免耕播种机的通过性能。国内外生产实践证明，少免耕在半干旱地区、复种指数较高地区、坡耕地及土壤侵蚀地区运用效果较好。

少免耕技术的主要缺陷是：①多年少免耕后耕作表层 0～10cm 富营养化，而下层 10～20cm 则趋向养分贫瘠化，有机质与养分减少，不利于作物的生长发育，出现早发早衰现象；②影响有机肥、化肥与残茬的翻埋，肥料利用率低，氮素损失加重；③地面残茬覆盖物增加了作业阻力，播种不均匀和深浅不一，春季地温较低，导致作物播种、出苗推迟，而且地面作物残茬及杂草给病虫提供了良好的栖息场所，易造成病虫草害蔓延；④长期大量施用除草剂和杀虫剂，害虫和杂草出现了抗药性，增加了田间生产管理成本，同时降低了农产品品质，影响鸟类生物多样性。因此，少免耕也是一项有待深入研究的技术，在运用时应考虑各地具体条件，研制出适合不同条件的少免耕技术体系，避免绝对化。

（2）*我国主要农区少免耕技术模式*　我国华北地区以冬小麦-夏玉米一年二熟制为主，采取了秸秆覆盖还田条件下的少免耕播种技术，即冬小麦采用耙茬少耕或旋茬少耕播种技术，秋季将玉米秸秆全部粉碎还田，用重型缺口圆盘耙耙地或用旋耕机旋耕土壤后直接播种冬小麦，采用免耕播种机进行带状开沟、种肥深施、播种、覆土、镇压、扶垄等一次性作业，是以耙、旋代耕的少耕播种技术；冬小麦采用机械化联合收割技术，将小麦秸秆粉碎、均匀抛撒和覆盖于田间，夏玉米采用机械化免耕播种机直播，或者在冬小麦收获前 7～10d 人工点播套种玉米，在玉米幼苗期喷洒除草剂防除杂草，是一种典型的免耕覆盖播种技术。

东北地区以春玉米或春大豆一年一熟制为主，采取了以秸秆根茬覆盖和少免耕垄作为特征的增温保墒防蚀保护性耕作技术，主要包括留茬免耕技术、浅旋耕作技术和垄作深松技术等；留茬免耕技术以高留茬覆盖为主，即秋季地表免耕保留玉米高茬（25～50cm），垄间覆盖大尺寸秸秆，立茬护土越冬，翌年春季采用免耕播种机一次完成苗带破茬开沟、精量播种和化肥深施作业；浅旋耕作技术是秋季玉米收获后使用秸秆粉碎还田机粉碎秸秆（小于10cm），采用联合整地机对地表 6～10cm 浅层旋耕，或者可采用秸秆还田旋耕机进行复式作业，一次性完成秸秆粉碎还田和旋耕作业，促使秸秆根茬和浅层土壤混合，同时进行碎茬、起垄和镇压，防止秸秆残茬被风刮走，翌年春季使用免耕播种机进行精量播种和一次性深施肥，采取人工或者除草剂防除杂草；垄作深松技术是利用深松铲疏松土壤，加深耕层而不翻转土壤，是一种抗旱蓄水深松耕作技术，包括垄体深松、垄沟深松、全方位深松、宽窄行深松等不同深松耕作模式。

南方稻田区以麦（油）稻二熟或者三熟为主，主要采取水稻免耕栽培技术、油菜免耕栽培技术和马铃薯免耕栽培技术。水稻免耕栽培技术是指在收获上季作物或者冬闲后未经任何耕作的稻田上，先使用除草剂灭除杂草植株和落粒谷幼苗，灌水并施肥沤田，待水层自然落干或者排水后，进行直播或移栽种植水稻，改变了传统翻耕栽培水稻的做法，能省工节本增效，主要包括水稻免耕直播栽培技术、水稻免耕抛秧技术和水稻免耕套播技术。免耕油菜直播技术是指在秋季水稻收获前 10～15d 把稻田里的水排干，水稻收获后将大部分稻草清除出田，在田面均匀铺撒一层干稻草后点火焚烧灭茬，然后施足基肥、撒播油菜籽，可将油菜籽与适量细土或者磷肥拌匀后撒播，再用拖拉机牵引油菜开沟机一次性完成开沟、碎土、抛土覆盖作业，以开沟深度 0.15～0.20m、沟间垄宽 1.2～1.5m 为宜，最后在稻田四周开一条圈沟，使田内直沟和圈沟相连相通。由于免除了传统油菜栽培中人工移栽油菜环节，该技术降低了劳动强度，提高了经济效益。稻田免耕种植马铃薯技术是开发利用冬闲田的一种新型保护性耕作栽培技术，在稻田分畦开沟后，将种薯直接摆放在稻茬田的地面上，盖上 8～10cm 厚稻草，马铃薯薯块生长在稻草下的地表上，生长期不用中耕培土和除草，收获时拨开稻草就能收获马铃薯，不用翻耕挖薯，薯块损伤少，省工节本效应明显。

西北半干旱区以小麦和玉米一年一熟为主，旱作农田主要任务为防蚀抗旱，免耕技术主要包括秸秆覆盖免耕技术和留高茬免耕直播技术，少耕技术主要包括秸秆覆盖条件下实行的浅松、浅旋和深松耕作。秸秆覆盖免耕技术是指在采用联合收割机自带粉碎装置或者采用秸秆粉碎机，将秸秆切碎（长度小于 10cm）并均匀抛撒覆盖于地表（小麦地留茬 20cm 左右），通过地表残茬和秸秆覆盖（覆盖度 30%以上），减轻夏闲期或者冬闲期水蚀和风蚀危害，增强蓄水保墒和保土保肥能力，在秋季或者翌年春季采用免耕播种机直接播种小麦和玉米，一次性完成破茬开沟、播种、施肥、覆土和镇压作业。

留高茬免耕直播技术是指在作物收获时，秸秆留茬高度 20～30cm，其余秸秆粉碎覆盖地表，起到防风、保墒和保土作用，于秋季或者翌年春季采用免耕播种机直接播种，一次性完成破茬开沟、播种、施肥、覆土和镇压作业。在休闲期秸秆覆盖还田条件下，为了疏松土壤、平整土地、混合秸秆、消灭杂草、提高播种质量，可以在休闲后、播种前（播前 15d）采取浅松、浅旋和深松等秸秆覆盖少耕技术，一般浅耕深度 8cm 左右，浅旋深度 5～8cm，深松深度 30cm。

2．秸秆还田技术

（1）秸秆还田技术发展现状　　我国作物秸秆理论资源量为 8.20 亿 t（风干，含水量为 15%）。其中稻草约为 2.05 亿 t，占理论资源量的 25%；麦秸为 1.50 亿 t，占 18.3%；玉米秸为 2.65 亿 t，占 32.3%；棉秆为 2584 万 t，占 3.2%；油料作物秸秆（主要为油菜和花生）为 3737 万 t，占 4.6%；豆类秸秆为 2726 万 t，占 3.3%；薯类秸秆为 2243 万 t，占 2.7%。在我国传统农业阶段，作物秸秆是重要的草食家畜饲料和农户生活燃料，作为肥料还田很少。近年来，随着农户家畜饲养规模萎缩和农村电力和化石能源替代作用，秸秆作为饲料和燃料利用规模不断下降，导致大量秸秆资源剩余和闲置。目前，我国作物秸秆还田率仅为 1/4 左右，其余秸秆堆放在田边路旁或者就地焚烧，既浪费资源又污染环境，影响空气质量和交通安全。据测定，作物秸秆含碳量 40%～60%，含氮量 0.6%～1.1%，含磷量 0.075%，含钾量 1.4%，每公顷返还秸秆 15t 可给土壤补充 105kg 氮素、24kg 磷素和 254kg 钾素，以土壤速效钾含量增加最为显著。

秸秆还田（straw returning）是指作物收获时将作物秸秆全量或者部分归还农田。秸秆还田有利于防止风蚀和水蚀，抑制土壤水分蒸发，增加土壤有机质，促进土壤生物活性，改善土壤物理结构，改善土壤养分状况，多数情况下能增加作物产量，少数减产原因是播种质量低、出苗差、杂草和病虫害危害加剧、微生物争氮所致氮亏缺。考虑到秸秆产量，秸秆还田的理论固碳潜力每年可达到 48.2～56.2Tg（$1Tg=10^{12}g$）。秸秆还田对温室气体排放有显著影响，旱地和水田 CO_2 排放量均增加 27.8%和 51.0%，而 CH_4 排放量仅在水田系统增加了 110.7%。稻田土壤 N_2O 排放量下降 15.2%，旱地土壤 N_2O 排放量增加 8.3%。

秸秆还田需要适宜的温度和土壤水分条件，以温度在 27℃和土壤含水量为 55%～75%时秸秆腐化和分解最快，当温度和含水量过低，秸秆基本不分解。此外，在秸秆还田条件下，尤其在禾本科作物秸秆还田时（秸秆碳氮比较高），在秸秆腐解初期会出现微生物与作物竞争土壤矿质氮的现象，适当增加氮肥投入（一般不超过 270kg/hm^2），有利于提高秸秆腐解速率，增加秸秆氮、磷和钾等营养元素的释放效率，进而缓解生物争氮效应对作物生长的影响；同时，在稻田秸秆还田过程中适当增加微生物肥料投入，有利于改善土壤微生物群落结构，进而缓解氧化还原电位的降低和还原性物质总量提升对作物生长产生的不利影响。同时，秸秆还田需要研制和选用各种秸秆还田机械，以提高秸秆还田作业效率和质量，要与科学施肥和施药（包括施用秸秆腐解剂）相结合，并研制配套的插秧和播种机具，通过农艺、农机和生物技术相结合，提高秸秆还田运用效果。

（2）我国秸秆还田主要技术模式

1）小麦和玉米秸秆还田模式。包括麦玉秸秆全量粉碎耕翻还田模式和机械化免耕覆盖秸秆还田模式（图 3-28）。小麦和玉米秸秆均可采用全量粉碎翻耕方式还田，一般秸秆还田量以 4.5～6t/hm^2 为宜，秸秆粉碎长度应小于 5cm，小麦秸秆还田采取浅翻或者耙耕方式，玉米秸秆还田采取粉碎旋耕方式，秸秆破碎率高于 90%，秸秆覆土率高于 75%，根茬清除率高于 99.5%，配施 1%氮肥调节秸秆碳氮比。机械化免耕覆盖秸秆还田包括玉米整秸秆覆盖还田、小麦整秸秆覆盖还田、玉米或小麦秸秆粉碎覆盖还田等方式，采用免耕播种机播种和施肥。

彩图

图 3-28　麦玉秸秆全量粉碎耕翻还田模式（左）和机械化免耕覆盖秸秆还田模式（右）

2）麦—稻两熟秸秆还田模式。包括麦稻两熟制秸秆全量还田模式、麦田套播麦稻秸秆高留茬加覆盖全量还田模式、川西平原麦稻两熟劳动密集型秸秆还田模式等。①在麦稻两熟制秸秆全量还田模式中，麦草全量机械还田采取机收小麦、机械粉碎、撒施化肥、旋耕埋草、晒垡或者沤制、上水后撒施混合肥、水田驱动耙地、移栽水稻等操作程序；稻草全量机械还田采取机收水稻、粉碎稻草（图 3-29）、耙匀稻草、撒施基肥、浅旋灭茬、播种小麦、覆土盖种等操作程序。②在麦田套播麦稻秸秆高留茬加覆盖全量还田模式中，在麦收前 15～20d

彩图

图 3-29　水稻机械化收获秸秆粉碎

于麦行间撒播浸种露白稻种，待齐苗后立即排干水，小麦高留茬收割覆盖还田，灌两次跑马水促稻苗生长。③在川西平原区，稻草直接覆盖马铃薯和大蒜等秋冬作物，或将稻草切碎至10～20cm，于小麦播后直接覆盖麦田，机收小麦时切碎麦草并翻压整地后移栽水稻。

3）双季稻劳动密集型秸秆还田模式。主要包括早稻草翻压移栽晚稻、早稻草覆盖免耕移栽水稻等模式。

4）留高茬秸秆还田模式。小麦收割时留茬20～40cm，采取深翻耕埋压麦草后耙地。水稻收获时留茬10～15cm，封冻前翻耕10～18cm后耙地。在东北或者西北地区，玉米收获时留高茬30cm，1/3秸秆还田，3年全量还田一次，配合隔行深松。

3．地膜覆盖技术　　地膜覆盖技术（plastic film mulching）是指在旱作农区以地膜为覆盖材料来覆盖农田地表，达到保温、增墒目的的保护性耕作模式。地膜（聚乙烯地膜）覆盖具有抑制蒸发、汇集雨水和增加地温等生态效应，在黄土高原等旱作农田应用十分广泛。

（1）沟垄微集水种植　　田面起筑，沟垄相间，垄面覆膜集雨，沟内蓄墒种植（图3-30），实现垄沟降水叠加利用；因沟垄宽度比不同，垄面可向垄沟集水25～40mm，可种植小麦、玉米、马铃薯等多种作物，通常增产25%以上。

彩图

图3-30　垄膜沟播微集水种植技术（左：机械覆膜；右：田间长势）

（2）玉米全膜双垄沟播　　宽幅起垄，全膜覆盖，垄面上间隔开沟，垄面降水汇集于播种沟，通过播种穴入渗土壤，实现抑蒸、集雨、蓄墒和增温的综合作用（图3-31）。若秋季（或顶凌）覆膜可抑制冬闲期土壤水分蒸发，使春季小于10mm的微效降水富集后达到20～30mm的降水效果，可使玉米播前1m土层土壤多蓄水35～50mm，玉米增产15%～60%，年降水利用率达到60%～70%，玉米籽粒产量水分利用效率为18～30kg/（mm · hm^2）。

彩图

图3-31　玉米全膜双垄沟播栽培技术（左：机械覆膜；右：田间长势）

（3）小麦覆膜穴播　夏闲期宽幅起垄覆膜，采用穴播机垄面穴播小麦，实现抑蒸保墒和增温作用（图 3-32）。小麦播前 0～2m 土层多蓄水 40～60mm，小麦增产 25%～50%，降水利用率为 60%～70%，水分利用效率为 6～12kg/（mm·hm^2）。近年来，改良模式采取膜面覆土穴播方式，提高了播种质量，防止地膜破损。

彩图

图 3-32　小麦覆膜穴播栽培技术（左：机械覆膜；右：田间长势）

（4）新疆棉田超宽覆膜技术　播种前用机械进行地膜覆盖和滴灌带铺设（图 3-33），覆盖度以 60%～70%为宜，一膜覆盖十二行，相较于传统地膜，覆盖面积更广，采光面积增加 22.3%，可有效提升地温（3～5℃），抑制早春低温天气，提早播种并保证棉花出苗率，农膜回收率提高到 90%以上，助力棉农增产增收。

彩图

图 3-33　新疆棉田超宽覆膜栽培技术

（5）地膜覆盖栽培的残膜污染问题　经过连续多年地膜覆盖栽培，地膜破损后碎片残留于土壤，不易采取人工方式有效清除，也不易被微生物所降解，导致土壤残膜污染严重，引发了农田环境“白色污染”。据统计，我国每年农田中残留的地膜高达 35 万 t，残膜率 42%。其中甘肃省、内蒙古自治区、东北三省、山西省和河北省部分地区土壤平均残膜量均在 100kg/hm^2 以上，新疆土壤残膜量约为 265.3kg/hm^2，是全国目前残膜污染最为严重的地区。因此，需要研发农田残膜收集与再利用技术。美国、欧盟及日本等国家和地区的政策规定农膜厚度都要求在 0.02mm 以上，因为这种厚度的农膜机械性能好，使用机械回收和人工回收也较为容易。我国 2017 年以前规定农膜厚度为（0.008±0.003）mm，2018 年实施强制性国家标准（GB 13735—2017）后，禁止生产和销售厚度小于 0.01mm 的地膜，现有地膜厚度＞0.01mm，有利于残膜回收。目前残膜回收方式分为人工拾取和机械回收，回收农具的主要机型有缠绕式、伸缩杆式、弹性齿式、齿轮齿式、滚筒式、气动式等（图 3-34），回收率最高达 80%～90%。

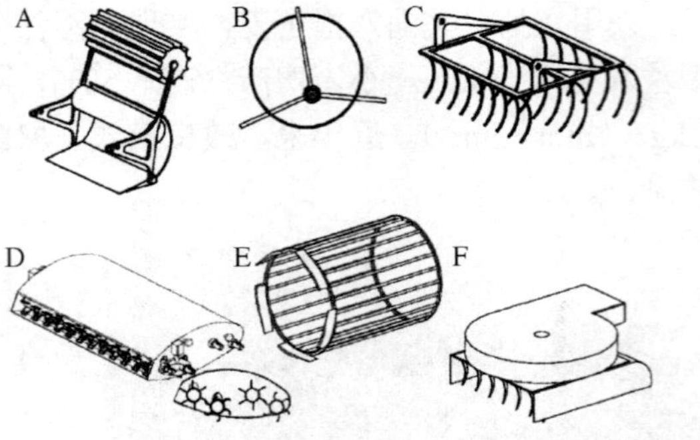

图 3-34　残膜回收农具的主要机型

A. 缠绕式；B. 伸缩杆式；C. 弹性齿式；D. 齿轮齿式；E. 滚筒式；F. 气动式

通过研发新型生物可降解膜也可减轻农田地膜污染危害。生物降解地膜在土壤微生物作用下能够完全降解，最终只产生 H_2O 和 CO_2，降解产物对土壤、农作物均不会造成危害，可省略传统残膜的回收和处理这两个步骤，节省残膜机械回收及管理费用，降低了生物降解地膜的综合使用成本。目前生物降解塑料主要包括聚乳酸（PLA）、聚碳酸亚丙酯（PPC）、聚丁二酸丁二醇酯（PBS）、聚己二酸丁二醇酯/对苯二甲酸丁二酯（PBAT）、聚己内酯（PCL）及聚羟基烷酸酯（PHA）等（表 3-4）。研究发现，应用 PPC 或 PBAT 生物降解地膜种植玉米、高粱、马铃薯等作物，与传统 PE 地膜相比，覆膜 65d 内土壤温度、水分及最终产量均无明显差异，且 90～120d 后基本可完全降解，土壤基本无地膜残留。

表 3-4　不同塑料种类的综合性能比较

类型	熔点/℃	拉伸强度/（N/mm^2）	延伸率/%	降解性	水汽阻隔	氧气阻隔	商品化程度
LDPE（聚乙烯）	110～115	12	148	极难	高	差	高
PBAT	130	18	750	容易	差	差	高
PPC	—	13	650	较易	较高	中	中

注：—表示无数据

4. 砂田耕作技术　砂田耕作技术（sand mulching tillage）或砂石覆盖（sand mulching）技术是指在我国宁夏和甘肃等地年降水仅 200～300mm 的半干旱向干旱过渡区，通过在农田地表人工覆盖 10～20cm 厚砂石层而建成砂田，采取全面砂石覆盖免耕栽培技术，以实现增渗减蒸、增温保温、抗蚀减尘和抗旱增产目的一种农田覆盖耕作技术。我国砂田栽培历史悠久，主要分布于甘肃和宁夏中部半干旱草原和荒漠草原区，当地年降水量仅为 200～300mm，通常难以实行常规旱作生产，但利用砂石覆盖土壤后，砂石层空隙较大，能增强降水入渗能力，抑制土壤水分蒸发，扩大农田昼夜温差，促进作物快长早发，从而实现作物大幅度增产。砂田耕作技术是我国西北地区特有的一种抗旱覆盖耕作法，创造了“在国际上公认不能从事种植业生产的干旱荒漠地区实现农作物生产”的奇迹。近年来，以西瓜和甜瓜为主的砂田栽培面积已经超过 8.6 万 hm^2，宁夏中卫环香山砂田西甜瓜产业带是中国最大的砂田区（图 3-35）。

砂田耕作技术的特点是：在农田铺盖砂石前，需要饱施粪肥和翻耕土壤，然后人工铺压砂石粒径为 0.5～4cm、厚度为 10～20cm 的砂石层，此后每年只需免耕播种（需揭开砂石层播在土壤中），免去其他土壤耕作措施。经过连续 15～20 年使用后耕层土壤与砂石逐渐混合，导致砂石层空隙堵塞和板结，砂田增渗保墒功能失效，砂田作物产量显著降低，需经过重新筛砂、施肥、耕作、铺砂等工序重建砂田后，才能再次利用砂田，因而砂田耕作工程量巨大，素有“苦父饱子，饿死孙子”之说。现代砂田建设中普遍采取机械化铺砂机、耕砂机和筛砂机，显著降低了劳动强度。据宁夏大学农学院研究表明，在宁夏中部干旱带砂田集中分布区，砂田具有显著的水土保持和增产增收效应。

彩图

图 3-35　大面积砂田栽培西瓜（左）及砂田砂砾层和土层结构（右）

（1）抑制蒸发，蓄水保墒　砂石层孔隙较大，切断了土壤毛管水运移路径，土壤水分蒸发被阻隔在砂石层下，5～9 月砂田土壤水分蒸发量较未盖砂的裸田降低了 28.7%，因而显著提高了砂田土壤含水量。砂田 0～40cm 土层土壤平均含水率为 14.6%，较未盖砂的裸田提高了 3.5%，0～40cm 土层土壤蓄水量较裸田增加约 20mm，同时降低土壤盐分 70%以上。

（2）防风减尘，改善生态　农田覆盖砂石层，增加了地面粗糙度，减缓了地表风速，降低了农田风蚀扬尘量，减轻了冬春季沙尘暴危害。在 0.2m、0.5m、0.8m 和 1m 高度空间层，砂田相对大田分别减尘 52.9%、45.5%、38.4%和 34.1%。当老化砂田撂荒后，其残存蓄水保墒功能仍好于原生荒地，而土壤养分含量也高于连续种植 17 年砂田，并不会出现所谓的“人造戈壁”现象。

（3）作物增产，农民增收　砂田耕作法改善了原生境的生产环境，促进了作物增产和农民增收。无论在补水和未补水条件下，宁夏中部砂田西瓜产量较裸地增产 16 761kg/hm^2 和 15 370kg/hm^2，增产率分别达 7 倍和 22 倍以上，增收 8377 元/hm^2 和 7126 元/hm^2（不考虑农民人工费用）。虽然铺砂成本有所增加，但增产增收效果仍很显著，且适量补水可以明显提高瓜田产量和经济效益。

5. 绿色覆盖技术　农田绿色覆盖也称农田生物覆盖，也是一种农田地表覆盖技术。农田绿色覆盖技术主要是指一年内农田主要作物生长季节或休闲期，在时间或者空间上通过种植各种植物（作物、草、灌木）覆盖地面，最终达到培肥地力、控制侵蚀、增加生物产量、减少水分蒸发、降低硝态氮对地下水污染的一种种植模式。例如，美国的绿色覆盖种植技术是在农田休闲期种植覆盖作物（cover crop）或填闲作物（catch crop），防止土壤侵蚀和残留硝态氮污染。我国绿色覆盖种植技术主要是在农田休闲期种植绿肥（green manures）作物，面积 320 万 hm^2，覆盖作物从大类上可以分为豆科植物和非豆科植物（表 3-5），主要形式有青稞复种豆科饲料作物、小麦复种绿肥、果园间作绿肥等。覆盖作物的应用存在一定的区域差异性，如在山地果园中，覆盖作物可起到护坡固土的作用；在华北地区，覆盖作物能有效减少农田土壤风蚀扬尘，提高土地生产力；在长期集约化农业种植模式地区，豆科绿肥植物可以用来代替无机氮肥，避免氮肥滥用造成的环境污染等。

表 3-5　常见的覆盖作物

覆盖作物类型		代表植物
非豆科作物	一年生禾谷类	多花黑麦草、荞麦、黑麦、冬小麦、大麦、燕麦
	芸薹属作物	油菜、芜菁、萝卜

续表

覆盖作物类型		代表植物
豆科作物	一年生豆科作物	亚历山大三叶草、豇豆、绛三叶、毛苕子
	多年生或两年生豆科作物	红三叶、草木樨、白三叶

6．机械化保护性耕作技术　保护性耕作中地表残茬处理、开沟施肥播种等作业均需要复杂的保护性耕作机具来实现，国外保护性耕作机具以大型化和复式化作业为特色，而我国保护性耕作机具以中小型单项作业为主。

（1）*东北地区机械化保护性耕作技术*　东北地区秸秆全量还田后，由于冬季温度低、腐解慢，秸秆残茬影响春季机械播种质量，同时缺少大动力作业机械，机械作业成本较高。主体机械化保护性耕作技术模式包括留高茬宽行交替休闲种植模式、高留茬行间直播技术模式、灭高茬深松整地技术模式、高留茬垄侧播种技术模式、大豆和玉米机械化秸秆还田少耕技术模式、大豆和玉米轮作机械化秸秆还田少耕技术模式等。

（2）*华北地区机械化保护性耕作技术*　华北地区的冬小麦—夏玉米一年二熟制机械化少免耕覆盖播种技术，主要问题是保护性耕作机具功能不够完善，作业稳定性和效率低，小麦播种质量较差，机具价格高、效益低，难以形成市场化运作机制。主要机械化保护性耕作技术模式包括秸秆粉碎免耕播种技术模式、秸秆直立免耕不平整技术模式、秸秆高留茬免耕播种技术模式等。

（3）*农牧交错区机械化保护性耕作技术*　农牧交错区位于北方农牧过渡区，干旱、风蚀和沙漠化威胁严重，农田种植制度类型多样，保护性耕作区域性明显，农艺和农机结合不够。主要机械化保护性耕作技术模式包括高秆穴播作物少免耕机播模式、矮秆条播作物少免耕机播模式、块根块茎类作物与条播作物带状间作种植模式、草原封育改良模式。

（4）*长江中下游机械化保护性耕作技术*　稻麦多熟制是长江流域的主要种植模式之一，有 500 多万公顷。该模式茬口较为紧张、劳动力短缺、秸秆还田质量差、机插水稻和机播小麦质量不高等问题突出。例如，自 20 世纪 80 年代以来，南京农业大学提出“秸秆全量集中深埋，土壤局部轮换深耕”的“双深耕作”技术模式（图 3-36），通过局部换位、渐进式深耕，可以增加耕层厚度和有机质，改善耕层土壤结构。通过研发双深耕作与收割配套的相关机械，可实现麦、稻“割-脱-耕（轮位开沟局部深耕）-埋-整-播”一体化作业。

图 3-36　双深耕作一体机田间作业

彩图

长江中下游主体机械化保护性耕作技术模式为稻麦全程机械化保护性耕作模式，采用稻麦联合收割机、反转旋耕机和小麦条播机实行全程机械化作业。

（5）西南地区机械化保护性耕作技术　四川麦稻二熟制区小麦秋播时土壤湿黏、大型机械作业困难，麦茬全量还田后稻田整地和插秧困难。主体机械化保护性耕作技术模式包括稻茬麦半旋高效播种技术、麦秸还田水稻机插秧技术。

7．保护性耕作下病虫草害发生与防治技术

（1）保护性耕作下农田杂草危害增加　秸秆覆盖和免耕不能及时掩埋杂草，有利于杂草种子积累、发生和危害。保护性耕作条件下农田杂草发生特点：一是杂草种子主要集中在1～10cm表层土壤，杂草发生早，出草浅而整齐；二是多年生杂草发生量增加，种类增加，防除难度加大；三是农田杂草危害加剧，除草剂用量增加，残留和污染加大；四是缺乏专用除草剂和抗除草剂的作物品种。

（2）保护性耕作下土传病害和苗情病害有加剧趋势　大量秸秆覆盖地表后，延缓了作物残体降解过程，增加了病原菌生存和侵染的时间，适合于遗存在作物残体上的病原菌度过腐生阶段而生存，在下茬作物种植后侵染下茬作物。近年来，灰斑病、弯孢菌叶斑病、纹枯病、茎基腐病和顶腐病等病害危害区域和程度呈增加趋势。一些气传病害如小麦赤霉病、小麦叶枯病等危害也呈加剧趋势。

（3）保护性耕作下农田虫害也呈现增加趋势　免耕有利于在土壤中越冬越夏虫害的发生和危害加剧。秸秆覆盖和免耕播种为地下害虫提供了较好的生存环境，以植物秸秆腐烂物为食物的地下害虫（蛴螬、蝼蛄）增多，同时华北地区一些小麦、玉米和杂草共生性害虫发生和危害加重，如小麦吸浆虫、叶螨、蓟马、灰飞虱、黏虫、玉米螟等。

（4）保护性耕作病虫草害综合防治策略　保护性耕作技术体系中病虫草害防治主要以化学防治为主，但要通过农机和农艺技术相结合，有效预防和减轻病虫草害，同时要发挥农业防治和生物防治的作用，发展和完善保护性耕作农田病虫草害综合防治技术。

8．保护性耕作的温室气体减排技术

（1）保护性耕作的增碳减排技术　秸秆还田和少免耕技术是最有效的固碳措施之一。秸秆还田和覆盖直接增加了农田土壤有机物投入水平，提高了土壤有机碳含量，而少免耕则可降低土壤干扰和土壤有机质的分解矿化，有利于农田土壤有机碳积累，0～40cm平均可提高14.9%，并以微团聚体形式贮存有机碳，使土壤团聚体固碳能力提升50.2%，显著增加＞0.25mm的大团聚体含量，改善土壤结构和保水保肥能力。目前，秸秆还田和免耕措施对我国农田土壤碳增加的贡献分别为每年23.89Tg和1.17Tg。

（2）保护性耕作的保氮减排技术　保护性耕作的有机培肥技术（有机肥施用、秸秆还田）、少免耕技术对N_2O排放影响较为复杂，并无一致性的结论。有研究表明，N_2O排放量与有机物的碳氮比呈显著负相关。文献数据分析表明，在免耕开始前10年期间N_2O排放量较翻耕更高，而随着免耕时间延长N_2O排放量减少，即春玉米田连续免耕13年后N_2O排放量可减少17.3%。一般来说，凡是能提高氮肥利用效率的措施都有助于减少N_2O排放，如轮耕、少免耕、精准施肥、减量施肥、水肥一体化、施用缓释肥料、施用硝化抑制剂、禾豆轮作等。

（3）保护性耕作的节能减排技术　少免耕技术显著降低作物生产的能源消耗，能起到间接减排效应。农事操作中55%～65%的能源消耗被用于土壤耕作，少耕能减少15%～29%的CO_2排放，而免耕能使农田每年减少碳排放$20kg/hm^2$、农业生产碳足迹降低74.7%、全球增温潜势（GWP）降低55.7%，因此少免耕能减少化石能源消耗而达到节能减排目的。

（4）保护性耕作的节水减排技术　保护性耕作的地表覆盖（生物覆盖和非生物覆盖）

和免耕技术，具有显著的节水抗旱功能，表现出明显的节水节能减排效应。研究表明免耕比传统耕作土壤蓄水量可提高 10%，土壤水分蒸发约减少 40%，耗水量减少 15%，水分利用效率提高 10%，显著减少了因灌水所需的电能。稻田保护性耕作水分控制技术，如“湿润灌溉”“间歇灌溉”“控制灌溉”“覆膜旱作”“排水晒田”等稻田节水灌溉技术，能减少 CH_4 排放量 40%左右。

视频 3-8

（5）*保护性耕作的生物覆盖减排技术*　南方稻田区作物休闲期绿色生物覆盖技术（种植绿肥）能显著降低稻田休闲期 CH_4 排放量。

第三节　农田灌溉与节水农业

一、农田水分循环与作物需水规律

（一）农田水分循环与水量平衡

农田水分循环主要受降水、灌溉、土壤蒸发、植物蒸腾、土壤渗漏、地表径流及地下水补给等方面因素影响（图 3-37）。在“土壤-植物-大气”农田水分循环体系中，自然降水、地表水和地下水之间的“三水循环”经常处于动态平衡之中。在一个较长时段内，农田多年蒸发量近似于多年降水量，而一个区域的来水量等于出水量与蓄水量之和，这种来水量和出水量之间的关系称作水量平衡。在特定时段内，农田土壤水量与作物含水量的变量，受制于降水、灌溉水、土壤蒸发、植物蒸腾、径流、水分下渗等因素，其水量平衡方程式通式为：

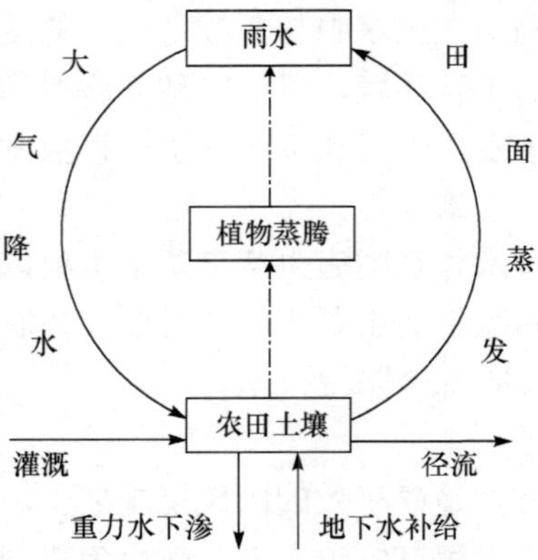

图 3-37　农田水分循环示意图

$$\Delta W+\varDelta=(P+L+R^{+}+K)-(R^{-}+F+E+T)$$

式中，ΔW 为时段内土壤水变量；$\varDelta$ 为时段内植物含水量；P 为降水量；L 为灌溉水量；R^{+}为径流流入量；K 为地下水补给量；R^{-}为径流流出量；F 为土壤渗漏量；E 为土壤蒸发量；T 为植物蒸腾量。在不同类型农田，水量平衡方程中各项表达式有所差异。

1．稻田水量平衡　水稻生长需要保持一定深度的田面水层，稻田水量平衡应以淹没灌水层为依据。

（1）*水稻泡田期灌溉定额*

$$M_1=100.05h_0+10.005(S_1+e_1t_1-P_1)$$

式中，M_1 为灌溉定额（m^3/hm^2）；h_0 为插秧所需水层（cm）；S_1 为泡田期渗漏量（mm）；e_1 为 t_1 时段内平均蒸发强度（mm/d）；P_1 为 t_1 时段降水量（mm）。

（2）*水稻生育期间稻田水量平衡及灌溉定额*

$$h_2=h_1+P+m-E-C$$

式中，h_1 为时段初水层深度（mm）；P 为时段内降水量（mm）；m 为时段内灌水量（mm）；E 为时段内耗水量（mm）；C 为时段内排水量（mm）；h_2 为时段末水层深度（mm）。

若时段初稻田水分处于适宜水层上限（h_{max}），经过一个时段消耗，田面水层降到适宜水层下限（h_{min}），则需要的灌溉定额（M）为

$$M=h_{max}-h_{min}$$

2．灌溉农田水量平衡　灌溉农田（旱田灌溉）水量平衡应以作物各发育阶段主要根系处于土壤计划湿润层范围为依据。通常计划湿润层大于根系主体分布深度，随作物生长根系加深，计划湿润层相应加深，直至作物成熟。播前灌溉属储水性质，计划湿润层可取最高值（0.8～1.0m）。

灌溉农田水量平衡就是在作物生长发育任一时段（Δt）内，土壤计划湿润层（H）水量变化：

$$W_t-W_0=W_T+P_0+K+M-E$$

式中，W_0、W_t分别为时段初和任一时间t时土壤计划湿润层储水量；W_T为因计划湿润层增加而增加的水量；P_0为入渗到计划湿润层中的有效降水量；K为时段Δt内地下水补给量；M为时段Δt内灌溉水量；E为时段Δt内作物田间需水量。以上各值单位可以用mm或m^3/hm^2计。

为满足作物需水，任一时段内土壤计划湿润层储水量，不应少于作物允许最小储水量（W_{min}），也不应多于作物允许最大储水量（W_{max}）。当某一时段内降水不足以保持计划湿润层土壤允许最小储水量时，应及时灌溉，此时段水量平衡方程式为

$$W_{min}=W_0-E+K=W_0-\Delta t\,(e-k)$$

式中，e为时段Δt内平均每昼夜的作物田间需水量；k为时段Δt内平均每昼夜地下水补给量。

3．旱作农田水量平衡　旱作农田（雨养农田）水量平衡状况常以土壤储水变量表示，主要受制于降水量与农田土壤蒸发和植物蒸腾，其水量平衡方程式为

$$\Delta W=P+U-R-F-\mathrm{Eta}$$

式中，ΔW为土壤储水变化量；P为降水量；U为地下水补给量；R为径流量；F为深度渗漏量；Eta为农田蒸散量。我国北方旱区地下水位低于4m时，地下水上移补给等于零，而且农田渗漏可以忽略不计，则其农田水量平衡方程式可简化为$\Delta W=P-R-\mathrm{Eta}$，或$\mathrm{ETa}=P-R-\Delta W$，即旱作农田作物耗水量（Eta）等于生育期有效降水量与土壤储水量变化的代数差。在平整不产径流的旱作农田，其水量平衡方程可简化为$\Delta W=P-\mathrm{Eta}$。

（二）作物需水规律

不同作物及同一作物不同生育阶段对水分需求量各不相同，水分过多或过少都会导致减产。作物需水量包括作物生理需水量和生态需水量，前者指作物生长发育过程中各种生理活动所需水分，后者则是指用于改善作物环境条件所需水分。作物需水量大小及其变化规律，取决于气象条件、作物种类和品种特征、土壤性质及农业技术措施等。不同作物、同一作物在不同地区、不同水文年份、不同栽培措施下需水量也会有差异。作物需水量基本情况是：干旱、半干旱地区比湿润地区多；干旱年比湿润年多；作物生育期长的比生育期短的多；耕作粗放和管理水平低的比精耕细作和管理水平高的多。

作物一生中各个生育时期（或阶段）缺水都会对作物产生不良影响，但对缺水的敏感程度却不相同。通常把作物一生中对缺水最敏感，即缺水对作物生长发育和产量影响最大的生育时期称为作物需水临界期。作物需水临界期并不一定是作物需水高峰期。各种作物需水临界期不完全相同，主要随不同生产目的而异。几种主要作物需水临界期或对缺水敏感的大小顺序为：①水稻，孕穗期和开花期＞营养生长期和成熟期；②小麦，孕穗期＞开花期＞产量形成期＞营养生长期（春小麦比冬小麦敏感）；③玉米，抽雄、吐丝期＞籽粒灌浆期＞营养生长期，如果早期不缺水，则开花期更敏感；④棉花，开花期和结铃期＞花前生长阶段＞结铃后阶段；⑤大豆，花荚期＞鼓粒期＞营养生长期，特别是豆荚成长期；⑥花生，开花期和产

量形成期，特别是坐果期；⑦甜菜，特别是出苗后的一个月；⑧烟草：快速生长期＞产量形成期和成熟期；⑨高粱，开花期和产量形成期＞营养生长期，营养生长期不大敏感；⑩马铃薯，产生匍匐茎和块茎开始形成期，产量形成期＞营养生长期和成熟期；⑪西瓜，开花期＞结实期＞营养生长期，特别是拉蔓期。

视频 3-9

二、节水灌溉技术与农田灌溉制度

我国农田灌溉水资源利用率较低，平均渠系水分利用系数仅 0.3～0.4，毛灌定额约为作物实际需水量的数倍，水分生产效率平均不到 1.0kg/m^3，远低于世界平均水平，显示出我国农业节水增产的巨大潜力。

（一）节水灌溉理论与技术

1．节水灌溉理论基础　节水灌溉技术是指在农田灌溉中，节约用水，合理用水，以最少或较少灌溉水量取得最多或较多农产品，实现单位水分生产率最高的灌溉技术。其理论依据包括以下几个方面。

（1）整体效益理论　在农业生产中，往往不能保证灌溉农田作物水分适时和充足供应，为了达到全灌区整体效益的提高，必须建立节水型或经济用水型灌溉制度，即在一定条件、一定范围内允许某种作物在某一生长期内受到一定程度的水分亏损，进而达到节约用水、扩大灌溉规模、提高总体效益的目的。

（2）水分平衡理论　节水灌溉的目标是使土壤水分调控在作物适宜土壤水分范围之内，既要防止土壤水分亏缺造成作物减产，又要避免土壤水分过多对土壤性质的不良影响及水分的无谓损耗。适宜的土壤水分范围因作物、土壤及气候变化而异，节水灌溉应因地制宜，综合考虑。

（3）有效补偿灌溉理论　作物产量与耗水量之间并非线性关系，只有当水量成为限制作物生长的主导因子时，耗水量多少与产量才呈正相关。但达到一定程度后，若再增加灌水量，效益反而下降。因此，无论干旱地区全补偿灌溉或者半干旱及半湿润地区部分补偿灌溉，其效应都具有生育阶段差异性及最佳区段，并非灌水越多越好，而应讲求适时适量，才能真正达到节水增产的目的。

2．节水灌溉技术

（1）改进畦灌　改大水大块浸灌为小块细流灌溉，每畦大小因地形地势、生产条件不同而异，一般畦块愈小，灌水效益愈好。例如，陕西对畦灌技术进行了“三改两全”改进，即长畦改短畦、宽畦改窄畦、大畦改小畦、田间渠道齐全、地头路边田埂齐全（图 3-38），一般可节水 30%以上，灌水均匀度达 80%以上，小畦灌增产 10%～15%，井灌效率可以提高 60%，大大降低了灌水成本，是一项行之有效、简便易行、易于推广的节水灌溉方法，在我国北方旱区正在推广应用。

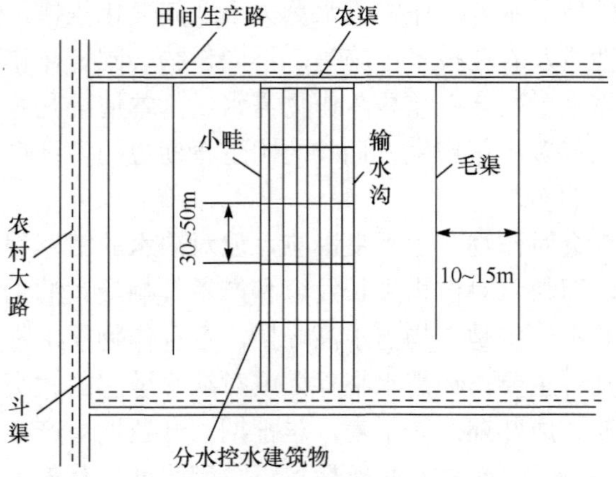

图 3-38　小畦灌溉示意图

（2）沟灌　在作物行间开挖灌水沟，灌溉水从水口进入灌水沟后，在流动过程中由沟底和沟壁向周围入渗而湿润土壤。沟灌不会破坏作物根部附近土壤结构，可以保持根部土壤疏松，通气良好；不会形成严重土壤表面板结，能避免深层渗漏，减少灌溉水损失；雨季还可以利用灌水沟排水。沟灌技术灌水均匀、稳定，节水效果也较显著。当前，地膜覆盖与沟灌技术结合形成了膜上输水、膜孔渗水、局部灌溉的节水方法，即“膜上沟灌技术”（图 3-39），能保土、保墒、增温、防板结，膜上沟灌与膜侧沟灌相比，节水 70%左右。

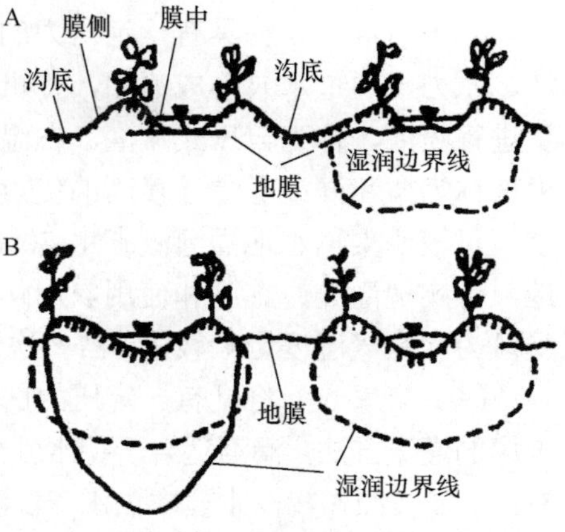

图 3-39　地膜沟灌示意图

A. 膜上沟灌；B. 膜侧沟灌

美国改进沟灌技术后形成了一种“涌流沟灌”（又称间歇沟灌），即用大流量把灌溉水输送到灌水沟内，待流到一定距离后暂停供水，过一段时间后再行大流量供水，如此间歇反复地向灌水沟供水，使灌水沟处于有水浸润和水流消失的反复交替状态，降低了土壤入渗率。涌流沟灌比常规沟灌节水 30%～50%，作物产量也有所提高。涌流沟灌需配备专门控制阀和带有多孔闸阀管道，自动化程度较高。

（3）渠道防渗技术　　灌溉水从水源处通过渠道引入灌区一般需要经过较长距离输送，大部分水量消耗于各级渠系的渗漏。在渠系没有防渗条件下，渠系利用系数为 0.35～0.40，而经过防渗处理后，渠系利用系数可达到 0.6～0.8。我国灌溉渠系防渗比例较低，加强各级渠系防渗衬砌工程建设，可以减少渠系输水损失，提高输水能力，降低地下水位，防止盐渍化，并有利于渠道的安全运行。U 形渠防渗技术是目前我国采用最为普遍的渠道防渗措施。

（4）低压管道灌溉技术　　以管道代替明渠输水，通过地面软管和地下输水系统，利用低耗能机泵或由地形落差所提供自然压力水头，将灌溉水加低压后再通过低压管网输送到田间沟畦来灌溉农田。这种节能型灌溉技术可加快输水速度，缩短灌溉期，降低输水损失，提高水分利用效率，管网水有效利用系数可达 0.9 左右。若采用软塑管由远而近顺畦缩短软管长度浇地，或在软管上打小孔，直接放在农田植株间灌溉作物，可使灌溉定额控制在 $600m^3/hm^2$ 左右，而且灌水均匀度高，灌水质量好，既适用于井灌区，也适用于抽水站与山丘自流灌区。低压管道灌溉技术适用于各种地形、不同作物、土壤类型和灌溉水量，如绞盘式输水灌溉技术（图 3-40）。

彩图

图 3-40　绞盘式输水灌溉系统进行灌溉作业（左：绞盘；右：喷头）

（5）喷灌　将具有一定压力的灌溉水喷射到空中，形成细小水滴洒落到地表的灌水方法。压力水通过水泵形成喷灌，称机压式喷灌。当水源位置有足够压力差时，可利用自然水头进行喷灌，称为自压式喷灌。在温室、蔬菜和果树上可采用小型喷灌，喷头置于植株旁边根部称为微喷灌或雾灌。喷灌的优点是：①灌水效率高，水分利用系数可达 0.7 以上；②省水，可较明渠输水地面灌溉省水 30%～50%；③适应性强，不受地面平整度限制；④省工省地，可实现灌溉、施肥和使用农用化学制剂一体化，还可减少沟渠占地。喷灌的局限性为：受风力和空气湿度影响较大，需一次性投资专门设备和大量管材，对灌溉水质也有一定要求。

（6）滴灌　将具有一定压力的灌溉水经过滤后通过管道滴头均匀地滴入植物根部附近土壤的灌溉方法。滴灌适合于持水性能较差的沙质土壤，除具有喷灌大部分优点外，滴灌还具有：①能按照作物需水要求供水，仅湿润作物根部附近土壤，地面径流、深层渗漏和蒸发损失很小；②减少盐渍化对作物危害，可用矿化度较高的水灌溉作物；③局部湿润，不形成地表土壤板结，可减少田间耕作次数，同时可实行水肥一体化；④滴灌不受农事活动和风力等因素影响；⑤滴灌限制了杂草生长。滴灌的主要问题是滴头易堵塞，对水质要求较高，而且盐分在作物根层附近积累，滴灌投入比喷灌大。新疆绿洲灌区正在大规模实行膜下滴灌技术，即在滴灌带或滴灌毛管上覆盖一层地膜，将滴灌节水技术和地膜保墒技术相结合，可大幅度提高水肥利用效率（图 3-41）。例如，现阶段在华北平原集成的“浅埋滴灌”技术较常规畦灌小麦产量可提高 7.0%～17.3%，玉米产量提高 18.0%～22.5%，水分利用效率提高 16.7%～34.7%，氮肥偏生产力提高 37.4%～50.7%，可节约灌水、化肥和人工等投入成本 195 元/hm^2。

图 3-41　膜下滴灌

彩图

（7）渗灌　利用修筑在地下的专门设施（管道或者“鼠洞”）将灌溉水引入田间耕作层，借助土壤毛细管作用自下而上湿润作物根区附近土壤的灌水方法。适用于地下水较深、灌溉水质较好、湿润层透水性适中的地区。渗灌具有可减少地面蒸发和渗漏，节约灌溉用水，灌水和其他作业可以同时进行等优点，虽然也需要一定的管材和设备，但和喷灌、滴灌相比，其投资比较低。

（8）水肥一体化技术　水肥一体化是依据作物对水分和养分的需求，通过滴灌系统分批将水分和肥料规律、精准地施入作物根区土壤，实现以水促肥、以肥调水的一项农田水肥管理技术（图 3-42）。水肥一体化技术具有省时省力、调控水温，同时提高作物产量和水肥利用效率的效果。研究结果表明，与传统灌溉和喷灌、滴灌相比，滴灌水肥一体化分别节水

彩图

图 3-42　玉米滴灌水肥一体化的水质净化（左）及田间应用（右）

40%和 30%，同时提高了氮肥利用效率，降低了深层土壤硝态氮淋溶的风险。目前，水肥一体化技术逐渐完善与成熟，已经广泛地应用于蔬菜、果树类经济作物。在干旱、半干旱地区的粮食作物中也得到了广泛应用和大面积推广，并取得了显著的应用效果。

要充分发挥水肥一体化的优势，就需要制定合理的灌溉制度和依据作物生长发育状况及时、准确地做出营养诊断和水肥供应决策。在滴灌水肥一体化条件下，现有的灌溉制度主要有：①设定固定的灌溉定额和灌水周期进行灌溉；②设定固定的灌水周期，灌水量为灌水周期内作物蒸散量之和；③依据土壤含水率进行灌溉，即设定一定的灌水下限，当土壤含水率达到下限时进行灌溉，灌水量由农田土壤田间持水量减去实际含水量计算获得。方法①主要依据经验而为，可能会导致作物遭受一定程度的干旱胁迫或者发生过量灌溉，具有一定的盲目性。方法②在降雨较少的干旱半干旱地区得到了广泛应用，但是半湿润易旱区或者湿润区由于降雨较为频繁，该方法经常会遇到灌水后发生降雨的情况，或者每次灌水量极小、增加了不必要的劳动成本。因此，在半湿润易旱区采用固定周期进行灌溉不切实际。方法③需要经常测定土壤含水率（费时费力），近年来土壤水分传感器虽然能够较为准确地测定土壤水分含量，但是由于土壤空间变异性较大，因此单点测定结果很难应用于较大区域，推广应用存在一定困难。

目前肥料供应决策的依据主要包括土壤养分（氮素）状况、作物氮素状况以及综合考虑土壤养分和作物营养。通过测定土壤氮营养状况进行氮肥追施与调控，在我国取得了广泛的应用，如测土配方施肥技术依据相对产量（缺素处理）与土壤有效养分含量之间的相关性，以某种元素缺乏情况下的产量为目标，将土壤有效养分含量划分为若干丰缺级别，然后结合目标产量采用养分平衡法或者肥料效应函数法为各个土壤丰缺级别推荐适宜施肥量。基于土壤和作物的综合诊断方法也受到了土壤类型空间变异性大等因素的影响，难以大范围推广应用。遥感作为一种快速、实时、可靠、无破坏性且便于大面积运用的监测技术，已广泛用于监测作物水氮状况，为基于作物氮素状况的水肥一体化技术提供了极大的便利。目前，已有研究者表明，将高光谱遥感的作物生态生化参数和作物的临界氮稀释曲线结合，可为水肥一体化下作物不同阶段的氮肥供应提供精准决策。

（二）农田节水灌溉制度

节水灌溉制度是指以节水灌溉理论为基础，在一定气候、土壤和农业技术条件下，为了促进作物高产、稳产及节约用水而制定的一套田间灌水制度。其内容主要包括作物生长期内（含播种前）的灌水次数、灌水时间、灌水量（每次灌水的灌水量）和灌溉定额（各次灌溉定额之和）及采用的灌溉方法等。制定节水灌溉制度的核心问题是确定灌溉方法、灌溉定额及其在作物生长期内时间上的合理分配，以充分发挥灌溉水对作物生长环境的调节作用，收到增产、节水、节能的综合经济效益。采取科学的节水灌溉制度，能够在不降低作物产量前提下，以同样水量灌溉较大面积，或同样灌溉面积用较少水量。制定合理的节水灌溉制度，目前常采用经验总结法、试验研究法、水量平衡法等。

1. 确定适宜的灌溉定额和灌水时期

（1）水量平衡法　应根据作物各生育阶段根系生长情况、土壤性质、灌水方法和天气变化等情况确定作物生育期间灌溉定额：

$$M=10000dH（\mathrm{Wu}-\mathrm{Wd}）\quad 或\quad M'=0.1dH'（\mathrm{Wu}-\mathrm{Wd}）$$

式中，M为灌溉定额（m^3/hm^2）；M'为以水层厚度表示的灌溉定额（mm）；d为土壤容重（g/cm^3）；

H、H'为土壤计划湿润层深度，H 的单位为 m，H'的单位为 cm；Wu 为灌水量的上限，也就是土壤适宜含水量的上限（%，占干土重）；Wd 为灌水前的土壤含水量（%，占干土重）。

为了节约用水，以根系密集层深度为计划湿润层深度，一般不超过 100cm。在地下水位较高、有盐渍化威胁的地区，计划湿润层深度不宜大于 60cm。采用微滴灌及渗灌方法时，计划湿润层深度可以局限于根系最为密集的 30cm 左右。若土壤适宜含水量下限可从 65%～70%降到 50%～60%，在保障作物正常生长和理想产量的同时，可使田间耗水量减少 30%～40%，灌水次数和灌溉定额减少一半。若灌溉定额由 1050～1200m^3/hm^2 或 1500m^3/hm^2 以上降低到 600～750m^3/hm^2，就可以节约灌溉用水 42.9%～37.5%，扩大灌溉面积 60%～70%。

（2）经验总结法　　在长期农业生产实践中，广大农民积累了适时适量灌水的经验。

（3）试验研究法　　通过灌溉试验确定不同作物需水临界期和关键期，确定全生育期灌水次数、时间、水量。

2．实行科学的计划用水　　在提倡降低灌溉定额、节水灌溉的前提下，要根据灌区水资源量及季节分配等状况编制用水计划，河、泉、井、库统一调配。枯水期尽量开动机井，以井补渠，利用地下水。汛期河水充足时，尽量引用河水，停机节电，补充地下水，严格按计划配水、灌水，认真搞好测水和量水，保证节水灌溉计划准确落实。

三、旱区节水灌溉与节水型农作制度

（一）新型节水灌溉模式

传统灌溉是以充分灌溉（full irrigation）为特征，适时适量地满足作物需水要求，追求单位面积高产而较少考虑水的效益。随着旱区水资源供需矛盾日趋突出，作物各生育阶段所需水分难以得到充分供应，农田灌溉不再是以充分供水条件下追求产量最高为目标，而是产量、水分利用效率和经济效益的高效统一。通常情况下，作物产量与灌溉水量呈非线性关系，灌水量达到一定程度后，产量增加缓慢甚至降低，水分利用效率降低。水分亏缺并不总是降低产量，一定时期和一定范围的有限水分亏缺，在某些作物上有利于增产。于是，在旱区形成了一系列人为主动施加一定程度水分胁迫的节水灌溉模式。

1．非充分灌溉（deficient irrigation）　　与“丰水高产型”充分灌溉理论相反，非充分灌溉是指灌溉水源有限，不能充分满足作物需水量的条件下，如何把有限的水最优地分配至不同作物及作物各个生育阶段，不是追求单位面积产量最高，而是整个灌区总体增产。非充分灌溉以按作物灌溉制度和需水关键期进行灌溉为技术特征，技术体系也比较成熟。

2．调亏灌溉（regulated deficit irrigation）　　调亏灌溉是根据作物生理生化作用受到遗传特性或生长激素影响的特征，在作物生长发育的某一阶段施加一定程度的有益亏水度，调节其光合产物向不同组织器官倾斜分配，从而提高收获产量而舍弃营养器官生长量和有机物质总量，达到节水增产的目的。其关键在于从作物生理角度出发，根据其需水特征进行主动调亏处理，以按作物一定时期一定程度亏水灌溉为技术特征。

3．控制性根系分区交替灌溉（alternate partial root-zone irrigation）　　控制性根系分区交替灌溉是基于节水灌溉技术原理与作物感知缺水的根源信号理论而提出的，其基本概念与传统灌水方式不同。它不是追求田间作物根系层充分和均匀湿润，而是强调从根系生长空间上改变土壤湿润方式。人为控制或保持根区土壤在某个区域干燥，交替使作物根系始终有一部分生长在干燥或较干燥土壤区域中，限制该部分根系吸水，让其产生水分胁迫逆境根源信号，叶片解析根源信号后减小气孔开合度；另一部分生长在湿润区域的根系正常吸水，减少作物奢侈蒸腾耗水和棵间全部湿润时的无效蒸发，达到以不牺牲作物光合产物积累而大量节水的目的，以作物根系交替灌溉为技术特征。

（二）旱区集雨补灌技术

旱作农业泛指无灌溉条件的雨养农业生产，一般指半干旱和半湿润地区主要依赖降水的农业生产活动。我国北方旱作农区无灌溉条件的旱耕地面积达3800万hm^2。旱区集雨补灌技术是指在空间上把非种植区径流富集到种植区，并采用人工措施提高集流面、集流效率和集流量，在时间上把雨季径流汇集蓄存于存贮设施中，在作物需水关键时期进行补充灌溉。集雨补灌农业强调了对自然降水利用的主动性，通过对自然降水在空间和时间上的富集，能有效解决降水季节分布和作物需水时间错位难题，提高降雨利用效率，实现农业增产目标。

1．集雨补灌理论基础

（1）降水资源可叠加、富集和移动　在下垫面综合影响下，自然降水形成径流可实现地表再分配。集水农业通过微型工程和农艺措施，将降水径流引向作物种植区，实现了降水资源的富集叠加，大幅度改善了作物种植区水分状况，提高了降水利用效率。

（2）降水资源可人工经营与利用　降水资源人工经营是指降水地表再分配后有形水的存贮与利用，采取工程措施汇集和存储降水资源，在作物需水关键期进行补充灌溉，以提高降水利用效率。

（3）作物水分亏缺的供水补偿效应　作物在特定发育阶段遭受中等水分亏缺胁迫，可产生生理与生态上的补偿效应，有利于提高水分利用效率，但需水关键期对水分胁迫敏感，需补充灌溉。

（4）集雨补灌目标是抗旱保苗稳产　与传统灌区充分灌溉不同，旱区集雨补灌以抗旱保苗和稳产为目标，灌溉水量和灌水次数极其有限，集雨补灌只能进行限量供水。

2．集雨补灌农业技术　集雨补灌农业技术主要包括集雨工程技术和农艺工程技术两大类。集雨工程技术包括雨水汇集技术、存储技术和灌溉技术，主要功能是如何以较低成本获得质量较高的水，包括把降水转化为径流的集流过程、径流储存在存贮设施中成为人工供水的蓄水过程、水源水转化为田间水的输水过程、田间水转化为土壤有效水的灌溉过程。农艺工程技术就是把集雨工程中所得到的水资源迅速增值，变成优质高产的农产品，包括有效土壤水转化为作物水的水分生理过程，以及最后作物水转化为实物或价值的过程。

（1）集雨工程技术　集雨材料选择是提高集雨效率的关键环节，常见雨水集流材料有混凝土、塑料薄膜、土壤固化剂集流材料、高分子面喷涂集流材料及新型生物集雨材料。防渗漏是雨水存储设施的关键，常见雨水存贮形式多为黏土和混凝土防渗的水窖和蓄水池。国家节水灌溉杨凌工程技术研究中心开发出了可一次成型、运输方便、便于规模化生产的柔性橡塑水窖。

（2）农艺工程技术　集雨补灌农艺工程技术措施：一是采用非充分灌溉原理和方法，在作物关键需水期补充水分，即少免灌，根据作物生育期降雨调整作物灌水时间和灌水量，在宁夏固原的长期研究表明，集雨补灌较传统畦灌节约灌溉水50%的情况下冬小麦和春玉米可增产2.86%和0.03%，水分利用效率可提高15.74%和10.22%。二是采取节水高效局部灌溉方法，补灌水只湿润作物根系土壤，降低棵间蒸发量，灌水量只有常规灌溉的1/10～1/5。三是采用坐水种、人工点灌、膜上点灌、注水灌溉等简单易行的高度节水方法。四是应急找墒技术，如西北农林科技大学研发的沟垄轮换技术，就是在沟垄集雨种植基础上，在春季作物播种前将种植沟和覆盖垄进行轮换的一种方式，研究发现集雨轮换和土垄轮换种植在春季播前种植沟中 0～40cm 土层土壤水分分别较平作可提高 13.54%和 9.83%。

（三）旱区节水型农作制度

节水型农作制度是指一个地区或生产单位以提高水资源利用有效性为目的的作物组成、配置、熟制与种植方式的综合。在分析区域水资源特征与农作制度发展水平的基础上，进行作物水分基础参数分析，并据此结合当地自然、经济条件等进行作物节水种植结构优化，并辅以节水种植模式及配套节水综合技术体系，实现水资源的优化配置，维持农业生产系统、环境和人类社会的良性关系。

1．构建节水型农作制度的主要原则

（1）优化配置原则　农业水资源优化配置必须遵循多维用水、因需供水和供需动态平衡原理，提出水资源合理配置方案和相应节水政策，实现有限水资源区域供需平衡、水资源产出量与经济效益的最大化。

（2）量水而行原则　深入分析农业水资源供应条件，以水定种植结构、作物布局、作物品种与种植比例，做到量水而行。

（3）效益最大化原则　在农业水资源优化配置、构建节水型种植制度、选择配套节水技术时，必须考虑用水效益与产量效益的最大化。

2．节水型种植制度　节水型种植结构与作物布局是指在一定技术经济条件下，以作物适水性调整为核心，优化作物品种结构及时空布局，提高作物水分利用效率及利用效益，使区域有限水资源效益最大化的种植业结构。在既定水资源条件下，通过调整种植业结构和作物布局，最大限度地提高作物水分供需的时空协调度，使农田水分生产效率最大化，实现区域效益最佳。

节水种植模式是以提高水资源利用率和土地产出率为目的，通过实行合理的作物单、间、混、套作模式，实现最佳产量效益与节水效益的种植模式。不同地区都具有与当地生态、社会和作物生物学特性相适应的典型节水种植模式，如黄淮海平原的冬小麦—夏玉米、冬小麦/夏玉米、冬小麦/春玉米/夏玉米、冬小麦/夏玉米‖大豆、冬小麦/棉花等，东北地区的马铃薯‖春玉米、旱地垄膜沟种玉米，西北地区的春小麦/春玉米（马铃薯、向日葵）、马铃薯‖春玉米、膜下滴灌（棉花、马铃薯、玉米等），西南地区的小麦/玉米/甘薯、小麦/玉米/大豆等均属于当地典型的高产节水模式。

视频 3-10

复习思考题

1．地力的概念和演变类型是什么？地力变化动态与培肥有何关系？国内外农田养分循环和平衡研究现状及主要结论是什么？

2．农田培肥途径包括哪些方面？建立农田培肥制的原则和研究方法是什么？如何建立节肥型农作制度？

3．土壤耕作的基本任务和技术原则是什么？土壤耕作措施的类型及其作用是什么？土壤耕作法的类型及其特点是什么？

4．保护性耕作的含义及其主要内容是什么？我国保护性耕作技术模式类型及其特点是什么？

5．农田水分循环和水量平衡规律是什么？农田节水灌溉技术的类型及其特点是什么？如何建立农田节水灌溉制度？

6．旱区节水灌溉理想模式和集雨补灌技术有哪些？如何建立旱区节水型农作制度？

第四章　农田防护制度

本章提要　土地是农业生产的基本生产资料，是人类赖以生存和发展的物质基础。保证农田面积和耕地质量是作物安全生产的重要前提。但是在各种自然尤其是人为因素影响下，常发生不同强度侵蚀而导致土壤质量及作物生产力下降，乃至土壤环境全面恶化的现象。因此，必须加强农田防护工作，它与水土保持、风沙治理、土地盐渍化、减肥减药绿色生产等社会热点问题息息相关，与生态文明建设、农业可持续发展等国家发展战略一脉相连。

本章重点　讲述防止农田遭受水蚀、风蚀、杂草感染及工业废弃物等有毒物质污染的综合技术体系。要求学生掌握水蚀、风蚀、杂草、污染和盐渍化对农田的危害。掌握农田水蚀、风蚀和盐渍化的影响因素以及杂草和污染的类型。了解基本农田建设，营造农田防护林带，实施保护性耕作与保护性种植，控制农田水土流失，防除农田杂草危害等为主要内容的保护性农业措施。

第一节　防　水　蚀

一、水蚀的危害及其影响因素

（一）水蚀的概念及类型

水蚀（water erosion）也称水土流失，是由水力作用造成的土壤侵蚀，即在降水、地表径流、地下径流的作用下，土壤、土体或其他地面组成物质被破坏、搬运和沉积的过程。农田水蚀是指雨水、融雪水或灌溉水形成的地表径流对农田土壤的冲刷与迁移。根据水力作用于地表物质形成的不同侵蚀形态，可将水蚀划分为溅蚀、面蚀、沟蚀和河沟山洪侵蚀等 4 种。

1．溅蚀　是侵蚀的开始，是指裸露坡地受到雨滴击溅而引起土粒与母体分离的一种侵蚀现象。溅蚀破坏土壤表层结构，堵塞土壤空隙，阻止雨水下渗，为产生坡面径流和层状侵蚀创造条件。

2．面蚀　是指由于雨滴的击溅和分散的地表径流冲走坡面表层土粒的一种侵蚀现象。当地面水流集中并产生径流，溅蚀形成的小坑连接起来就发生面状侵蚀，也是裸露坡面土壤侵蚀中最常见的一种形式，对农业生产危害很大。面蚀可分为层状面蚀、鳞片状面蚀和细沟状面蚀 3 种形式。

3．沟蚀　是指由汇集成股的地表径流冲刷破坏土壤及其母质，形成切入地表以下沟壑的土壤侵蚀形式。根据沟蚀程度及形态，可分为浅沟侵蚀、切沟侵蚀和冲沟侵蚀 3 种类型。浅沟侵蚀的侵蚀沟横断面为宽浅槽形；切沟侵蚀的侵蚀沟深切入母质中并形成沟头跌水；冲沟侵蚀的侵蚀沟横断面呈 U 形，沟底纵切面坡度较陡。

4．河沟山洪侵蚀　是指山区河流、洪水对沟道堤岸的冲淘、对河床的冲刷和淤积过程。也是危害最严重的土壤侵蚀。

（二）土壤水蚀的危害

我国丘陵和山区占总土地面积的 2/3，水土流失现象较为普遍，是世界上水土流失最严重的国家之一。《中国水土保持公报（2023）》表明，全国水土流失面积为 262.76 万 km^2。其中，水力侵蚀面积为 107.14 万 km^2，风力侵蚀面积为 155.62 万 km^2。按侵蚀强度分，轻度、中度、强烈、极强烈、剧烈侵蚀面积分别为 172.02 万 km^2、42.33 万 km^2、18.31 万 km^2、14.53 万 km^2、15.57 万 km^2，分别占全国水土流失总面积的 65.47%、16.11%、6.97%、5.53%、5.93%。相较于 2022 年，全国水土流失面积减少了 2.58 万 km^2，减幅为 0.97%。黄土高原地区是世界上水土流失最严重地区，也是我国水土流失重点防治区。其次四川盆地及周围山地丘陵、云贵高原及南方山地丘陵等地区水土流失也较为严重。水土流失对农业生产危害极大。

1．跑水、跑土、跑肥，导致土地贫瘠退化　水蚀不仅使耕地失去了地表土壤，同时也损失了水分与土壤养分，如黄土丘陵区坡耕地平均年流失水量达 225～450m^3/hm^2，最高可达 900m^3/hm^2。水土流失区每年水蚀损失土层厚度达 0.2～1.0cm。随着耕地表土流失，其中的矿质营养元素也随之流失，耕地土壤结构遭受破坏，土壤肥力下降，最终导致农作物日益减产。我国因水蚀每年土壤流失量高达 50 亿 t，其中黄河流域流失土壤 16 亿 t，长江流域流失土壤 24 亿 t。

2．切割、蚕食、淤积和埋压农田　在我国水土流失严重地区，每平方公里沟壑数目密度达 30～50 条以上，土地被沟壑切割导致地形破碎，丘陵和沟壑纵横，给农业生产造成极大困难，降低了土壤耕作、种植和收获效率。同时，河谷农田易遭受洪水携带泥沙淤积或沙石埋压，严重破坏农田，危害作物生长。

3．危害水利设施　洪水携带泥沙冲毁或淤塞灌溉水渠，影响农田正常灌溉，增加清淤和修复渠道费用。严重水蚀所致的洪水泥沙容易淤积水库，降低水库的蓄水能力，导致洪水泛滥，降低蓄洪标准和供水效益。

（三）影响土壤水蚀的因素

影响土壤水蚀的因素有很多，主要包括气候因素、土壤因素、地形因素、植被因素等自然因素和人为因素。

1．气候因素　影响径流和水蚀的主要气候因素包括降雨、温度、太阳能和风。降雨是影响水蚀的最主要因素，是引起水蚀的原动力。降雨通过溅蚀和径流冲刷携带土壤，造成水土流失。水土流失大小与降雨的总量和强度直接相关。暴雨是指短时间内强度大的降雨，是造成水蚀的最重要因素。我国气象部门规定，一日降水量超过 50mm 或 1h 降水量超过 16mm 时都叫暴雨。如果总降雨量虽大但强度低，或极短时间内的急雨，均不一定引起大量土壤侵蚀。在一定区域内，只有当次降雨量达到并超过一定数值之后，才有可能出现土壤侵蚀，这个临界降雨量称为侵蚀性降雨标准。如黄土高原地区侵蚀性降雨标准大致为 8～15mm。如果降雨量相同，降雨强度越大，产流雨量就越大，径流系数也越大，径流深也越大，侵蚀作用也就越大。例如，水利部黄河水利委员会绥德水土保持科学试验站观测资料显示，降雨强度与土壤水蚀程度有很大关系（表 4-1）。降雨导致地表产流有 2 种情形：一是超渗产流，即当降雨强度较大时，超过土壤水分入渗速率，雨水在地表蓄积和汇集形成径流；二是超蓄产流，即当降雨量较大时，超过土壤蓄水能力，雨水在地表蓄积和汇集形成径流。

表 4-1　降雨强度对径流量和冲刷量的影响

降雨日期/（年/月/日）	平均降雨量/mm	降雨历时/min	降雨强度/（mm/min）	径流量/（m^3/min）	径流量比值	土壤冲刷量/（t/hm^2）	土壤冲刷量比值
1956/7/3	43.4	805	0.054	6.6	1.0	0.6	1.0
1956/7/22	40.0	292	0.137	102.9	15.6	22.4	37.0
1956/8/8	49.3	150	0.329	292.1	44.2	139.8	233.0

注：比值为其他时间与 7 月 3 日相关数据的比值

此外，温度可使雪融化产生径流，从而导致无覆盖、较浅融化表层产生细沟侵蚀。风主要是通过雨滴碰撞角度和速度来影响侵蚀过程。风也影响蒸发蒸腾，影响土壤含水量和蓄水能力，进而影响到土壤侵蚀。

2．土壤因素　土壤是水蚀作用的对象。土壤特性对水蚀影响主要表现为：一是决定雨水入土速度特性，二是决定降雨或径流期间土壤抗分散和抗侵蚀特性。

土壤接纳雨水能力的大小取决于土壤孔隙度、降雨时土壤含水量和土壤剖面渗透度。前二者决定土壤渗透速率，而土壤剖面渗透度显示了水分穿透土壤的速率，同时也与通气孔隙度有关。在一定条件下，土壤透水性与径流量成反比，透水性良好的土壤，降雨能很快渗入土层。一般砂性土壤砂粒粗而多，土壤孔隙大，透水性好，土壤接纳雨水能力就强，地表径流不容易形成，水蚀也就不会或不易发生。相反，黏重土壤易形成地表径流并造成水蚀。土壤含水量影响主要表现在降雨初期，土壤含水量较少，此时土壤渗透速率大；随着降雨时间延续，土壤含水量增多，土壤渗透速率随之下降；当土壤水分饱和时，雨水已不能渗入土体而是沿着顺坡流下，形成很大径流，造成严重的侵蚀。

土壤抗分散、抗冲性的特性与土壤质地、土壤有机质含量及土壤结构等有关。土壤抗冲性指土体抵抗水力机械破碎的能力，其大小主要与土壤湿胀性以及土体固结状态有关。一般土壤膨胀系数越大，崩解越快，土壤遇水易于分散，抗冲性越弱；而固结良好的土壤则能抵抗水力分散。具有较高黏粒和有机质含量的土壤具有较稳定的团粒结构，其抗冲性和抗蚀性都较强。黏粒含量超过 30%～35%的土壤，凝聚力较大，并形成稳定的团粒结构，对雨滴打击和溅蚀阻力较大，从而能减轻水蚀的危害。

3．地形因素　地形是决定径流量和侵蚀的重要因素。很平坦的土地通常不容易发生水蚀。只要地形略有起伏，侵蚀就会加剧。而坡度和坡长是影响径流和侵蚀的两个主要地形特征。在高强度降雨条件下，土壤侵蚀强弱与坡长、坡度呈正相关，通常坡度比坡长更重要。一般地面坡度越大，径流速度大，冲刷越强。在北方旱地农业区，50%～90%的坡耕地坡度分布在 5°～30°。＜5°的坡耕地易发生微轻度土壤侵蚀；5°～8°的坡耕地易发生中度侵蚀；8°～15°的坡耕地易发生强度侵蚀；15°～25°的坡耕地易发生极强度侵蚀；＞25°的坡耕地易发生剧烈侵蚀。例如，绥德水土保持科学试验站坡耕地观测数据表明（表 4-2），冲刷量随坡度增大而增加。

表 4-2　不同坡度耕地水土流失量

坡度	年平均流失量		一次流失量	
	水/（m^3/hm^2）	土/（t/hm^2）	水/（m^3/hm^2）	土/（t/hm^2）
14°	267.0	38.4	171.0	102.0
21°	348.0	60.6	205.5	120.0
28°	253.5	101.9	390.0	216.0

其他条件相同时，水蚀强度又依据坡长而定。所谓坡长是指从坡面流的起点到由于坡度减缓而发生沉淀作用处，或者到径流进入轮廓分明的沟道之间的距离。在相同坡度条件下，坡面越长，径流速度越大，汇集的径流量越大，侵蚀力越强。所以，实行陡坡退耕还林还牧，并在坡耕地上修筑梯田，均能降低坡度与坡长，起到保持水土的作用。

4．植被因素　地表有厚草皮或密林等良好植被覆盖可以缓和气候、地形、土壤对侵蚀的影响，使得径流和侵蚀降低，其径流和侵蚀分别不到裸地的5%和1%。植被能防止水土流失的作用主要表现为：①拦截雨滴。植被冠层能拦截雨滴，减轻雨滴溅蚀，降低地表产流。植被覆盖度越大，拦截效果越好，尤其以茂密森林拦截效果最好。②阻滞径流。森林和草地枯枝落叶层能接纳降雨并使其缓慢渗入土壤，降低地面产流机会，并阻止水流，分散径流，减缓流速和拦淤。③固结土体。植物根对土壤具有良好的穿插、缠绕、网络、固结作用，促进表土、心土、母质乃至基岩连成一体，从而增强土壤的抗蚀性，减少土壤的冲刷。④改善理化性质。林地或草地枯枝落叶腐烂后可增加土壤腐殖质，改善土壤结构，提高土壤透水性，减轻土壤冲刷。

5．人为因素　人类不合理的生产活动和建设活动是导致土壤侵蚀的人为因素，如乱砍滥伐森林和植被、陡坡开荒、过度机械化耕作、超载放牧等不合理利用自然资源的生产活动，以及社会建设中开矿、修路、采石、建厂、建房等大型建设活动，在破坏地表植被和地形后不加以保护，都是造成土壤侵蚀的人为因素，这类人为作用而造成的土壤侵蚀又称为现代侵蚀。例如，晋陕蒙煤田开发过程中，每年挖掘、运移土石和矿渣废弃物量多达1824万t，其中流失量达550万t，占总量的30%。

视频 4-1

二、农田水蚀控制的技术原理

美国魏斯曼（Wischmeier）和史密斯（Smith）通过对耕作管理和防止侵蚀措施诸因素的多年分析研究，不仅验证了上述土壤水蚀的影响因素，而且还确定了各因素之间的量化关系，并于1965年提出了预报土壤侵蚀损失量的经验公式——通用土壤流失方程（USLE）：

$$A=R \cdot K \cdot \mathrm{LS} \cdot C \cdot P$$

式中，A 为单位面积年平均土壤流失量［t/（hm^2·年）］；R 为降雨侵蚀因子；K 为土壤可蚀性因子；LS 为地形因素，即坡长与坡度影响的联合因子；C 为作物管理因子；P 为土壤侵蚀控制措施因子。利用此方程不仅可以预报在某一特定土地条件下坡面年均土壤流失量，预报因耕作和土壤保持措施变化所引起的土壤流失量变化，而且还可以根据允许土壤流失量反向求算某个因素数值，指导特定土壤类型和坡面种植业生产，选择合理有效的土壤保持措施。

1．降雨侵蚀因子 *R*　降雨侵蚀因子是量度特定降雨量侵蚀力的参数。侵蚀力或有效能与降雨数量和降雨强度有关。与土壤侵蚀量关系最密切的因素是降雨总动能 E 和 30min 最大暴雨强度 I_{30}。R 值的确定是以一年中各次暴雨产生的总能量（$\mathrm{J/m^2}$）和最大 30min 内降雨强度（cm/h）的乘积来表示，即

$$R=\sum E \cdot I_{30}$$

2．土壤可蚀性因子 *K*　土壤可蚀性因子是对某一特定土壤固有可蚀性的定量描述。对于某一特定土壤，土壤可蚀性因子 K 是一个与标准小区相比的单位侵蚀指数的侵蚀率。影响土壤可蚀性程度的主要因素包括质地、结构、黏粒类型、有机质含量和渗透性等。一般颗粒粗、团粒结构好、渗透快的土壤的 K 值低，反之则高。K 值可以实测，也可查表4-3。实测 K

值在标准径流小区中进行，标准径流小区宽 1.5m、长 22.1m，坡度 9%（相当于 5°），地面无植被，完全休闲，无任何水土保持措施。当地面发生径流时，土壤随侵蚀流入区下水槽内，取样、烘干、称重，就可算出 K 值，其值大约变动在 0.02～0.75。

表 4-3　土壤可蚀性因子 K 的一般数量级指标

质地等级	有机质含量			质地等级	有机质含量		
	0.5%	0.2%	4%		0.5%	0.2%	4%
砂土	0.05	0.03	0.02	壤土	0.38	0.34	0.29
细砂土	0.16	0.14	0.10	粉砂壤土	0.48	0.42	0.33
极细砂土	0.42	0.36	0.28	粉砂土	0.60	0.52	0.42
壤质砂土	0.12	0.10	0.08	砂质黏壤土	0.27	0.25	0.21
壤质细砂土	0.24	0.20	0.16	黏壤土	0.28	0.25	0.21
壤质极细砂土	0.44	0.38	0.30	粉砂黏壤土	0.37	0.32	0.26
砂壤土	0.27	0.24	0.19	砂黏土	0.14	0.13	0.12
细砂壤土	0.35	0.30	0.24	粉砂黏土	0.25	0.23	0.19
极细砂壤土	0.47	0.41	0.33	黏土		0.13～0.29	

3．地形因素 LS　在通用土壤流失方程中，坡长和坡度的影响分别表示为 L 和 S，而在实际应用时常将二者作为一个独立地形因子 LS 来估计。LS 是无计量单位的数值（表 4-4），其值是拟测坡度与坡长的土壤流失量与坡度为 9%、宽度为 1.5m、坡长为 22.1m 标准小区的土壤流失量之比。一般 LS 数值也可用经验公式计算。

表 4-4　不同坡度、坡长的 LS 值

坡度/%	坡长/m									
	15	25	50	75	100	150	200	250	300	350
0.5	0.08	0.09	0.10	0.11	0.12	0.13	0.14	0.14	0.15	0.15
1	0.10	0.12	0.15	0.17	0.18	0.21	0.23	0.24	0.25	0.27
2	0.16	0.19	0.23	0.26	0.29	0.32	0.35	0.37	0.40	0.41
3	0.23	0.27	0.33	0.37	0.41	0.46	0.50	0.54	0.57	0.59
4	0.30	0.37	0.48	0.57	0.64	0.75	0.84	0.92	0.99	1.05
5	0.37	0.48	0.68	0.84	0.96	1.18	1.36	1.52	1.67	1.80
6	0.47	0.60	0.86	1.05	1.21	1.48	1.71	1.91	2.10	2.26
8	0.69	0.89	1.26	1.55	1.79	2.19	2.53	2.83	3.10	3.35
10	0.96	1.24	1.75	2.15	2.48	3.04	3.50	3.92	4.29	4.64
12	1.27	1.64	2.32	2.84	3.28	4.02	4.64	5.18	5.68	6.13
14	1.62	2.09	2.96	3.63	4.19	5.13	5.92	6.62	7.25	7.83
16	2.02	2.60	3.68	4.52	5.21	6.38	7.37	8.24	9.02	9.74
18	2.46	3.17	4.48	5.50	6.34	7.77	8.97	10.03	10.98	11.86
20	2.94	3.79	5.36	6.58	7.58	9.29	10.72	11.99	13.13	14.19

4．作物管理因子 C　作物管理因子是在相同土壤、坡度和降雨条件下，种植某一特定

作物或植被情况时土壤流失量与耕种过后连续休闲土地土壤流失量的比值。因此，C 值是一个相对值。不同植被类型、不同作物种类、不同生长阶段和耕作管理措施，C 值不同，即其对防水蚀效果不同。当地面无任何覆盖时 C 值为 1.0；当地面得到良好保护时 C 值则小于 1.0，土壤侵蚀减小。例如，农作物不同耕作时期其覆盖度不同，C 值也不同，范围在 0.08～0.65（表 4-5）。草地与林地因其覆盖度不同，C 值也不相同（表 4-6）。在相同覆盖度条件下，森林的 C 值最小，其防水蚀效果最好，其次是乔木、灌木和草原。

表 4-5　作物不同耕作期的 C 值

作物	土地翻耕期	整地播种期	苗期	成熟期	收获期（收后留残茬）	收获期（收后不留残茬）
玉米	0.15	0.40	0.33	0.15	0.22	0.45
小麦	0.30	0.45	0.35	0.08	0.20	0.40
谷类作物	0.30	0.45	0.35	0.08	0.20	0.40
高粱	0.15	0.35	0.28	0.14	0.20	0.45
马铃薯	0.25	0.60	0.35	0.25	0.45	0.65
大豆	0.35	0.63	0.40	0.26	0.30	0.45

表 4-6　林草不同覆盖度 C 值

覆盖度/%	0	20	40	60	80	100
草原	0.450	0.240	0.150	0.090	0.043	0.011
灌木	0.400	0.220	0.140	0.085	0.040	0.011
乔木	0.390	0.200	0.110	0.060	0.027	0.007
森林地	0.100	0.080	0.060	0.020	0.004	0.001

5. 土壤侵蚀控制措施因子 P　土壤侵蚀控制措施因子是指采用专门措施后土壤流失量与采用顺坡种植时土壤流失量的比值。通常包含于这一因子中的侵蚀控制措施有等高耕作、等高带状种植、修梯田。据魏斯曼和史密斯研究，在每一项措施中，坡度为 3%～8%时，因子 P 最有效，而后随着坡度增大而增加；当在坡度降低到 2%以下时，由于技术措施的副作用，与顺坡种植相比，P 值反而增加（表 4-7）。

表 4-7　坡耕地的 P 值

土地坡度/%	等高耕作	等高带状种植	修梯田
1～2	0.60	0.30	0.12
3～8	0.50	0.25	0.10
9～12	0.60	0.30	0.12
13～16	0.70	0.35	0.14
17～20	0.80	0.40	0.16
21～25	0.90	0.45	0.18

土壤流失方程把影响土壤流失量的每一个因素简化成一个参数，当这些参数在一起连乘时，就可以得出土壤年流失总量。土壤流失总量的大小取决于上述五大因素参数取值的大小。当五个因素都具有最大值时，土壤流失量最大；反之最小。所以只要采取正确的防水蚀措施，

使每一个因素的取值低于一定的范围，土壤流失总量就可控制在一个可允许的范围。所谓允许土壤流失量是指在维持土地较高生产力水平前提下的最大土壤侵蚀率。在西方国家土壤允许流失量定为2～11t/（hm^2·年），主要根据土壤情况而定。一般来说，土层厚、中等质地、渗透性好的土壤，其允许土壤流失量定为11t/（hm^2·年）；土层薄、底土差的允许流失量为3～5t/（hm^2·年）；其他土壤允许流失量在这两个限量之间。对某一特定土壤来说，土壤允许流失量可作为土壤保持规划的一个原则。

例如，在坡度为5%的土地上经营农业，坡长为150m，算得地形因素LS值为1.2，土壤可蚀性因子K值为0.36，地区R值为300，采用的轮作制C值为0.4，顺坡耕作P值为1.0，则土壤流失量：

$$A=300\times0.36\times1.2\times0.4\times1.0=52\ [\mathrm{t}/(\mathrm{hm}^2\cdot\text{年})]$$

如果预先规定好该地区的允许土壤流失量A，利用此方程式可反向计算作物管理因子C和土壤侵蚀控制措施因子P。因为在一个地区，R和K因素属于自然因素，是人类难以控制的因素，但其他因子，尤其是C和P是人为因素，通过人为措施可以改变，降低其值，最终实现减少水土流失量的目的。

三、农田水蚀控制的基本措施

农田水蚀防治的基本措施通常包括工程措施、生物措施和耕作措施。

（一）工程措施

防治水蚀的工程措施主要在于改变坡地形态，从而使径流量和径流速度降低。修筑梯田就是通过控制坡长、降低坡度，减缓田面径流的一项有效的工程措施。此外，利用工程措施修筑淤地坝、水窖、涝池等也可在一定程度上减少沟蚀，并集蓄水与雨水重复利用于一身。

1．梯田　梯田是为了保持水土、发展农业生产，将坡地改造成台阶式或波浪式断面的田地。田地之间的形状像楼梯，边缘筑有田埂，是特殊的农业生态系统。按照梯田断面形式，我国已有梯田可分3种类型（图4-1）。

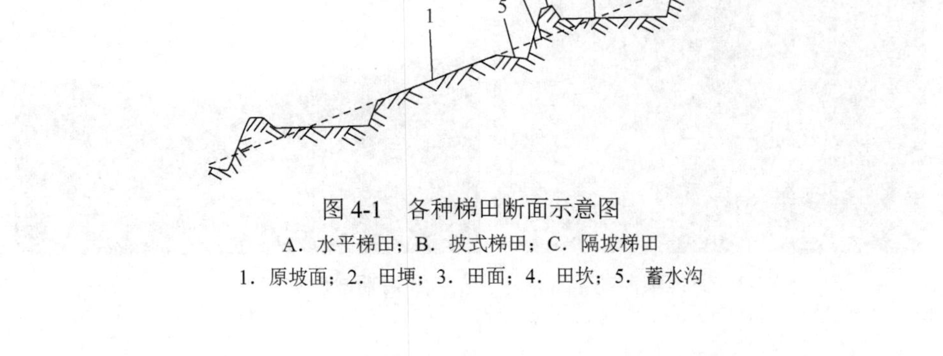

图4-1　各种梯田断面示意图

A．水平梯田；B．坡式梯田；C．隔坡梯田

1．原坡面；2．田埂；3．田面；4．田坎；5．蓄水沟

（1）*水平梯田*　把耕地长坡分段，在各段内采用里挖外垫方法，把坡面修成若干个长条梯田，上下相连形成连台阶梯，每一梯田便形成一个耕作种植区（图 4-1A）。水平梯田是我国梯田的主要形式。梯田边修筑地埂，可增强蓄水能力，防止雨水冲毁梯田。

（2）*坡式梯田*　在坡面上每隔一定距离（20～30m）沿等高线开沟筑埂，把坡面分割成若干个带状田块，除开沟和筑埂部分改变了小地形外，坡面其他部分保持原状不动，所以叫坡式梯田（图 4-1B）。农耕地修筑坡式梯田，结合土壤耕作向下翻土，可使田面坡度逐步变缓。

（3）*隔坡梯田*　将水平梯田与坡段相结合，在每两个水平梯田之间，间隔原坡面的斜坡地（图 4-1C）。大雨或暴雨时斜坡上流失的水土可被水平梯田拦蓄。隔坡梯田的隔坡间距视坡度、土质和雨量而定。一般采用斜坡段与水平宽度之比为 1∶1 或 2∶1。

梯田在南北各地均有分布。不同的是，从种植作物的角度看，梯田有北方旱作梯田与南方稻作梯田之别（图 4-2）。黄土高原的梯田能减少地表径流量和土壤冲刷量 70%～90%，雨季增加土壤水分 400～450m^3/hm^2，较坡地作物增产 1 倍以上。截至 2020 年，黄河流域累计初步治理水土流失面积 25.24 万 km^2。其中，修建梯田 608.02 万 hm^2。

彩图

图 4-2　北方梯田（左）和南方梯田（右）

坡地修筑梯田时要注意保留坡耕地的熟化表土，可保证新修梯田当年不减产。保留表土方法有表土中间堆置而后散开法、多壕取土保存表土法、表土逐行置换法等。

2. 淤地坝　淤地坝是黄土高原严重水土流失区治沟工程的主要形式，是指在小流域骨干沟道内修筑大坝，拦蓄径流和泥沙，经多年洪水淤积而成粮田。淤地坝前期蓄水，后期淤地，可起到拦截泥沙，蓄洪滞洪，减蚀固沟，增地增收等作用（图 4-3）。黄土高原地区农谚“打坝如修仓，拦泥如积粮，村有百亩坝，再旱也不怕”形象地描述了淤地坝的作用。坝地土壤湿度可达坡耕地的 1.86 倍，作物产量是坡耕地的 6～10 倍和梯田的 2～3 倍。淤地坝建设在黄土高原已有数百年历史，是行之有效的水土保持工程技术。经历了由自发到有组织进行，试验示范到全面推广，单坝到坝系，淤地坝与骨干坝相结合、联合调度等发展阶段。

彩图

图 4-3　淤地坝前期蓄水拦沙（左）和后期淤地实施生产（右）

截至 2020 年，黄河流域累计建成淤地坝 5.81 万座，其中大型坝 5858 座，中型淤地坝 1.2 万座，小型淤地坝 4.03 万座。累计已形成淤坝地 8.59 万 hm^2。在拦沙滞洪、巩固退耕还林（草）、保障生态安全和粮食安全、促进经济和社会稳定发展等方面发挥了重要作用。

3. 水窖　水窖是在黄土高原和丘陵等地区建设的一种小型蓄水工程（图 4-4），降雨时其可将坡地、道路、晒场、住宅等地上径流引入窖内。这样不仅可以减少坡下沟蚀，减轻水土流失，而且引入窖内的降水可以供人畜饮水或作物生长期间的补充灌溉。

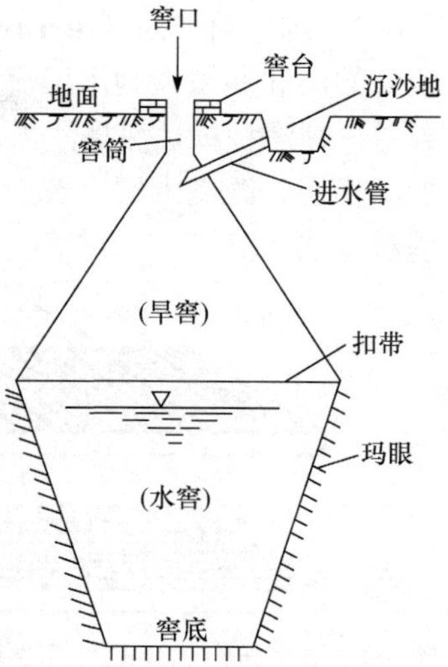

图 4-4　水窖结构示意图

（二）生物措施

1. 种植上整体布局　对于不适宜农耕的坡地，要退耕还林、种草、归牧，同时确立与土壤水蚀区气候相适宜的、有助于控制农田水蚀的种植业结构，如扩大密播作物面积，压缩中耕作物比例；扩大秋熟作物面积，压缩夏熟作物面积；扩大多年生作物面积，压缩一年生作物面积等，都可以在一定程度上通过增加农田植物覆盖度，避免暴雨季节农田裸露休闲等，减轻水土流失的发生。

2. 合理轮作　在坡耕地上实行合理轮作，能有效防治水蚀，如把防侵蚀作用强的多年生牧草纳入轮作，实行草田轮作；避免防侵蚀力差的中耕作物长期连作；不可使土地长期裸露，避免休闲；作物收获后最好留茬越过侵蚀期；安排豆科作物培肥地力。

3. 带状种植（strip cropping）　在坡地上沿等高线将坡耕地划成长而窄的条带，并相间种植不同作物，包括密播保护作物如多年生牧草，也包括不耐水蚀的中耕作物和密植禾谷类作物。一般可采取多年生牧草与作物带状间作，或密生作物与疏生作物间作，并在时间上轮换种植。牧草带既可降低水蚀危害，也可拦截和纳蓄作物带流失的水土。在同样条件下，带状种植比非带状种植平均减少土壤流失 1/4。带状种植再配合填闲种植、残茬覆盖及等高耕作，防侵蚀的效果更好。带状种植需要确定种植带的宽度以及间作作物的比例，一般是坡度越陡，作物带越窄，牧草带比例越大。

4. 多作种植　多作种植即通过发展间混套作与复种，尽可能延长农田全年作物覆盖时间和覆盖度。

（三）耕作措施

耕作措施防止水土流失的基本原理在于利用土壤耕作措施增加地面粗糙度，改良土壤结构，提高土壤肥力和透水贮水能力，减轻土壤径流和土壤流失量，从而达到保水保土、培肥地力和持续增产的目的。

1. 等高耕作法（contour cultivation）　是指沿坡地等高线进行耕作的方法，是坡地保持水土的最基本耕作措施。坡地地表径流是顺坡而下，若采取顺坡耕作，会使地表径流顺犁沟集中，加大水土流失。相反，若采取等高耕作，则每一条犁沟和横坡种植作物行都可作为障碍物，拦截径流，减轻土壤冲刷，起到保水、保土、保肥的作用（图 4-5）。研究表明，等高耕作较顺坡耕作水蚀量减少 25%～78%。但等高耕作一般适宜于缓坡地上采用，随着坡度增加，其作用降低。

2. 沟垄耕作法（furrow and ridge tillage）　是指通过土壤耕作在地表上沿等高线形成较大的沟和垄来控制水土流失的耕作方法（图 4-6），适于坡度较大耕地上应用。此法需深耕起垄，顺沟种植，深播浅盖，播后镇压，通过中耕破垄、倒壕、换垄，能拦淤泥，蓄水保墒，加深耕层，改良土壤。黄土高原推广的水平沟种植法、丰产沟种植法、沟垄种植法都属于沟垄耕作法范畴。

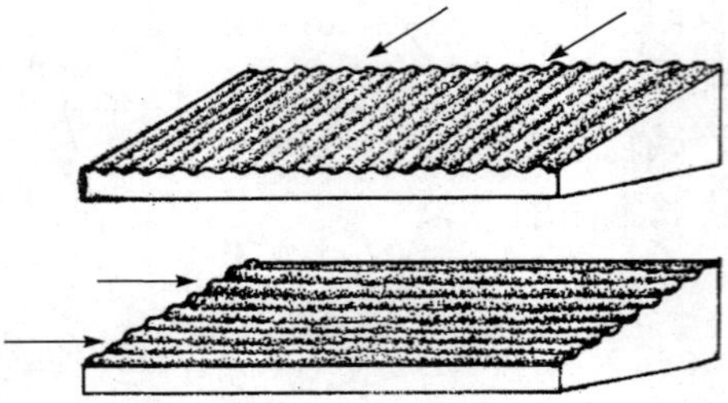

图 4-5　顺坡耕作法（上）与等高耕作法（下）示意图

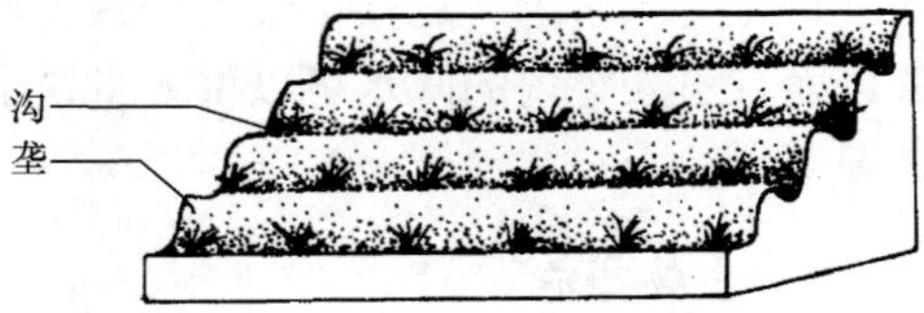

图 4-6　沟垄耕作法示意图

3. 区田耕作法　是由古代区田耕作法演变而来，现代又称为丰产坑等。具体做法是：沿等高线在坡上每隔 $1m^2$ 范围挖一方坑，长、宽、深各 50cm。挖出的生土在坑下沿和左右两侧做成土埂，把上方 50cm 和左右两侧各 50cm 范围内挖出的表土放在坑内，然后在坑内施肥和播种，上下两行坑成“品”字形交错排列，能使表土和肥料集中使用，而且改变了小地形，暴雨时能拦截地表径流，保持水土。

4. 残茬覆盖耕作法　在地表保留足够数量的作物残茬或秸秆，缓和了雨滴冲击地面的力量，减少了地面板结，同时有利于雨水渗入土壤减少径流，防止或减轻土壤侵蚀。

5. 少耕与免耕　免耕不翻动土壤，并且地面保留一定的残茬或秸秆，避免了地面裸露，从而有效地防止和减轻了土壤侵蚀。少耕法是在满足作物必要的土壤耕作措施的基础上，尽可能减少耕作次数及环节，以便保持良好的耕层构造，避免土壤过于疏松，从而减轻土壤流失。

视频 4-2

第二节　防　风　蚀

一、风蚀的危害及其影响因素

风蚀（wind erosion）是指土壤颗粒被风吹起、移动、降落，从而破坏土壤、危害农业生产的过程。风蚀可分为悬移、推移、跃移、磨移等几种形式。

（一）风蚀的危害

由于风蚀土壤颗粒在空间上重新分布和分选，可能对所作用到的土壤、与土壤有关的微地形和任何与该土壤有关的农业活动产生严重危害。研究表明，当风速为 5～7m/s 时，土壤颗粒沿地表强烈移动，开始低风蚀；当风速上升到 15m/s 以上时，气流搬运能力增强，致使离开地面的土壤颗粒呈悬浮状态被带到很远地方，出现沙尘暴。在风蚀严重地区，一次沙尘暴就可以使农田损失 2～8cm 土层，严重时可把肥沃表层全部吹走，露出下层母质，使农田失去种植价值。在冬春季节农田刚播种或幼苗刚出土时，抗风蚀能力较弱，风蚀可能刮走种子和幼苗，或种子裸露于地面而不能发芽，或植物叶子被折断和打落，或分蘖节和根系被风吹露出地面，甚至连根拔起，造成农作物重播或改种，浪费人力、物力和贻误农时，导致作物减产低效。

风蚀所导致的土地荒漠化和土地沙化给国民经济带来了严重危害。根据《联合国防治荒漠化公约》界定，土地荒漠化是指包括气候变异和人类活动在内的各种因素造成干旱、半干旱和半湿润偏旱地区土地退化。土地沙化是指在各种气候条件下，由于自然和人为因素导致土地呈现出沙质或砾质为主的土地退化。土地荒漠化被列为全球各种生态灾难之首，每年造成直接经济损失约 423 亿美元。如 20 世纪二三十年代，美国实现了农业机械化，农田大面积使用翻耕法，由于气候持续干旱，土地沙化严重，数次灾难性沙尘暴从美国西部干旱地区刮起，席卷 2/3 美国大陆，刮走地表层 10～50cm 厚度的肥沃土壤 3.5 亿 t，冬小麦减产 51 亿 kg，约有 2.82 亿英亩①耕地和牧场受到严重破坏，另有 7.75 亿英亩耕地和牧场受到不同程度侵蚀，这场以“黑风暴”著称的土壤侵蚀，结束了美国西部农业无限制开发梦想。还有 1963 年苏联西伯利亚地区半干旱草地开垦与气候干旱引起了“黑风暴”，1700 万 hm^2 土地遭受风蚀危害，作物绝产 400 万 hm^2。

我国也是世界上受风沙危害最严重的国家之一，根据水利部 2023 年全国水土流失动态监测结果：我国风蚀面积达 156 万 hm^2，占国土面积的 16.3%。风蚀主要分布在内蒙古自治区、新疆维吾尔自治区大部，陕西省、宁夏回族自治区、山西省、河北省等的北部，吉林省、辽宁省西部，甘肃省中北部及青海省大部等农牧交错带、北方草原区、大沙漠边缘地区。

（二）影响风蚀的因素

20 世纪 60 年代 Woodruf 和 Siddoway 等提出了风蚀预测方程，概括了风蚀的影响因素：

$$E=f（I，K，C，L，V）$$

式中，E 为土壤年流失量［t/（hm^2·年）］；I 为土壤侵蚀度因素；K 为垄体粗糙度因素；C 为气候因素；L 为田块未保护宽度因素；V 为植被覆盖因素。该方程量化后可用于测算风蚀量，也可用作分析风蚀发生的主要原因和确定防护措施的依据。

1．土壤侵蚀度因素 *I*　土壤侵蚀度主要与土壤颗粒、质地和结构有关。土壤颗粒，无论是土粒、团聚体或土块，只要有足够大小或重量便不容易被风吹动，特别是团粒结构和块状结构体，具有更强抗风蚀力。研究表明，土壤颗粒直径大于 1mm 的土粒，属非风蚀性颗粒，不容易受到风蚀；而直径小于 1mm 的土粒属风蚀性颗粒，在大风下容易产生风蚀。风蚀性颗粒又分三种：一种是直径在 0.5～1.0mm 的颗粒，为滚动颗粒，当达临界起动风速时，土粒沿地面滚动而搬运；二是 0.1～0.5mm 的颗粒，为跳跃颗粒，在较大风速下，土粒时而被吹离地面，时而降落，呈跳跃式前进运动；三是直径在 0.1mm 以下的颗粒，为悬浮性颗粒，由于颗粒小、重量轻，大风吹动便呈尘埃飘扬空中，是造成沙尘暴和污染空气的主要成分。

质地对风蚀影响主要在于土壤黏粒含量高低。砂土和黏土都容易产生风蚀，只是风蚀程度不同。砂土含很少黏粒和有机物质，不能把沙粒胶结起来形成团聚体，很容易遭受风蚀。黏土含有较多黏粒和胶体物质，能胶结土粒形成团聚体和土块，可以抵抗风蚀，但其一旦经过风化作用后，非侵蚀颗粒会遭到破坏，到春季干旱季节也容易受到风蚀侵害。一般随着黏粒含量增加，表土团聚作用增强，土壤容易形成团聚体和土块，从而免遭风蚀。

2．垄体粗糙度因素 *K*　粗糙地面能降低风速并能捕集土粒，有效减轻风蚀。而影响土壤粗糙度的因子通常有土块、覆盖物和垄体的存在。在此仅讨论农田垄体粗糙度。垄体粗糙

① 1 英亩＝0.404 688hm^2

度因子是指土垄具有 1∶4 标准高宽比时粗糙度当量（K_{r}）。标准垄体高宽比是指垄体横断面高度 10cm 与宽度 40cm 的比值，即高宽比为 1∶4。通过土壤耕作形成田间垄体，主要防风蚀作用是降低近地面大气层风速和利用垄间沟捕捉移动的土壤颗粒。垄体垂直于风向时防风效果最好，当垄高低于 5cm 时降低风速和捕捉土粒效果都较差；当垄体高于 10cm 时，风在垄前容易形成涡流，且风越过垄体摩擦速度增大，防风蚀效果也差。

3．气候因素 *C*　风蚀的气候因素主要包括大风季节中风的频度、风速、降水量、气温和土壤湿度。研究表明，土壤风蚀量与风速的立方成正比，与表面土壤湿度的平方成反比。风速越高则搬运土粒的能量越大，土壤风蚀也就越强。微风不足以产生风蚀，4～5 级风产生轻微风蚀，6～8 级风风蚀增大，9～12 级风出现严重风蚀。凡是能降低风速的措施都具有一定的防风蚀效果。土壤水分通过水膜拉力团聚土粒，能减轻风蚀危害。湿土不发生风蚀，随着土壤水分减少，风蚀则迅速增强。因此，在降雨稀少的干旱荒漠地区，风蚀和飘尘则经常发生。

4．田块未保护宽度因素 *L*　田块未保护宽度因素是指下风向没有防护的田块距离（m）。如果田块有防护措施，如防风篱笆、防护林带、作物防风障，其防护距离一般是防护措施高度的 10 倍（10*H*），此时田间总宽度减去防护设施的防护宽度，所得差值就是田块风蚀宽度因素 *L* 值。土壤风蚀量随风蚀带宽度的增加而增大，在一块宽广无防护的农田上，在靠近迎风面一边风开始拣起土粒，携带风蚀物负荷量随横跨田间距离增大而增加，直到达最大负荷量为止。达到最大负荷量距离与土壤侵蚀性有关，越容易被侵蚀的土壤，达最大负荷量所需要距离就越短。据研究，在地面 10cm 高处风速为 18m/s 时，无结构细沙土达最大风蚀负荷所需距离小于 55m，而有土块的中质壤土则达 1500m 以上。当风蚀物达到最大负荷量时也是风蚀最严重的时候。在易风蚀区设置防护措施时，为了尽可能减轻风蚀，应该把无防护地段宽度 *L* 值缩小到最低限度。

5. 植被覆盖因素 *V*　正在生长的作物和覆盖地面的作物残茬是最经济有效的防风蚀方法。作物挺立于地面之上，不仅能降低风速，而且把气流线抬高到一定高度，使风不直接吹袭地表，减轻土壤风蚀。据报道，直立小麦残茬地风蚀量仅为裸地风蚀量的 17.5%，而相同分量的平铺麦秆地风蚀量却为裸地风蚀量的 53%。

视频 4-3

二、防治风蚀的主要措施

防治风蚀主要是通过农业措施和工程措施减弱地表风速和改善表土条件，提高土壤抗风能力。

（一）防治风蚀的农业措施

1．保护性土壤耕作　土壤耕作可以防止风蚀，但不恰当的土壤耕作也可以助长风蚀。因此，要采用有利于保留作物残茬或造成土壤粗糙块状表层的耕作法，如无壁犁犁地、深松耕等可增加表面粗糙度和表面不易侵蚀部分的分量，从而有助于减轻风蚀。其次，可采取深耕覆盖将黏质底土带至表面，增加表土黏粒含量，以产生高度抗风蚀团聚体和土块，达到有效降低风蚀的目的。此外，开沟起垄、免耕覆盖等也是有效防止风蚀的重要措施。为了避免土壤耕作的不利影响，应将土壤耕作与其他防风蚀措施相互配合，同时土壤耕作方向应该尽可能与盛行风向垂直。

2．保护性种植　首先在风蚀影响地区，应选择种植防风蚀能力强的作物和品种。由于不同作物的株形、韧性、田间覆盖度及根系固持能力不同，其防风蚀性能也不同。一般抗风蚀能力较强的作物有大麻、麦类、苜蓿等，马铃薯、玉米、谷子等次之，棉花、瓜类、豆类等最差。其次，调整播种期，避开风季，防止毁种。如春小麦可顶凌播种，在风季来临时麦苗已健壮，已具有一定的防风能力。再次，多熟种植、填闲种植、带状种植等种植措施在一定程度上都可以减轻风蚀发生。它们能提高农田植被覆盖度，延长植被覆盖地面的时间，增加地面粗糙度和降低风速，从而保护地面土壤。也可通过选择适当覆盖种植方法，如地表留茬种植、铺撒植物有机残体或覆盖地膜等，增加地面粗糙度，达到防止风蚀目的。

3．设置田间屏障　在田间可以设置作物防风障、雪栅防风障、篱笆防风障及自然屏障等。作物防风障是利用一种特殊的带状间作形式，利用高秆保护作物去保护低秆被保护作物，使易受风害作物免受风害。例如，一年生苏丹草、玉米、高粱等高秆作物，如果密植可以构成有效的作物屏障，保护矮秆作物免受风蚀。

可将多种措施结合应用，如燕麦（小麦、油菜等）与马铃薯间作带状留茬固土保水减尘技术，该技术是在内蒙古阴山北麓旱作区推广应用的农田固土保水耕作技术之一。在内蒙古农牧交错风沙区，主栽作物为马铃薯、燕麦、油菜、小麦等，土壤类型以栗钙土为主，土壤贫瘠、保水肥性差，马铃薯收刨对土壤的扰动及田间秸秆少，均加剧了马铃薯农田的风蚀。采用燕麦（小麦、油菜等）与马铃薯带状留茬间作轮作技术（图 4-7）能有效降低农田风蚀，并具有蓄水保墒、增加土壤养分与增产增收效果。关键技术为：①燕麦（小麦）留茬与马铃薯间作轮作模式。春季带状间作燕麦、小麦等与马铃薯，种植带宽均为 3.6～8.4m，秋季燕麦（小麦）收获时留茬高度 15～20cm，翌年春季两个作物种植带再轮作。②油菜留茬与马铃薯间作轮作模式。春季带状间作油菜与马铃薯，种植带宽均为 3.6～7.2m，秋季油菜收获时留茬高度 30～50cm，翌年春季两个作物种植带再轮作。经过连续 8 年的田间定位试验和示范，明确了其对水土流失、产量、土壤水分含量等的影响：①燕麦（小麦、油菜）留茬与马铃薯带状种植较传统翻耕马铃薯降低风蚀量 68.74%～78.35%，增加土壤含水量 10.9%～26.5%、提高土壤养分含量 5.9%～23.8%。②燕麦与马铃薯间作模式的燕麦增产幅度为 15.1%～18.5%，马铃薯增产幅度为 4.8%～10.1%；油菜与马铃薯间作模式的油菜增产幅度为 11.7%～16.6%，马铃薯增产幅度为 4.1%～8.5%。此技术的经济、社会与生态效益较为显著，应用前景广阔。

图 4-7　农牧交错风沙区油菜（左）、燕麦（中）、小麦（右）与马铃薯间作带状留茬固土保水减尘技术模式

等高田燕麦全年免耕留茬覆盖技术是农牧交错区黄土高原丘陵沟壑区应用的另一项固土保水耕作技术，该地区主要以燕麦、大豆、黍子、玉米为主要作物，冬春季节风蚀严重，夏秋季节水蚀严重。采用等高田燕麦全年免耕留茬覆盖技术（图 4-8）能有效减轻风蚀和水蚀程度，并具有蓄水保墒、增产增收效果。关键技术为：一是土地选择方面，渐进式等高田或者坡度较小、土层较厚、质地较细的坡耕地，易引起水蚀的地块；二

彩图

是作物选择，适宜密植与留高茬燕麦、玉米、谷子、糜、黍及油菜等作物；三是等高种植免耕留茬，割茬高度控制在 20～30cm，秸秆覆盖地表；四是配套技术，集成渐进式等高田建设技术。研究表明，等高留高茬及留高茬加秸秆覆盖较传统耕作土壤径流量平均分别减少 46.43%、66.07%，土壤侵蚀量平均分别减少 48.47%、67.37%；等高留高茬及留高茬加秸秆覆盖较传统耕作增产 5%、增收 10%以上。此技术可有效地减少土壤侵蚀量，且具有良好的增产增收效果。

图 4-8　免耕留茬覆盖固土保水技术

彩图

（二）农田防护林网建设

农田防护林是防护林体系的重要组成部分。建立于农田四周对农田起保护作用的防护林称为农田防护林带或农田防护林网（图 4-9），是防止风蚀的最有效措施。

图 4-9　农田防护林网

彩图

1. 农田防护林的作用

（1）防风作用　　建立在农田四周的林带犹如一堵直立林墙，可明显地降低风速。当风吹向林带时，一部分气流遇到林带阻挡，迫使部分气流抬升，翻越林带而过；另一部分气流穿透林带间隙而过，与树干、枝叶之间碰撞和摩擦，降低了气流动能。当翻越林带气流与透过林带气流到达背风面一定距离内汇合时，将再次磨损一部分动能，致使防护林带背风面一定范围内风速明显下降，形成了有效的防风区。在 1～2m 高处降低风速作用明显，而更高处风速降低较少。在靠近土壤表面 10～15cm 高处气层中，风速降低最大，平均风速降低 50%。

（2）防沙作用　　沙粒任何运动形式，均以一定速度气流为动力，风起沙扬，风息沙止。而农田防护林可以降低风速，减弱乱流交换，从而防止或减轻土壤风蚀。由于林带对气流的抬升作用及林带本身所具有的防风性能，使林带迎风面或背风面林缘附近出现一个弱风区，促使气流中近地面空间呈跃移和滚动运动的沙粒，在弱风区沉降堆积，制止了沙粒继续前进，起到阻沙、防沙和固沙的作用（图 4-10）。

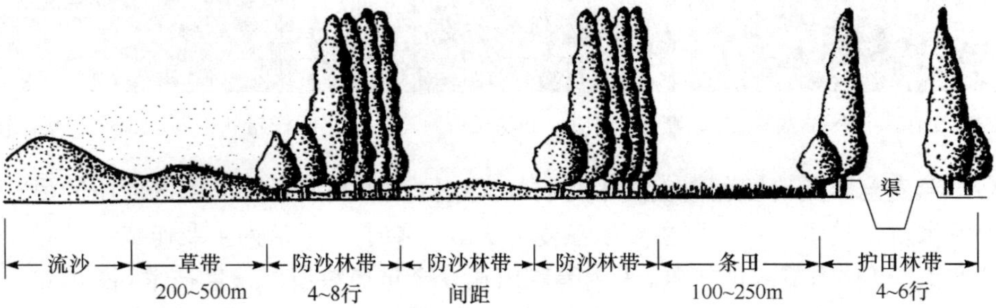

图 4-10　防护林体系示意图

（3）减轻水蚀及保水作用　林带上部林冠可阻截部分降水，增加林下土壤水分入渗，减少雨滴对地面冲击，可明显减少地表径流，降低蒸发力，增加土壤含水量，改善林带附近土壤水分状况。在寒冷地区春季融雪期，林带遮蔽能延长融雪期，增加入渗土壤融雪水量，避免地表径流。此外，由于林带使风速和涡流交换显著减弱，可提高林带内农田空气相对湿度，降低蒸发力，增加土壤水分含量，改善农田水分状况，特别是在夏季保水作用明显，在25*H*范围内平均相对湿度提高4.8%～12.5%，可抵御干旱风危害。在林带保护下可使田间土壤蒸发力减少12%～51%，土壤蓄水量增加70%。

（4）调温作用　林带减弱了风速和湍流交换，改变了林带附近热量收支各分量，从而引起了温度变化：一方面，由于林带提高了农田土壤含水量使土温降低，而土壤水分蒸发蒸腾耗热量增大，致使农作物冠层温度降低；另一方面，被保护农田湍流热交换减弱，可使农田表面温度及其邻近大气层温度增高。但林网内温度变化情况比较复杂，在不同状况下调温作用不同。在晴朗白昼，林带背阴面附近及带内地面得到太阳辐射能量较小、温度较低，而在向阳面林缘附近地面和空气温度常高于旷野；在夜间，由于林带壁面发生散热，温度较周围气温要低，而林带内温度又比旷野相对值高。在不同季节林带调温作用也不相同，如在新疆，春秋季节林带具有增温作用，春天可使田间气温提高0.7～3.5℃，秋天提高0.6～2.3℃；夏季林带又有明显降温作用，在林带背风面1～25*H*内，日平均温度降低1.7℃，最高温度降低1.8℃，最低温度降低1.5℃。

（5）对盐渍化土壤改良作用　营造防护林带是生物改良盐渍化土壤的重要措施。植树造林所选用树种大多数是耐盐碱的乔、灌木树种，如紫穗槐、榆树、洋槐、臭椿等。林带对盐渍化土壤改良作用主要是通过林带树木生物排水作用，降低地下水位，减轻地表积盐等作用而实现的。根据新疆观测，以柳树为主的5～6年生林带，在其两侧各100m范围内，较150m以外区域地下水位降低29～80cm，100m以内区域0～4cm土层中含盐量为0.27%～0.46%，而150m以外区域为0.8%。

2．防护林带的规划设计　林带、林网的防护效果主要决定于其结构和位置。因此，农田林网规划设计主要是林带结构和配置等相关参数设计，包括林带走向、林带间距、林带宽度、林带结构、林带树种等。护田林带通常由主林带和副林带两部分组成，主林带设在田块的长边，副林带设在短边地头上，构成方格林网，故又称护田林网（图4-9）。

（1）林带走向　林带走向主要根据害风方向来决定。害风是指风速大到可以对作物造成危害的风。林带方向是指林带配置的方向，可用林带与害风方向构成的夹角即交角表示。当主林带走向垂直于害风方向（交角为90°）时防风作用最大，随着交角变小，防风效果渐减。据研究，交角由90°减为65°，防风效果降低约25%；减少到37°，防风效果降低50%以上。因此，为了提高林带防风效果，尽可能保持主林带与主害风方向垂直。副林带与主害风方向平行且垂直于主林带，起辅助作用。

（2）林带间距　主副林带间距决定了林带网格大小，也决定了林带防护效果，林带间距过大或过小，林间农田防护效果较差或占用农田过多。一般主林带间距要根据林带结构有效防护距离和主要树种成林后高度来确定。如在风沙严重地区，护田林成林后高度可达10m左右，采用稀疏结构时防护距离为23m，则主林带间距为10×23＝230m时防护效果最大。副林带间距确定主要根据次要害风的危害程度、风沙干旱等危害程度和农业耕作要求而定。

（3）林带宽度　林带宽度可按林带两边行间距离，两侧各加1.5～2.0m来确定。确定林带宽度应以最大限度发挥林带防护效益，最小限度地占用耕地为出发点。根据各地经验，一般设计林带时，以 4～12 行、6～18m 宽为宜。

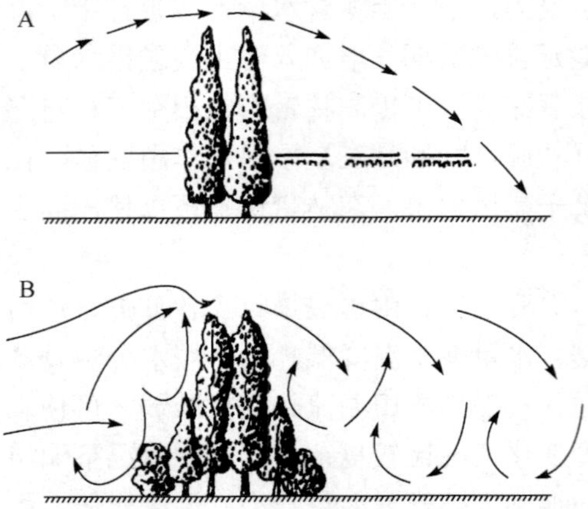

图 4-11　不同林带结构防风效果示意图

A. 通风结构林带；B. 紧密结构林带

（4）林带结构　林带结构是林带外部形态和内部构造的总称，包括林带的林冠层次、树种组成和栽植密度总和。林带结构不同，其防风效果不同。一般按照透光空隙大小和分布及防风特性，把林带结构划分为紧密结构、疏透结构和通风结构（图 4-11）。林带结构一般用透光度和透风系数来表示。透光度是指林带纵断面透光空隙面积与林带横断面面积的百分比。透风系数是指林带背风面林缘林带高度以下平均风速与无林旷野相应高度范围内平均风速之比。

1）紧密结构。林带由带幅较宽、行数较多、造林密度较大的乔木、亚乔木和灌木所组成。从上到下形成稠密林墙，透风透光性差，透光度和透风系数均在 0.3 以下。当大风遇到这种林带时，只有较少气流从林带中穿过，而大部分气流从林带上缘越过，在背风林缘附近形成静风区或弱风区，其防护效果以背风林缘附近最大，随着远离林带，风速逐渐增加，防风效果降低。其有效防护距离为 15*H*（*H* 为林带高度）左右，防护距离内风速降低 48.9%。由于在紧密结构林带内和林缘附近有一静风区，容易引起积沙、积雪。

2）疏透结构。疏透结构林带由行数较少、带幅较窄的乔灌木组成或不配置灌木，而只由侧枝较发达乔木组成。林带整个纵断面均匀透光，从上部到下部结构都不太紧密，透光空隙分布均匀。最适宜透光度为 0.3～0.4，透风系数为 0.3～0.5。当林带遇到害风时，大部分气流较均匀地通过林带，在背风林缘处形成多数小旋涡，风速降低；一部分气流由林带上缘越过，在背风林缘处形成一个弱风区。

3）通风结构。通风结构林带一般由乔木组成，不配置灌木或于林带外侧配置低矮灌木一行，或内外侧各配置一行，林带行数少，带幅窄。林带明显分为两层：上层为树冠，林冠层有均匀空隙，或不透光；下层只有树干，故有较大透光空隙。林带遇到风害时，一部分气流从上缘越过，下降较缓，不至于造成大旋涡；一部分气流穿过林墙，以致林带内风速比无林旷野还大，到背风林缘处开始扩散，风速渐减，直到较远处，出现弱风区。因而，这种结构的林带，有效防护距离比前两种林带结构要远，为 23～31*H*，平均降低风速为 40%～47%。

（5）林带树种选配　农田防护林生长好坏、能否稳定持久地起到防护作用和选择适宜树种有很大关系。因此，要因地制宜地选配适宜树种，能适应当地土壤和气候条件，符合经济发展需要，不仅具有向上生长能力，树冠发达，根系强大而不在表土蔓延，而且不给农作物带来病害，在风沙地区还应具有抗风蚀、耐旱、耐瘠薄能力。一般在护田林带中选配 4 类树种：

1）主要树种。是构成林带的主体，组成林带第一层林冠，起主要防护作用。主要由树形高大、枝叶繁茂、根系发达的乔木构成，如箭杆杨、新疆杨、毛白杨、橡树、桦树、洋槐、泡桐、沙枣等。

2）伴生树种。是亚乔木树种，如五角枫、白蜡树、刺槐、加拿大杨、槭树等，树冠较低，形成郁闭层，防止杂草，并对主要树种起天然整枝作用。

3）灌木树种。构成林带下层树种，一般树冠大，分枝多，叶量丰富，根系密集，如紫穗槐、沙棘、白蜡条等，可调节林带下层透风度，并具有郁闭地面、防止杂草丛生功能。

4）果树和经济树种。在营造护田林网的平原地区，土壤条件好，人多地少，可适当选择具有经济价值的果树与经济树种，如核桃、枣、杏、桑、柿、山楂、枸杞、花椒等。

视频 4-4

第三节　防　杂　草

一、农田杂草的危害及其种类

（一）农田杂草的定义

农田杂草是指生长在农田中的一切非栽培植物。广义地说，长错了地方的植物都可称之为杂草。凡弊大于益的农田植物都可称为杂草，都属于防除之列。据 FAO 报道，全世界农田杂草有 8000 种，粮田主要杂草约 250 种，危害较为严重的农田杂草有 76 种，其中香附子、狗牙根、稗、光头稗、蟋蟀草、白茅、假高粱、凤眼莲、马齿苋、马唐、藜、野燕麦、田旋花、绿穗苋、刺苋、铁荸荠、两耳草等 17 种杂草危害极为严重。我国有杂草 1400 余种，其中农田杂草有 580 种，以菊科、禾本科和莎草科杂草为主。

（二）农田杂草的危害

一般农田杂草都具有很强的生命力，对农田气候、土壤及与其共生的作物等具有较强适应能力，容易在农田中发生和蔓延。大量杂草侵占了作物生长空间，消耗地力，滋生病虫害，恶化作物生态条件，影响农作物生长发育，导致作物生产损失严重。我国草害严重的农田面积达 2000 万 hm^2，每年因草害而损失粮食约 7.5×10^9kg。

1．与农作物争光、争水和争肥，恶化农作物生态条件　杂草根系发达，匍匐在地面上的茎节也能生根，根系吸收能力强，幼苗生长速度快，易于覆盖或缠绕作物，对作物遮光降温，抑制作物生长或致使其倒伏，夺取水分、养分和日光能力大于作物。因杂草争水造成旱作农田产量损失更严重。

2．降低作物产量和品质，影响人畜健康　通常农田杂草发生密度与作物产量下降幅度呈正相关，大量杂草易导致农产品产量下降、质量变劣。如麦田猪殃殃、播娘蒿、刺儿菜丛生，作物容易倒伏，影响千粒重，降低产量。稻谷中含有稗籽粒会降低米质，出米率下降。小麦中混杂一定量的毒麦会引起人畜中毒或死亡，混有野燕麦种子的饲料常引起牲畜口腔、食道和胃黏膜发炎。

3．妨碍农事操作，增加生产成本，降低劳动生产率　作物倒伏后或者伴生大量杂草，会增加收割机作业阻力，降低机械作业效率，若混有较多青草则不易晒干，容易发生霉烂，造成损失。通常约有 1/3 农田生产成本支出是用于直接或间接除草工作。

4．杂草是作物病虫害中间寄主，增加病虫害的繁殖和传播　一些杂草由昆虫传毒而感染病毒后，再由昆虫把杂草上的病毒传到农作物上，成为病毒病发生的重要病源之一。棉蚜在刺儿菜、荠菜等杂草上越冬；稗是稻飞虱、叶蝉的中间寄主；鹅观草、狗芽根是小麦秆锈病菌和赤霉病菌的越冬寄主。

（三）农田杂草的发生特点

1．产生大量种子　杂草一生能产生大量种子繁衍后代，如在长江下游地区马唐、狗尾草、灰绿藜、马齿苋一年可产生 2～3 代种子，一株马唐、马齿苋就可产生 2 万～30 万粒种子。

2．多种繁殖方式　有些杂草不但能产生大量种子，而且还具有无性繁殖的能力。无性繁殖杂草的地下根茎生长快，在农田内蔓延很快。用锄头清除多年生杂草时，刺激杂草很快长出新枝。

3．传播方式的多样性　杂草种子或果实有容易脱落习性，有些杂草种子具有适应于散布的结构或附属物，借外力可传播很远，分布很广。例如，蒲公英、苣荬菜、刺儿菜等种子长有茸毛，可随风飞扬，飘至远方；牛毛毡、节节草等种子小而轻，可随水漂流，进入农田；苍耳等杂草种子有钩或黏性物质，易粘住人、动物，通过人畜活动带到各处。

4．种子休眠　很多杂草种子成熟后不能立即发芽，而要经过一定时间休眠期才能发芽，以免一落地立即发芽可能遭遇不良天气而灭种。杂草种子出苗很不整齐，能够分批出土，很难一次除尽。

5．种子寿命　杂草种子在土壤中存活寿命很长，如野燕麦、看麦娘、牛筋草种子存活可达 5 年。

6．杂草出苗、成熟期参差不齐　由于杂草开花、种子成熟期延续时间很长，早熟种子早落地，晚熟种子晚落地，在田间休眠和萌发也很不整齐，杂草防除较为困难。

7．杂草种子和作物种子大小形状相似　一些杂草种子和作物种子大小形状相似，如麦种中混有野燕麦、毒麦种子，难以区分和清除。

8．杂草出苗、成熟期和作物相似　一个地区主要农田杂草出苗与成熟期和作物相似，如看麦娘、牛繁缕的出苗和成熟期与小麦相似，一种作物常有几种比较固定的伴生杂草。

9．杂草竞争力强　多数农田杂草利用光能力和吸收水肥能力强，生长速度快，适应性和抗逆性强，具有拟态性和多种授粉繁殖途径，竞争力强。例如，杂草光能利用率比农作物高 2～2.5 倍，水分利用效率比农作物高 1.6～2.7 倍，大部分杂草比农作物更为耐旱；杂草种子通过休眠不出苗或缩短生育期、提早开花结实等，保证其种子繁衍、抵抗不良环境影响；有些杂草苗期和作物幼苗很难分辨，如麦田的野燕麦、水稻田的稗在苗期用肉眼难以分辨；通过自然杂交又可能创造新的杂草种类，为杂草防除增加了难度。

（四）农田杂草的分类

1．按植物学亲缘关系分类　杂草可分为五大类：藻类植物（如水绵和布氏轮藻等）、苔藓植物（如浮苔等）、蕨类植物（如问荆和槐叶蘋等）、裸子植物（如草麻黄等）、被子植物（如田旋花和狗尾草等）。其中，被子植物占农田杂草绝大多数。西北地区农田杂草以禾本科、菊科、十字花科和豆科种类最多。

2．按生物学特性（繁殖方式和发生时期）分类　杂草可分为如下 4 类。

（1）一年生杂草　一年生杂草是农田主要杂草类群，如稗、马唐、萹蓄、藜、狗尾草、独行菜等，一般在春、夏季发芽出苗，到夏、秋季开花结实后死亡，整个生命周期在当年内完成。这类杂草都以种子繁殖，幼苗不能越冬。根据种子发芽出苗时期，一年生杂草又可分为早春杂草和晚春杂草两种。

（2）二年生杂草　二年生杂草又称越年生杂草，如独行菜、荠菜、黄花蒿等，一般在夏、秋季发芽，以幼苗和根越冬，翌年夏、秋季开花，结实后死亡，整个生命周期需要跨越两个年度。

（3）多年生杂草　多年生杂草，如车前、蒲公英、狗牙根、田旋花、水莎草、扁秆藨草等，可连续生存3年以上。一生中能多次开花、结实，通常第一年只生长不结实，第二年起结实。多年生杂草除能以种子繁殖外，还可利用根芽、根茎、鳞茎等地下营养器官进行营养繁殖。按其无性繁殖器官，又可分为直根杂草（地面芽杂草）、根芽杂草（地下芽杂草）、根茎杂草、球茎杂草、鳞茎杂草等，其代表性杂草依次为蒲公英、刺儿菜、芦苇、香附子、小蒜等。

（4）寄生杂草　寄生杂草如菟丝子、列当等，不能进行或不能独立进行光合作用合成养分的杂草，即必须寄生在别的植物上靠特殊吸收器官吸取寄主养分而生存的杂草。

3．按农田生态型分类　根据农田水分环境，可分为旱地杂草和水田杂草两大类。上述按照生物学特性分类的杂草多属于旱地杂草。水田杂草按照水分适应性又可分为如下6类。

（1）旱生型杂草　如马唐、狗尾草等，多生于田埂及水沟两旁。

（2）湿生型杂草　如稗、灯芯草等，喜生长于水分饱和的土壤。不能长期生存在积水环境。

（3）沼生型杂草　如鸭舌草、香蒲等，其根及植物体下部浸泡在水层，植物体上部挺出水面。若缺乏水，则会生长不良甚至死亡。

（4）沉水型杂草　如金鱼藻等，植物全部浸没在水中，根生于水底土中或仅有不定根生长于水中。

（5）浮水型杂草　如眼子菜、浮萍等，植物体或叶漂浮于水面或部分沉没于水中，根不入土或入土。

（6）藻类型杂草　如水绵等，为低等绿色植物，整体生于水中。

（五）我国农田主要杂草

1．稻田主要杂草　因各地土壤和气候差异，我国稻田主要杂草种类繁多：稗、扁秆藨草、牛毛草、鸭舌草、异型莎草、水龙、草龙、丁香蓼、圆叶节节菜、日照飘拂草、眼子菜、野慈姑、矮慈姑、尖瓣花、萤蔺、鳢肠、水莎草、千金子、陌上菜、泽泻、水苋菜、双穗雀稗、空心莲子草、雨久花、狼把草、小茨藻、沟繁缕、母草、水葱、碎米莎草、香蒲、草泽泻、滇藨草、野荸荠、耳基水苋、轮藻、水绵等。

2．麦田主要杂草　麦田草害面积占30%以上。我国各地麦田主要杂草包括：野燕麦、田旋花、播娘蒿、荠菜、萹蓄、米瓦罐、打碗花、野芥菜、葎草、卷茎蓼、藜、苣荬菜、看麦娘、大马蓼、牛繁缕、碎米荠、本氏蓼、大刺儿菜、鼬瓣花、野荞麦、问荆、猪殃殃、密花香薷、薄蒴草、芦苇、棒头草、硬草、雀麦等。

3．玉米田主要杂草　我国玉米田草害面积约占1/2，可致玉米田减产50%以上。我国各地玉米田主要杂草：稗、马唐、野燕麦、牛筋草、千金子、藜、苋、反枝苋、马齿苋、狗尾草、画眉草、铁苋菜、龙葵、苍耳、苘麻、打碗花、田旋花、蓟、苣荬菜、曼陀罗、胜红蓟等。

4．大豆田主要杂草　大豆草害面积约占80%。东北春大豆田主要杂草：稗、卷茎蓼、问荆、鸭跖草、本氏蓼、苘麻、狗尾草、藜、马齿苋、铁苋菜等。黄淮海夏大豆田主要杂草：马唐、牛繁缕、狗尾草、反枝苋、鳢肠等。长江流域大豆田主要杂草：千金子、稗、牛筋草、碎米莎草、凹头苋等。华南双季大豆田主要杂草有：马唐、稗、牛筋草、碎米莎草、胜红蓟等。

5. 油菜田主要杂草　我国油菜田主要杂草有：看麦娘、日本看麦娘、稗、千金子、棒头草、早熟禾等禾本科杂草；繁缕、牛繁缕、雀舌草、碎米荠、通泉草、猪殃殃、大巢菜、小藜、阿拉伯婆婆纳等阔叶杂草。稻茬冬油菜田以看麦娘和日本看麦娘为最多。

视频 4-5

6. 棉花田主要杂草　黄河流域棉区主要杂草为：马唐、狗尾草、旱稗、反枝苋、马齿苋、凹头苋、藜、龙葵、田旋花、蓟等；长江流域棉区主要杂草为：马唐、牛筋草、千金子、狗尾草、旱稗、双穗雀稗、狗牙根、鳢肠、田旋花、蓟、繁缕、酸模叶蓼、藜、香附子等；西北内陆棉区主要杂草为：马唐、田旋花、铁苋菜、藜、西伯利亚蓼等。

二、农田杂草的农业防除

农业除草又称耕作除草，是指通过合理安排农艺措施，改变农田生态环境，抑制杂草发生或生长，从而达到降低或防止杂草危害的目的，是一种应用最早的杂草防治方法。

（一）清除感染源，防止杂草进入农田

1. 建立健全杂草检疫制度　对一些地区性杂草和恶性杂草，如菟丝子、列当、野燕麦、毒麦等，应列为检疫对象，并应采取有效措施，控制和消灭在感染区内，严防向非感染区传播蔓延。调运的农产品和种子及其包装、运输工具，都要经过严格检疫，严禁混进检疫性杂草种子。

2. 精选种子　认真精选种子，不仅清除了播种材料中混杂的杂草种子，同时对播种材料也有去杂、去劣和分级作用，从而保证作物出苗整齐、健壮、生长一致，有利于作物在田间占领优势，对杂草产生抑制作用。

3. 腐熟粪肥　许多杂草种子通过牲畜消化道后，仍保持甚至可以提高发芽率。农田施用厩肥或堆肥必须经过充分腐熟，既可预防杂草传播蔓延，又能提高肥效。利用混有杂草种子的农副产品作饲料，最好经过粉碎或蒸煮，以杀灭杂草种子。

4. 其他预防杂草感染的措施　一是清除田边杂草；二是在漂浮有杂草种子的灌溉渠中设置收集网，清除水中草籽；三是在杂草开花期前消除田间杂草，清除感染源。

（二）合理安排种植制度

1. 合理轮作　许多杂草的生育习性、发生季节、对环境条件的要求，均与伴生作物相似，长期连作势必造成草害猖獗。实行适当轮作倒茬，作物种类、生态环境、耕作管理措施发生变化，使一些杂草失去伴生或寄生条件，同时受到不同耕作措施的影响，从而起到抑制或杀伤某些杂草的目的。例如水旱轮作、密植作物和中耕作物轮作，除草效果都相当显著。

2. 适当调整作物播种和收获时期　春播作物晚播或早秋作物早播，增强了作物对杂草竞争能力，不仅打乱了杂草发生时期，又影响了杂草正常开花结实，具有较好的除草作用。

3. 适度密植与间混套作　适度密植可以增强作物对杂草的抑制作用，而实行间作、混作或套作，能够增加农田作物覆盖程度和覆盖时间，能抑制杂草生长，减轻危害。

（三）合理运用土壤耕作措施

合理运用土壤耕作措施，能直接消灭杂草幼苗、植株或地下繁殖器官，改变杂草种子在耕层中的分布状况，诱导或打破土中杂草种子的休眠，发挥良好的除草效果。

1．早春整地，诱发杂草　一般在早春播种前半月，耙耱整平表土，有利于提高地温，改善表土墒情，从而促进表土杂草早期萌发，便于提高播前除草效果。

2．播前封闭除草　在播种前用中耕机或耙，全面耕耙表土，用以消灭早期萌发出土的杂草幼苗，杀草率一般在 80%以上。

3．作物出苗前耙地除草　在播种以后、作物出苗以前或出苗初期，选择伤苗率最低时期，用轻型钉齿耙耙地，可以杀伤大部分播后萌发或出苗的杂草。一般苗耙行走方向应与播种行向垂直或成一定交角，绝对不能与播种行向平行，耙深应小于播种深度，以免伤苗率过高。

4．中耕除草　中耕是防除宽行距作物田间杂草的一项重要措施。中耕可降低一年生和二年生杂草与作物的竞争能力，抑制其开花、结籽；可阻止多年生杂草地上部分生长、促使其在多次萌芽中迅速耗尽地下器官养分。在中耕作物生育期间，适时进行多次中耕，可以铲除株行间多种杂草，而且由于中耕改善了土壤条件，同时把土层中杂草种子翻上来，让其发芽出土，可大量消耗耕层土壤中的杂草种子，逐步降低杂草发生基数，减轻后茬杂草危害。

5．深耕除草　深耕是防除多年生杂草的重要手段。通过深翻耕层可以直接破坏杂草地下繁殖器官。在一熟区作物收后抓紧时机进行深耕，既可翻埋尚未结实成熟杂草，又可诱发土中杂草种子出苗，除草效果良好。休闲地或生荒地进行 2～3 次伏耕，可反复多次杀伤杂草营养器官，并将各次诱发的杂草消灭在开花结实之前，防除各种农田杂草的效果良好。

（四）合理运用农田排灌措施

农田进行合理灌水和排水晒田，也是消灭杂草的重要措施。如直播稻田，在水稻齐苗后，采用深水淹稗的方法，灭稗效果很好。在芦苇等多年生杂草危害严重的旱地，在伏耕之后立即灌水，即可淹死其切断的地下茎。西北麦区浇灌“麦黄水”，不仅能防御干热风危害，而且能诱发早期脱落于田间的杂草种子，以便在收获后进行灭茬或秋翻中将其消灭，能降低翌年萌发杂草的基数。

三、农田杂草的化学防除

由于化学除草简便及时，节省劳力，除草效果好，增产效果显著，特别有利于机械化生产，得到了广泛的研究和发展。但要慎重使用化学除草剂，谨防污染农田和农产品，避免杂草产生抗药性。

（一）除草剂的分类

1．按作用方式划分

（1）选择性除草剂　只杀草而不伤苗，甚至只杀死某一类或某一种杂草而不伤害其他杂草。如只杀稗而不伤稻苗的敌稗，只杀阔叶杂草而不伤禾谷类的 2,4-D 等都是选择性除草剂。除草剂的选择性是相对的，与用药量、使用时期、使用方法及环境条件等密切相关，若使用不合理就会失去选择性而使作物受害。

（2）灭生性除草剂　不具有选择性或选择性很小，草苗不分，如果直接与作物接触将会伤及作物，如百草枯等。但可通过适当的施药技术，利用“时差”和“位差”原理，即人为的选择性，也能安全有效地用于农田除草。

2．按除草剂在植物体内输导性划分

（1）输导型除草剂　被植物吸收后能在体内传导，扩散到没有施药的部位甚至全株。由于吸收部位和输导系统不同，有单向传导（上导或下导）和双向传导（上下均可）之分，如 2,4-D，只要一片叶子接触到药剂就能引起全植株反应。

（2）触杀型除草剂　被植物吸收后不在植物体内移动或移动很小，药剂主要在接触部位起作用，如除草醚等。使用时要直接均匀喷洒在杂草上才能奏效。

3．按使用方法划分

（1）土壤处理剂　以土壤处理方法施药的除草剂称土壤处理剂。这类除草剂施于土壤后通过杂草的根、芽鞘或下胚轴等部位吸收而起作用，如除草醚、西马津等。

（2）茎叶处理剂　以茎叶处理方法施药的除草剂称茎叶除草剂，如敌稗、苯达松等。但 2,4-D 既可作茎叶除草剂，又可作土壤处理剂。

4．按化学结构系统划分　按照除草剂化学结构和性质分类，可分为无机除草剂、矿物油类除草剂、有机合成除草剂、生物除草剂 4 大类。其中，有机合成除草剂占绝大多数，类型品种繁多。

（二）除草剂的作用机制

除草剂之所以能对杂草起到防治作用，主要是除草剂涉及植物多种生理生化过程，干扰或破坏了其中一个或几个环节，使整个生理生化过程混乱和失衡，从而抑制杂草生长、发育，并最终导致杂草死亡。

1．抑制光合作用　约有 70%除草剂品种能抑制光合作用，通常称为“希尔反应抑制剂”，能造成希尔反应受阻，引起光合系统不可逆转的破坏，从而导致植物死亡，如取代脲类、均三氮苯类除草剂。

2．破坏呼吸作用　有些除草剂能破坏植物体内呼吸过程中氧化磷酸化的偶联反应，影响 ATP 的形成，抑制植物的能量代谢，而导致植物死亡，如茅草枯、除草醚等。

3．抑制植物的生物合成　一是抑制色素的合成，主要是抑制叶绿素的生物合成及脂膜的破坏，能使其叶片失绿变黄，不能正常进行光合作用，最终导致杂草死亡，如氯苯胺、杀草强、草达灭等药剂；二是抑制氨基酸、核酸和蛋白质的合成，主要是干扰蛋白质与脂肪的合成，抑制杂草组织细胞分裂，以致植物生长停滞，如硫代氨基甲酸脂类的燕麦敌、燕麦畏等药剂；三是抑制脂类的合成，能抑制脂肪酸合成，如芳氧苯氧基丙酸类、环己烯酮类等。

4．干扰植物激素平衡　植物体内多种激素通过严格的含量和比例来调控植物组织分化和生长发育。2,4-D 等苯氧羧酸类除草剂具有与植物激素相似的作用，在低浓度时有促进生长作用，而在高浓度时则能破坏植物正常生长和分化，导致细胞异常增殖，受害植物形态异常，植株萎蔫而衰竭致死。

5．破坏水分平衡　有些除草剂具有破坏植物细胞膜系统的能力，植物受药后，细胞保水能力降低，水分代谢失调，植物迅速失水、凋萎枯死，如敌稗等。

（三）除草剂的选择性原理

1．形态选择性　由植物形态差异所产生的选择性称为形态选择性，如根系分布的深浅，生长点是否裸露，叶表结构，叶面积大小，叶片展开角度及株型等形态差异，直接关系到药液的承接和吸收，从而影响植物耐药性。例如，单子叶和双子叶植物叶片大小、生长点是否被包裹、表面蜡质层和角质层薄厚等形态差异明显，使单子叶植物对 2,4-D 耐药，双子叶植物不耐药而中毒受害。

2．生理选择性　由植物茎叶和根系对除草剂吸收和输导差异而产生的选择性称为生理选择性。如果除草剂易被植物吸收和输导，则容易受害中毒，反之则不敏感。例如，黄瓜易从根部吸收药剂而表现敏感，而某些南瓜品种难以从根部吸收药剂而表现耐药。

3．生化选择性　由除草剂在植物体内生化反应差异而产生的选择性称为生化选择性。该选择性最为稳定可靠，使用安全有效。其生化反应机制包括：①活化作用：这类除草剂本身对植物无毒或毒性很小，但在植物体内经过代谢转化后成为有毒物质，即无毒有毒化（活化）。②钝化作用：这类除草剂本身对植物有毒，但经植物体内的酶或其他植物作用，使其钝化而失去活性，即有毒无毒化（钝化）。不同植物因活化和钝化作用机制有差异，从而产生选择性。

4．时差和位差选择性　根据除草剂特性，利用植物与杂草生育特性差异，通过采用适当施药技术，人为实现选择性效果。①时差选择性：利用某些除草剂作用迅速、残效期短的特性，在适当时期施药，能有效消灭杂草并保证作物安全。例如，免耕时在播种前喷洒高效灭生性除草剂百草枯，可消灭茬地全部杂草，在土中除草剂能迅速降解失效，可保证播种作物安全。②位差选择性：根据作物和杂草的种子、根系、芽鞘在土层中分布位置不同，采取在土壤中移动性很差的除草剂处理表土，也可以达到除草保苗的目的，称为“位差选择”，如作物适当深播土壤浅表施药、作物播种后未出苗前土壤浅表施药、果园表土施药、作物生长期定向或保护性装置隔离喷雾等均可实现位差选择性。③利用位差与施药方法相结合的综合选择性：水稻插秧缓苗后，采用颗粒剂或混砂、混土、混化肥撒丁草胺、杀草丹等除草剂，可杀灭尚处于萌芽期的杂草，而稻秧龄期较大，耐药性较强。

5．除草剂利用保护物质或安全剂获得选择性　一些除草剂选择性较差，可以利用活性炭等保护物质或者萘二甲酐（NA）、解草唑等安全剂而获得选择性。

（四）使用除草剂的技术要点

1．除草剂的使用方法

（1）茎叶处理　一般是在作物生育期内采用喷雾法，将除草剂直接喷洒到正在生长的杂草茎叶上，一般应选择杂草对药剂最敏感，而作物抗药性最强的时期进行，并在高温和风速低的晴天喷雾。

（2）土壤处理　一般在作物播种前或播种后出苗前，采用喷雾法或药土法，结合适宜的土壤耕作措施，将药剂均匀施在土表或耕层之中，适用于多种除草剂和多种作物。但除草剂在土中常因挥发、吸附、光解、水解或微生物降解，杀草活性会逐渐降低，除了在施药前后配合适当的土壤耕作措施之外，还需要运用时差和位差选择，要特别注意处理时期和药剂在土中移动情况。

（3）苗花保护性施药　使用选择性不强的药剂，特别是触杀型除草剂，为了防止作物受害，通常用保护性施药、喷雾时加装护苗器，避免药液接触作物，适用于作物较大而杂草较小的田间。

（4）杀草薄膜覆盖　即一种含有除草剂的薄膜，先在膜上按作物栽培株行距打孔，然后覆盖于农田上，在孔中播种或种植作物，株行间杂草即为薄膜中的除草剂杀灭，而作物则从孔中长出，适用于经济作物、特种作物和某些蔬菜或花卉苗圃。

2．除草剂施用作业方式　常见的大田喷雾作业方式有背负式喷雾器作业、植保机喷雾作业、飞机喷洒等（图 4-12），特别是近年来兴起的植保无人飞机作业，以其高效、精准、安全、适用范围广、便于数据化管理等优势得到广泛应用。

图 4-12　背负式喷雾（左）、植保机喷雾（中）和无人机喷洒（右）作业

彩图

（1）手持式喷雾器　适用于小面积作业，喷药量可自由调节，但是作业效率较低。

（2）背负式喷雾器　适用于中等面积作业，药液容量较大，喷药更加均匀，但是需要负重作业，对操作者体力要求较高。

（3）压力式喷雾器　适用于大面积田地的除草作业，可以调节喷药量和喷雾范围，但是需要一定的技术和经验。

（4）植保机械　适用于大面积田地的除草作业，可与拖拉机相连，药液量大，喷药均匀，作业效率高。

（5）飞机喷洒　适用于大面积的农田和森林除草作业，效率高，但是成本较高，对环境污染的风险也较大。

（6）灌溉除草　在灌溉水中加入除草剂，通过灌溉系统将药液均匀施加在田地的作物和杂草上，是一种较为经济、高效、环保的除草方法。

3．提高除草剂药效的技术措施

（1）对症施药　为了提高药效，首先，要对施药田中的杂草种类、优势种及其生育阶段、危害情况等进行详细的调查和准确的了解，做到用药有的放矢。其次，要了解所用除草剂的有关性能和适用范围，慎重选用合适的除草剂。

（2）适量用药　除草剂使用应保障安全、经济、有效，能最大限度消灭杂草而不损害作物，只有选择合适的用药量，才能保证药效而防止药害。为此，首先要看杂草种类、生育阶段、对药剂的敏感性大小；其次要根据药剂的吸收传导特性、土壤特性、作物种类、生育期，以及环境温度、湿度、光照等情况，酌量使用。

（3）适时施药　根据药剂性质、杂草发生时期及作物和杂草的生育时期，选定合适的施药时期，是用好除草剂的重要一环。应用“时差选择”的除草剂要特别重视掌握施药时期，即使对作物有较好选择性的除草剂，也应在杂草最敏感和作物耐药性较强的时期施药，才能达到安全、高效的目的。

（4）*注意施药方法*　除草剂的种类和剂型有很多，特性各异，而且田间环境条件不同，对药剂也会产生影响。因此，只有根据具体情况，采用合适的施药方法，才能保证药效，达到预期的目的。

4．除草剂的混合使用　任何除草剂的杀草谱都是有限的，而农田杂草种类很多，为了有效地控制杂草，保护作物，生产中常将两种或两种以上的除草剂混合使用，可以扩大杀草谱，而且还具有省工、省药、提高药效、提高对作物的安全性等优点。除草剂的合理混合，主要根据药剂的理化性质、防除对象和作物种类而定。一般应遵循的药剂混合原则是：残效期长和残效期短的药剂混合；内吸传导型和触杀型的药剂混合；在土壤中扩散性大的和扩散性小的药剂混合；速效药剂和迟效药剂混合；杀草谱不同的药剂混合；混合不发生化学变化，不沉淀、不分层、不硬结的药剂混合。

5．除草剂在土壤中的持效期　除草剂在土壤中受到各种物理因素、化学因素和生物因素的影响，总是逐渐降解而失去杀草活性。除草剂在土中保持杀草毒性的时期称为“持效期”。药剂持效期的长短因药剂本身理化性质和外界环境条件的不同而异。一般说来，持效期小于一个月的除草剂，仅用以短期防除速生性杂草；持效期在1～3月的除草剂能防除当季发生的杂草；而持效期达3～12个月的，可控制整个生长季节的草害；持效期超过一年的除草药剂，多用于果园、林地或其他非耕地的化学除草。

视频 4-6

第四节　防　污　染

一、我国农田污染状况

农田是物质进入农产品系统的基础环境，其洁净程度对农产品产量和品质有决定性影响。农田生产能力高低主要取决于农田水、肥、气、热存在状况，而农产品质量安全则取决于农田污染状况。农田中水、肥、气、热状况可以通过农田养地措施加以调整，而农田污染状况决定于大气、水体等污染状况及农业化学物质投入程度。农田污染是农产品优质高产的重要制约因素，已经影响到我国农业生产可持续性、农产品质量安全和国家生态环境安全，成为我国社会经济可持续发展的重大障碍。目前，我国农田污染状况表现出如下特点：

1．农田污染程度持续加剧，环境危害日益扩大　据2004年农业部调查，全国13个粮食主产省2773万hm^2耕地中，污染超警戒面积占18.49%，污染超标面积占8.34%。2014年《全国土壤污染状况调查公报》称，全国土壤环境状况总体不容乐观，部分地区土壤污染较重，耕地土壤环境质量堪忧，工矿业废弃地土壤环境问题突出；全国土壤总的超标率为16.1%，其中轻微、轻度、中度和重度污染点位比例分别为11.2%、2.3%、1.5%和1.1%；工矿业、农业等人为活动以及土壤环境背景值高是造成土壤污染或超标的主要原因。大面积耕地污染导致有效耕地面积减少，农产品污染超标严重，农业综合生产能力下降，区域疾病流行，人体健康下降，农业及农村经济损失巨大。

2．农田污染物种类逐渐增多，污染空间呈扩张化趋势　农田污染物除了传统农药和重金属污染外，还包括化肥流失、畜禽粪便污染、秸秆废弃或焚烧、塑膜残留和大量温室气体排放等方面。如一些规模养殖场缺乏畜禽粪便无害化处理措施，粪便污染已成为农田污染重要来源，而集约化种植中化肥流失和农药残留等农业面源污染已经成为水环境污染的重要因素，全国耕地重金属污染面积达16%以上。2014年《全国土壤污染状况调查公报》称，全国土壤污染类型以无机型为主，有机型次之，复合型污染比重较小，无机污染物超标点位数占全部超标点位的82.8%。土壤主要污染物为镉、镍、铜、砷、汞、铅、滴滴涕和多环芳烃。

3．农田污染格局发生转变，农田污染复杂化　农田污染源逐步由工业污染为主与工农污染并重，向以农业自身污染为主转变，工业与生活污染物进一步向农村转移，农田产地环境系统已经成为最广阔和直接的受害者。农田污染逐步由"面源"特征走向"立体"与综合，呈现出复合交叉和食物链时空延伸特征，对畜禽和人体等构成了严重的危害。从污染分布情况看，南方土壤污染重于北方；长江三角洲、珠江三角洲、东北老工业基地等部分区域土壤污染问题较为突出，西南、中南地区土壤重金属超标范围较大；镉、汞、砷、铅4种无机污染物含量分布呈现从西北到东南、从东北到西南方向逐渐升高的态势。

4．农田污染治理难度不断加大　由于农田污染防治是我国农业发展面临的一项新生事物，加上农田污染的高度综合性、复杂性和潜伏性等，传统"点源""面源"污染防治思路难以解决复杂的农田污染问题，单方面研究已经远不能从根本上有效地解决农田污染问题。

二、农田污染的类型及其危害

农田是各种污染物的载体，通过物理、化学、生物作用，对污染物具有一定的自净能力。但这种自净能力是有限的，当人类活动产生的污染物积累到一定程度时就引起土壤质量恶化，即土壤污染。农田原本具有自然属性，能容纳从各种渠道来的固体、液体和气体废弃物，并经过其物理、化学和生物作用，不断发生稀释与富集、分解与化合、迁移与转化等作用，使其向其他环境介质传递或交换，完成物质全循环过程。但随着人口不断增加，从农田获取生物量越来越多，极大干扰和破坏了其原始循环。由于现代大工业和农业生产飞跃发展，农药、化肥、地膜大量使用，大气烟尘和污水对农田不断侵袭，严重影响农田生产性能和利用价值，必须重视和研究农田污染问题。

（一）农田污染主要类型与污染物

1．农田污染主要类型　①水污染型。污染源多为各种工业废水和城市生活污水，其中污染物以灌溉形式进入农田，是最普遍的土壤污染形式。②大气污染型。土壤中的污染物来自被污染的大气，如由大气二氧化硫产生的酸雨引起土壤酸化。③固体废弃物污染型。地面堆积采矿废石、工业废渣时，其中的有害物通过大气扩散、降雨淋洗而污染周围农田土壤。④农业污染型。农业大量使用农药、化肥、地膜，如使用不当就造成土壤残留污染，进而影响农产品的产量和质量，如土壤中施用化肥过多，会增加蔬菜和牧草中硝酸盐含量，会引起小儿和牲畜中毒。

2．农田主要污染物　土壤污染物主要包括：①无机物，如重金属、酸、碱、盐等。②有机农药，如杀虫剂、杀菌剂、除草剂等。③有机废弃物，如油、酚等有机物。④化学肥料，如氮、磷肥，污泥，矿渣，粉煤灰等。⑤放射性物质及寄生虫、病原菌和病毒等。⑥地膜。

（二）农田污染的危害

1．化肥　我国化肥年使用量已达4637万t，但肥料利用率仅有30%～40%。长期大量使用化肥导致土壤理化性质改变和肥力下降，一些化肥成分累积还会污染作物，使农产品质量下降。过量使用氮肥会造成植物体内硝酸盐累积，易被还原成亚硝酸盐和二级胺，是重要的致癌物之一。

2．农药　我国农药产量居世界第二位，农药总施用量达 131.2 万 t，有机磷及高毒农药比重高达 70%，污染耕地面积达 1300 万～1600 万 hm^2。农田施用农药后，除作物吸收少部分外，大部分残留农药污染土壤，可杀死土壤蚯蚓，影响土壤通透性，进而危害作物生长，并能通过食物链富集而危害农用畜禽及人类。通常旱地较水田农药残留量高。农田中残留农药可通过生物和非生物分解而消失，但一些含铅、汞、砷的农药稳定性较强，不易分解。农作物收获产品中农药残留量有差异，一般块根块茎类和油料作物对农田中残留农药吸收能力强。

3．固体废物　包括养殖垃圾、建筑垃圾和生活垃圾造成的污染。我国畜禽粪便产生量接近 20 亿 t，是同期工业固体废弃物的 2.7 倍，而生活垃圾量也以每年 7%～8%的速度增长。大量成分复杂、未经处理的畜禽粪便与生活垃圾随意排放，对农田土壤及水体造成了严重污染。此外，工业废渣和城市垃圾也是农田主要固体污染物，既不易蒸散挥发，又不易被农田生物所分解，是一种能长期滞留在农田中的污染物质。工业废渣和尾矿积累量已达 715×10^8t，不仅占领了大片耕地，而且在风吹雨淋和地面水冲洗下，大量可溶性废物进入农田和地下水，造成对农田和水体的污染。

4．污水灌溉　科学利用污水灌溉本是农业增产的有效措施之一，灌溉污水受到农田土壤过滤、吸附和生物氧化作用，其中的氮、磷、钾等营养物质能被植物吸收和利用，在北方缺水缺肥地区污水灌溉既可作为肥源又可作为水源，同时还可解决部分污水处理问题。但不适当的污水灌溉会造成农田污染和作物受害。例如，医药厂和农药厂排出的污水中含有大量三氯乙醛，经灌溉进入农田土壤后，在微生物作用下转化成二氯乙酸，对农作物有强毒害作用。又如，使日本富山县居民食用“镉米”后发生“骨痛病”的重金属污染物，主要通过污水灌溉而进入农田。我国污水灌溉面积超过 360 万 hm^2，每年重金属污染使粮食减产达 100 亿 kg，污染超标的粮食有 120 亿 kg，合计经济损失超过 200 亿元；4000 多万人长期生活在污灌区内，2.5 亿人受到污染耕地的直接威胁。所以，利用污水灌溉之前，先要测定含量，进行一定处理后，方可使用。

5．酸雨　pH 小于 5.6 的雨雪或其他形式的大气降水称酸雨。酸雨是由人为排放的二氧化硫（SO_2）和氮氧化物（NO_x）转化的硫酸和硝酸形成的，并可能含有盐酸与多种无机酸和有机酸，已成为当前全球性环境污染问题之一。酸雨是大气受污染的一种表现，但其对农业生态系统危害主要通过土壤而进行，农田土壤酸度随大气降水酸度增大而增加，能促进土壤中钙、镁、钾、磷等元素溶解和淋失，还会促进土壤中某些有毒元素（如铅、汞和镉等）溶解活化，经作物吸收后危害人畜健康，并降低微生物活力和土壤肥力，增加土壤侵蚀作用和污染水系。

6．重金属和微量元素　据农业部调查，在 140 万 hm^2 污水灌区中，遭受重金属污染的耕地面积占 64.8%，其中轻度污染占 46.7%、中度污染占 9.7%、严重污染占 8.4%。土壤重金属污染可导致农作物产量和质量下降，并可通过食物链危害人类健康。目前我国受镉、砷、铬、铅等重金属污染耕地面积近 2000 万 hm^2，约占耕地总面积 1/5，以华南和长江三角洲等地耕地重金属污染较为严重，致使 10%农田土壤丧失生产力。土壤受铜、镍、钴、锰、锌、硼等元素污染，能引起农作物生长和发育障碍。土壤受镉、汞、铅等元素污染，一般不引起植物生长发育障碍，但这些有毒元素能在植物可食部位积蓄，通过食物链富集危害人类健康。

7．地膜　随着地膜覆盖栽培面积扩大和年限增加，土壤地膜残留数量越来越多。我国农膜年残留量高达 35 万 t，残膜率达 42%，近一半农膜残留在土壤中，降低了土壤渗透性和含水量，阻碍了农作物正常生长。例如，覆膜 12 年棉田残膜量基本稳定在 60kg/hm^2，残膜量与棉花出苗率、收获株数呈负相关，导致棉花产量降低 7.3%～21.6%。

8．秸秆污染　我国每年产生约 6.5×10^{11}kg 作物秸秆，约有 40%未能利用，堆放在田间地头、房前屋后，或在田间付之一炬，既浪费了资源，又造成了环境污染。

视频 4-7

三、农田污染的防治

人们可以采取相关措施防治农田污染，如对人畜粪便、垃圾和生活污水先进行无害化处理；加强对工业废水，废气、废渣的治理和综合利用；合理使用农药和化肥，积极发展高效、低毒、低残留的农药；积极慎重地推广污水灌溉，对农田灌溉污水实行严格监控等。为了提高和保护农田自身净化能力，可以采取以下措施：

1．控制和消除土壤污染源　首先，要控制和消除工业“三废”排放，发展工业和区域循环用水系统，改善生产工艺，采用无污染或少污染的新工艺，以减少废水和污染物排放量，对工业废水、废气、废渣进行回收处理变废为利，并对必须排放的“三废”进行净化处理，控制污染物排放的浓度和数量。其次，要控制化学农药使用，对残留量大、毒性强的化学农药，应控制其使用范围、数量和次数，研制和开发利用高效、低毒、低残留的农药新品种，开发生物防治新途径。最后，合理使用化学肥料，应根据农作物需求合理经济施肥，并实行化肥和有机肥配合施用，以免化肥施用过多而造成土壤污染。

2．提高土壤对污染物的净化能力　土壤有机质和黏粒对土壤中有机、无机污染物具有吸附、络合和螯合作用，土壤微生物对有机污染物有代谢、降解作用，对有些无机毒物具有使其有机化的作用。因而增施有机肥、改善微生物土壤环境条件、提高微生物活性，能提高土壤对污染物的净化能力。

3．采用人工防治土壤污染措施　①重金属轻度污染土壤，施用化学改良剂可使重金属转为难溶性物质，减少作物对其吸收。②酸性土壤施用石灰，可提高土壤 pH，使镉、铜、锌、汞等形成氢氧化物沉淀。③施加硫化钠、石灰硫黄合剂等硫源物质，在土壤嫌气条件下可使镉、汞、铜、铅等生成硫化物沉淀。④利用植物去除重金属，羊齿类铁角蕨属植物对土壤重金属有较强吸收聚集能力。例如，多年连续种植能有效地降低土壤镉含量。⑤控制氧化还原条件，改变土壤中重金属等多价元素形态。例如，水田淹灌可降低氧化还原电位，促进还原性硫浓度增加，重金属可与其生成难溶性硫化物而降低其毒性。⑥改变农作制，引起土壤环境条件改变，可消除某些污染物毒害。⑦排土、客土改良，对被重金属或难分解化学农药严重污染的农田，可采用排土法（挖去污染土层）或客土法（用无污染客土覆盖于污染土层上）获得理想的土壤改良效果。

4．调节农田土壤肥力　应采取合理施肥措施，根据作物需肥特点，通过改变有机肥和化肥的配合比例、施肥期、施肥量和施肥部位等，调节养分的供应强度和持续时间，以求养分供求关系协调，不断增加参与农田物质循环的物质数量，降低化肥残留污染。

5．调节农田土壤水分　改良农田土壤团粒结构与加厚土层，改善和调节农田透水性和蓄水能力，提高农田土壤蓄水保墒效果，并通过发展灌溉，制定科学节水灌溉制度，能满足作物生长生理需水和抗旱增产，减轻农田污染危害。

6．开展污染土壤生态修复　研究对重金属具有超富集功能的生态修复材料，通过调节、优化土壤水分、养分、pH 以及气温、湿度等生态因子，强化生物进化功能，采用农业生态修复工程对农田土壤进行修复。

视频 4-8

第五节　防　盐　碱

一、土壤盐渍化及其危害

（一）土壤盐渍化与盐碱地分布

盐化或碱化形成的一系列土壤，称为盐渍土。盐渍土是盐土、碱土和各种盐化土、碱化土的统称。盐土是指土壤中可溶盐含量达到对作物生长有显著危害程度的土类。碱土则含有危害植物生长和改变土壤性质的大量交换性钠，又称钠质土。盐渍化是指在特定气候、土壤、水文地质及地形地貌等自然背景条件下，或人为因素影响下，自然盐碱成分在土体中累积，使得其他类型土壤逐渐向盐渍土演变的成土过程。次生盐渍化通常是指在自然积盐背景下，由于人为灌溉措施不当造成的土壤盐渍化。

盐碱地是地球上分布广泛的土壤类型和重要的土地资源，全球盐碱地面积逾 8.33 亿 hm^2，其中大多分布在非洲、亚洲和拉丁美洲的自然干旱或半干旱地带。在全球范围内，每年由自然或人为因素引起土壤盐渍化可达 100 万～150 万 hm^2。我国有盐碱地 0.37 亿 hm^2，约占全国可利用土地面积的 5%，具有面积大、范围广、类型多的特点，其中近期具有农业利用前景的盐碱地面积约为 670 万 hm^2。我国盐碱地主要分布在东北、华北、西北内陆地区及长江以北沿海地带。根据我国盐碱地的类型及所在地区的水文地质、地形、成土母质和气候特点，将主要分布区域分为以下 6 个（表 4-8）。盐渍土土层深厚、地势平坦，是宝贵的后备耕地资源。新疆有宜农荒地 1032 万 hm^2，其中 515 万 hm^2 因盐碱难以利用。

表 4-8　中国盐碱地主要类型区面积与分布

盐碱地类型区	面积/10^4hm^2	气候类型区	分布区域
滨海海浸盐渍区	214	湿润、半湿润区	沿海地区辽宁、河北、天津、山东、江苏、上海、浙江、福建、广东、广西、海南等 11 个省（自治区、直辖市）
黄淮海斑状盐渍区	170	半湿润、半干旱区	华北地区的河北、河南、山东、山西、陕西等省
东北苏打碱化盐渍区	437	半湿润、半干旱区	东北地区的黑龙江、吉林、辽宁等省
宁蒙片状盐渍区	837	半干旱、干旱区	西北地区的宁夏、内蒙古等自治区
甘新内陆盐渍区	1440	干旱区	西北地区的甘肃、新疆等省（自治区）
青藏高寒原盐渍区	532	干旱区	青海西部、西藏等省（自治区）

（二）土壤盐渍化危害

1．土壤盐渍化对农业的危害　土地盐渍化限制了农业土地资源利用，轻则生长不良、降低产量，重则死苗、颗粒无收。土地次生盐渍化则降低了农业生产力，造成了农用土地资源萎缩。在新疆 407 万 hm^2 耕地中，次生盐渍化低产农田高达 123 万 hm^2。因次生盐渍化，黄淮海平原减产 10%～15%，松嫩平原减产 4%～85%。

盐渍土中的盐分主要是由 Cl^-、SO_4^{2-}、CO_3^{2-}、HCO_3^- 等阴离子和 Na^+、K^+、Ca^{2+}、Mg^{2+} 等阳离子所组成的多种盐类。一般常见盐类对作物危害由大到小排列顺序是：氯化镁＞碳酸钠＞碳酸氢钠＞氯化钠＞氯化钙＞硫酸镁＞硫酸钠。土壤盐分对作物危害表现为以下几个方面。

（1）造成生理干旱　当土壤含有过量盐分时，土壤溶液渗透压增加，造成植物吸水困难，种子无法萌动和发芽，出苗后生长发育迟缓。当土壤溶液渗透压过高时，作物还会发生水分反吸现象，导致作物生理干旱，逐渐枯萎死亡。在高浓度盐分作用下，叶片气孔保卫细胞内的淀粉形成受阻，气孔不能关闭，植物还容易因水分过度蒸腾而干枯死亡。

（2）破坏养分均衡　土壤溶液离子过多进入植株体内，破坏了植物体内离子间平衡。如植株体内 SO_4^{2-}、Cl^-、Na^+、Mg^{2+}含量增加，而 K^+含量大大减少，Ca^{2+}次之，作物营养失衡，破坏了植物生理机制。

（3）直接毒害作用　一些土壤溶液离子对作物有直接毒害作用。如过量 Cl^-会破坏淀粉水解酶活性，减少叶绿素含量，影响植物光合作用；大量 Na^+还会使某些作物叶片边缘枯焦，造成“生理灼伤”现象；OH^-会对植物体产生直接毒害作用，植物体内积聚的过多盐分使蛋白质合成受到严重阻碍，从而导致含氮的中间代谢产物积累，造成植物体组织的细胞中毒。

（4）破坏土壤结构　次生盐渍化使土壤胶体上钠离子饱和度过高，土粒分散度增大，湿时泥泞，干时板结，通透性降低，宜耕性、宜种性和生产性变差。

2．土地盐渍化对生态环境的破坏　土地次生盐渍化是土地荒漠化的一个重要原因。土地次生盐渍化可导致森林和草原退化，我国每年因次生盐渍化使草原退化面积超过 40 万 hm^2。我国盐渍荒漠化集中连片分布地区主要是塔里木盆地周边绿洲，以及天山北麓山前冲积平原地带、河套平原、银川平原、华北平原和黄河三角洲。土壤盐渍化分布以新疆、内蒙古、青海三省（自治区）面积最大，依次占土壤盐渍化总面积的 46.3%、23.0%和 18.7%。

二、土壤盐渍化基本规律

（一）盐渍土类型与划分标准

盐渍化是指灌溉地因盐分积聚而缓慢恶化的过程。盐渍土（盐碱土）是指土壤中含有钾、钠、钙、镁的氯化物、硫酸盐、重碳酸盐等；或者是土壤含盐量虽少，但土壤交换性钠占阳离子交换量的比例达到了一定值。盐渍土（盐碱土）包含盐土、碱土和盐化土、碱化土。只有土壤含盐量、碱化度达到一定量时，才称之为盐土和碱土。

盐土表层含盐量下限指标划分因盐分组成而异，以氯化物为主的盐土下限指标为 0.6%左右，氯化物和硫酸盐混合类型盐土下限指标为 1%左右，含石膏的硫酸盐盐土下限指标为 2%左右。当 100g 土壤可溶盐组成中含苏打在 0.5mmol/L 以上，pH＞9，含盐量大于 0.5%时，属苏打盐土。当土壤碱化层交换性钠占交换性阳离子总量（碱化度）20%以上，土壤呈强碱性，pH＞9，表层含盐量不及 0.5%时，称为碱土。低于上述含盐量下限指标，而其含盐量大于 0.1%，或碱化度大于 5%者，则按对植物危害程度，将其划分为轻度、中度、重（强）度盐化或碱化土（表 4-9）。

表 4-9　全国各地土壤盐渍化分级标准

区域	盐化类型	非盐化	轻盐化	中盐化	重盐化	盐土
全国	碳酸盐	＜1.0	1.0～3.0	3.0～5.0	5.0～7.0	＞7.0
	氯化物	＜2.0	2.0～4.0	4.0～6.0	6.0～10.0	＞10.0
	硫酸盐	＜3.0	3.0～5.0	5.0～7.0	7.0～12.0	＞12.0

续表

区域	盐化类型	非盐化	轻盐化	中盐化	重盐化	盐土
河北	氯化物	<1.0	1.0～2.0	2.0～4.0	4.0～6.0	>6.0
	硫酸盐	<2.0	2.0～3.0	3.0～6.0	6.0～10.0	>10.0
宁夏	硫酸盐	<1.0	1.0～3.0	3.0～6.0	6.0～10.0	>10.0
新疆	碳酸盐	<3.5	3.5～5.0	5.0～6.0	6.0～8.5	>8.5
垦区	氯化物	<7.0	7.0～9.0	9.0～13.0	13.0～16.0	>16.0
0～30cm 土层	硫酸盐	<8.0	8.0～10.0	10.0～15.0	15.0～20.0	>20.0

（二）盐渍土形成与水盐运动规律

盐渍土主要发生发育在干旱和半干旱气候，土壤水分运行以上行为主的地区。形成盐渍土要有两个条件：一是气候干旱和地下水位高（高于临界水位）。地下水都含有一定量的盐分，当地下水位较浅，且气候干旱，则地下水上升到地表蒸发后留下盐分，日积月累致使土壤含盐量逐渐增加，形成盐碱土；二是地势低洼，没有排水出路。在干热天气下，低洼地区因灌溉水没有排出，水分蒸发后留下有害盐分，地表盐分积聚形成盐碱地。

土壤盐渍化过程是在自然或人为条件作用下，土壤盐分重新再分配的过程。通常盐渍土水盐运移遵循“盐随水来，盐随水去，水去盐留”的规律。我国不同气候类型区水盐运动规律不同：①热带、亚热带和暖温带湿润气候区是我国滨海盐渍土分布区，年降水量大于或近等于蒸发量，水盐运动以下行为主。②华北和黄淮海平原等半干旱和半湿润气候区，年降水量小于或近等于蒸发量，因降水量季节分布不均，土壤水盐运动呈现明显的季节性变化，土壤水盐运动上下交替进行。③新疆、青海、甘肃、宁夏、内蒙古等干旱气候区，年降水量低于 400mm 或仅几十毫米，而年蒸发量高达 1800mm 以上，土壤水盐运动以上行占绝对优势。

（三）盐渍土地表景观与盐分鉴别

1．氯化物盐渍土　①盐卤（$MgCl_2$、$CaCl_2$）：因 $MgCl_2$、$CaCl_2$ 等盐类吸湿性较强，地表常显潮湿状态，呈暗褐色油泽感，群众称“黑油碱”“卤碱”“万年湿”，用舌尖尝发苦。②食盐（NaCl）：地表有盐结皮或盐壳，脚踩有破碎响声，亦称“盐碱土”“咸盐土”“硬盐土”，用舌尖尝有咸味。

2．硫酸盐盐渍土　芒硝（Na_2SO_4），地表呈白色蓬松粉末状，脚踩有松软陷入感，群众称“水碱”“白不咸”“毛拉碱”，用舌尖尝有清凉感。NaCl 与 Na_2SO_4 混合盐类，结壳蓬松，脚踩发出“扑扑”响声，群众称“扑腾碱”，用舌尖尝有咸凉感觉。

3．硝酸盐盐渍土　土壤火硝（$NaNO_3$）多与食盐混合存在，白色，味微咸带辣。

4．碳酸盐盐渍土　①苏打（$NaCO_3$）：地表呈浅黄色盐霜或盐壳，用舌尖尝涩咸稍苦，雨后地面水呈黄色，似马尿，群众称“马尿碱”。②小苏打（$NaHCO_3$）：地表发白，无盐霜，但有土壤板结壳，干时有裂缝，极少有植被，雨后可行走，群众称“瓦碱”“缸碱”“牛皮碱”，宁夏称“白僵土”，东北称“碱巴拉”。

视频 4-9

三、农田盐碱防治措施

盐碱地改良的任务就是排除已积累盐分，并防止盐分进一步积累，需要调查分析土壤盐渍化起因、现状和发展趋势，正确认识和使用盐碱地水盐运动规律，采取合理有效措施排除土壤盐分。

（一）冲洗改良盐碱地

1．冲洗脱盐的条件　针对已经发生土壤盐渍化的地区和垦殖盐碱地，冲洗能快速地排除土壤中过多盐分。冲洗改良盐碱地，就是引水到田里进行淹灌，使土壤盐分溶解，又随重力水下渗，通过排水沟排走。

2．冲洗脱盐的标准　冲洗脱盐的标准是指冲洗后在一定土层中允许的最高含盐量，是依照作物耐盐度确定的，通常以作物苗期耐盐能力作为各类盐碱土脱盐的标准，即在冲洗之后能够保证作物有85%～90%以上出苗率。不同作物耐盐性有差异，田菁、草木樨、甜菜、红花、向日葵、棉花、小麦等较为耐盐，而豆类耐盐性较差。

3．冲洗脱盐的技术原则　①冲洗前必须打牢土埂，平整好土地；②可先用推土机推离盐壳，有助于加速脱盐；③水源要充沛，地下水位低，气温高盐类易溶解；④灌水冲洗时，必须分块淹灌冲洗，不宜串灌；⑤对黏质土壤要连续冲洗，对轻质土壤可进行间歇冲洗；⑥冲洗后应及时耕耙，防止盐分回升；⑦选择种植耐盐力强，生长迅速，覆盖度大的小麦、大麦、甜菜、油菜、红花、向日葵、草木樨等先锋作物；⑧可种植水稻淹灌，水旱轮种，继续边改良边利用。

（二）排水改良盐碱地

排水是指排出多余地面水和降低地下水位，将土壤盐分排出灌区，防止土壤再度返盐，巩固脱盐效果。治盐先治水，盐渍化地区可通过排水除盐。

1．明沟排水　在地表开挖排水沟，以利于排出地面水和地下水，没有物体遮蔽，故称明沟排水。明沟排水系统是由大小、深浅不同的明沟组成排水沟网，一般分为干沟、支沟、斗沟、农沟4级（也可增设毛沟）。明沟排水施工简单，是世界上广泛应用的传统排水方法。

2．暗管排水　排水管道埋在地下一定深度进行排水，亦称暗沟排水。暗管排水占地少，不影响机耕，但一次性投资大，施工技术要求高，管道易淤积和堵塞。

3．生物排水　植物根系吸收土壤水和地下水，通过叶面蒸腾将水散失到大气中，可降低地下水位。例如，农田防护林带和苜蓿草地年蒸腾量可达600～1300$m^3/667m^2$，林带能消耗灌渠渗漏量的1/3，可减少地下水补给量10%～20%。

4．井灌井排　通过机井抽取地下水用于灌溉，既满足了作物需水，又兼有排水降低地下水位的作用，称之为井灌井排。能以井为中心快速降低地下水位，脱盐效果较好，但应科学用水，做到采补基本平衡。

（三）盐碱地节水灌溉降盐技术

1．渠道防渗技术　采用土料压实防渗、干砌和浆砌石料防渗、混凝土衬砌防渗、塑料薄膜防渗和沥青护面防渗等处理后，地下水位下降，可防止渠系两侧土壤次生盐渍化。

2．膜下滴灌技术　将地膜栽培技术与滴灌技术有机结合，通过滴灌淡化了作物主根区盐分，减少了灌溉水深层渗漏，地膜抑制土壤蒸发与表层积盐，可防治土壤次生盐渍化。2011 年新疆膜下滴灌面积已达 200 万 hm^2，广泛应用于棉花、小麦、玉米等大田作物和葡萄、大枣、香梨、苹果等特色果树的灌溉。

（四）生物改良盐碱地

1．绿洲防护林抑盐作用　护田林带两侧 10m 范围内，0～20cm 土层含盐量较无林带减少 50%，15m 处减少 22%，宜选用沙枣、榆树、小叶杨、胡杨、红柳等抗盐耐盐树种。

2．引种生物排盐先锋植物　柽柳、花花柴等盐地先锋植物，不仅可忍耐硫酸盐、氯化物等盐类胁迫，植物体还具有泌盐腺和泌盐孔结构，每年可吸收和除盐 100～150kg/667m^2。

3．增加绿色覆盖，防止盐分表聚　增加地表植物覆盖，可减少地面蒸发和盐分表聚。红豆草和毛苕子覆盖度达 90%时，耕作层土壤全盐可降低 70%，盐分由 0.83%降到 0.15%。

4．培肥地力　增施人畜粪、土杂肥、厩肥、秸秆堆肥、河塘泥、青草肥等有机肥料，有利于促进土壤熟化，从而改变盐渍土不良的水盐状况。目前微生物发酵菌肥技术经常用来进行盐渍土的修复，选育耐盐、降盐的菌种是该技术的关键。例如，选用枯草芽孢杆菌∶巨大芽孢杆菌∶假单胞菌∶酵母菌为 1∶2∶1∶1 的配比肥料时，对土壤酸碱性降解能力最佳。

（五）施用土壤改良剂和客土改良技术

1．采用物理措施，改善土壤结构，增强土壤渗透性　如磁化水灌溉、砂掺黏、黏掺砂。通过磁场处理的灌溉水称为磁化水，有利于细胞吸水和土壤脱盐，用磁化水膜下滴灌棉花，可使棉田 0～60cm 土壤盐分含量降低 20%以上。西北旱农区铺砂防碱应用较为普遍，地面铺砂可防止盐碱上返，农谚称“砂压碱，刮金板”。掺砂改良是在土壤中掺入砂子，提高通透性能，起到防盐渍化作用。客土改良是直接把积盐表土挖出和运走，换上含盐量低土壤，但工程量巨大，同时仍需避免再度返盐。

2．采用化学措施，进行碱土改良　针对某些特定盐碱成分，施用硫黄、硫酸亚铁、硫酸铝等，可加酸中和碱土，如施用石膏（硫酸钙），用钙离子代换钠离子，变碱土为含硫酸钠盐土，再经过灌溉冲洗得到改良。例如，在河套平原区盐碱地施加脱硫石膏，可使土壤全盐量下降率达 15.4%，pH 下降率达 60.5%。

（六）农业综合技术防治盐渍化

盐渍土改良利用需要采用综合配套治理技术措施，如选择抗盐耐盐作物种类和品种，地膜覆盖栽培，深耕保墒隔盐和压盐，增施有机肥料改良盐渍土，种稻洗盐和水旱轮作，发展盐土农业，种植耐盐碱植物等。许多国家也充分利用 3S 技术和 EM 盐分勘查系统，建立了土壤盐分灾害监测网络，大规模开展土壤盐分勘查，快速、方便、完整地获取当时当地的土壤盐分和植物数据，为准确、快速地改良决策创造了条件，正在逐步形成精确盐碱地改良的高新技术体系。

视频 4-10

复习思考题

1．土壤水蚀有何危害？影响土壤水蚀的因素有哪些？如何依据通用土壤流失方程（USLE）原理控制土壤水蚀？

2．农田水蚀控制的基本措施包括哪些？

3．风蚀有何危害？影响风蚀的主要因素包括哪些？控制风蚀的主要农业措施有哪些？

4．农田防护林的主要作用是什么？如何设计和规划农田防护林带？

5．农田杂草有何危害？农田杂草发生有何特点？农田杂草如何分类？我国农田主要杂草种类有哪些？

6．农田杂草农业防除的主要措施是什么？农田杂草化学防除的原理和方法是什么？

7．我国农田污染现状如何？农田污染的类型及其危害是什么？如何防治农田污染？

8．土壤盐渍化有何危害？农田土壤盐渍化基本规律是什么？农田土壤盐碱防治措施有哪些？

第五章　农作经营制度

本章提要　农作经营制度是农业经营体制的主体，也是农村政策的基石，是历来农业农村改革的重要内容。大国小农是我国的基本国情和农情，加快构建以农户家庭经营为基础、合作与联合为纽带、社会化服务为支撑的现代农作经营体系，以土地流转与适度规模化经营，围绕组织小农户、服务小农户、提升小农户的目标导向，按照市场化、专业化、社会化方向，进一步完善新型农业经营体系，实施农业产业化发展。如何实现小农户与现代农业有机衔接属于当前乃至未来农业经营制度变革的重要任务，也是深化农村改革的重要方向，是全面实施乡村振兴战略、加快农业农村现代化的必然要求。

本章重点　农作经营的概述（农作经营的内涵与类型、农作经营的基本要素与影响因素和农作经营规模）、农场经营制度（农场经营制度概念与内涵、土地流转与农村城镇化建设、新型农业经营主体）和农业产业化经营（农业产业化经营的意义、经营模式、乡村振兴背景下农业产业化经营策略）等内容，其中重点介绍了巩固和完善农村基本经营制度时代下的农业适度规模经营、新型经营主体能力提升和产业化联合体构建及乡村振兴背景下的农业产业化经营有关的技术途径。

第一节　农作经营概述

农作经营制度是一种复合生态经济系统，具有显著的社会经济特征。我国传统农业以自给自足的小农经济为特征，是一种生计农业，重点强调农业生产功能，限制了农业经营功能。随着工业化和城镇化发展，农产品商品化需求日益旺盛，现代农作经营随之产生。

一、农作经营的含义与类型

（一）农作经营的含义

经营是指按照预定的目的，实现人、财、物、信息等要素结合的动态活动，包括筹划、谋划、计划、规划、组织、治理、管理等含义。与管理相比，经营侧重动态性谋划发展，而管理侧重使其正常合理地运转。农作经营（或农业经营）（farming as a business）则是指农业领域以土地利用为中心的经营活动，是经营主体或经营者根据自然状况、技术条件和市场环境等，选择合理的经营项目和经营方式，并对土地、劳动力和资本等生产要素进行有效的组织与管理，以期获得最大而持久收益的综合经济活动。

农作经营与农业生产的区别在于：农业生产强调生产、分配、交换和消费等再生产各个环节，在投资方向和劳动对象明确的前提下合理安排劳动力和劳动资料，强调既定生产过程中对物质要素和劳动时间进行配置，采取符合自身需求的实用技术，保证生产顺利进行和产量最大化；农作经营则强调经营主体在特定环境中为实现收益最大化而进行的综合性活动，根据市场要求、现有劳动力和生产资料等资源状况，选择投资方向和制定生产规划，对劳动力及其他生产要素进行合理配置，并根据外部环境和内部资源变化不断调整和改良，实现技术与经济并重，生产与购销兼顾。

在计划经济体制下，我国农业发展目标为增加农产品总量，甚至不计成本和不讲效益，只片面追求土地产出率的提高，忽视了农业劳动生产率和资本效率的提高，抹杀了农户和生产队的经济利益。在实行家庭承包责任制后，承认和尊重农户的经济利益，农业经营客观上要求进行经济核算，出现了种田亏本而导致的耕地撂荒和弃耕现象。我国农业生产率和资本效率太低的原因在于小规模经营，因此，需要通过土地使用权流转，实现规模经营。

（二）农作经营的类型

1. 家庭经营　家庭经营是指农业生产以家庭为单位，农户拥有生产资料所有权或使用权，能自主决策、自负盈亏的独立经营组织，也称农户经营或者家庭农场。家庭经营比较符合农业生产的特点，能充分发挥家庭的社会经济功能，有利于土地的持续充分利用，但难以保证劳动力投入的可持续性，不利于组织化生产，农业比较利益低下，易引起周期性收支不均，抵御自然和市场风险的能力较弱，因而国内外家庭经营的兼业化现象较为普遍。所谓兼业农户是指有相当时间从事非农工作或者依靠经营农业以外的其他事业取得相当收入的农户，其土地经营规模相对较小。

按照年销售额＜25 万美元、25～50 万美元和＞50 万美元为界线划分，美国的家庭农场可分为小型家庭农场、大型家庭农场和超大型家庭农场，其中小型家庭农场占农场总数的88.3%，而产值只有农业总产值的 16.4%，主要包括退休休闲型农场、居住生活型农场和农业耕种型农场。美国家庭农场经营专业化程度居世界前列，并通过农场兼并和租赁经营实现农场规模化，其农业机械化和技术现代化程度很高，但农户兼业化和老龄化也较为普遍。按照土地规模＜$20hm^2$、20～$50hm^2$、50～$100hm^2$ 和＞$100hm^2$ 划分，法国家庭农场可分为个体家庭农场、小型农场、中型农场和大型农场，平均规模 $56hm^2$，其农场经营的专业化程度较高，依托合作社和农业公司经营。日本的家庭农场经营规模较小，土地规模＜$0.5hm^2$ 的家庭农场总数占 22.8%、0.5～$1hm^2$ 的家庭农场总数占 35.2%、1～$2hm^2$ 的家庭农场总数占 26.1%、＞$2hm^2$ 的家庭农场总数占 15.9%，其小型机械化和良种化程度较高，高度兼业化和老龄化普遍，全面合作化经营普遍。

我国的承包制家庭经营与发达国家的现代化家庭经营有所不同，正处于向现代商品性经营转变阶段。其主要特征和缺陷表现为：一是农户数量达 2.3 亿户，其中经营耕地 10 亩以下的农户约有 2.1 亿户，户均经营规模只有 $0.5hm^2$ 左右，经营规模小而分散；二是家庭经营具有保障家庭自给需求和增加家庭收入的双重性目标，农户兼业化现象十分普遍；三是家庭经营集约化程度低，以自给性劳动投入为主，资本和技术要素投入较少；四是家庭经营投入产出不足，产业链延伸困难，农户专业化程度低，农产品地区性趋同；五是正处于“千军万马小农户”面对“千变万化大市场”的市场参与初级阶段，农户经营与决策同步，农产品周期性过剩。因此，需要采取规模经营，通过产业化经营转变生产方式。

截至 2023 年 10 月底，纳入全国家庭农场名录管理的家庭农场近 400 万个。半数以上的家庭农场年经营收入在 10 万～50 万元，平均每个家庭农场年净利润约 11.6 万元。全国县级及以上示范家庭农场达 20.2 万个。全国已有 19.6 万个家庭农场获得“一码通”赋码，以“一码定场”实现直接获客；开发推广“家庭农场随手记”免费记账软件，已有 11.5 万个家庭农场注册应用，规范财务收支和成本核算。

2．合作经营　合作经营（co-operative）或者合作社经营是指经济上具有共同需求的人，联合经营业务，以增进和保护其在生产和生活上各种利益的经营类型。国际合作社联盟认为：合作社是人们自愿结合的自治团体，目的在于通过共同拥有的民主管理途径，来满足其在经济、社会和文化上的共同需求和愿望。我国规定：农民专业合作社是指在农村家庭承包经营基础上，同类农产品的生产经营者或者同类农业生产经营服务的提供者、利用者，自愿联合、民主管理的互助性经济组织。农民专业合作社以其成员为主要服务对象，提供农业生产资料的购买，农产品的销售、加工、运输、储藏以及与农业生产经营有关的技术、信息等服务。合作社是人和资本的结合，但不改变财产所有权，成员地位平等，按照交易比例分配，是在市场经济条件下，由弱小经营者以自由和竞争为基础而结成的一种自我保护组织。合作经营有利于增强市场议价能力，降低经营成本，获得特定产品和服务，开拓新市场，增加收入和降低风险。

合作社可分为综合性农业合作社和专业性农业合作社。综合性农业合作社是指从事与农业有关的所有业务活动并对社员提供综合性的服务，以满足农民在生产和生活上各种需求的合作组织，以日本、韩国和以色列为代表，在生产指导、生产资料购买、农产品销售、生活资料供应、信贷、储蓄和保险、社员福利等方面综合性合作与全方位服务。专业性农业合作社是指以某一产品或者某种功能为对象而组成的合作社，以美国、加拿大和欧洲为代表，只限于经营业务相近者，可发挥专业分工效率，形成规模经济，便于品牌化和产品促销。专业合作社包括农业生产合作社、农产运销合作社、供销合作社、（生活用品）消费合作社、保险合作社、（农业机械、种畜、电气、水利、土地）利用合作社、农业信用合作社、医疗合作社、（住宅、医疗）公用合作社、劳务合作社等 10 类。合作社的组织模式包括独立的基层合作社、地方联社、全国总社和混合型合作社 4 类。

我国农民专业合作组织包括专业合作社、专业协会、专业联合组织等类型。农民专业合作社主要模式包括“市场＋专业合作社＋农户”和“企业＋专业合作社＋农户”两类。农民专业协会是一种比较松散的合作组织形式，作为社团组织或者生产经营组织，不能直接从事经营，由农户自愿组建，缴纳会费，提供技术、信息和运销等中介服务，其数量占农民专业合作组织总数的一半以上。专业联合组织是在地、市、县范围内由 3 个以上的专业合作社或专业协会自愿联合成立的专业联合社或专业联合会，开展相关生产经营活动、咨询服务和行业协调等活动。农民专业合作组织普遍为农户统一提供生产资料，推动科技普及，组织标准化生产，统一组织销售，降低农户市场风险，提供信贷支持，解决农户资金紧缺问题。

截至 2023 年 10 月底，全国依法登记的农民合作社有 221.6 万家，组建联合社 1.5 万家。全国县级及以上农民合作社示范社达 20.9 万家。农民合作社年经营收入约 6309.2 亿元，成员人均可获得盈余二次返还约 1460.4 元。全国农民合作社成员中的普通农户占比约 95.5%，农民合作社为成员提供年经营服务总值约 8773.5 亿元，成员人均享受合作社统购统销服务约 1.5 万元。目前，我国农民专业合作组织发展面临资金不足制约、自然和市场风险较大、内部管理机制不规范等问题。

视频 5-1

二、农作经营的基本要素与影响因素

（一）农作经营的基本要素

农作经营的基本要素包括农用土地、农业资金、农业劳动力与经营者能力。

1. 农用土地　农用土地是指直接用于农业生产的土地，包括用于栽培农作物的土地为耕地，用于饲养家畜的为牧草地。农用土地数量有限，具有使用的永久性和位置的固定性等基本特征。

2. 农业资金　农业资金是指国家、个人或社会其他部门投入农业领域的各种货币资金、实物资本和无形资产，以及在农业生产经营过程中形成的各种流动性资产、固定资产和其他资产的总和，包括固定资产和流动资金。农业资金具有收益低、周期长、周转慢、季节性强、风险大、使用分散、占用零星、政策性较强等特点。按照资金来源，农业资金可分为农户自有资金、各种借入资金、财政支农资金、其他各种投资等 4 类；按照服务对象，农业资金可分为农业生产资金、农产品销售资金、农业基础设施资金、农业科研及推广资金、农业公共服务资金等。我国农业投资主要包括国家财政投资、农业贷款、农户投资等类型。

3. 农业劳动力与经营者能力

（1）农业劳动力　是指能够参加和从事农业生产的劳动力数量和质量的总和。劳动力数量是指农村中已达到劳动年龄和虽未达到年龄或已超过劳动年龄但可以经常参加农业劳动的人数。劳动力质量是指劳动者的体力强弱、智力水平、技术熟练程度、文化教育水平等方面的状况。2020 年，我国农业就业人口约为 1.77 亿，占全国就业人口总数的 23.6%，较 1978 年降低约 46%。而劳动力中初中以下教育程度人数占 45.9%。农业劳动力的需求数量上存在明显的季节性，劳动空间上具有较大的分散性和地域性，技术上具有多样性和复杂性，年龄组成上老龄化，受教育程度普遍偏低，有对健康要求、社会地位和经济待遇等社会认知度不足等特点。

农业劳动生产率（productivity of agricultural labor）是衡量劳动者生产效率的指标，一般用单位时间内所生产的农产品数量（或产值）来表示，一个国家、地区和农业企业的农业劳动生产率通常采用每个农业劳动力年农产品数量（或产值）来衡量，即

$$\text{农业劳动生产率}=\frac{\text{农产品数量（或产值）}}{\text{农业劳动力总数（或劳动力数}\times\text{劳动时间）}}$$

（2）经营者能力　是指经营者在一定的外部条件下，有效地利用内部各种资源，使纯收益最大化、经营成本最小化的能力，包括经营管理能力、技术吸收能力、组织形成能力、资源配置能力、信息知识收集和分析能力、资金调配能力等。

经营者能力培养实质上是一种人力资本投资的过程，主要是指农业职业教育和培训，北美模式以高等农业教育为主，西欧模式以职业资格证书制为主，东亚模式以培养应用型农业人才为主。我国农民科技培训主要包括“绿色证书”工程、跨世纪青年农民科技培训工程、新型农民创业培植工程、农业富余劳动力转移就业培训工程、农业远程培训工程和农民科技教育培训体系建设等。

（二）农作经营的影响因素

农作经营的影响因素包括自然、经济、政策、科技、交通运输等多个方面，导致区域农业生产结构演变、农业经营类型区域分工和农业专业化经营的发展等。

1. 自然因素　首先，气候、地形和土壤条件的地域差异影响农业经营的地域分工，表现出明显的农业空间结构特征。例如，我国北方地区水资源不足，为旱作农业带；南方降水丰沛，为湿地稻田带。其次，自然条件优劣影响区域农业经营类型的选择机会多寡，决定了农业空间结构的总体框架，最终影响农作经营的内容与形式。自然条件优越地区，适宜栽

培作物类型多，农业经营类型选择机会多，易获取较高的生产利润；反之，自然条件劣势地区，则只适宜少数特定作物生产，可供改变经营类型的机会少，市场变化易导致经营损失。再次，农业自然灾害制约土地利用方式，导致农业土地利用趋于合理。例如，美国大平原西部降水少，小麦种植面积过大造成风蚀危害，不得已采取休闲制和轮作制；玉米带长期连作造成土壤侵蚀和地力下降，采取玉米与大豆轮作、玉米与牧草轮作。

2. 经济因素　经济因素是农作经营管理的首要影响因素，利润的多寡是农业生产安排和调整的关键。农作经营中利润大小的权衡主要遵循以下几个经济原则。

（1）比较利益原则　比较利益原则是指一个地区通常生产按投入单位计算，产量比其他地区都高的产品；或者一个地区通常生产那些按产量计算，成本比其他地区都低的产品，因而形成区域专门化产品。例如，美国玉米带种饲料玉米并肥育肉牛，比种小麦利益高得多，就集中生产玉米；而大平原地区种小麦比玉米效益高，则主要生产小麦。

（2）投入-产出原则　比较各地区农产品生产的投入-产出费用是确立农业经营类型的最佳标准。某项农产品单位产出的生产成本最低的地区通常是该项产品的专业化生产适宜区域。但在市场需求增加导致较高利润刺激下，一些次适宜区也可能通过增加投入来扩大该产品生产。例如，美国大平原西部一般为放牧地，但有些年份小麦价格较高时则开垦种植小麦。

（3）规模经济原则　单位农产品成本一般随着经营规模的扩大而下降。但当经营规模扩大到一定程度时，则可能导致成本上升。规模经济原则是指在其他条件不变的前提下，通过扩大经营规模而达到降低成本的目的。生产规模扩大有利于充分发挥农场的机械设备、劳力和能源的效益。

（4）综合经营原则　综合经营包含劳动力、土地和其他生产资料的综合利用和农副产品的综合利用两方面。只有生产资源的综合利用才能降低单一经营的风险，只有农副产品综合利用才能做到物尽其用，提高经济效益。

（5）稳定性与灵活性相结合原则　在一定时期内，农业生产经营方针应该具有相对稳定性，但同时也要适应市场供求关系的变化而应具有灵活性。

3. 农业政策　农业政策常常对农作经营类型具有决定性作用。例如，我国传统农业时期，采取了重农抑商的经济政策，农业经营以自给性小农经营为主体，而现代农业阶段则鼓励商品性农作经营活动，防止农业生产过剩和产品短缺危机发生。美国通过农业政策的实施，使农业区域专门化加强，致使耕作面积与休耕面积变化，促进农业生产的区域集中和农业经营类型的调整，控制和调节各种农产品的生产面积和产量等。

4. 农业科技　农业科技的进步能够改善和更好地利用不同区域的自然和社会经济条件，从而促使区域农业生产内容的改变。例如，我国利用日光温室设施改变小气候，实现北方反季节蔬菜生产。同时，农作经营者的科技文化素质和经营管理能力对农业经营制度发展具有直接影响。例如，经营者学习、接受和掌握的生产技术和管理经验等新的技术专长，最终决定了农作经营项目（种植业、养殖业或加工业）的具体内容及其盈利目标。

5. 交通运输　铁路、水路和公路运输是农产品运输的主要方式。大型冷藏汽车已成为鲜活易腐农产品运输的主体，高价值的花卉和园艺产品则通过航空远距离运输。运输业的发展促进了农业空间结构变化和农业区域专业化的强化，使得农业与工业和市场紧密联系起来，方便了农产品区域间的流通，促进了工农产品的交换以及各种重型农业机械设备的转移和使用。交通运输的发展也使农产品到市场的时间和距离缩短，提高了区域生产专业化的产品在生产中的竞争能力。

视频 5-2

三、农作经营规模

（一）农作经营规模的内涵

关于农作经营规模的内涵和衡量指标比较模糊，在许多论述中将其等同于农业经营规模。农业经营规模（scale of operation in agriculture）指农业生产单位（农业家庭、合作社、农业企业）投入生产经营的要素及产出所形成的能力。“农业经营规模”一词在农业经济学范畴内，确切地是指微观层面上的农场经营规模（常称为“农场规模”），其中“农场”一词涵盖了农户、合作社、公司等各种从事农业的基本生产单位，即农户农场（家庭农场）、合作农场、公司农场。农业经营投入要素是在农业生产经营过程中，为了获得人们需要的各种农产品所必须投入的各种基本投入要素的总称。一般指农业生产单位中生产力要素的聚集程度和组合关系，即土地、劳动力、资金、技术等要素结合起来，发挥作用的范围和数量界限。这些农业生产中所需要的生产要素，土地、资金、技术、劳动力等不是单独起作用，某一要素必须与其他要素配置才能形成生产力，生产出各种产品。农业经营规模的目的是在一定的生产力水平和经营环境下，为获得最佳的产出规模而尽可能投入适量的生产要素，并使诸生产要素之间保持协调，以获取经济效益，国家应在兼顾微观经济效益的同时，进行调控，以实现宏观综合效益。

《农业大词典》对农业经营规模定义为，生产单位占用的农业生产要素所形成的生产能力和一定时期生产的产品数量或提供的劳务量。常用土地、劳动力、资金、产量、产值和利润等指标来衡量。《财经大辞典》对农业经营规模的定义为，农业生产经营要素的聚集程度及其组合比例的数量指标。它包括两个层次的意义：生产经营要素的组合比例，即规模内部结构的合理性；范围数量，即占据空间的大小。衡量标准目前主要有：劳动力数量、土地数量和产品销售额。《人文地理学词典》认为，农业经营规模是表示农业经营单位的大小。在我国，认为农场规模小，实际上是指粮棉油糖等依靠土地集约的大田作物生产的农场规模，而不是指生产蔬菜、花卉、水果的农场规模，也不是指养殖业的农场规模。

农作经营规模由土地、劳动力、资本、管理（技术）四大要素的配置进行，其主要目的是扩大生产规模，使单位产品的平均成本降低和收益增加，从而获得良好的经济效益和社会效益。

（二）农作经营规模学说

农作经营规模学说包括大规模经营优势学说、小规模经营优势学说和适度规模学说。大规模经营优势学说认为，农业也可以像工业那样地大规模经营，能够产生规模经济效益，提高生产率水平。其优越性主要是：第一，通过大规模的批量生产、批量销售来提高总的纯收益。第二，可以提高大型机械、设备及水利设施的利用率，在其生产能力允许的范围内，随着产量的扩大，其分摊的成本会降低。第三，通过大型机械使用，可以实现有效技术分工，提高农业劳动生产率。第四，生产资料和销售农产品交易量大，在生产和销售方面具有优势，可以降低交易成本。第五，大规模经营容易获得商业和信用上的利益，比较容易获得融资。

小规模经营优势学说认为，小规模经营能够最大限度发挥家庭经营组织的优势。主张小规模经营的人认为其优越性表现在：第一，以生物资源为基础的农业生产中，家庭劳动比雇佣劳动更能发挥其主观能动性，并根据市场和自然因素变化调整微观决策，及时有效安排农业生产，不像雇佣劳动者一样常常需要监督，管理成本较小。因此，由家庭劳动力从事小规模生产时，单位面积和单位家畜的纯收益一般较大。第二，家庭劳动具有利益目标认同感，因此会爱护农机具和生产设施，尽量减少自给性物资利用，减少现金支出，降低经营成本。第三，实行小规模经营，培育和管理更为细致，可以产出高品质的产品。

适度规模学说认为，对于特定的作物或者经营组织来说，一定存在一个可以使其纯收益最大化的理想规模，即适度规模。适度规模没有一个固定值，他随着自然资源、技术水平、种养品种等不同而不同。其特征如下：第一，区域特征，土地资源丰富情况决定着适度规模的数量级。第二，动态性特征，农业经营规模的适度值随着各种条件的变化而呈现出动态性。第三，层次性特征，生产要素的质量和数量不同，组织方式的不同，具有不同的适度性规模。确定适度性规模需要考虑其他生产经营单位的共性特征，还需要考虑生产力要素层次的特殊性和经营方式的特殊性。第四，适应性特征，不同经营项目的经营单位具有不同的适度经营规模。

（三）农作经营规模的衡量指标

衡量农业生产经营单位规模大小的指标通常包括农用土地面积、非土地要素投入量和产出量。

1．农用土地面积　土地是农业生产经营中最基本的投入要素，农用土地面积的多少便成了衡量农业生产经营单位规模大小的基本指标，即以占有土地面积的大小来确定农业经营规模。扩大农用土地面积是增加农业产出的主要途径之一。

2．非土地要素投入量　非土地要素投入包括种子、肥料、农药、农机具、动力等生产资料和劳动力，其投入量以价值形态表示的固定资产和流动资金来表示。在一定范围内，非土地要素投入量增加可以和扩大土地面积一样增加农业产出。非土地要素投入量通常采用固定资产和流动资金表示。也有把劳动力数量作为衡量的单独指标，即以农业生产单位的劳动力数量作为主要指标来确定农业经营规模的大小。

3．产出量　即农业生产经营单位在一定时期生产的产品量或提供的劳务量。该指标能综合地反映其经营规模，但易受要素产出率水平的影响，即以农产品销售额作为主要指标来确定农业经营规模。

在正常情况下，这 3 个指标呈现同向变动趋势，即农用土地面积越大、非土地要素投入越多、产出量越大，表明农业生产经营单位的经营规模越大。形成农业经营规模的决定性因素是社会生产力发展状况。一定区域内农业生产经营单位间的技术水平和土地生产率大体相近，其经营规模基本上取决于投入生产的农地数量，因而在衡量农业生产经营单位规模时基本上还是采用农用土地面积。

（四）影响农作经营规模的主要因素

决定农作经营规模的因素主要是农业生产力水平、农业生产关系类型和农业自然条件等方面，包括如下 7 个主要因素。

1．农业生产工具类型　农业土地经营规模下限应等于农业企业的基本生产工具和劳动力能充分发挥作用所必须拥有的农用耕地面积。

2．人地比例关系及耕地地貌特征　农业企业平均规模与农业人口人均耕地面积呈正相关关系。耕地资源的地貌特征如平原、丘陵或山地对农业企业种植规模也有明显的影响。

3．农业专业化分工水平　在社会分工和专业化生产水平较高条件下，许多企业专门从事农业产前和产后经营与服务工作，农业生产单位只从事比较单纯的农业生产活动，因而比较容易扩大专业化生产的规模；同时，大批农业劳动力转向非农产业，提供了设施装备和资本积累，因而有助于促进农业企业扩大生产经营规模。

4. 农业企业采用的技术类型　土地和人力是农业生产最基本的投入要素，可将农业企业采用的技术类型分为节省人力型技术（如美国）和节省土地型技术（如日本）。前者强调农业耕作机械投入，以节省大量人力和提高劳动生产率，土地规模通常较大；后者强调化肥、农药、育种、栽培等技术的使用，以增加单位耕地面积产量，土地规模通常较小。

5. 农业劳动者文化技术素质和经营管理水平　传统农业生产和经营管理主要依靠传统经验，而现代农业要求经营者不仅具有随自然因素变化而随机应变的能力，同时还要具有使用或管理现代农业技术及在生产部门间进行统筹、协调、调配与决策的经营能力。因此，在其他条件相同时，农业劳动者如果具有较高的文化技术素质和经营管理能力，就能有效地经营较大规模的农业企业。

6. 土地经营制度与政策　农用土地所有制、土地所有权及经营权可流动性、土地经营方式和政府对扩大经营规模的态度与措施都会直接影响农业企业土地经营规模。在土地经营制度发生显著变化或政府推行某种强有力的土地政策时，对农业经营单位经营规模影响较其他因素更为突出和迅速。

7. 市场经济的发展程度　在自然经济条件下，农户以满足自给自足生产为目标，因而长期维持小规模的个体生产格局。在市场经济条件下，农业企业同时面临着市场技术竞争、劳动力减少、社会需求增加等外在压力和内在动力，推动了农业经营规模的扩大。

（五）农业适度规模经营

1. 概念与内涵　“适度规模经营”是 20 世纪 80 年代提出的具有中国特色的农业经营概念。家庭承包制所包含的土地均分与家庭经营的制度基调，决定了中国分散化、小规模农业经营的基本格局。中国耕地资源稀缺，耕地细碎化程度高，土地集中经营较为困难，大多数地区难以实现最优经营规模，只能退而求其次寻求较小的经营规模，也就是适度规模经营。农业经营规模偏小不仅增加农业生产成本，导致农业化肥和农药过度施用，而且制约农业技术推广，还造成农业竞争力不足和农业生产效率低下。更为重要的是，过小的农业经营规模阻碍了中国建立现代化农业生产体系。因此，发展农业适度规模经营，是学术和政策的共识。

规模经营是一种重要的提高生产要素利用效率的手段或途径。适度规模是在一定的技术水平下，一定的经济条件下，投入的生产要素能够相互协调，组合最佳并且能够充分利用，以取得最大的经济效益的农业经营规模。农业适度规模经营是指在保证土地生产率有所提高的前提下，与一定的经济发展水平、物质装备程度和生产技术结构相适应的，能使从事专业化生产经营的农民因规模效益而获得高于兼业农民农业收入的土地规模的经营。农业适度规模经营是有效提高生产效率和经济效益的可行途径，推动农村发展多种形式适度规模经营是推进农村改革和乡村振兴的有效措施。适度规模理论的主要特点有：①以一定的经营方式为前提，随着面积的扩大，单位面积费用减少的规模；②强调合理集约度，而不是最有利集约度；③技术进步可促进规模的扩大，追求合理规模是一个长期的动态过程。我国的农业适度规模经营不同于西方经典经济学中“最佳经营规模”，这里的“适度”是指土地规模与社会经济发展水平与物质技术装备水平相适应。

实行农业适度规模经营，有利于促进农业生产专业化，增进农产品销售收益，加速劳动力和资金向非农产业转移，提高农业劳动生产率。规模经营导致组织化程度提高，可使农户由市场上的小量供应者变为大宗产品供应者，对产品价格的形成有了影响力，加强了农户在市场竞争中的谈判地位；规模经营通过经济组织，利用现代市场经济的交易方式可使农户缩小小生产与大市场之间的距离；可以变农户家庭内部的分工为经济组织内部的分工，使农民收入的增长建立在社会化分工和农业劳动生产率提高的基础上；规模经营还可以克服小农户生产和经营上的不足，从更高层次、更广范围来配置资源，组织生产和经营，促进农村专业化、多样化的发展，促进二三产业的发展。

2．适度规模经营的类型　适度规模经营是提高农业效益、增加农民收入的重要途径。随着城镇化的快速推进和大量农村青壮年劳动力的转移，农业人口老龄化、耕地抛荒等现象日渐突出。在这一背景下，各地纷纷探索土地流转模式创新，旨在有效推进土地适度集中经营。

农业适度规模经营经过多年的实践与不断创新发展，目前大致有土地适度规模经营、服务适度规模经营、复合型适度规模经营 3 种类型。

（1）*土地适度规模经营*　农业适度规模经营的重要前提在于土地适度规模经营。随着土地流转政策的推进，通过转包、出租、入股等多种形式集中农民承包土地，土地集中型适度规模经营日渐形成。其特征是：以土地集中为核心，破解土地碎片化的难题，提升生产率。土地规模经营主要包括土地密集型农产品的土地规模经营和劳动密集型农产品的土地规模经营。学者普遍认为，家庭农场是土地适度规模经营的最优方式。

（2）*服务适度规模经营*　服务适度规模经营是通过建立各种形式的农业专业化服务体系，形成生产小规模、服务规模化的农业规模经营。通过有效的服务实现小农基础上的经营规模化，这是基于我国农情的必然选择。在实践中，服务适度规模经营主要有 3 种形式：农民专业合作社模式、“公司＋农户”模式、综合农协模式。通过整合小农资源，可以实现生产、销售、加工、金融等环节的规模效益。从全国范围来看，其中最典型的是“农业托管”模式，此外，农业机械化规模经营也可视为服务规模经营的一种形式。

（3）*复合型适度规模经营*　复合型或立体式的适度规模经营主要通过农作制度的创新来实现，即基于农业生态学和生态经济学原理，通过种植业、养殖业多种形式的结合，将一二三产业融合，实现土地、劳动力、技术、资金等要素的最优配置。在创新农作制度的过程中，构建高效生态农作制度已成为发展适度规模经营的重要技术支撑，其模式具体可分为以下 3 种：一是种养结合适度规模经营，将作物种植与家禽（畜）养殖直接结合，在不同水域层次形成鱼类混套养等，形成生态型规模化生产。二是粮经结合适度规模经营，充分依托地方资源优势，以粮食生产为基础产业，发展高效经济作物，以实现土地效益最大化。三是功能复合适度规模经营，结合美丽田园建设，充分利用土地空间差异、物种生育时间差异，以及各地独特的自然资源优势，实施种养结合、粮经结合，推动三产融合，拓展农业产业链。

以上三种类型在实践中是相辅相成、共生互补的关系。①有学者从产业发展角度，将农业适度规模经营发展路径划分为三阶段，即近期模式（资源投入主导型模式）、中期模式（技术投入主导型模式）、远期模式（资金投入主导型模式）。②从发展质量和效益角度，农业适度规模经营发展路径分为内涵式适度规模经营和外延式适度规模经营。前者主要是通过重新合理配置要素资源、结构优化、组织管理创新等方式实现的质量提高和效益提升；后者主要是通过土地集中、资本投入等规模扩张实现平均成本下降和规模经济效益提高。③从一二三产业融合发展角度，分为土地集中型、合作经营型、社会服务型。土地集中型主要通过农业承包经营权以转让、承包、出租等形式流转土地，实现土地集中经营的方式。合作经营型主要是以土地、资金（自有资金、筹集资金、财政支农资金等）、劳动力等入股合作社，以合作社为纽带连接农户、对接市场，提高农业生产质量和效益。社会服务型主要是以企业为依托，实行产供销、贸工农一体化，形成产前、产中、产后一体化全方位的社会化规模化服务。④从形成动力角度看，农业适度规模经营分为政府推动型、企业带动型、组织带动型、自发探索型等。

综上所述，适度规模经营是发展现代农业的必由之路。发展多种形式适度规模经营，实现小农户和现代农业发展有机衔接。新型经营主体和适度规模经营是农业转方式、调结构、走向现代化的引领力量。要积极培育家庭农场、种养大户、合作社、农业企业等新型主体，推行土地入股、土地流转、土地托管、联耕联种等多种经营方式，提高农业适度规模经营水平。我国国情决定了在相当长一个时期普通农户仍是农业生产的基本面，要保护好小农户利益，健全利益联结机制，让小农户通过多种途径和方式进入规模经营、现代生产，分享农业现代化成果。要大力发展多元化的农业生产性服务，健全农业社会化服务体系。推进基层农技推广体系改革，探索建立公益性农技推广与经营性技术服务共同发展新机制。农业适度规模经营主体通过适度规模经营可优化要素资源配置、产业链分工合作、职业农民教育培养、社会化服务功能等，有利于在“产业振兴、生态振兴、文化振兴、组织振兴和人才振兴”中发挥重要作用。

视频 5-3

第二节 农场经营制度

农场是指以土地为主要生产资料，主要从事农业生产为经营范围的农业生产单位、生产组织或生产企业。农场可以作为一个企业，由个人、家庭或社群所有和经营，或由联合体、公司所有和经营。农场的规模可以从数亩到成百上千公顷不等，一个农场规模大的可以大到几万公顷或几十万公顷。农场经营则是指农业领域以农场为中心的经营活动。

一、农场经营制度概念与内涵

（一）农场经营制度的概念

经营管理（operating and management）是指在企业内，为使生产、营业、劳动力、财务等各种业务，能按经营目的顺利地执行、有效地调整而进行的系列管理、运营的活动。农场经营是以土地出租者-农场经营者-农业工人为典型结构，以土地适当集中基础上的专业化生产为典型手段，以谋取利润为直接目的，在城乡社会化和市场一体化背景下开展竞争性商品生产的经营活动。目前尚未见到关于农场经营制度的明确定义，根据我们的理解，初步对农场经营制度含义作如下描述：农场经营制度是指农场经营者在顺应自然环境、生物规律和社会经济条件下，根据经营目标、技术专长与资源状况，对农场各种生产活动（涉及种植业、养殖业和加工业的产前、产中、产后）进行合理的和相对稳定的安排，以企业化的组织形式和经营机制作为相配套的制度安排，以谋取利润为直接目的的农业生产方式、经营方式和组织管理体系的总称。

（二）农场经营制度的内涵

农场经营制度就是农业企业化，用办工商企业的理念来发展现代农业，是以企业化的组织形式和经营机制作为相配套的制度安排。农场经营的实质是“规模化经营”和“公司化经营”。农场经营的特点在于：一是耕地集中连片种植，减少了因田埂纵横密布所致的土地资源浪费；二是采取集体农场、家庭农场或农业专业合作社等企业化经营组织形式，集体农场中农民属于产业工人，农场内部生产、财务、购销等组织管理系统分工细致，家庭农场主雇佣专业劳动力从事生产经营；三是具有生产经营自主权，外界无权直接干涉；四是农场生产机械化、生产技术和农产品商品化水平普遍较高。

农场的实质就是农业公司，是现代企业制度在农业生产中的应用，可以使农业摆脱一家一户和家庭式经营管理，延伸农业产业链和开拓市场，以适应市场经济和国际竞争要求。目前，我国农场经营制度可以理解为改变原来家庭承包制下的“均田”形式，实行农田所有权、经营权和使用权的三权分离，使一部分农田集中起来，实行专业化生产，以达到规模经济效益。农场经营是经济市场化、生产社会化和经营集约化的产物，是现代农业组织形式和农业现代企业制度，是取代农户经营的最佳模式。农场经营有利于从业人员专业化和区域经济专业化，有利于规模经营和社会化生产，有利于农村劳动力分工分流，有利于农业生产要素合理流动和科学配置，有利于推行农业现代企业制度，有利于创造农产品的品牌和保持品牌。

视频 5-4

二、土地流转与适度规模经营

（一）土地流转的意义

在我国《土地承包法》中，土地流转是指土地承包经营权的流转。该法第三十二条规定，通过家庭承包取得的土地承包经营权可以依法采取转包、出租、互换、转让或者其他方式流转。可见，土地流转并不是土地所有权和土地功能的流转。农村土地承包经营权有序流转，是稳定完善农村土地承包关系的重要环节，是促进农业结构调整、促进适度规模经营和发展现代农业的有效手段。通过土地流转，实行农业适度规模经营，有利于劳动力转移和流动，有利于实现农业机械化，有利于提高农民收入和提高劳动生产率，促进农业科学技术应用。截至 2020 年底，我国户均经营土地 7.08 亩。全国家庭承包耕地流转面积达到 5.32 亿亩，流转面积占家庭承包经营耕地面积的 34.1%，30 亩以上规模经营的农户仅占总农户数比重的 4.1%。

截至 2021 年 4 月，全国已有 1239 个县（市、区）、18000 多个乡镇建立农村土地经营权流转服务中心，全国家庭承包耕地流转面积超过 5.55 亿亩。同时，《农村土地经营权流转管理办法》自 2021 年 3 月 1 日起实施，进一步规范了农村土地经营权流转行为，保障流转当事人合法权益，加快农业农村现代化，维护农村社会和谐稳定。新《办法》对 2005 年颁布实施的《农村土地承包经营权流转管理办法》进行了修订，主要体现在三个方面。一是落实“三权”分置制度，聚焦土地经营权流转。二是贯彻加强监督管理要求，做出新规定。三是围绕强化耕地保护和粮食安全补充新内容，明确土地经营权流转要确保农地农用，优先用于粮食生产，严格防止耕地“非粮化”，坚决制止耕地“非农化”。

（二）我国土地流转方式

1. 转包　转包是指承包方将部分或全部土地承包经营权以一定期限转给同一集体经济组织的其他农户从事农业生产经营。转包后原土地承包关系不变，转包也包括有偿转包、无偿转包和倒贴转包 3 种形式。

2．出租　出租是指承包方将部分或全部土地使用权（承包经营权）以一定期限租赁给他人（包括个人、集体、企业或其他组织）从事农业生产经营，出租人（承包方）向承租人收取租金，出租流转后原有的土地承包关系不发生改变。出租流转包括有偿出租、无偿出租和倒贴出租 3 种形式。

3．互换　互换是指承包方之间为方便耕作或者各自需要，对属于同一集体经济组织的承包地块进行交换，同时交换相应的土地承包经营权。互换流转可分为土地使用权互换和土地承包权互换。

4．转让　转让是指土地承包经营权人将其拥有的未到期的土地经营权，经发包方许可后，以一定的方式和条件转移给他人的一种行为，并与发包方变更原土地承包合同。简单来说，就是农户在保持土地承包权不变的基础上，将自己承包的土地的部分或全部经营权，以一定条件转让给第三方进行经营。需要注意的是，土地承包经营权的受让对象不仅可以是本集体经济组织的成员，也可以是本集体经济组织以外的单位和个人。但这样的转让行为必须遵循一些基本原则，如平等协商、自愿、有偿，不得改变土地所有权的性质和土地的农业用途，流转的期限不得超过承包期的剩余期限等。同时，转让行为通常涉及合同的签订和登记等法律程序。

5．反租倒包　反租倒包是指乡镇政府或村组织先从农户或集体组织那里租赁土地，然后进行出租并从中谋利的行为。具体作法是：村集体组织从农户手中连片“反租”大量耕地，然后村集体统一规划、统一建设，再“倒包”给种植大户从事专业经营。

6．股份合作制　股份合作制是指让农民作为集体成员对土地使用权作价入股，当地政府机构将土地集中之后，村集体再代表农民与转入方谈判协商，农民凭借土地承包权可拥有公司股份，并可按股分红。

7．土地信托　土地信托是指土地信托服务组织接受土地承包者的委托，在坚持土地所有权不变、承包经营权稳定的前提下，按照“依法、自愿、有偿”转让原则，将土地使用权在一定期限内托转给其他单位和个人的行为。具体做法是，农户将土地像银行存款一样存入农村土地信用社，土地信用社出租给种田大户或乡镇企业进行规模经营，并定期向农民发放“存地租金”。

8．拍卖　拍卖是指集体经济组织将荒山、荒坡、荒湖、荒滩等农户不愿承包的“四荒地”使用权和部分耕作不便的土地使用权长期（30～50 年）拍卖给个人或企业，推动土地资源的综合开发与利用。

土地流转的有关办法，必须遵循《农村土地经营权流转管理办法》（2021 年）。

（三）土地流转现状与制约因素

1．流转行为不规范　土地流转随意性和不稳定性比较明显，双方口头约定土地流转关系，没有签署规范的流转合同，擅自改变土地农业用途，诱发了土地流转纠纷。

2．服务体系建设滞后　政府部门以收集发布信息、指导签订合同、调处纠纷等为主要内容的土地流转指导和服务体系尚未建立。

3．市场机制不健全　没有形成市场化的流转机制，缺少土地流转中介服务组织，土地流转对象与范围选择余地小，流转形式比较单一。

4．规模经营需求动力不足　我国农业龙头企业数量少且发展规模偏小、农民专业合作组织发展缓慢，绝大部分的土地流转限于农户间，规模比较小。

5．农户恋土情结仍比较重　农村土地不仅具有经济功能，还具有社会保障和就业功能，客观上造成了土地要素的供给不足。

6．土地流转基础不够牢固　土地承包关系不够稳定，承包经营权不够明确，影响土地流转的发展。

（四）土地规模经营模式

1．农户＋专业协会模式　根据当地资源优势、技术条件和市场潜力，通过对生产资料、技术与管理引进，采取多种灵活形式把农户组织起来，组成适应生产不同产品的多种门类专业协会。

2．农户＋公司模式　由企业提供资金、技术与管理，农民提供土地、劳动力和其他资源，实现种养加一条龙、产供销一体化，以共同达到资源综合开发和各生产要素优化组合。

3．农户＋股份合作模式　股份合作制融股份制与合作制于一体，一类是按照固定资产分配的社区股份合作制，另一类是按劳资入股和以劳折股的新型股份合作制。

4．农户＋合作社模式　农民自愿组织起来实行自我管理、自我服务、自主经营、自负盈亏的经济组织。农民以相对独立的商品生产者身份参与合作，农民可拥有自己私有的大中型生产资料。

5．农户＋集体经济模式　村集体实行土地规模经营，类似于人民公社时期的生产队或生产大队。一般是村集体经济组织具有强有力的带头人和领导班子，农业产业或非农产业发展水平高，形成一定的经济实力，通过发展农业产业化或组建农业队，实施村集体土地统一规模经营。例如，烟台市牟平区的邹革庄村、西油坊村、杜家村等，都是这种土地规模经营的典型。

（五）促进土地流转的政策建议

1．支持不同主体参与土地流转，扩大规模经营　支持种田能手以各种形式与农户联合或接收流转土地；允许社会资本和城市工商企业到农村承接、承租土地，单独兴办或与农民联办农业企业；引导各类经营主体向本地特色优势产业和优势区域集中发展。

2．建立并完善土地流转服务体系　建立农村土地流转服务中心，建立健全土地承包纠纷仲裁机构，搭建土地快速流转平台，建设土地承包和流转信息系统。

3．推进农村劳动力转移，扩大土地流转供给市场　建立以政府为主导、社会中介为补充的劳动力就业服务体系，加速农村劳动力转移步伐，带动农村土地流转。

4．建立并完善农村社会保障体系　建立和完善包括农村最低生活保障、医疗养老保险、农民工保护等多层次农村社会保障体系，逐步弱化土地社会保障功能。

5．强化金融信贷和税收优惠支持　为龙头企业、种植大户、农民专业合作社等农业经营主体提供信贷支持，为其争取优惠税收减免政策，推动土地规模化流转。

6．建立农业经营风险保障机制　建立农业政策性保险资金，与保险公司联合开展农业经营风险保险，建立土地流转长效机制。

视频 5-5

三、不同新型农业经营主体下的农场经营

（一）新型农业经营主体

随着新型工业化、信息化、城镇化进程加快，农村人口流动加速，大量劳动力进入城镇

就业，农业劳动力结构性矛盾突出，“未来谁来种地、怎样种好地”问题日益凸显。家庭农场、农民合作社、农业社会化服务组织等各类新型农业经营主体和服务主体根植于农村，服务于农户和农业，在破解谁来种地难题、提升农业生产经营效率等方面发挥着越来越重要的作用。新型农业经营主体是农村出现的新生产经营主体，主要是指在完善家庭联产承包经营制度的基础上，有文化、懂技术、会经营的职业农民和大规模经营、具有较高的集约化程度和市场竞争力的农业经营组织。新型农业经营主体的类型主要分为 4 种，即专业大户、家庭农场、农民合作社、农业产业化龙头企业。在新型农业经营体系中，这四大主体是其中的骨干力量。

近年来，各级政府出台支持政策，加大资金投入，鼓励社会力量积极参与新型农业经营主体和服务主体培育发展，加快构建以农户家庭经营为基础、合作与联合为纽带、社会化服务为支撑的立体式复合型现代农业经营体系。各类新型农业经营主体和服务主体整体数量快速增长，发展质量不断提升，带动效果越发明显，引领作用持续发挥。截至 2021 年 11 月底，全国依法登记的农民合作社超过 221.9 万家，辐射带动近一半农户。纳入全国家庭农场名录系统的家庭农场超过 390 万个，经营土地达 4.7 亿亩。农民合作社和家庭农场行业结构不断优化，从事种植养殖的超八成，种粮合作社和种粮家庭农场分别达 48.3 万家、161.7 万个。主体活力加速释放。5.4 万家农民合作社开展电子商务，1.6 万家农民合作社进军休闲农业和乡村旅游，农民合作社经营收入超过 5880 亿元。全国农业社会化服务组织数量达 104 万个，服务小农户 8900 多万户，农业生产托管服务面积达 18.72 亿亩次。2023 年中央一号文件提出大力发展代耕代种、代管代收、全程托管等社会化服务，农业社会化服务将成为现代农业高质量发展的重要牵引力量。

（二）新型职业农民与家庭农场经营

1．培育新型职业农民　随着农村劳动力大量向二三产业转移以及新生代农民工对土地的“陌生”，留守农业人群呈现出总量相对不足、整体素质偏低、结构不尽合理等问题。新型职业农民将以从事农业作为固定乃至终身职业，是真正的农业继承人。培育新型职业农民不仅解决了“谁来种地”的现实难题，更能解决“怎样种地”的深层问题。

相对于传统农民而言，新型职业农民是指具有科学文化素质、掌握现代农业生产技能、具备一定经营管理能力，以农业生产、经营或服务作为主要职业，以农业收入作为主要生活来源，居住在农村或集镇的农业从业人员。新型职业农民大体包括 3 类。

（1）生产型职业农民　掌握一定的农业生产技术，有较丰富的农业生产经验，直接从事园艺、鲜活食品、经济作物、创汇农业等附加值较高的农业生产的农民群体，主要是专业大户、家庭农场主、农民合作社带头人等。

（2）服务型职业农民　掌握一定农业服务技能，并服务于农业产前、产中和产后的农民群体，主要是农村信息员、农村经纪人、农机服务人员、统防统治植保员、村级动物防疫员等农业社会化服务人员。

（3）经营型职业农民　有资金或技术，掌握农业生产技术，有较强的农业生产经营管理经验，主要从事农业生产经营管理工作的农民群体，主要是从事农产品储藏、营销和加工的人员。

随着较大规模生产的种养大户和家庭农场逐渐增多，农业生产加快向产前、产后延伸，分工分业成为发展趋势，具有先进耕作技术和经营管理技术，拥有较强市场经营能力，善于学习先进科学文化知识的新型职业农民成为发展现代农业的现实需求。今后中国农业经营的从业主体，从组织形态看就是龙头企业、家庭农场、合作社等，从个体形态看就是新型职业农民。培育新型职业农民就是培育各类新型经营主体的基本构成单元，有助于加快构建集约化、专业化、组织化、社会化相结合的新型农业经营体系。

培育新型职业农民，不是一项简单的教育培训任务，需要从环境、制度、政策等层面引导和扶持，重点是要构建包括教育培训、认定管理、扶持政策等相互衔接、有机联系的国家制度体系。教育培训是新型职业农民培育制度体系的核心内容，这是由新型职业农民“高素质”的鲜明特征决定的，要做到“教育先行、培训常在”。对新型职业农民的教育培养应从三方面考虑：一是对种养大户等骨干对象，要通过教育培训使之达到新型职业农民能力素质要求；二是对经过认定的新型职业农民，要开展从业培训，使之更好地承担相关责任和义务；三是对所有新型职业农民，要开展经常性培训，使之不断提高生产经营能力。认定管理是新型职业农民培育制度体系的基础和保障，只有通过认定，才能确认新型职业农民，才能扶持新型职业农民。一是明确认定条件；二是制定认定标准；三是实施动态管理。制定扶持政策是新型职业农民培育制度体系的重要环节，只有配套真正具有含金量的扶持政策，才能为发展现代农业、建设新农村打造一支用得着、留得住的新型职业农民队伍。主要包括土地流转、生产扶持、金融信贷、农业保险、社会保障等方面政策。

2．推动家庭农场经营　在美国和西欧国家，农民通常在自有土地上经营，也有以租入部分或全部土地经营，农场主本人及其家庭成员直接参加生产劳动。美国为大中型家庭农场，平均经营耕地 169hm^2；法国为中型家庭农场，平均经营耕地 56hm^2；日本则是小型家庭农场，农户土地规模在 3hm^2 以内。西方发达国家虽然在定义家庭农场时不强调经营规模，但绝大多数家庭农场规模都比较大，因此，家庭农场大多数是规模经营单位。中国农村实行家庭承包经营后，农户向集体承包较多土地，实行规模经营，也被称为家庭农场。“家庭农场”的概念首次出现在 2013 年中央一号文件中，称鼓励和支持承包土地向专业大户、家庭农场、农民合作社流转。中国的家庭农场类似于种养大户的升级版。家庭农场是指以家庭成员为主要劳动力，从事农业规模化、集约化、商品化生产经营，并以农业收入为家庭主要收入来源的新型农业经营主体。家庭农场经营者主要是务工经商致富的能人、机关企业事业单位职工、有一技之长的科技人员、农村种田致富能人等，具有较先进管理理念和致富技能，以提高经济效益为目标，采用企业管理方法组织生产经营。不过，我国的家庭农场与西方的家庭农场在土地所有制上具有显著差别。由于我国实行的是农村集体土地所有制，农村集体享有农用地所有权，而农户仅享有农用地的承包经营权，导致“租地农场”成为我国家庭农场区别于大部分西方发达国家家庭农场的一个显著特征。

我国非常重视家庭农场的发展，强调家庭农场在乡村产业振兴中的重要作用。相关研究也基于家庭农场的性质和特点认为，家庭农场必将成为主导我国现代农业的新型市场主体，是实现农业现代化和实施乡村振兴战略的主力军。截至 2022 年 2 月，全国首批纳入名录系统管理范畴的现代家庭农场企业已发展超过 380 万家，农业社会化生产服务试点面积约 16.7 亿亩次，带动小微型农户总数超过 7800 万户。同时，在我国的家庭农场发展过程中，各地因地制宜的实践形成了各具特色的发展模式。其中，最具代表性的五种典型家庭农场模式，即“上海松江模式”“浙江宁波模式”“湖北武汉模式”“吉林延边模式”“安徽郎溪模式”。①上海松江的家庭农场发展模式是上海市高度城市化和后工业化的产物，其主要特征是建立规范统一的土地流转方式，促进农村土地的适度规模化经营；②吉林延边地区通过发展劳务经济实现农业人口转移从而推动家庭农场发展，其主要特征是加快土地流转、创新融资模式；③浙江宁波的家庭农场发展模式是由宁波地区民营经济快速发展带来的农业劳动人口转移所催生的，其主要特征是成立基金引导家庭农场发展；④湖北武汉依托工业化和城市化发展推动城郊家庭农场发展，其主要特征是细化扶持政策、着重引导家庭农场的发展与促进产业化和环境保护相结合；⑤安徽郎溪的家庭农场发展模式则是传统农业地区通过创新农业生产经营体制发展家庭农场的代表，其主要特征是“三驾马”（指农民主体、政府扶持、协会帮助）拉动家庭农场发展。

近年来，我国家庭农场经营呈现出良好的发展态势，但家庭农场的发展仍存在诸多瓶颈，制约了其作用的发挥。在实践中，土地流转不畅、融资困难、农业社会化服务体系不完善、农场主综合素质有待提高等问题给家庭农场的规模化发展带来了一定的困难。因此，根据国情与现阶段情况，我国家庭农场应当走“规模适度、利益共享、机制顺畅、质量发展、生态健全”的发展道路。

（三）农民专业合作社农场经营

1．农民专业合作社的概念与特征 农民专业合作社是在农村家庭承包经营基础上，同类农产品的生产经营者或同类农业生产经营服务的提供者、利用者，自愿联合、民主管理的互助性经济组织。农民专业合作社具有法人资格，以其成员为主要服务对象，提供农业生产资料的购买，农产品的销售、加工、运输、贮藏，以及与农业生产经营有关的技术、信息服务。简单地讲，农民专业合作社就是农民自己办的，自己管理的，为自己服务的经济组织。

建立农民专业合作社应当具备的条件是：①有五名以上符合法律规定的成员；②有符合法律规定的章程；③有符合法律规定的组织机构；④有符合法律、法规规定的名称和章程确定的场所；⑤有符合章程规定的成员出资。建立农民专业合作社的基本原则是：①成员以农民为主体；②以服务成员为宗旨，谋求全体成员的共同利益；③入社自愿、退社自由；④成员地位平等，实行民主管理；⑤盈余返还原则。

合作社是集体经济的有效实现形式，在管理方式、权利行使、利益分配、监督保障机制等方面与村集体经济组织有许多相似之处，但二者之间仍然存在明显区别：①村集体经济组织是按行政区域划分的，农民没有自由选择的余地；合作社是农民自发的组织，可以自由地选择参加或不参加某个合作社，不受地域限制。②合作社实行“入社自愿、退社自由”的原则。农民可以根据自己意愿加入一个或多个合作社，也可以根据实际需要退出合作社，并可依章程规定办理资产交割。成员资格是开放的，可以突破社区、村庄、乡镇的地域界限。③合作社是专业的经济组织。合作社以同类农产品生产或同类农业生产经营服务为纽带，来实现全体成员的共同经济利益，经营服务的内容具有很强的专业性。④合作社是独立的市场经济主体，需要到有关部门注册登记并凭借其登记所取得的法人身份，与其他市场经济主体平等进行业务往来并参与市场竞争；集体经济组织则无须登记，也未明确其市场经济主体的身份。

2．农民专业合作社的主要类型

（1）根据合作社及其成员与市场之间的运行方式 农民专业合作社可划分为：信息共享型合作社、物质交换型合作社和综合服务型合作社。

（2）按经营产业的范围 农民专业合作社可以划分为：①种植业专业合作社，如粮食、蔬菜、水果、中药材等专业合作社；②养殖专业合作社，如畜牧业、水产业、特种养殖业等专业合作社；③加工服务专业合作社，如运输业、仓储业、加工业等专业合作社。

（3）按组织发起的形式 农民专业合作社可划分为：农民自发型、农村能人带头型、公司企业带动型、农技服务组织及农技人员牵头领办型、基层科技部门牵头领办型、政府职能部门牵头型等专业合作社。

（4）按服务的内容　农民专业合作社可划分为技术推广型、物资产品供销型、供产销一体化型等专业合作社。

（5）按组织规模　农民专业合作社可划分为小型、中型、大型的专业合作社。

3．农民专业合作社的作用

（1）农民专业合作社是政府与社员之间沟通的桥梁　一是农民利益表达的有效渠道，可以将社员的各种信息和诉求传递给政府。二是将政府的农业政策传达给社员，承担政府的相关管理职能，增强民主管理意识，提高民主决策能力，推进农村民主管理。三是建设新农村、发展农村经济、增加农民收入的有效手段。

（2）农民专业合作社是农业产业化经营的重要组织形式　一是组织千家万户小生产的农民，提高农业标准化、规模化、市场化程度，实现农业增效、农民增收。二是为农民专业化生产提供产前、产中和产后服务，有利于推广应用先进农业科学技术，提高农民抵御市场风险、经营风险和自然风险的能力。三是加强社员自律，规范农户行为，协调专业合作社的内外部关系，提高农产品市场竞争能力，是参与农产品国际贸易的组织保障。

（四）农业产业化龙头企业农场经营

1．农业产业化龙头企业的概念　农业产业化龙头企业是在农产品加工和流通过程中形成一定规模，经营指标达到一定标准，对相应地区具有一定的辐射和带动作用，并通过相关部门认定的企业。根据企业综合实力、辐射范围、生产规模等指标，可划分为国家级、省级、市级和县级龙头企业。我国农业龙头企业的发展始于改革开放后，大致经历了三个阶段：

（1）从20世纪80年代中期至90年代中期为探索阶段　通过乡镇企业的带动，实现了在生产、加工、运输等环节的协作及农户与市场之间的衔接，推动了生产销售一体化，农业产业化的雏形初步显现。

（2）20世纪90年代中期至90年代末为成长阶段　不断将现代科技和管理方法引入农业，促进了生产、加工、销售的一体化，推进了农业产业化。

（3）进入21世纪后为日渐成熟阶段　各级农业龙头企业数量增长迅速，相关政策文件陆续出台。特别是2012年至今，中共中央、国务院及农业农村部先后颁布了一系列文件和指导意见，进一步明确了发展农业龙头企业的重要性，突出了在乡村振兴过程中加快农业农村现代化的意义。

2023年8月，按照全国联席会议议定的“提高认定门槛，确保优中选优”原则，东部、中部地区企业资产总额、固定资产总额、营业收入（交易额）、带动农户数等四项重要指标在原标准基础上同时提高20%，西部地区提高10%。申报第8批国家级农业产业化龙头企业具体标准如下：①综合实力。资产规模，东部地区企业资产总额1.8亿元以上，中部地区1.2亿元以上，西部地区5500万元以上；东部地区固定资产总额6000万元以上，中部地区3600万元以上，西部地区2200万元以上。经营收入，东部地区年营业收入2.4亿元以上，中部地区1.56亿元以上，西部地区6600万元以上；农产品专业批发市场年交易额东部地区18亿元以上，中部地区12亿元以上，西部地区8.8亿元以上；农产品电商企业年营业收入12亿元以上。企业效益，总资产报酬率应高于当年1年期贷款市场报价利率（LPR）平均水平。市场竞争力、企业创新能力、产品科技含量在同行业处于领先水平。

②联农带农。利益联结机制紧密，企业应与农户建立契约型、分红型、股权型等合作模式，让农民分享更多全产业链增值收益。东部地区企业直接或紧密联结带动农户数量 4800 户以上，中部地区 4200 户以上，西部地区 1650 户以上。农产品电商企业带动农户数量需达到 4200 户以上。基地直采比重大，从农业经营主体或自建基地直接采购的原料或购进的货物占所需原料量或所销售货物量的 70%以上。③履行社会责任。诚信守法经营，按时发放工资、按时缴纳社会保险，无重大违法行为；践行绿色发展理念，产品符合国家环保政策；履行食品安全责任，近 2 年内没有发生产品质量安全事件。④其他要求。脱贫地区推荐的龙头企业可适当降低标准。在同等条件下，优先支持大豆企业、种业企业和外贸企业。休闲农业企业和农业社会化服务企业可以申报，参照农产品生产、加工、流通企业的条件和标准，但对企业从农业经营主体或自建基地直接采购原料或购进货物占比、企业产品竞争力等不作要求。

2．农业产业化龙头企业的作用　农业产业化龙头企业是构建现代农业产业体系的重要主体，在加快推进农业现代化中肩负着重要责任。

（1）保障国家粮食安全的担当者　农产品稳定供给是国民经济社会健康发展的重要基础。农业产业化龙头企业引导合作社、家庭农场共建原料基地，稳定市场流通秩序，有力地保障了农副产品市场供应，县级以上龙头企业提供的粮油类产品占市场供给的 1/3 多，提供的“菜篮子”产品占市场供给的 2/3 多。

（2）农业农村现代化的引领者　近年来，大型龙头企业持续加大科技研发投入，提升产业链现代化水平。2020 年，省级以上龙头企业科技研发投入 850 多亿元，通过研发新技术、新装备、新产品，开展科技自主创新和协同创新，提升生产标准化程度，推行绿色生产方式，促进产业转型升级发展。

（3）农民就业增收的带动者　龙头企业一头连着农民、一头连着市场，通过产销订单、土地托管、资产入股等方式，带领小农户融入现代农业发展。2020 年，县级以上龙头企业引领各类农业产业化组织辐射带动农户 1.2 亿多户，吸纳就业中农村户籍劳动力接近 7 成，有效带动了农民就地就近就业，让农民更多分享产业增值收益。

第三节　农业产业化经营

一、农业产业化经营概述

农业产业化是农业社会化服务体系的重要组成部分，是我国农业的一种新型经营机制，对新阶段农业的战略发展具有极其重要的作用。中国的农业产业化经营，缘起于 20 世纪 90 年代初，是“农工商一体化，产供销一条龙”经营的简称。国际上称为“农业一体化”（agricultural integration）或一体化农业（integrated agriculture）。其实质都是包括农业的产前、产中、产后三个领域的全部生产环节和内容。

（一）农业产业化经营的内涵

一般认为，农业产业化经营是以国内外市场为导向，以提高经济效益为中心，以科技进步为支撑，围绕支柱产业和主导产品，优化组合各种生产要素，对农业和农村经济实行区域化布局、专业化生产、一体化经营、社会化服务、企业化管理，形成以市场牵龙头、龙头带基地、基地连农户，集种养加、产供销、内外贸、农科教为一体的经济管理体制和运行机制。农业产业化经营有利于提高农业生产组织化程度，带动农业规模化生产和区域化布局，实施农业生产标准和农产品质量标准，推动农业和农村经济结构调整，延长农业产业链条，增加农业附加值，提高农业竞争力，促进农民增收。其内涵包括如下四个方面。

1．以市场为导向　农业产业化是市场经济发展的产物，为更好地适应商品经济时代的发展而出现的。所以，农业产业化经营要求经营主体根据市场需求来组织生产，并依照市场需求来加工和销售。

2．以产业化组织为依托　中介组织作为桥梁与纽带连接分散的小规模经营农户与国内外市场。只有依托中介组织，小农户才能更好地参与市场生产、加工，分享市场利润，农业产业化经营的优越性才能得以发挥。

3．以生产基地为基础　农业产业化经营必须建立标准化、现代化的商品基地，实行种植区域化、生产专业化、经营集约化、产品商品化，才能为龙头企业供应高质量、有保证的源源不断的批量农产品。

4．以农业产业化为核心　农业产业化的核心是将农业再生产过程的产前、产中、产后诸环节联结在一起的农工商产业链。也就是说，农业龙头企业与农户之间必须形成一个合理的利益共享、风险共担的经济利益共同体，让农户参与和分享农业产业链的增值收益。

（二）农业产业化经营的构成要素

1．龙头企业　龙头企业是发展农业产业化的“火车头”，是指在农业产业化经营中，依托农副产品生产基地建立的、规模较大、辐射带动作用较强，具有引导生产、深化加工、服务基地和开拓市场等综合功能，与基地农户形成“风险共担、利益均沾”利益机制的农副产品加工企业、流通企业、专业批发市场、合作经济组织或科技服务实体，在规模和经营指标上达到规定标准并经政府有关部门认定的企业。

2．生产基地　生产基地是龙头企业的依托，是龙头企业与农户联结的纽带，是主导产业在地域上的表现形态。生产基地是指围绕龙头企业或市场建立的，联结众多农户形成的某种主导产业的专业生产区域和生产组织形式。按农业生产部门分类，可分为种植业生产基地、林业生产基地、畜牧业生产基地、渔业生产基地等。按照生产基地与农户联结方式，可分为协会型生产基地、合作社型生产基地、统种分管型生产基地、服务组织型生产基地、行政指导型生产基地。

3．主导产业　确立和培植主导产业是实施农业产业化的前提和基础。主导产业是指一个地区在一定时期内的产业体系中，技术先进、生产规模大、商品率高、经济效益显著，能够较大幅度地增加农民收入和地方财政收入，并在产业结构中占有较大的比重，对其他产业和整个经济发展具有强烈的推动作用的产业。根据农村产业性质和各产业之间的关系，农村产业可划分为基础产业、主导产业、关联产业和辅助产业4大类。基础产业主要指粮食生产，主导产业是地方经济发展中的重点产业或支柱产业，关联产业是由主导产业带动并为主导产业建设服务的产前和产后产业，辅助产业是主导产业的需要和补充。

4．市场体系　市场具有商品交换功能、商品价值实现功能、商品有用性验评功能，能促进和引导社会资源合理配置。市场体系是指以商品市场为中心，资金、土地、技术、劳动力、信息等多种要素市场组成的有机统一体。市场由市场主体、市场客体和市场运行机制等要素构成。市场主体是指参与市场活动的全部生产者、经营者和消费者。市场客体是市场上生产、经营和消费的对象，主要包括商品、资金、技术、信息、劳动力等。市场运行机制是指供求机制、竞争机制、风险机制和调控机制。

农产品产地市场是我国现代农业产业体系和农产品流通体系的重要组成部分。农产品产地市场是在农业市场化深入推进和农产品专业化、区域化、规模化生产不断发展的基础上兴起的，在具有较高商品率的农产品优势产区，为快速大批量集散农产品、稳定市场运行而建立的批发市场，以交易本地农产品为主，是我国现代农业产业体系和农产品流通体系的重要组成。

5. 社会服务体系　农业社会化服务是指国家有关部门、农村合作经济组织、社会服务机构及各专业技术经济部门、供销合作社和各农产品加工、销售企业或个体等为农业产前、产中、产后提供的各项服务活动的总称。目前，我国农业社会化服务体系主要包括：现有的国家经济技术机构，龙头企业兴办的各种农业社会化服务机构，各种专业性合作经济组织兴办的农业社会化服务机构，个人兴办的农业社会化服务机构，合股、合作办的农业社会化服务机构。

推动农资企业、农业科技公司、互联网平台等各类涉农组织向农业服务业延伸，采取“农资＋服务”“科技＋服务”“互联网＋服务”等方式，推进技物结合、技服结合，实现业务拓展、创新发展。社会化服务是小农户与现代农业有机衔接的战略重点。农业社会化服务已成为解决一家一户干不了、干不好、干了不划算等生产难题的重要举措，成为推广应用先进技术装备、推进农业标准化生产和规模化经营的重要抓手。2023 年，全国农业社会化服务组织达到 104.1 万个，服务面积近 18.7 亿亩次，服务带动小农户超过 8900 万户。

视频 5-6

（三）农业产业化经营的作用

1. 推动小生产与大市场接轨　家庭承包制使农户成了独立的商品生产者和经营者，但分散的农户生产难以适应变幻莫测的大市场需求。通过龙头企业或合作社组织和带动千家万户的农民联合生产，围绕农业地域资源优势，开发名、优、新、特产品，形成优势产品密集带，并在农户与市场之间架起桥梁，提高了农民参与市场竞争和抗御市场风险的能力。

2. 促进农业社会化大生产　把一家一户分散经营联结起来形成产业群体，推动单家独户生产向社会化大生产过渡，实行“一村一品、一乡一特、一县一业”适度规模经营，通过质优量大、货源充足和较高市场知名度，提高了市场竞争力，降低了风险性。

3. 加速农业现代化进程　在农户家庭经营基础上，实行区域化布局、专业化生产和适度规模经营，促进了资金、土地、技术等生产要素流动重组，有利于社会资金、先进技术和装备投入农业产业，生产出一批名优农产品，加快农产品加工业发展。当前和今后很长一个时期，小农生产仍将是我国农业的主要经营方式与农业发展的重要组织资源。要进一步激发小农户生产经营的积极性、主动性、创造性，使小农户成为发展现代农业的积极力量与有效参与者。要进一步促进传统小农户向现代小农户转变，让小农户共享改革发展成果，实现小农户与现代农业发展有机衔接，加快推进农业农村现代化。

4. 提高农业综合经济效益　把种植业、养殖业和农副产品加工业、运输销售业有机地联结，实行种养加一条龙，贸工农一体化，有效拉长农业产业链条，增加农业附加值，使农业的整体效益得到显著提高，加快城乡一体化进程，促进农村经济繁荣。

（四）农业产业化经营的基本特点

1．生产专业化　围绕主导产品或支柱产业进行专业化生产，把农业生产的产前、产中、产后作为一个系统来运行，做到每个环节的专业化与产业一体化协同相结合。农业生产专业化带动形成的区域经济、支柱产业群、农产品商品基地，为农业产业化经营奠定了稳定的基础。

2．企业规模化　农业生产专业化的效率是通过大生产的优越性表现出来的，因为农业生产经营规模的扩大，有利于采用先进的农业科学技术，降低农业生产成本，为农产品的批量生产、加工、销售奠定条件。

3．经营一体化　通过多种形式的联合与合作，形成市场牵龙头、龙头带基地、基地连农户的贸工农一体化经营体制，是外部经济内部化，从而降低交易成本，提高农业的比较利益。在实践中有不同形式的经营一体化，如产销一体化、产加销一体化和资产经营一体化。

4．服务社会化　一般表现为通过合同稳定内部一系列非市场安排，而且无论是公司还是合作社，都在使农业服务向规范化、综合化方向发展，即将产前、产中、产后各环节服务统一起来，形成综合生产经营服务体系，农业生产者一般只从事一项或几项农业生产作业，而其他工作均由综合体提供的服务来完成，使得农业的微观和宏观效益都得到了提高。

视频 5-7

二、农业产业化经营模式

（一）农业产业化经营主要模式

1．龙头企业带动型　龙头企业带动型是由农产品加工、贮藏或营销企业作为龙头，与农户通过契约关系，重点围绕一种或几种产品的生产、销售，与生产基地和农户实行有机的联合，建立起相对稳定的经济联系，结成产加销一体化经营组织，形成“风险共担、利益共享”的利益共同体。这种类型特别适合在资金或技术密集、市场风险大、专业化程度高的生产领域内发展。

其优势在于：①龙头企业为农民承担市场风险和管理风险。②“公司＋农户”的生产经营组织形式，有效地改变了过去那种企业与农户利益直接对立的状况，建立了利益共享、风险共担的利益分配机制。③龙头企业与农户在资金、土地、劳动力和技术市场生产要素上实现了优势互补，龙头企业负责技术、资本密集、风险大的部分，劳动密集和风险小的部分交由农户负责，形成新的生产力。龙头企业与农户结合，既发挥了大规模经营的优越性，又弥补了农业小生产在经营环节上的缺陷，调动了农户生产的积极性，实现了更高层次上的双层经营。但缺陷在于：①受市场供求变化的影响，农户品的供求关系难以稳定。②合理的利益分配机制尚不完善。

基本形式：龙头企业＋农户。衍生形式：龙头企业＋基地＋农户、龙头企业＋合作社＋农户、龙头企业＋专业协会＋农户等。其中“龙头企业＋农户”是当前该类型的主要形式。依据联系的紧密程度，具体又可以分为：

（1）企业与农户契约化　公司与农民签订具有法律约束力的合同契约，甚至其他生产资料购销、技术服务等合同，即通常所说的“订单农业”。具体来说，龙头企业和农户以合同形式规定各自的权利和义务，农户按照合同规定的时间、标准、数量交售农产品，企业按照合同规定的条款提供农资，收购、加工、销售农产品。因此，龙头企业和农户的关系既是买卖关系，又是契约关系。这使得“公司＋农户”这种形式能够通过有法律效力的契约关系在市场经济下迅速发展。

（2）*企业与农户一体化*　企业以反租倒包的土地流转方式获得农民的土地，由企业对土地进行统一种植管理，使农民成为企业的员工，在农业生产环节应用先进的种植理念及农业技术，农民可以同时获得土地租金和产品销售两种收入，而且可以通过参与现代农业生产改变传统的小农思想。农户以土地、技术、劳动力等生产要素量化入股企业，有效利用土地，形成规模化、集约化的经营模式。由企业直接与市场对话，有利于降低农资购买成本；在耕种、收割等生产环节上通过大机械化作业，降低劳动强度及用工成本；也可以根据农产品特性开展深加工项目，二次提高农产品附加值，吸收农民就近择业，这在一定程度上解决了农村剩余劳动力的问题。

2．专业市场带动型　市场带动型是指通过培育农产品市场，以专业市场或专业交易中心为依托，借助合同或其他配套服务体系与农户形成稳定的上下游关系，以拓宽商品流通渠道，带动区域专业化生产的主导产业发展的一体化经营模式。这种模式的基本特征就是以专业市场为依托，通过专业市场与生产基地或农户直接沟通，以合同形式或联合形式，将农户纳入市场体系，从而做到一个市场带动一个支柱产业，一个支柱产业带动千家万户，充分发挥专业市场的辐射带动作用，形成一个专业化的区域经济发展带。通过它对农业的产前、产中、产后服务，如供应优良种子、化肥、农药等生产资料，也提供市场信息和生产技术服务、农机具等，引导当地农民的农业生产结构调整、品质提升，以满足消费者的高标准需求。

其优势在于：①成为农产品的集散地，加快了农产品流通速度。②减少了农产品流通环节，降低了交易费用。但缺陷在于：①市场体系和基础设施建设尚需完善。②农村流通中介组织还未发展完善，还需要培育专业化的经纪人队伍及提高农民参与流通的组织化程度。这种经营组织的运行在很大程度上要取决于专业批发市场的发育水平。

典型形式：专业市场＋农户。

3．主导产业带动型　主导产业带动型是指从利用当地资源优势、发展传统产品着手，形成区域性主导产业。利用当地资源和专门技术，从发展特色农业和农产品入手，发展“一村一品”“一镇一业”等，逐步扩大经营规模，提高产品档次，组织产业群、延伸产业链，形成区域性主导产业和拳头产品，以其连带效应带动区域经济发展。即当区域农业主导产业发展到一定规模，围绕主导产业开展初级农产品营销、加工和贮藏，形成主导产业为主体骨架、向产后延伸增值的产业链。其特点是主导产业规模大，专业化水平较高，区域性特色明显，产后增值增效作用强。

其优势在于：①投资少、易起步、风险小，尤其适合经济欠发达地区。②资源优势相对突出，生产专业化水平较高，形成了专业村、专业乡（镇）。③形成产、加、运、销为一体的产业群体。但缺陷在于：①受资源比较优势战略的影响，不容易把握市场需求。②产业层次低、产品质量差、市场竞争力弱。③产业（产品）结构单一，对市场需求的动态适应性不强。

典型形式：主导产业＋农户。

4．中介组织带动型　中介组织带动型是指根据市场需求，在农民自愿的基础上，以各类中介服务组织为载体，以产前、产中、产后诸环节的服务为纽带，实现生产要素优化组合，组织农户共同进入市场，参与竞争，使众多分散的小规模生产经营者联合起来，形成市场占有率高、竞争力强、规模大、生产要素大跨度结合并集生产、加工、销售相联结的一体化企业集团。其优势在于能将农户联结起来，组成一个能代表农民自身利益的集体组织，提高农民进入市场的组织化程度，节约进入市场的成本，这在很大的程度上保障了农户的利益。与此同时，合作组织具有单个农户家庭所不具有的资金、技术、市场信息方面的优势，这较大地避免了农业本身的自然风险，也增强了农户抵抗市场风险的能力。该模式特征是由一个或几个专业大户牵头，或依托国家科技和业务部门中介组织，带动农户从事专业生产，将生产、加工、销售有机结合，实施一体化经营。中介服务组织主要包括国家农业科研和推广机构、供销合作社或物资商业部门、农民专业合作社、各种专业技术协会、销售协会等。

其优势在于：①信息渠道畅通，便于信息沟通。②便于协调上级、县（市、区）政府之间的关系，一方面得到省（自治区、直辖市）和国家有关部门的支持，另一方面避免不正当竞争。③方便合作开发，“农产联”在市场、产品、人才和生产企业等方面可进行合作开发，以进一步提高企业素质、人才素质和产品质量，更高效地开发国内国际市场。但缺陷在于：①这种类型的中介组织主要是行业协会，其类型属松散型组织。②合理的利益分配机制尚不完善。

典型形式：合作社＋农户、专业协会＋农户。

5. 农业园区带动型　农业园区带动型是在一定区域范围内，以农业产业为主导，以农民充分参与和受益为前提，以多种形式的经营主体为带动，聚集现代生产要素，融合产业链纵向延伸和产业间横向拓展，打造集“大农业观、长产业链、深度融合、全绿色化、高附加值、强竞争力”为一体的多功能、复合型、创新性的现代农业发展平台，实现资本、科技、人才等要素的集聚，园区利用农户的土地及劳动力，农户作为园区产业工人，获得了科技带动、产业带动、就业带动及土地流转的租金等好处，从而促进区域农业产业发展，形成农业科技园区与农户共存、互利的产业共同体。建设现代农业园区，高位推动是关键、高标准谋划是前提、高强度投入是保障、高效助农是根本、高质量发展是目的，因此《“十四五”推进农业农村现代化规划》提出推进乡村产业园区化融合化发展，支持有条件的县（市、区）建设现代农业产业园。

其优势在于：①典型示范作用强。②农业科技推广效应大。但缺陷在于：①资金投入巨大，受资金约束强。②科技水平要求高，受大多数农民文化素质和科技素质不高因素的制约，目前大面积推广的条件尚不成熟。

典型形式：农业高新技术园区、示范园＋农户型。

以上几种类型是当前我国农业产业化经营的几种典型模式。由于各地的生产力发展水平以及科技成果的特性不同，产业化模式的优劣很难比较。不论哪种模式，它们都有共同的特点，即能够发挥有效的作用，引导和组织分散的小农户进入社会大市场，促进产业化的发展，提高农业的比较效益，增强市场农业自立发展的能力。根据近几年来中央关于农业方面的政策，“企业＋专业合作社＋农户”这种非典型农业产业化模式的优势日益凸显。这种模式不仅继承了服务组织带动型产业化模式的优点，同时拥有了龙头企业带动型和中介组织协调型产业模式的优点。其中企业拥有资金和技术，合作社既充当中间协调的角色，又能提供产前、产中、产后服务，提高农民的组织化程度。随着市场农业的发展和我国农业产业化经营模式的逐渐成熟，可以预料一些新的农业产业化组织模式还会出现。农业产业化将成为解决三农问题的必由之路。

（二）农业产业化经营实施方法

1. 正确选择主导产业　主导产业是龙头企业加工所需原料或销售农产品专业化、规模化的产业。农业主导产业具有商品经济的属性，应具有一定的区域性和带动作用，其必须具备的条件是市场需求大，商品率高，供给潜力大，能促进相关产业发展，有较高集约度和规模效益。在农业产业化经营中，主导产业起着上连市场、下接农户、建立中介组织、培植生产基地的作用，是农业产业化的支柱。选择和确立主导产业是实施农业产业化经营最重要的工作，需要遵循资源优势原则、市场导向原则、比较效益原则和关联效应原则。

2. 建设主导产业基地　基地是主导产业产品的批量生产地，是农业产业化经营初级产品的产生源，是龙头企业得以发展的依托和条件。要以市场为导向，按照规模化、专业化和商品化原则，加快农业主导产业基地建设，构建农业产业化经营“源头”，基地建设思路是围绕龙头建基地、突出特点建基地、连片开发建基地，以基地建设促龙头企业发展。

3. 大力发展龙头企业　龙头企业是农业产业化经营的关键。龙头企业外联市场，内联千家万户，具有“开拓市场、引导生产、深化加工、配套服务”的综合功能，是发展农业产业化经营的“牛鼻子”和“火车头”。龙头企业的素质决定着农业产业化经营的整体水平，它肩负着开拓市场、科技创新、带动农户、促进发展的任务。扶持龙头企业的方法是根据市场需求和本地资源优势，组建新的加工型、贸易型和综合型的龙头企业，促进现有国有企业转换机制和功能成为龙头企业，使相关企业联合组建集团公司成为龙头企业，积极发展股份制或股份合作制龙头企业等。

4. 完善农业社会化服务体系　应树立系统观念，统筹规划，通过科学合理的机制来完善多渠道、多形式、多层次的网络服务体系。农业社会化服务体系主要应建立和健全从良种繁育、种苗提供、技术指导、加工运销、信息服务、资金筹措等方面，向农产品商品生产基地提供全程系列化服务。并不断探索社会化服务体系向实体化、专业化方向转变，逐步形成专业性服务与社区性服务相结合的新型农业产业化经营模式。

5. 构建利益共同体　各参与主体对农业产业化经营系统的投入（劳动力、资金、产品、知识、技术等）和资产产权得到承认，并得到相应的回报，是激励其积极性和创造性的动力源。因此支持企农建立紧密利益联结关系，打造风险共担、利益共享、命运与共的融合利益共同体是农业产业化持续经营的必然要求。构建利益共同体，必须有专业合作社、专业协会、“公司＋农户”等经营载体的组织保证，并要建立风险基金制度、合同契约制度、保护价格制度等保障制度，要有健全的利益分配机制和运转约束机制。

（三）国外农业产业化的实践

农业产业化是发达国家二战后兴起的一种纵向农业经营组织形式，依靠经济和法律关系将农业与其相关工商服务等行业联合而成。国外农业产业化又称为一体化，主要有 4 种类型。

1. 由非农资本直接开办的农业公司　农业公司是工厂式的农业生产单位，一般没有土地，只有厂房，主要从事典型工厂化的农产品生产和加工或饲料加工业，如大型养禽工厂、养猪工厂等。

2. 工业、商业、金融及农业企业等多种资本以股份形式混合而成的联合公司　以这种形式联合而成的企业涉及面较广，但一般以两个控股企业为核心，如法国国有矿业公司所组织的综合体共有工矿企业、商业运输公司、银行服务等 50 多家及 400 多个农业合作社，经营范围从农产品生产、加工、采购、贮运、销售、出口，直到矿产品、化肥、农药、机械制造及科研服务等。

3. 合同形式的利益共同体 以一两个工商企业为核心（少数以合作社或大农场为核心），以一体化合同形式把农业有关部门联系起来，是农工商一体化最普遍的形式。一体化合同有紧密完全型和松散不完全型之分。前者是由龙头企业（一般由工商企业或合作社）集中决策；后者多半是由食品加工厂或农产品销售商和农场主签订合约，对商品价格、数量、质量和收购时间做出规定。美国农业一体化中紧密型一体化合同形式占据主导地位。

4. 农民自我兴办的产销服务组织——合作社 合作社是发达国家较流行的农业一体化形式，农民既是农产品生产者，又是加工者，或销售者，或农业服务合作社的社员，通过合作社把产前、产后专业化组织与所在农村地区发展相结合，农民通过合作社控制了农业加工、销售、购买系统，促进了农业经济与其他经济部门、城市和乡村的一体化。

三、农业产业化联合体

（一）农业产业化联合体的概念与特征

农业产业化联合体是近年来发端于安徽、江西等地的农业产业新模式，是农业产业化发展到新阶段的必然产物。农业产业化联合体是指龙头企业、农民合作社和家庭农场等新型农业经营主体以分工协作为前提，以规模经营为依托，以利益联结为纽带的一体化农业经营组织联盟。

根据农业产业联合体定义和社会职能，其具备如下特征。

1. 独立经营，联合发展 农业产业化联合体不是独立法人，一般由一家牵头龙头企业和多个新型农业经营主体组成。各成员保持产权关系不变、开展独立经营，在平等、自愿、互惠互利的基础上，通过签订合同、协议或制定章程，形成紧密型农业经营组织联盟，实行一体化发展。

2. 龙头带动，合理分工 以龙头企业为引领、农民合作社为纽带、家庭农场为基础，各成员具有明确的功能定位，实现优势互补、共同发展。

3. 要素融通，稳定合作 立足主导产业、追求共同经营目标，各成员通过资金、技术、品牌、信息等要素融合渗透，形成比较稳定的长期合作关系，降低交易成本，提高资源配置效率。

4. 产业增值，农民受益 各成员之间以及与普通农户之间建立稳定的利益联结机制，促进土地流转型、服务带动型等多种形式规模经营协调发展，提高产品质量和附加值，实现全产业链增值增效，让农民有更多获得感。

（二）农业产业化联合体的现实意义

1. 有利于构建现代农业经营体系 通过“公司＋农民合作社＋家庭农场”组织模式，让各类新型农业经营主体发挥各自优势、分工协作，促进家庭经营、合作经营、企业经营协同发展，加快推进农业供给侧结构性改革。

2. 有利于推进农村一二三产业融合发展 通过构建上下游相互衔接配套的全产业链，实现从单一产品购销合作到多元要素融合共享的转变，推动订单农业和“公司＋农户”等经营模式创新，促进农业提质增效。

3．有利于提升农业综合产能　通过推动产业链上下游长期合作，降低违约风险和交易成本，稳定经营预期，促进多元经营主体以市场为导向，加大要素投入，开展专业化、品牌化经营，提高土地产出率、资源利用率和劳动生产率。

4．有利于促进农民持续增收　通过提升农业产业价值链，完善利益联结机制，引导龙头企业、农民合作社和家庭农场紧密合作，示范带动普通农户共同发展，将其引入现代农业发展轨道，同步分享农业现代化成果。

（三）农业产业化联合体的发展情况

我国农业产业化联合体步入快速发展期，未来建设规模空间大。我国农业产业化联合体的发展始于安徽宿州，2011 年安徽宿州成为全国 24 个农村改革试验区之一，并探索产生首例农业产业化联合体，且得到了宿州市委、市政府认可，于 2012 年出台《促进现代农业产业联合体建设试点方案》，确定了“农业企业＋合作社＋家庭农场”的运行模式，首批选择了 16 家联合体试点。2015 年，安徽省在总结宿州经验的基础上，出台了《关于培育现代农业产业化联合体的指导意见》，在全省开展现代农业产业化联合体培育工作。此后农业产业化联合体开始在全国范围内推广开来。

近年来，农业农村部加大指导、强化扶持，引导地方积极培育联农带农作用突出、综合竞争力强、稳定可持续发展的农业产业化联合体。具体表现为：①强化顶层设计。尤其是在 2017 年国家发布《关于促进农业产业化联合体发展的指导意见》，正式提出大力支持农业产业化联合体的发展后，农业产业化联合体开始在全国各地尤其是农业大省遍地开花，部分省（自治区、直辖市）更是取得了较为出色的成果。随着国家农业产业化联合体发展意见的发布，以及 2018 年 3 月颁布的《关于开展农业产业化联合体支持政策创新试点工作的通知》初步确立了河北、内蒙古、安徽、河南、海南、宁夏、新疆等七个省（自治区）作为试点省份。2019 年，国务院印发《关于促进乡村产业振兴的指导意见》，明确提出鼓励发展农业产业化联合体，支持发展县域范围内产业关联度高、辐射带动力强、多种主体参与的融合模式，实现优势互补、风险共担、利益共享。②加强业务指导，引导和规范农业产业化联合体健康发展。农业农村部先后编印了《农业产业化联合体学习参考手册》《农业产业化联合体资料汇编》等材料，涉及政策解读、地方实践、案例模式等内容，为培育和发展农业产业化联合体提供支撑。③加大支持力度。2021 年，农业农村部办公厅、中国农业银行办公室联合印发《关于金融支持农业产业化联合体发展的意见》，要求创新金融产品和服务，拓宽多元信贷担保渠道，加大对农业产业化联合体的金融支持力度。④积极培育发展。2021 年，农业农村部印发《关于促进农业产业化龙头企业做大做强的意见》，明确提出要发挥龙头企业在产业链中的引领带动作用，联合农民合作社、家庭农场、农户等全产业链各类主体，共同开发优势特色资源、优化配置创新要素，建设一批国家、省、市、县级农业产业化重点联合体。截至 2023 年 7 月，全国培育建设农业产业化联合体 8000 多个，产业化联合体已成为多元主体融合、产业互通互联、利益紧密联结的重要载体。

视频 5-8

四、乡村振兴背景下农业产业化经营策略

（一）乡村振兴的提出及意义

乡村振兴战略是在 2017 年党的十九大上首次提出的，旨在解决长期以来困扰中国的“三农”

问题，即农业、农村和农民问题。这一战略的核心目标是通过一系列综合措施，改善农村经济、社会、文化和生态环境，最终实现农业农村现代化。随着政策的深入实施，乡村振兴战略将逐步显现成效，特别是在提高农村居民生活质量、缩小城乡差距等方面。长远来看，这一战略将为实现农业农村现代化、构建新型城乡关系奠定坚实基础，对促进可持续发展具有重要意义。

乡村是具有自然、社会、经济特征的地域综合体，兼具生产、生活、生态、文化等多重功能，与城镇互促互进、共生共存，共同构成人类活动的主要空间。实施乡村振兴战略是建设现代化经济体系的重要基础，是建设美丽中国的关键举措，是传承中华优秀传统文化的有效途径，是健全现代社会治理格局的固本之策，是实现全体人民共同富裕的必然选择。

按照党的十九大提出的决胜全面建成小康社会、分两个阶段实现第二个百年奋斗目标的战略安排，中央农村工作会议明确了实施乡村振兴战略的目标任务：到 2020 年，乡村振兴取得重要进展，制度框架和政策体系基本形成；到 2035 年，乡村振兴取得决定性进展，农业农村现代化基本实现；到 2050 年，乡村全面振兴，农业强、农村美、农民富全面实现。

（二）乡村振兴五大目标

乡村振兴五大目标内容是产业振兴、人才振兴、文化振兴、生态振兴、组织振兴。

1．产业振兴　产业振兴是实现乡村振兴的首要和关键，只有把乡村的产业发展做好，才可以真正实现乡村振兴战略的科学、持续、健康发展。

2．人才振兴　人才是乡村振兴的重要因素。乡村人才振兴要运用政策、机制、机会等多种方式，鼓励社会各类人才能够看到乡村希望、看好乡村未来、看见乡村生活，实现真正的“吸引人才到农村”。

3．文化振兴　文化振兴是实现乡村振兴的思想保障，以社会主义核心价值观为引领，采取符合农村、农民特点的有效方式，深化中国特色社会主义与中国梦宣传教育，大力弘扬民族精神与时代精神。加强爱国主义、集体主义、社会主义教育，深化民族团结进步教育。

4．生态振兴　生态振兴重在构建乡村振兴的环境基础，关键是在农业发展观上开展一场深刻革命，一方面是形成绿色的生产方式和产业结构，推动农业投入品减量、农业废弃物资源化运用和农业资源养护；而另一方面是形成绿色的生活方式和人居空间，从厨房、洗手间、垃圾箱改起，贯彻落实农村人居环境治理方案。

5．组织振兴　组织振兴重在保证乡村振兴的政治基础，农村基层党组织是实施乡村振兴战略的战斗堡垒，组织振兴就是要以成千上万名优秀的农村基层党组织书记为抓手，把我国社会主义民主政治的优势和特点充分发挥出来，形成“三治合一”的现代乡村社会治理体系，保证乡村振兴健康稳步推进。

（三）乡村振兴战略 20 字总方针

乡村振兴战略 20 字方针内容是“产业兴旺、生态宜居、乡风文明、治理有效、生活富裕”，这是党的十九大报告中提出的实施乡村振兴战略的总要求。

1．产业兴旺是基石　发展现代农业属于产业兴旺最重要的内容，重点是通过产品、技术、制度、组织与管理创新，提升良种化、机械化、科技化、信息化、标准化、制度化以及组织化水平，推进农业、林业、牧业、渔业和农产品加工业转型升级。一方面，大力发展以新型职业农民、适度经营规模、作业外包服务与绿色农业为主要内容的现代农业；另一方面，推动农村三大产业融合发展，推动农业产业链延伸，给农民创造更多就业与增收机会。

2. 生态宜居是保证　生态宜居是提升乡村发展质量的保证。其内容包括了村容整洁，村内水、电、路等基础设施完善，以保护自然、顺应自然、敬畏自然的生态文明理念纠正单纯以人工生态系统替代自然生态系统的错误做法，等等。它提倡保留乡土气息、保存乡村风貌、保护乡村生态系统、治理乡村环境污染，实现人与自然和谐共生，让乡村的环境变得更加美丽。

3. 乡风文明是灵魂　乡风文明建设既包含推动农村文化教育、医疗卫生等事业发展，改进农村基本公共服务；又包含大力弘扬社会主义核心价值观，承传遵规守约、尊老爱幼、邻里互助、诚实守信等乡村优良习俗，努力实现乡村传统文化与现代文明的结合；还包含充分参考国内国外乡村文明的优秀成果，实现乡风文明与时俱进。

4. 治理有效是核心　治理越有效，乡村振兴战略的实施效果就越好。因此，应建立完善党委领导、政府负责、社会协同、公众参与、法治保障的当代乡村社会治理体制，健全自治、法治、德治相结合的乡村治理体系，加强农村基层基础工作，增强农村基层党组织建设，推进村民自治实践，建设平安乡村。进一步密切党群、干群关系，有效协调农户利益与集体利益、短期利益与长期利益，保证乡村社会充满活力、和谐有序。

5. 生活富裕是目标　乡村振兴战略的实施效果要用农民生活富裕水平来评价。因此，要努力保持农民收入较快增长，持续减少农村居民的恩格尔系数[①]，持续减小城乡居民贫富差距，让广大农民群众和全国人民一道进入全面小康社会，朝着共同富裕目标稳中有进。

（四）乡村振兴与现代农业产业体系

十九大报告明确要求实施乡村振兴战略，并将巩固和完善农村基本经营制度和构建现代农业产业体系、生产体系、经营体系等作为其重要内容。农业产业体系、生产体系、经营体系是现代农业的“三大支柱”，又称为“三大体系”。2022 年 10 月，中国共产党第二十次全国代表大会指出全面推进乡村振兴。全面建设社会主义现代化国家，最艰巨最繁重的任务仍然在农村。坚持农业农村优先发展，坚持城乡融合发展，畅通城乡要素流动。加快建设农业强国，扎实推动乡村产业、人才、文化、生态、组织振兴。

1. 现代农业“三大体系”的特点

1）现代农业产业体系是集食物保障、原料供给、资源开发、生态保护、经济发展、文化传承、市场服务等于一体的综合系统，是多层次、复合型的产业体系。现代农业产业体系是衡量现代农业整体素质和竞争力的主要标志，解决的是农业资源的市场配置和农产品的有效供给问题。构建现代农业产业体系，就是要以市场需求为导向，充分发挥各区域的资源比较优势，以粮经饲统筹、农牧渔结合、种养加一体为手段，通过对农业结构的优化调整，提高农业资源在空间和时间上的配置效率。

2）现代农业生产体系是先进科学技术与生产过程的有机结合，是衡量现代农业生产力发展水平的重要标志。其主要内容是通过实施良种化、延长产业链、储藏包装、流通和销售等环节的有机结合，提升产业的价值链，发展高层次农产品，壮大农业新产业和新业态，提高农业质量效益和整体竞争力。构建现代农业生产体系，就是要转变农业要素投入方式，用现代物质装备武装农业，用现代科学技术服务农业，用现代生产方式改造农业，提高农业良种化、机械化、科技化、信息化、标准化水平。

---

① 恩格尔系数（Engel's coefficient）是食品支出总额占个人消费支出总额的比重。恩格尔系数是德国统计学家恩格尔根据经验统计资料对消费结构的变化得出的规律。恩格尔系数是衡量一个家庭或一个国家富裕程度的主要标准之一。一般来说，恩格尔系数达 59%以上为贫困，50%～59%为温饱，40%～50%为小康，30%～40%为富裕，低于 30%为最富裕

3）现代农业经营体系是新型农业经营主体、新型职业农民与农业社会化服务体系的有机组合，是衡量现代农业组织化、社会化、市场化程度的重要标志。主要涉及专业大户、家庭农场、家庭牧场、农民合作社、龙头企业等。当前构建现代农业经营体系要集中解决好一系列问题，如农民要向职业化方向发展、坚持适度规模经营、建立社会化服务体系等。

2．现代农业“三大体系”的关系　现代农业生产体系重在提升农业生产力，现代农业经营体系重在完善农业生产关系，二者又共同支撑现代农业产业体系的发展，体现了现代农业生产力和生产关系的相互作用、有机融合，体现了现代农业的丰富内涵和核心支撑。当今，要加快构建现代农业产业体系，促进种植业、林业、畜牧业、渔业、农产品加工流通业、农业服务业转型升级和融合发展。加快构建现代农业生产体系，用现代物质装备武装农业，用现代科学技术服务农业，用现代生产方式改造农业，提升农业科技和装备应用水平，大力推进农业科技创新和成果应用，大力推进农业生产经营机械化和信息化，增强农业综合生产能力和抗风险能力。加快构建现代农业经营体系，大力培育新型职业农民和新型经营主体，健全农业社会化服务体系，提高农业经营集约化、组织化、规模化、社会化、产业化水平，加快农业转型升级。

3．发展现代农业“三大体系”，推进乡村振兴　农业现代化需要产业体系、生产体系、经营体系均实现现代化。当前和今后一个时期，重点从三个方面加快推进农业现代化和乡村振兴。

（1）*推进一二三产业融合发展，加快产业体系现代化*　发展乡村产业，重点是建设“三链”：①延伸产业链，大力发展农产品加工业；②贯通供应链，完善农产品流通设施；③提升价值链，发展新产业新业态。

（2）*加强现代农业物质技术装备建设，加快生产体系现代化*　重点推进“四化”：①推进设施化，切实改善田间生产条件；②推进机械化，研发推广实用高效农机；③推进绿色化，大力发展生态循环农业；④推进数字化，着力打造智慧农业。

（3）*培育壮大新型经营主体，加快经营体系现代化*　重点培育四类经营主体：①推动家庭农场高质量发展，提高规模经营效益；②促进农民合作社规范提升，增强为农服务能力；③大力培育专业化社会化服务组织，带动小农户和现代农业有机衔接；④做大做强龙头企业，健全完善联农带农机制。

家庭农场、农民合作社和农业产业化龙头企业作为新型农业经营主体的重要组成部分，是构建现代农业产业体系、生产体系、经营体系的重要参与者、贡献者和引领者，也是推进农业产业化经营、健全农业社会化服务体系的践行者和引领者。但是，龙头企业、农民合作社和家庭农场的功能作用往往有所不同，各有其比较优势和相对劣势。促进新型农业经营主体多元共生发展，有利于更好地完善不同类型新型农业经营主体之间各展其长、竞争合作、优势互补的发展格局；有利于更好地发挥龙头企业的引领和带动作用，引导新型农业经营主体健康发展，加快培育以农户家庭经营为基础、合作与联合为纽带、社会化服务为支撑的立体式复合型现代农业经营体系。这对于更好地实施乡村振兴战略，更好地推进农业供给侧结构性改革，具有重要意义。

（五）乡村振兴与“三品一标”

作为农业标准化、品牌化的有效推手和农产品质量安全监管工作的重要抓手，品牌是农业现代化的重要标志，是全面推进乡村振兴的重要抓手，也是企业赢得市场竞争的根本保障。

“三品一标”品牌理念近年来不断深入人心，在引领安全生产、维护生产者合法权益和消费者健康等方面发挥着重要的作用。

1．农产品“三品一标” 传统的农产品“三品一标”是指：无公害农产品、绿色食品、有机农产品和地理标志农产品，是 2008 年《农业部办公厅关于加强品牌农产品监督管理工作的通知》中提出的。最初的无公害农产品认证是门槛最低的基本认证，但是随着农业产业标准的规范、农业发展水平的不断提升，传统农产品“三品一标”的概念也不断更迭、丰富，新阶段有了新内涵。在 2021 年 9 月农业农村部关于两个“三品一标”专题征文函中明确指出：农产品“三品一标”包含的是绿色食品、有机农产品、地理标志农产品和食用农产品达标合格证。而随后 2021 年 11 月《农业农村部办公厅关于加快推进承诺达标合格证制度试行工作的通知》则指出，为进一步明确制度的核心要求与目标，将合格证名称由“食用农产品合格证”调整为“承诺达标合格证”，体现“达标”内涵、突出“承诺”要义。《“十四五”全国农产品质量安全提升规划》中提出：构建农产品“三品一标”新机制。推动出台指导意见，按照新阶段农产品“三品一标”的新内涵新要求，明确通过发展绿色、有机和地理标志农产品，推行承诺达标合格证制度，探索构建农产品质量安全治理新机制，打造一批农产品“三品一标”引领质量提升的发展典型，推动形成农业生产和农产品两个“三品一标”协同发展的新格局。

现阶段农产品“三品一标”指的是绿色食品、有机农产品、地理标志农产品和承诺达标合格证，是传统“三品一标”——无公害农产品、绿色食品、有机农产品和农产品地理标志在新时代发展要求下的升级。

2．农业生产“三品一标” 农业生产“三品一标”是指品种培优、品质提升、品牌创建和标准化生产。2021 年中央一号文件提出“深入推进农业结构调整，推动品种培优、品质提升、品牌创建和标准化生产”。2021 年 3 月农业农村部印发的《农业生产“三品一标”提升行动实施方案》，正式提出农业生产“三品一标”，更深层次、更深领域推进农业绿色发展。

农产品“三品一标”侧重在产品，农业生产“三品一标”更注重对具体生产过程进行布局、规划，以标准化为大框架，通过制订和实施标准，把农业产前、产中、产后各个环节纳入标准生产和标准管理的轨道，重点进行优良种质的创新攻关，加强提升产品品质，强化品牌意识，树立产业链观念，从而实现优质优价，更好地促进产业提档升级、农民增收致富。乡村振兴战略蕴含了农业全产业链的拓展增值空间，是新发展阶段农业生产全过程的行动指南，更聚焦农业全产业链，聚焦质量效益，是提高农业竞争力的需要。

（六）乡村振兴与农业全产业链培育

产业振兴是乡村振兴的重要基础，是解决农村一切问题的前提，而构建农业全产业链体系，实现农业产业链融合发展是乡村产业振兴的关键。现代农业体系建设的核心是推动产业链的融合发展。构建农业全产业链模式，不仅可以有效促进农业产业化升级，还能提升农业对其他产业和农户收入的辐射带动效应，尤其是以农业龙头企业为核心的农业产业化经营模式，对进一步形成企业新的价值链和盈利模式、拓展农民创业就业空间以及推进食品质量安全均具有重要意义。农业全产业链是农业研发、生产、加工、储运、销售、品牌、体验、消费、服务等环节和主体紧密关联、有效衔接、耦合配套、协同发展的有机整体。农业全产业链的培育与发展是一个系统工程，需要多方发力。培育发展农业全产业链既要使农业产业链条向前向后延伸，也要对产业链中的每一环节加以拓宽，不断增强农业产业链的竞争力。随着打赢脱贫攻坚战，全面建成小康社会，新发展阶段也对区域产业发展提出了更新更高要求。部分地区也存在着产业链不长，产业辐射范围有限，农户参与度不高，带动能力有限的现象。许多资本下乡发展产业也容易陷入“产业悬浮”的困境，即流于打造样板、亮点，或者企业没有与乡村产生真正的互动，甚至产业价值链主要还在区域之外。打造农业全产业链，促进区域全产业链提档升级，让农民更多地分享产业增值收益，是实现乡村振兴和区域高质量发展的重要入手点。

1. 以大战略引领、大区域布局来培育发展农业全产业链　精准聚焦因地制宜的产业项目，加大财政涉农资金和扶贫专项资金的整合力度，推动政府部门、金融机构和民营企业形成政策合力，用好用足优惠扶持政策。扎实推动战略基地建设，积极构建优势农产品数字化平台，以平台倒逼、引领、推动农业全产业链的信息化、智能化、标准化。以拳头产品为内核，推动一产往后延、二产两头连、三产走高端，促进全要素集聚、全环节提升、全链条增值、全产业融合。

2. 以大项目支撑、大龙头带动来培育发展农业全产业链　统筹布局实施一批变革性、牵引性、标志性的项目，持续发力，久久为功。培育壮大一批市场主体，认定一批产业链“链主”企业。突出抓好家庭农场、农民合作社、龙头企业和农业社会化服务组织等新型经营主体，积极引导龙头企业牵头、农民合作社等各类主体广泛参与，一体化打造农业产业化联合体，形成不同产业的领军主体方阵。

3. 以大市场定位、大品牌赋能来培育发展农业全产业链　在国内大循环和国内国际双循环中找坐标，统筹拓展线上、线下市场，国内、国际市场，积极推动特优农产品走出去。实施质量兴农、绿色兴农、品牌强农，让每一个产业都有地标，让每一个区域都有名品，讲好区域农业品牌故事。

五、农村城镇化建设

（一）农村城镇化的定义

农村城镇化（rural urbanization）是指越来越多的农村人口转化为城市人口，越来越多的农民由第一产业转入第二、第三产业就业，与此相适应地扩大城市规模、增加城市数量和提高城市质量，即城市现代化水平，并最终实现社会的根本转型。农村城镇化的具体内容：一是人口城镇化，即农村人口转化为城镇人口；二是地域城镇化，即城市规模的适度扩大和城市数量的必要增加；三是职业城镇化，即进镇农民不仅要变为城镇人口，而且要找到适宜的就业岗位，转化为第二、第三产业领域的劳动者；四是城市现代化，即必须重视城镇化的质量；五是带动农业现代化，使农业转移到和工业一样的现代科学技术基础上，实现由二元经济向以城市经济为主的现代一元经济社会转型。

在农村城镇化中，人口城镇化是最集中、最典型的表现，是反映城镇化水平的最重要指标；农村生产方式、生活方式和生活质量逐步城镇化则是城镇化的完成状态。城镇化并不意味着要消灭农业、农民和农村，关键是要使农民的生产方式、生活方式、思维方式和行为方式发生城市性的大变革。

（二）农村城镇化与乡村振兴的关系

乡村振兴与城镇化建设的关系，是一个重要的思想理论和实践问题。

1．充分认识城镇化对乡村振兴的重要意义　乡村现代化只能是在工业化城市化起步之后，通过现代生产要素和生产方式导入传统乡村得以实现。决定一个国家乡村现代化能否实现、步伐快慢的不是传统乡村的基质条件，而是工业化城市化发展水平。很显然，乡村现代化必须纳入城市化总体框架中进行考量。乡村振兴离不开城镇化，乡村振兴是在工业化、城镇化、信息化、农业现代化“四化同步”的现代化进程中进行的。城镇化建设既是经济社会发展演变的一种规律、趋势，也是乡村振兴的一种必由路径。未来我国城镇化率将持续提高，预计 2035 年将达到 75%左右，届时乡村人口将由现在的 5 亿下降到 3.6 亿，城镇人口则同步由 9 亿增加到 11 亿。很显然，乡村振兴离不开新型城镇化的引领和带动，乡村振兴的过程必然伴随着个别村庄消失、村庄结构重组、部分农民市民化、部分农村城市化这一过程。因此，对待部分农村消失、部分农民“上楼”问题需要理性看待，这既是城镇化的必然要求、规律使然，也是乡村振兴的内容之一。

2．用城乡融合发展的理念推进乡村建设　党的十九大报告、2018 年中央一号文件等均提到推进实施乡村振兴战略时要充分考虑到城乡融合发展的时代背景，在构建新型城乡关系的基础上思考乡村振兴的实现路径和方法。坚决破除城乡二元分割的经济运行体制和社会管理体制，建立健全城乡融合发展的体制机制和政策体系，实现城乡统筹发展、协调发展、融合发展。通过构建城乡融合发展的体制机制，把广大乡村变成投资创业、生产生活的乐土，吸引资本下乡、技术下乡、人才返乡入乡。把工业和农业、城市和乡村作为整体统筹谋划，促进城乡在规划布局、产业发展、公共服务、生态保护等方面的相互融合和共同发展，推动形成新型工农城乡关系，在城乡融合发展中振兴乡村。

3．以新型城镇化建设助推乡村振兴　协同推进乡村振兴战略和新型城镇化战略的实施，强化以工补农、以城带乡，将城市的资本、人才和技术优势与农村的资源和生态优势有机结合。县城是我国城镇体系的重要组成部分，是城乡融合发展的关键支撑，对促进新型城镇化建设、构建新型工农城乡关系具有重要意义。2022 年 5 月中共中央、国务院发布《关于推进以县城为重要载体的城镇化建设的意见》明确提出：以县域为基本单元推进城乡融合发展，发挥县城连接城市、服务乡村作用，增强对乡村的辐射带动能力，促进县城基础设施和公共服务向乡村延伸覆盖，强化县城与邻近城市发展的衔接配合。在注意加强县城建设的同时，还要特别注意加强农村的中心镇、特色镇建设，这是实现城乡融合、农民就地城镇化的有效路径。为协同推进新型城镇化和乡村振兴，要进一步深化城镇社会管理体制改革，解决好进城农民工的基本公共服务问题。应当采取措施促进在城镇稳定就业和生活的农民自愿有序进城落户，不得以退出土地承包经营权、宅基地使用权、集体收益分配权等作为农民进城落户的条件；要推进取得居住证的农民及随迁家庭享受城镇基本公共服务。总之，要让部分农民在转变成市民的过程中，实现经济富裕，过上更美好的生活。

4．对城镇和乡村布局进行统筹谋划、一体规划　优化城乡空间布局，把城镇与乡村贯通起来，一体规划，一体化建设。乡村建设规划应当与国土空间规划相衔接，合理布局城乡生产、生活、生态空间，优化配置公共资源。构建以县城为龙头、中心镇为节点、乡村为腹地的县域发展体系，形成分工有序、布局合理、功能完善、结构协调的县域发展空间结构。村庄建设规划应当符合乡村振兴规划要求，科学安排布局土地利用、基本农田保护、水资源开发利用、产业发展、公共卫生服务设施和其他基础设施建设，注意搞好人居环境整治、生态保护和历史文化传承等。

（三）农村城镇化建设的意义

据统计，目前我国工业产值和 GDP 总值的 70%、税收的 80%都来自城市。这表明城镇化对我国全面实现小康目标、推进现代化战略目标具有举足轻重的作用。

1．城镇化发展有利于缩小城乡居民收入差距　一般城镇化水平越高，农民收入越高。加快城镇化发展，有利于促进农民向非农产业和城镇转移，增加进城务工经商、从事二三产业的收入，缩小城乡居民收入差距。

2．城镇化发展有利于农村劳动力转移和农业与农村发展　城镇化发展使大量农民从生产率较低的传统农业部门转移到生产率较高的工业部门。2023 年全国农民工总量为 29 753 万人，比上年增加 191 万人，增长 0.6%。其中，本地农民工 12 095 万人，比上年减少 277 万人，下降 2.2%；外出农民工 17 658 万人，比上年增加 468 万人，增长 2.7%。年末在城镇居住的进城农民工有 12 816 万人。城镇化使大量农民转为城镇居民，直接从事农业的人口减少，相应地增加了农民人均资源占有量。

3．城镇化发展有利于国民经济持续增长　研究表明，每 1%农村人口转移到城镇，将使全国居民消费额提高 0.19%～0.34%；每 1%农业劳动力转移到非农业，将使 GDP 增加 0.50%～0.85%。

4．城镇化发展有利于开拓农村市场　按照 2001～2015 年每年城镇化速度提高 1% 测算，15 年将转移 2.5 亿农村人口。按城镇人口消费支出水平测算，即可增加 6000 多亿元消费需求；而转出 2.5 亿农村人口后，对继续从事农业的人口，意味着增加 30%收入，可增加 5000 多亿元消费需求，二者合计可带动最终消费支出 1 万亿元以上，平均每年 700 多亿元，并为 GDP 增长率贡献 0.85%。

（四）农村城镇化发展的主要问题

1．城市经济聚集和辐射功能较弱　目前，小城镇对人口、资本、资源、技术和商品集中所带来的集聚效益和城镇经济的扩散效应较弱，带动和促进区域经济发展能力有限。

2．城镇基础设施建设落后　小城镇基础设施缺乏，直接影响着招商引资和企业落户，使城镇工业集聚效益不强，影响城镇吸收劳动力的能力并给城镇居民生活带来诸多不便。

3．环境污染和资源浪费严重　农村人口向小城镇迅速转移，导致耕地大量减少，小城镇企业所排放的“三废”还污染了大量农田，造成了环境污染和生态恶化。

（五）农村城镇化建设的建议

1．发展乡镇工业，促进工业化与城镇化协同发展　工业发展为城镇化提供物质基础，而城镇化又为工业化发展创造良好的环境条件。

2．加快小城镇建设，避免大城市过度膨胀　我国农村人口城市化，不宜提倡人口向大城市集中，而是就近转移到小城镇。鼓励富裕农民到小城镇投资兴办实业，提倡“农民城市农民建”。

3．推动科技进步，快速推进城镇化发展　加强科技创新体制建设，把科研成果应用于生产过程，提高资源转化效率和利用效率，提高劳动生产率。

4．加强教育培训，增强进城农民就业技能　强化教育职能，重视农村教育投入，提高农民业务技能和增强心理承受能力。

视频 5-9

5. 实施优惠政策，消除人口转移障碍 要实施减税或免税政策，吸引农民进城建厂办企业或开商店做生意；取消户籍制度上的不平等待遇，保障进城农民享有的住房购买、子女入学、就业等各种权益。

复习思考题

1. 农作经营的含义及其类型是什么？农作经营的基本要素和影响因素有哪些？
2. 农作经营规模的含义及其衡量指标是什么？影响农作经营规模的因素有哪些？
3. 简述农业适度规模经营的概念及内涵。农业适度规模经营的主要类型有哪些？
4. 什么是农场经营制度？我国当前土地流转方式和存在问题是什么？如何通过促进土地流转实现农业适度规模经营？
5. 什么是新型职业农民和家庭农场？我国当前家庭农场经营现状如何？
6. 什么是农民专业合作社？其特征和主要类型有哪些？农民专业合作社有何作用？
7. 农业产业化经营的内涵、构成要素和作用是什么？农业产业化经营主要模式和实施方法有哪些？
8. 乡村振兴五大目标及 20 字总方针是什么？现代农业的“三大体系”是什么？
9. 农产品“三品一标”与农业生产“三品一标”的含义是什么？
10. 什么是农业全产业链？如何培育全产业链。
11. 什么是农村城镇化？农村城镇化建设有何意义？当前应该如何推动农村城镇化建设？

第六章 区域农作制度

本章提要 农作制度是在特定区域（地区、农场、农户）内，由种植业、养殖业、农产品加工业和储藏业、农产品营销业等农业子系统构成的综合性农业生产和经营管理体系。分析研究农作制度的核心任务是解决农业内部各子系统之间在生产要素（资金、劳动、土地）及技术上的合理配置，以充分提高区域内资源（自然、社会经济、技术）的利用效率和系统运行的经济效果，实现可持续利用自然资源环境。

本章重点 介绍了我国4大分区农作制度的划分，主要根据与农作制度相关的自然条件及其各系统内容的相对一致性原则划分，各区域名称反映我国农作制度的特点。要求学生重点了解和掌握各分区农作制度概况、主体模式与配套技术之间的关系和原理，有利于在规划、指导和决策过程中减少盲目性，增加科学性，为后期的发展方向和改进途径等提供科学的依据和参考建议。

第一节 北方区农作制度

北方区主要是指位于我国北部的东北区和黄淮海区，是我国耕地资源最优越的农业主产区之一。

一、东北区农作制度

东北区包括辽宁省、吉林省、黑龙江省全境和内蒙古自治区五盟市（呼伦贝尔市、通辽市、赤峰市、兴安盟、锡林郭勒盟），土地145万km^2，占全国国土面积的15.1%，总人口9851万，占全国总人口的6.99%。东北区经济以重工业、农业及第三产业旅游业为主，2021年GDP总值达55 698.82亿元。东北区土地肥沃，是我国重要商品粮生产基地，粮食总产基本稳定在1000亿kg左右，约占全国粮食总产量的20%，粮食商品率达60%以上。

（一）东北区农作制度发展概况

1. 东北区农业资源概况

（1）气候资源　东北区位于我国纬度较高地带，属温带季风气候，自南向北地跨温带、中温带与寒温带。≥10℃积温从南部3600℃降低至北部1000℃，辽宁、吉林和黑龙江≥10℃积温依次为2800～3600℃、1900～3000℃和1400～2800℃，年均气温分别为7～11℃、2～6.5℃和－5～5℃，无霜期依次为130～200d、110～150d和100～140d。东北区1月平均气温为－31～－18℃，7月平均气温为18～25℃，极端最低气温可达－50℃，极端最高气温可达40℃。东北区年降水量自东南1000mm降至西北300mm以下，大部分地区年降水量为450～850mm，辽宁、吉林和黑龙江多年平均降水量依次为775mm、609mm和532mm。东北区从东向西，气候类型从湿润区、半湿润区过渡到半干旱区，农业类型从农林区、农耕区、半农半牧区过渡到纯牧区。水热条件纵横交叉，形成东北区农业体系和农业地域分异的基本格局。

（2）土地资源　东北区土地总面积为147.33万km^2，水绕山环，沃野千里，平原比例占56%，中部是辽阔的松嫩平原和辽河平原，东北部是三江平原，土地连片，土层深厚，有利于农业机械化。东北区主要土壤类型为黑土、黑钙土、草甸土、褐土、栗钙土、棕壤和风沙土等，其中黑土、黑钙土和草甸土等黑土层厚达 40～60cm，土壤有机质含量为 2%～5%，全氮含量丰富，是世界三大黑土带之一。东北大部地区自然景观以森林和草甸草原为主，草原面积为 4583.7 万 hm^2，广泛分布冻土和沼泽。相对全国而言，东北区人少地多，现有耕地面积为 2612 万 hm^2，人均耕地为 $0.2hm^2$，是全国平均水平的 2 倍，尤其在北部人均耕地达 $0.3hm^2$，为全国平均水平的 3 倍，机械化水平高。东北区是我国开荒扩耕重点区，近 40 年来总开垦面积约占现有耕地面积的 1/3 以上，尚有宜垦荒地约 1 亿亩，农业发展潜力较大。

（3）水资源　　东北区水资源并不丰富，以雨养农业为主。2020 年黑龙江水资源总量为 1419.94 亿 m^3，2021 年吉林、辽宁水资源总量分别为 404.25 亿 m^3 和 511.67 亿 m^3，人均和耕地占有水资源量均低于全国平均水平，且时空分布不均。缺水成为粮食增产的瓶颈。

（4）农作物品种资源　　东北区“寒暖农分异，干湿林牧全，麦菽遍北地，花果布南山”，主要农作物为春麦、大豆、马铃薯、玉米、甜菜、高粱等。北部盛产大豆、甜菜、大米等，中部盛产高粱、小米、棉花、花生等，南部盛产温带水果、玉米、棉花等，沿海地区盛产海参、鲍鱼、牡蛎、对虾及各种鱼类。

2．东北区农作制度发展概况

（1）东北区农作制度基本情况与类型　　东北区农业以种植业为主，畜牧业为辅。粮食生产一年一熟，复种指数在98%左右。粮食生产以雨养旱作为主，水田和水浇地面积只占22%。东北区主要作物是玉米、大豆、稻谷、春小麦、谷子、高粱、甜菜、向日葵、纤维亚麻等。玉米和水稻等主要农作物均基本上实行连作，大豆等忌连作的作物也占相当大比例，部分玉米‖大豆产区实行玉米‖大豆轮作。土壤耕作以垄作为主，垄平结合，深松平翻，耙茬相结合。普遍于春季旋耕灭茬后起垄，土壤耕作采用半机械化与畜力耕作相结合，播种后喷洒化学除草剂，玉米拔节期结合追肥趟地作业，作物生长期不再进行土壤耕作。

东北区农作制度主要类型如下：

1）平原雨养半机械化玉米‖大豆牛猪混合制。玉米‖大豆是东北地区农作制度的主体类型，主要分布于松辽平原、三江平原低海拔地带。玉米和大豆是农作制的主体，北部作物分布以黑龙江大豆比例大，向南吉林和辽宁则以玉米占绝对优势。畜禽生产以牛、猪为主，利用玉米和大豆副产品饲喂牛和猪，实行农牧结合。以玉米为主要饲料，大豆、肉、奶产品为原料的农产品加工业正在兴起。

2）低地集约水稻制。主要分布于三江平原和松辽平原，是我国优质高产高效粳稻主要产区，水稻面积占农作物总播种面积的 15%。但水稻生产耗水导致地下水位下降，制约水稻面积增长。东北南部稻区稻田养蟹、稻田养鱼等种养模式也较普遍。

3）山地农林制。主要分布于大小兴安岭和长白山林区，是我国主要的林木生产基地，在山地沟谷和山间小平原开辟农田，种植大豆、玉米或水稻，以国有林场为经营主体。山地丘陵林区菌粮、菌林、林药间作较为普遍。

4）草地放牧与舍饲结合制。在松嫩平原和三江平原分布有广阔的优质草甸草原，实行牛羊放牧，并与舍饲（玉米、秸秆）相结合，是肉牛和奶牛生产基地。

5）大规模机械化农场雨养制。黑龙江三江平原分布有众多的机械化国有农场，以春小麦、大豆、油菜、玉米等作物为主，机械化程度和生产水平较高，是我国重要的商品粮基地，近年来奶牛业正在发展中。

6）辽东滨海平原渔业、果园和设施蔬菜农作制。在东南部的辽东半岛，分布有沿海渔场、丘陵漫岗苹果生产基地和日光温室蔬菜生产基地。

（2）东北区在全国农业中占据重要地位　东北区是我国重要的商品粮基地、畜牧业基地和农产品加工基地，在保障国家粮食安全与农产品供需平衡中占有重要的战略地位。东北区人少地多，耕地集中连片，土地广阔平坦，农业机械化程度较高，粮食商品率、商品量、人均占有量和调出量均居全国首位，已成为我国第一大玉米和大豆生产带、第三大奶品生产带、优质稻米集中生产带，也是我国粮、豆、肉、奶发展潜力最大的地区。随着我国粮食生产格局进一步由南方向北方粮食主产区推移，东北粮食主产区在保障国家粮食安全中的战略地位更加突出。吉林省是世界三大黄金玉米带之一，利用玉米加工乙醇燃料是发展生物能源的重要途径。东北区是中国“天下粮仓”和“生物能源”优势农业区。

东北区是我国粮食主产区之一，是我国大豆、玉米和优质稻米生产基地。大豆产量占全国 50.4%，玉米产量占全国 29%。东北区共建设商品粮基地区县 110 个，占全国总数的 13.2%，占东北区区县总数的 72.8%，粮食产量占东北区的 81.5%。东北区粮食单产水平从高至低依次为吉林、黑龙江、辽宁、蒙东。水稻、玉米和大豆单产水平分别在 6000～7000kg/hm^2、6000～8000kg/hm^2、2000～3000kg/hm^2 范围。黑龙江省粮食总产多年位居全国第一，吉林省粮食单产多年位居全国第一。

东北区是我国最大的余粮区，又有广阔的草原，饲草、饲料和蛋白质源极为丰富，大量的玉米秸秆可做青贮饲料，玉米籽粒和大豆粕可做精饲料，通过畜牧业过腹转化增值。牛奶、牛肉、绵羊毛、禽蛋产量约占全国总产量的 15%～40%。东北区农产品加工业正处于规模扩张和质量提高阶段，逐步形成了以玉米、大豆和稻谷为主导产业的加工业格局，玉米精加工成燃料酒精、玉米蛋白等产品，大豆加工成油脂、蛋白质、磷脂和豆制品等产品，水稻加工成整粒米、米粉类制品等产品，农产品加工品出口成为带动东北区经济发展的重要动力。

（3）东北区农作制度改革成效显著　东北区农业区域化、专业化趋势明显，粮食商品率高，商品粮基地在全国的地位不断加强。20 世纪 90 年代以来，农业结构进一步优化，大宗农产品进一步向优势产区集中，农业生产的区域化、专业化趋势明显，形成了稳定的商品粮基地、畜产品基地和农特产品基地。水稻和玉米种植区域增加，小麦种植区域大幅缩减，大豆种植范围重心北移和种植区域增加。玉米生产进一步向吉林省集中，大豆、水稻和小麦向黑龙江集中。分别形成了以黑土带为中心的黄金玉米带，以松花江、嫩江和辽河流域为重点的优质水稻生产基地，以三江平原和松嫩平原为重点的东北农作区结构调整初见成效，初步形成了各具特色的优势农作区。主要表现在：①粮食作物比例下降，经济和饲料作物比例逐步提高，形成“粮食—经济—饲料”三元结构；②农林牧渔业各项产值呈现增长趋势；③农村工业有一定发展，农业产业化发展势头较强。肉蛋奶总量呈增长趋势，肉类和蛋类向辽宁、吉林和黑龙江集中，奶类向辽宁、黑龙江和蒙东地区集中。近年来，东北区农业生产结构和农村产业结构进一步优化高油大豆生产基地。

目前，东北区已成为我国最大的大豆和玉米生产与加工基地，也是我国优质稻米重要供应基地，形成各具自然资源优势和功能优势的特色农业区。根据东北各区自然条件和资源优势，东北区的农业类型包括：①沈阳、大连和哈尔滨等大城市郊区的都市农业、高效设施农业和观光休闲农业发展迅速，以蔬菜、家禽和水果等为主；②中部平原区是东北区粮食主产区和畜牧业发展的核心区域，粮食生产的专业化和区域化较强，农业产业化经营初具规模，是推动区域农业发展的主要动力；③东部山区和半山区具有丰富的林特产资源、适宜的气候和良好的生态环境，形成以生态农业、特色农业和庭院经济为主的农业发展格局；④西部农牧区以畜牧业为主导，发展生态复合农业；⑤沿海地区形成了设施农业、精品农业和海水养殖业的高效立体农业格局。此外，依据农业功能可将东北各区分为：东北平原国家农产品生产基地区、辽东城乡一体化发展区、西部农牧交错生态脆弱区、长白山老爷岭林区、大小兴安岭林区等。

3．东北区农作制度存在的主要问题

（1）农业产业结构单一，畜牧业发展缓慢　东北区农村产业结构不合理，农产品加工层次低，产业化水平低问题突出。种植业占农业产值比例仍高达60%以上。传统生猪生产以分户散养为主，经营规模小，受粮食产量和市场价格波动影响。农副产品加工以低水平粗加工为主，尚没有形成足以牵动农业结构调整的能力。

（2）粮食作物比例过大，受价格波动冲击大　粮食作物占农作物总播种面积85%以上，而粮食作物又以玉米、大豆、小麦、水稻为主，经济作物和其他作物仅为10%左右，作物结构单一，收益稳定性差。

（3）作物质量和成本问题突出，产量高效益差　粮食产量增速较快，但粮食质量呈下降趋势，粮食生产成本上升，质量和价格优势走低，连续出现卖粮难问题。

（4）以大豆为中心的禾豆轮作制逐渐丧失　禾豆轮作是东北农田长期形成的主体作物轮作方式。随着大豆种植面积迅速增加，约有近1/3大豆重迎茬，造成大豆产量降低，品质变劣。黑龙江南部玉米带玉米重茬严重，玉米螟、玉米大斑病、茎腐病等均有加重趋势。

（5）农田基础设施和农业机械化水平下降　农田、水利建设速度缓慢，大型水利工程建设少，农田排灌工程失修老化，抗灾能力下降。黑龙江大中型农机具不断减少，不利于大规模农业经营。

（6）耕地用养失调，地力不断下降　肥沃黑土被开垦后，重用轻养，土壤有机质含量以年均0.1%～0.3%速度下降，黑土层变薄。在黄土岗、盐碱土、风砂土和白浆土地区，土壤有机质含量更低。每年农肥、化肥养分总投入仅占养分总需求量的72.6%，大约1/4养分需求依靠消耗地力补充。

（7）水土流失加剧，水资源短缺加剧　近20年的动态监测数据分析，东北黑土区水土流失面积绝大部分来自耕地，截至2019年，东北黑土区水土流失面积为21.87×10^4万hm^2。例如，辽宁西北部、赤峰南部、松嫩平原、中东部山区等地区水蚀严重，辽宁西北部、吉林西部和科尔沁等地区风蚀强烈。水资源短缺，农业水资源供需矛盾突出，农田水利工程保证率低，节水灌溉率低，水资源利用率低，成为区域农业发展的瓶颈。

（二）东北区农作制度类型与主体模式

根据东北各区域农业发展战略定位，表6-1列出了东北区农作制度的特点、功能，以及各区域主体农作制度模式。

表6-1　东北区农作制度的特点、功能及主体模式

区号	区名	特点与功能	主体模式
Ⅰ	松辽平原农林牧主产区	本区农林牧渔业总产值占东北全区53.35%，其中农业占57.14%，林业占28.29%，牧业占59.03%，渔业占18.01%。各种作物播种面积占东北全区的比例分别为：玉米68.35%、水稻80.73%、大豆57.63%、小麦14.74%、蔬菜60.60%。牛、羊、猪头（只）数分别占东北全区总数的64.60%、23.45%、61.68%。肉类、奶类、蛋类分别占东北全区总产量的67.37%、54.86%、55.49%	旋耕与深松耕相结合，减免中耕；玉米、水稻、小麦连作；玉米‖大豆轮作；小麦大豆轮作；大棚蔬菜；玉米＋养猪（鸡牛羊）；农田防护林

续表

区号	区名	特点与功能	主体模式
Ⅱ	东部山地纯林区	本区农林牧渔业总产值占东北全区 7.24%，其中农业占 7.3%，林业占 26.13%，牧业占 5.66%，渔业占 4.96%。各种作物播种面积占东北全区的比例分别为：玉米 4.79%、水稻 7.2%、大豆 7.69%、小麦 0.94%、蔬菜 7.25%。牛、羊、猪头（只）数分别占东北全区总数的 9.83%、2.83%、4.95%。肉类、奶类、蛋类分别占东北全区总产量的 6.4%、1.04%、6.30%	等高耕作，旋耕与深松耕相结合，减免中耕；经济林＋药材（食用菌）；林粮间作；玉米、水稻连作；玉米‖大豆轮作；大棚蔬菜；玉米＋养牛（羊、猪、鸡）
Ⅲ	北部山地丘陵纯林区	本区农林牧渔业总产值占东北全区 2.54%，其中农业占 2.91%，林业占 14.15%，牧业占 1.25%，渔业占 0.48%。各种作物播种面积占东北全区的比例分别为：玉米 0.63%、水稻 1.54%、大豆 16%、小麦 26.29%、蔬菜 2.15%。牛、羊、猪头（只）数分别占东北全区总数的 1.16%、1.68%、0.89%。肉类、奶类、蛋类分别占东北全区总产量的 1.14%、1.98%、0.11%	等高耕作，旋耕与深松耕相结合，减免中耕；用材林；用材林＋药材（食用菌）；小麦、玉米、水稻连作；小麦大豆轮作；玉米‖大豆轮作；玉米＋养牛（羊、猪、鸡）
Ⅳ	呼伦贝尔农林牧结合区	本区农林牧渔业总产值占东北全区 3.69%，其中农业占 4.1%，林业占 9.36%，牧业占 3.05%，渔业占 1.2%。各种作物播种面积占东北全区的比例分别为：玉米 2.32%、水稻 0.1%、大豆 11.82%、小麦 43.8%、蔬菜 0.23%。牛、羊、猪头（只）数分别占东北全区总数的 4.28%、21%、2.12%。肉类、奶类、蛋类分别占东北全区总产量的 1.62%、16.66%、0.70%	旋耕与深松耕相结合，减免中耕；玉米‖大豆轮作；小麦大豆轮作；玉米＋养牛（羊、猪、鸡）；人工（半人工）草场＋养牛（羊）；用材林；生态林
Ⅴ	蒙东辽西北半干旱农林牧结合区	本区农林牧渔业总产值占东北全区 13.76%，其中农业占 14.81%，林业占 15.31%，牧业占 14.96%，渔业占 0.7%。各种作物播种面积占东北全区的比例分别为：玉米 18.74%、水稻 3.17%、大豆 4.67%、小麦 13.45%、蔬菜 11.19%。牛、羊、猪头（只）数分别占东北全区总数的 15.85%、46.08%、17.45%。肉类、奶类、蛋类分别占东北全区总产量的 11.99%、21.68%、15.26%	旋耕与深松耕相结合，减免中耕；小杂粮；玉米连作；玉米‖大豆（小麦）间作套种；玉米＋养牛（羊、猪、鸡）；人工（半人工）草场＋养牛（羊）；生态林
Ⅵ	辽东沿海城乡一体化渔业主产区	本区农林牧渔业总产值占东北全区 19.42%，其中农业占 13.74%，林业占 6.76%，牧业占 16.05%，渔业占 74.65%。各种作物播种面积占东北全区的比例分别为：玉米 5.17%、水稻 7.26%、大豆 2.19%、小麦 0.78%、蔬菜 18.58%。牛、羊、猪头（只）数分别占东北全区总数的 4.28%、4.96%、12.91%。肉类、奶类、蛋类分别占东北全区总产量的 11.48%、3.78%、22.14%	旋耕与深松耕相结合，减免中耕；玉米、水稻连作；玉米‖大豆间作；果粮间作；大棚蔬菜；经济林；水稻＋蟹（鱼）；淡水（海水）养殖；玉米＋猪（鸡、牛、羊）

（三）种植模式案例

近年来，东北区形成了以玉米和大豆为主的禾豆轮作与禾豆间作典型种植模式。

1. 玉米与大豆轮作　玉米与大豆轮作（图 6-1）是东北区主要轮作模式之一。玉米与大豆轮作周期内，玉米需氮量远高于大豆，在增施氮肥的基础上，获得前茬豆科作物残留氮素，可提高玉米田间土壤供氮水平；大豆具有根瘤固氮能力，适当减少氮肥用量，可提高根瘤活性、延缓根瘤衰老，同时，大豆茬口碳氮比较低，残留根系易于分解，根系、秸秆等残留物可显著改善土壤结构和碳氮水平，利于作物生长所需，利于增加后茬作物的产量和经济效益。

黑龙江八一农垦大学于 2016～2022 年开展了玉米与大豆轮作氮磷调控定位试验，提出了轮作周期内氮磷肥总用量不变，大豆茬口减氮增磷（大豆减施 1/2 氮肥，玉米增施 1/2 磷肥）和玉米茬口增氮减磷（大豆增施 1/2 氮肥，玉米减施 1/2 磷肥）的一体化施肥模式，研究结果表明，玉米与大豆轮作结合氮磷调控，有利于改善土壤肥力和控制病虫草害，促进作物肥料要素的协调发展。

整地播种　喷施农药　玉米中耕

无人机飞防　玉米收获　大豆收获

图 6-1　玉米与大豆轮作全程机械化作业

彩图

2．玉米与大豆条带间作　寻求高产、高效、绿色的农业生产途径是解决我国粮食问题的重要保障，合理高效利用现有自然资源，是实现粮食增产、增效、资源可持续利用的重要途径之一。2016～2022 年，吉林农业大学在吉林省长春市、松原市宁江区民乐村分别开展了玉米与大豆条带间作复合模式构建及系统产量效应分析（图 6-2）。研究得出，相比单作，条带间作模式使玉米带内中、下部冠层的透光率提高 82%，群体内部获得的光照资源大幅增加，玉米光合速率增加 26%，土地当量比达到 1.23，间作玉米播种带内产量和经济产值分别比单作增加 58%和 59%；同时，条带间作还提高了玉米高密度种植下的抗倒伏和抗衰老能力；但是，受优势作物玉米的遮阴影响，条带间作下大豆的产量低于单作，今后如何充分发挥系统内玉米的增产效应、削弱大豆的减产幅度是构建高效复合群体的关键。

视频 6-1

宽窄行 2∶2（玉米带 2 行玉米、行距 40cm；大豆带 2 行大豆、行距 65cm）

均匀垄 2∶2（玉米带 2 行玉米、行距 65cm；大豆带 2 行大豆、行距 65cm）

彩图

图 6-2　玉米与大豆条带间作模式

（四）东北区农作制度发展战略与对策

1. 东北区农作制度发展战略定位　从农业大区向畜牧业大区和经济强区转变，东北区农作制度发展主攻目标是增效、降耗、优质、高效益，不放松提高产量，其主要战略定位包括以下几个方面。

（1）国家商品粮生产基地　2020 年，东北区的粮食总产量约占到全国的 25%，达到约 16 445 万 t；人均产量约 1493kg，是全国人均产量（约 474kg）的 3 倍以上。粮食商品率、商品量和调出量名列全国首位，被称为中国“粮食市场稳压器”和“中国最大商品粮战略后备基地”。

（2）国家畜产品生产基地　东北区有 2 个肉牛肉羊优势区、1 个牛奶优势区、1 个出口水产品优势区，养殖业产值已占农业总产值近 1/2。

（3）国家农畜产品加工基地　农产品加工业已成为东北区新兴支柱产业。2021 年辽宁和吉林农产品加工业总产值分别达到 1000 亿元和 3300 亿元，吉林省粮食加工企业超过 601 家。

（4）东北亚农产品贸易中心　东北区具有发展出口创汇农业的区位优势，北与俄罗斯和朝鲜接壤，东与韩国和日本隔海相望，又有大连港口和葫芦岛港口的出口通道，与俄罗斯农产品贸易潜力巨大。同时，拥有丰富的可供出口的农产品资源，如农产品精深加工品、中药材、山珍野菜、食用菌、干果、特色畜禽等。

2. 东北区农作制度发展战略优先序

（1）以粮食安全为优先发展策略　粮食生产优先顺序是黑龙江—吉林—辽宁—东五盟，要强化商品粮基地和水稻、玉米、大豆等粮食优势产区建设，特别是要稳定玉米种植面积，提高玉米单产。

（2）以生态安全和粮食综合生产能力为优先发展重点　优先顺序是东北西北部—中部—东部。要控制水土流失和培肥土壤，综合治理中低产田，开展农田水利设施建设，研究黑土地退化防治与修复技术、农田沙化防治技术、盐碱地防治技术、平衡施肥技术、保护性耕作与高效秸秆还田技术、农田节水灌溉技术等。

（3）以农产品加工业带动农村经济发展为中心　建立东北平原专用玉米、优质水稻、优质大豆等粮食加工企业群，肉牛、肉猪、禽类等农牧产品加工企业群，东部山区山特产品、绿色有机食品加工企业群，西部草原畜牧产品加工企业群等。

3. 东北区农作制度发展对策

（1）发展高效低耗农业，合理组合生产要素，提高资源利用率，提高作物单产　当前，与发达国家相比，东北区农业资源利用效率较低，而农产品价格较高，需要扩大经营规模，优化生产要素组合，提高资源利用率，降低农产品生产成本，实现作物高产和超高产。

（2）调整作物结构，增水稻、杂粮、蔬菜、绿色有机食品，稳定大豆、玉米　目前，东北区粮食种植面积比例大，经济作物种植面积小。应适度减少粮食作物种植面积，增加经济作物和杂粮作物的面积。同时，增加水稻和杂粮作物面积、稳定大豆和玉米面积、压缩小麦面积，进一步优化结构、主攻单产、增加总量、改善品质、提高效益。建设绿色食品和有机食品基地，打造绿色食品和有机食品品牌，如“有机豆”“响水大米”“五常大米”，以及高淀粉、高赖氨酸和高油玉米等。

（3）研究和推广资源保护型、环保型农作制度　保护型农作制度主要包括：①节水灌溉制度，在水田和旱田灌溉中，要大力推广节水灌溉；②土壤保护型耕作，主要包括地表覆盖技术、秸秆还田技术、垄作区田技术、少耕免耕技术等，以减少水土流失；③资源高效利用技术，地膜覆盖栽培技术，可以提高土水肥资源利用率，缓释肥料技术可以提高化肥利用率，减少环境污染。

二、黄淮海区农作制度

黄淮海区泛指由黄河、淮河与海河及其支流冲积而成的黄淮海平原（即华北平原），以及与其相毗连的鲁中南丘陵和山东半岛。行政区划范围包括北京、天津和山东三省（直辖市）的全部，河北及河南两省的大部，以及江苏、安徽两省的淮北地区，共辖 53 个地市，376 个县（市、区），土地总面积 46.95 万 km^2。黄淮海区是我国北方地区人口、产业和城镇密集地区，也是全国政治、经济、文化中心所在地。黄淮海区地处半湿润暖温灌溉集约农作区，自然条件较为优越，农业开发历史悠久，农作制度以精耕细作为特色，是我国重要的农业生产基地，粮、棉、油菜总面积和产量分别占全国 1/3 左右。

（一）黄淮海区农作制度发展概况

1. 黄淮海区农业资源概况

（1）气候资源　黄淮海区气候温和，光能较充足，属暖温带半湿润季风气候区。年平均气温为 10～14℃，≥0℃年积温为 4200～5500℃，≥10℃年积温为 3600～4800℃，无霜期为 170～200d，年日照时数为 2400～2510h，年辐射量为 46～56MJ/m^2，宜于一年两熟，年降水量为 500～950mm，黄河以北为 500～600mm，黄淮平原为 700～900mm，60%～70%集中于夏季，年干燥度为 1.0～1.2，属半湿润气候区。但受季风气候影响，年内和年际降水分布极不均匀，季节性干旱频发，春旱发生频率为 40%～70%，伏旱发生频率为 10%～20%，秋旱发生频率为 20%～30%，严重影响黄淮海区作物和熟制安排。

（2）土地资源　黄淮海区土地总面积约为 46.95 万 km^2，耕地约 3.80×10^8 亩，人口约 2.78×10^8 人，农业人口人均耕地为 1.8 亩，处于全国平均水平。全区除丘陵山地外，大部分地区地势平坦，土层深厚，宜于农耕。黄淮海平原土壤类型主要是潮土、褐土，土地平坦，土层深厚，土质砂黏中等，适宜耕作。皖北、豫东南有较大面积砂姜黑土，山东丘陵为棕壤，河流故道多为沙土，沿海多盐渍土。本区农业现代化程度高，水浇地面积大，但地产土壤面积约占耕地面积的 3/5，如有盐碱地面积 166.7 万 hm^2、砂土地 266.7 万 hm^2、旱薄地 860 万 hm^2，是限制作物产量提高的症结和潜力所在。通过治土、治水、治风沙、治盐碱、治贫瘠、治旱涝，本区农作制已由粗放低效向集约高效持续发展。

（3）水资源　黄淮海区是我国水资源严重不足的地区之一，其中尤以京津唐地区和胶东半岛水资源供需矛盾最为突出。黄淮海区水资源总量为 1843.22 亿 m^3，占全国的 6.65%，人均水资源量仅为 450.85m^3。京津唐地区平水年和枯水年分别缺水 19 亿 m^3 和 38 亿 m^3，胶东半岛平水年和枯水年分别缺水 36 亿 m^3 和 40 亿 m^3。黄淮海区农业灌溉面积急剧扩大，每年农业用水量约 1000 亿 m^3，农业水资源供给十分紧张，地表水短缺和地下水长期超采，导致华北平原地下水位快速下降，地下水漏斗区面积不断扩大，并在沿海地区引发海水入侵。需要通过实行“南水北调”工程长距离跨流域调水，同时发展节水产业、推广节水技术和建立节水型经济社会体系等，实现区域水资源供需平衡。

（4）农作物品种资源　黄淮海区农业产值约占全国总产值的 1/4。黄淮海区是我国重要的商品粮、棉、油生产基地，小麦、玉米、棉花、花生、谷子、芝麻以及果品均占全国之首。天然植被为温带落叶阔叶林以及温带落叶灌草丛、低地草甸，经过长期开垦，大部分已被人工植被所替代。林木零星分布于平原、山地。

2．黄淮海区农作制度发展概况

（1）*黄淮海区是我国第一大农业区，是重要的粮、棉、油和猪、牛生产基地*　黄淮海区农业基础条件较好，农业现代化水平较高，农业机械总动力、氮肥施用量、农村用电量、有效灌溉面积均居全国首位，农业高投入、高产出、高效益。全区人口、农业人口、粮食总产量、牲畜总饲养量均名列全国第一。

（2）*黄淮海区农业以种植业为主，种植业以粮食作物为主*　粮食作物比例占60%以上，种植业以灌溉农业、一年两熟为主。黄淮海区冬小麦、玉米、大豆在全国占有重要地位，冬小麦种植面积与产量均居全国第一；玉米和大豆次于东北平原，居第二位。经济作物比例为20%，以棉花、花生、芝麻、烟草为主。

（3）*黄淮海平原区主体种植模式是小麦、玉米复种二熟和小麦、棉花套种二熟*　全区复种指数为150%左右，黄河以北旱地或丘陵多二年三熟，如冬小麦—夏大豆→春玉米，黄河以南主要实行麦后复种玉米、大豆、芝麻、花生等形式。旱地有玉米间作豆类（大豆、绿豆、小豆、豇豆）、马铃薯间作玉米、玉米间作谷子、谷子间作绿豆、果树间作粮食作物或豆类作物，实行豆类和禾谷类作物、薯类作物轮换，在烤烟产区烟草与小麦、甘薯等作物轮作。

（二）黄淮海区农作制度类型与主体模式

1．灌溉二熟制　黄淮海区具有较好的灌溉条件，普遍实行灌溉二熟制，主要以小麦—玉米两熟制为主，还有冬小麦—甘薯、冬小麦—大豆、小麦/棉花、小麦—花生、油菜—玉米等二熟制形式。

2．雨养农作制　黄淮海区南部（淮北、豫南等地）年降水量800～900mm，可在无灌溉条件下实行麦玉、麦豆、麦薯两熟，但易受旱导致减产。豫西等低产旱地种植冬小麦、玉米、甘薯、谷子、大豆等一年一熟制，以豆类和禾谷类作物、薯类作物轮换为主，也有实行冬小麦—夏作物→春玉米两年三熟制。

3．稻田农作制　黄淮海区稻田面积约占农作物总播种面积的5%，主要实行麦—稻两熟制，也有大棚蔬菜—单季稻等形式。

4．棉田农作制　黄河以北以一熟制为主，黄河以南以小麦/棉花两熟为主。

5．农林间作制　在河南黄河古道风沙区、鲁西南、淮北、苏北和河北南部等平原地区，实行苹果、梨、大枣等果树间作小麦、大豆、花生、牧草、中药材等农果间作模式，杨树、泡桐间作小麦、玉米、大豆、花生、油菜、棉花、蔬菜、瓜类等农林间作模式，主要以枣粮间作、梨（苹果）粮间作、杨粮间作、桐粮间作等模式为主。

6．蔬菜农作制　粮食作物间作套种蔬菜和食用菌等粮蔬模式。利用地膜覆盖、日光温室等栽培果菜类、叶菜类、瓜果类、草莓或果树等。

7．农牧结合制　利用秸秆、玉米籽粒、麦麸、豆饼、薯块等饲养猪、鸡、牛、羊，采取“粮-猪”模式、“粮-家禽”模式、“粮食＋秸秆－牛羊”模式、“精料＋青饲料－肉牛奶牛”模式，实行农牧结合。

8．城郊农作制　城郊农业以供应城市的肉、蛋、奶、菜为主，呈辐射状分布。

（三）种植模式案例

目前，黄淮海区主要形成了以麦—玉二熟、麦—稻二熟、玉米与大豆带状间作、“两菜一粮”的典型种植模式。

1．麦—稻二熟制　沿淮北平原单季稻区实行麦稻复种（图 6-3），一年两熟。随着该区种植区域向南推进，自然降水、土壤结构及水利设施等条件对于水稻生产更加有利，由此，该区逐渐推行双季稻种植，除沿江双季稻区以外，淮南双季稻种植区还包括淮南丘岗单双季稻过渡区、大别山单双季稻混栽区及皖南山地单双季稻混栽区。淮河以南的小麦种植区域，多以水稻为前茬作物，相比于旱麦茬，稻茬土质地较为黏重、适耕性差，加上在稻茬麦区，农民以水稻为主要粮食作物，重稻轻麦，通常情况下稻茬麦的产量水平不高。

彩图

图 6-3　黄淮海区麦稻复种模式下的机插秧（左）和稻茬机械化旋耕镇压（右）

2．麦—玉二熟制　黄淮海麦玉复种（图 6-4）二熟区地处南北气候过渡带，属暖温带半湿润季风气候区，区域内温、光、水资源充足。对于该区麦玉二熟种植模式而言，虽然玉米对水分的需求较大，但不耐涝，玉米生长季大部分时段的需水量小于降水量，涝渍灾害发生概率较大，影响玉米的籽粒灌浆、结实粒数和千粒重等产量构成因素。对于小麦生长季来说，冬季干旱、生长后期的阴雨寡照以及大风天气导致小麦倒伏现象容易发生，这对小麦实现高产和稳产十分不利。在生产中，应该根据具体的生态和生产条件选择高产、优质、抗病的夏玉米和半冬性小麦品种。此外，对于夏玉米栽培管理而言，除了施足底肥、重施攻穗肥和选用稳产、高产、适宜本地生态条件的中熟玉米杂交种外，还应当争取匀苗定苗的方式力争全田玉米苗长势一致，进行中耕除草并结合培土的方式防止玉米后期倒伏，遇旱及时浇水，设置好排水系统防涝，及时防治病虫害。对于冬小麦栽培管理而言，浇好越冬水不仅能够保证小麦安全越冬，还有助于改良土壤结构，减轻病虫害。在小麦起身阶段，喷施多效唑能够增强小麦的抗逆性和抗倒伏能力。在小麦灌浆期，结合墒情合理浇灌，有助于高产。

彩图

图 6-4　冬小麦播种（左）、夏玉米播种（中）和收获（右）

3．“两菜一粮”模式　粮经统筹问题是黄淮海平原地区农作制度需要研究和解决的核心问题。农作制度创新既要确保国家粮食安全，又要促进农民增收致富。农户为了增收，菜田连作现象非常普遍，连作障碍经常发生。同时，7～8月温度较高，也不利于蔬菜的生长。为了有效解决上述问题，该地区创新了多熟菜田增种玉米种植技术。主要模式有冬（春）菜—玉米—秋菜、马铃薯—玉米—白菜或萝卜、马铃薯—玉米—马铃薯，在山东省多地有推广，农民形象地称该模式为“两菜一粮”模式。为了不影响蔬菜的种植，玉米多选用鲜食玉米，生育期为70～80d。玉米种植密度为60 000～75 000株/hm^2，乳熟中后期收获。在该模式实际推广过程中，依据区域资源优势和特点，粮食作物可能增加到两季，如图6-5所示，为青刀豆‖春鲜食玉米/夏鲜食玉米‖西兰花—秋菠菜（或菘菜）→冬菠菜多熟种植模式。

彩图

图6-5　黄淮海蔬菜玉米多熟种植模式

该模式下，玉米收获后，秸秆翻耕还田，不宜耙耕或旋耕。因为耙耕或旋耕会导致表层土壤中秸秆量较大，蔬菜种子较小，不易出苗，易造成缺苗或出苗不齐。翻耕深度以20～25cm为宜，减少表层秸秆较多而造成的蔬菜播种出苗困难。为了提高秸秆的腐解速率，可以在秸秆翻耕还田前喷施利于秸秆分解的有机物料腐熟剂并配施氮肥（折纯氮）45～75kg/hm^2。多年还田后，可显著提高土壤有机质含量，显著提高优质蔬菜的产量，改善了蔬菜品质，利于经济作物与粮食作物的协调可持续发展。山东农业大学研究表明，菜豆玉米间作系统中的种间促进作用是由根系分泌物和土壤微生物共同驱动的：玉米根系分泌物触发关键细菌，关键细菌在间作菜豆的根部附近聚集。

视频6-2

（四）黄淮海区农作制度发展战略与对策

1．调整农业产业结构，发展商品化和产业化农作制度　建设优质小麦、玉米、大豆、棉花、花生、芝麻、温带果树、蔬菜、猪牛羊禽产品、奶制品等农产品生产基地，建立农副产品综合市场、专业批发市场和生产要素市场，以市场带基地、基地带农户，促进农业生产专业化和区域化布局。并大力发展农产品加工业，加快饲料业、酿造业等的发展，促进玉米加工转化。实行种养加、产供销一体化生产经营，加速农村剩余劳动力转移，实现土地规模化生产，促进农村城镇化与现代化建设。

2．加强农田水利建设，增强抗旱排涝能力，发展节水农业，提高水资源利用率　加强地下水监测与管理，合理分配南水北调水资源，兴修中小型水利工程，拦蓄地表水，扩大海水资源利用，利用海水代替淡水。稳定农业种植结构，大力推广节水农业，发展精确灌溉。

3．优化农业资源配置，调整农业种植结构　发挥粮食生产优势，以节水种植为前提，优化粮食品种和品质结构，发展专用小麦、玉米、油料、优质棉、无公害农产品等。在确保粮食安全的前提下，稳定小麦生产总量，适度调减严重缺水地区的小麦种植面积，扩大高蛋白、高油、高淀粉含量等加工专用玉米、高蛋白大豆和优质棉花种植面积。

第二节　南方区农作制度

南方区主要是指位于我国南部的长江中下游区和华南区，是我国水热资源最优越的农业主产区之一。

一、长江中下游区农作制度

长江中下游区是指由长江三峡以东的中下游平原区和东南丘陵区，包括湖北、湖南、江西、安徽、江苏、浙江和上海等 7 省（直辖市），共约 467 个县（市），土地面积约 91.59 万 km^2，占全国总土地面积的 9.54%，2024 年总人口为 4.067 亿，约占全国人口总数的 28.85%，是我国人口密度最高的区域。长江中下游区是我国水资源最丰富的地区，也是我国重要的粮油棉生产基地，素有"水乡泽国""鱼米之乡""天下粮仓"之称。本区人口众多，工业与农业发达，社会经济繁荣。

（一）长江中下游区农作制度发展概况

1．长江中下游区农业资源概况

（1）气候资源　长江中下游区包括长江中下游平原区和东南丘陵区，平原区位于淮河以南，武当山以东，洞庭湖、鄱阳盆地以北，属北亚热带湿润气候，年降水量为 600～800mm，≥10℃积温为 4500～5500℃，无霜期为 200～280d，农作物可一年两熟。东南丘陵区主要分布在长江及洞庭、鄱阳两湖以南，武陵山以东，属中亚热带湿润气候，年降水量为 1200～1800mm，≥10℃积温为 5000～6500℃，无霜期为 250～350d，农作物可一年两熟至三熟。长江中下游区气候温暖湿润，水热资源丰富，冬季温和少雨，夏季高温多雨，年均温为 14～19℃，最冷月均温为 0～5.5℃，绝对最低气温为－20～－10℃，最热月均温为 27～28℃，年降水量季节分配较均，但常有伏旱发生。

（2）土地资源　长江中下游区总土地面积 91.59 万 km^2。长江中下游平原区位于长江中下游沿岸，包括江汉平原、洞庭湖平原、鄱阳湖平原、苏皖沿江平原、长江三角洲和里下河平原等，主要由丘陵、盆谷、湖泊洼地和沿海滩涂等地貌类型组成，平均海拔 200～500m。东南丘陵区地形为丘陵、山地及散布其间的盆地，平均海拔 200～1000m。全区总耕地面积为 1956.26 万 hm^2，占全国总耕地面积的 20.6%。耕地以水田为主，占总耕地面积的 77.9%，旱地只占 22.1%。平原区土地平坦深厚肥沃，主要土壤类型为红壤、棕壤和水稻土，丘陵区主要土壤类型为红壤、黄壤和水稻土。

（3）水资源　长江中下游区为我国水资源最丰富的地区，流经长江中下游 7 省（直辖市）的内陆水域面积达 540.682 万 hm^2，占全国内陆水域总面积的 31%。但由于本区人口密集，多年人均占有水资源总量仅为 $1983m^3$，低于全国平均水平 $2600m^3$。

2．长江中下游区农作制度发展概况

（1）长江中下游区是我国最重要的农业生产基地　长江中下游区自唐宋以来一直是南粮北调的源头，现为全国第二大农区和重要的粮、棉、油生产基地，盛产稻米、小麦、棉花、油菜、桑蚕、苎麻、黄麻等。农业以种植业为主，种植业产值占近 50%，畜牧业产值占 26%，渔业产值占 21%。全区粮食产量占全国粮食总产量的 1/3，全区稻谷、棉花、油菜籽、茶叶、柑橘、蚕茧、猪肉、水产品等农产品产量分别占全国的 53%、30%、64%、46%、49%、44%、32%和 56%。在长江中下游平原区的 200 个县（市）中，有 141 个国家级商品粮生产基地、63 个国家级优质棉生产基地和 15 个国家级油料生产基地，分别占全国商品粮、优质棉和油料生产基地总数的 6.9%、26.3%和 34.9%。

（2）长江中下游区是典型的稻田多熟制区　本区水域广阔、洪涝灾害严重，农田以水田为主体，组成了我国最大的水稻带，也是世界上最大的双季稻带，广泛实行精耕细作与多熟制，种植集约化程度和土地生产率高，生长季节较为紧张，对水、肥、人畜力和农机投入需求较大。近60多年来，长江中下游区通过“一熟改两熟，两熟改多熟”的熟制改革和“单季改双季、间作改连作、籼稻改粳稻”的种植改制，双季稻三熟制扩展迅速，普遍实行一年二熟或三熟制，复种指数曾高达220%左右，促进粮食增产80%。随着种植业结构优化和调整，近年来复种指数有所下降，但耕地复种指数为200.5%，仍居全国首位。

（3）长江中下游区冬闲田面积大，冬季耕地资源浪费严重　冬闲田是指秋收以后至翌年春播前未实行种养的耕地。近20年来，随着我国经济结构调整和农村劳动力转移，长江中下游区冬闲田面积达2055万hm^2，占耕地总面积的45.5%，且有逐年增加趋势。冬闲田在江苏、安徽、河南、湖北、湖南和江西等6省均有分布，其中湖北、湖南和江苏3省冬闲田面积占53.4%。冬闲田的主要成因是冬季粮食作物效益低、农村劳动力大量流失、农田水利设施落后、机械化作业水平低，因低产低效导致耕地冬季休闲。

（二）长江中下游区农作制度类型与主体模式

1. 农作制度类型

（1）水田多熟集约农畜渔混合制　是本区主体农作制，约占总播种面积的70%，是一组高集约半自给半商品农作制，以水田生产稻谷为主，麦稻两熟、双季稻、双季稻三熟制各占1/3，长江以北为小麦（油菜）—中稻或晚稻两熟，长江以南为双季稻或双季稻三熟制（油菜—早稻—晚稻或绿肥—早稻—晚稻）。稻谷除作为粮食外，剩余部分作为饲料喂养家畜和鱼鸭。

（2）丘岗坡地雨养农果制　本区丘岗坡地的旱耕地约占1/5，旱作农田与果树交错分布。旱作农田一熟或者二熟，主要种植花生、甘薯、豆类、蔬菜、麻等。果树主要种植柑橘、桃、李、杨梅、板栗等，但管理方式粗放，产量较低。

（3）低山丘陵林农制　丘陵山区以林为主，丘陵底部坡地或阶地穿插分布农田或草地，可种植旱地作物与果树或放牛用。

（4）沿海与内陆渔作制　本区渔业产值占农业总产值的1/5左右。沿海地区海岸线较长，海水养殖与捕捞的纯渔制较为发达。平原区淡水水域广阔，渔业也较发达，实行农渔结合，素有鱼米之乡之称。

（5）棉田两熟制　长江流域棉区曾是我国历史上重要的棉花生产基地，棉花纤维强度大，品质好，以实行麦（油菜）棉两熟为主。

（6）城郊农作制　本区人口密集，城市众多，郊区实行城郊型农作制。

（7）园艺作物制　瓜果和蔬菜占农作物总播种面积1/10左右。

（8）沿海外向型集约农作制　实行公司＋农户等农工贸结合经营方式，出口蔬菜、菇类、花卉、畜禽等。

2. 主体种植模式　长江中下游区粮食生产中水稻占绝对优势，江北为一季晚稻或中稻，江南为双季稻区。江北冬作中冬小麦比例较大，江南冬作以油菜、蔬菜、大麦、蚕豆为主。经济作物以棉花、油菜、麻类为主，棉花主要分布在江汉平原和苏北沿海，油菜面积占全国1/3。

江北的江汉平原、大别山区、皖中、苏北等地水田为麦—稻两熟，旱地为麦（油菜）—玉米（甘薯）两熟，棉田多是麦棉套种两熟。江南水田盛行油菜（麦类、蔬菜、绿肥）—双季稻一年三熟制，冬闲田比例比较大。低丘岗地旱地以油菜、小麦复种甘薯（玉米、大豆、花生、芝麻和棉花）两熟为主，套作主要包括麦/甘薯（玉米）、麦/棉（玉米、花生）、麦/玉米/甘薯（大豆）、麦/玉米‖甘薯等形式。

本区水田占耕地 78%，旱地占 19%，水浇地占 3%。水田的主要水旱轮作模式：冬作（油菜、小麦、大豆、蔬菜、蚕豆）—早稻—晚稻；冬闲（绿肥）—早稻—晚稻；冬油菜（冬小麦、大麦、蚕豆）—晚稻或中稻；麦—早稻—秋玉米；冬作（麦类、油菜）—中稻—再生稻。旱地的轮作换茬模式：冬小麦（油菜、大麦、蚕豆）/棉花；油菜、冬小麦—棉花；冬作（蚕豆、小麦、大麦）—甘薯；冬作—夏玉米‖大豆（花生）；菜瓜—菜瓜；春花生—甘薯芝麻。水浇地实行菜瓜—菜瓜轮连作。

（三）种植模式案例

1．麦—稻二熟　麦—稻二熟是长江中游重要的种植模式之一（图 6-6）。相比于我国北方麦玉复种模式，麦稻模式在生产中面临两大主要问题。一是由于水稻长期淹水种植，导致大田土壤湿黏，耕翻整地困难，如若遇到秋季雨水连绵，会严重影响小麦播种质量；二是小麦生育季内积温较高和降水较多，小麦生育期短，生育中后期高温高湿等气候灾害极易引发赤霉病、蚜虫和高温催熟等。为了提高长江中游麦稻轮作种植模式作物产量，该区水稻多采用移栽模式，其中，鄂北地区于 4 月 15～20 日间播种，江汉平原则于 4 月 20～25 日间播种，秧龄 25～30d，机械插秧；小麦采用机械化条播，其中，鄂北地区于 10 月 25～30 日间播种，江汉平原则于 11 月 1～5 日间播种。水稻选用生育期较长优质高产品种，缩短麦稻季间农耗期至 10～15d，有利于充分利用周年光热资源。

彩图

水稻季旋耕整地　　小麦季无人机飞防

图 6-6　长江中下游麦稻复种

2．再生稻　再生稻是指水稻收获头季后，通过合理的栽培管理，促进潜伏芽的萌发，再生芽生长并抽穗、开花、灌浆与成熟，再收获一季的栽培方式（图 6-7）。再生稻生产节本省工，肥料农药用量减少。湖北省水稻生产包括双季稻（早稻、晚稻复种）、中稻和再生稻等模式。与其他模式相比较，再生稻生产只需要一季的种子，一次耕整地、育秧与栽插，比双季稻节本省工；再生稻生长期短，获得高产的生理机制在于快速构建高光效群体、以提高干物质转化率；再生季稻米直链淀粉、酚酸类和脂肪酸含量增加是再生季稻米口感更优的生理机制，也是再生季稻米品质提高的原因之一。该模式的核心技术环节包括：选田择种，适时早播；壮秧移抛，增密足苗；控施氮肥，增施磷钾；统防统治，重防两病；早晒勤露，后期干田；机收留桩，早低晚高；头季促芽，早追提苗；遇冷化控，再生丰收。再生稻种植模式由于特殊的栽培与管理措施，在实现生产效率和经济效益提升的同时，也产生了一些问题，主要有：再生季稻田土壤免耕，导致土壤容重提高，土壤易板结，稻田熟化层变浅；稻田长时间淹水，使田间土壤还原性物质积累；头季与再生季水稻持续对土壤养分的吸收，易导致土壤养分失调等。因此，再生稻产量的提高除与水稻自身特性有关外，还与稻田土壤肥力与耕作技术有关，这些问题的解决也是再生稻持续、健康发展的关键。

图 6-7　再生稻头季收获（左）、收获后 10d（中）与再生季成熟（右）

3．稻虾共作　稻虾种养是我国主要的稻田种养模式之一，总面积达 2100 多万亩，且仍处在迅速发展阶段。长江中下游区湖北省稻虾种养面积占全国稻虾面积的 38%，主要为稻虾共作模式。稻虾共作模式是指利用稻田种一季中稻，全程养两季虾的种养结合的生态高效模式。稻田开挖约 3m 宽、1.5m 深养殖沟用于小龙虾繁养(图 6-8)，每年的 8～9 月中稻收割前投放亲虾，或 9～10 月中稻收割后投放幼虾，第二年的 4 月中旬至 5 月下旬收获成虾，同时补投幼虾，5 月底 6 月初整田、插秧，8～9 月收获成虾，如此循环轮替。华中农业大学研究表明，稻虾共作模式下小龙虾产值能够达到 3000～6000 元/亩(100kg 左右)；产稻 500kg/亩，水稻产值能够达到 1250 元/亩以上。该模式的综合效益主要体现在农业增效上，实现了“一水两用、一田双收、稳粮增收、一举多赢”，有效提高了农田利用率和产出效益。

彩图

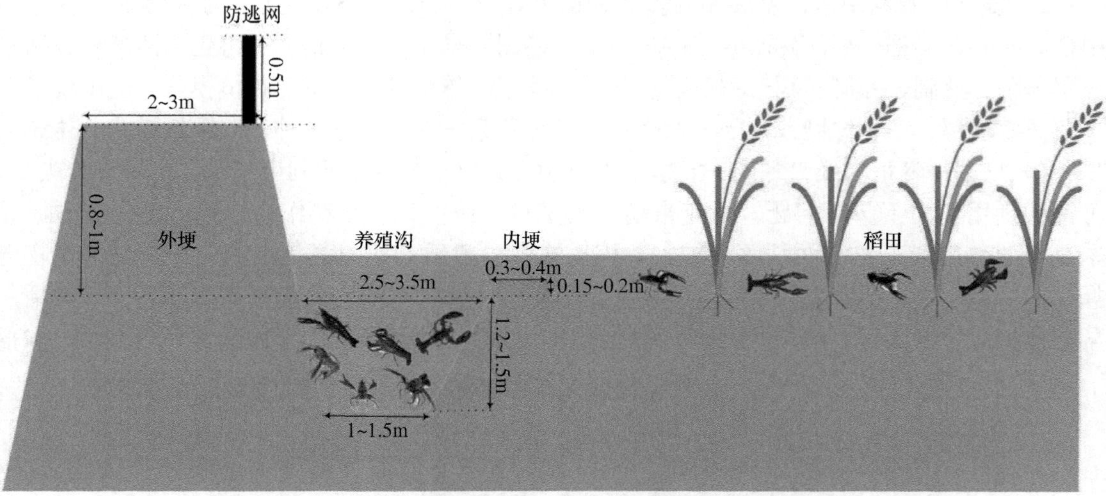

图 6-8　稻虾共作模式田间工程示意图

（四）长江中下游区农作制度发展战略与对策

1．开发利用冬闲田，提高耕地复种指数，优化种植业结构　随着种植业结构优化和调整，近年来复种指数有所下降。要大力开发利用冬闲田资源，扩大种植小麦、大麦、马铃薯、牧草等冬季作物，进一步提高冬闲田光热水土资源的利用率。双季稻区冬闲田可种植紫云英、小黑麦、黑麦草、油菜等牧草作物。同时，积极开展多种经营，把饲料、瓜果、豆类、蔬菜、牧草等纳入农田种植，推广经济作物比例高、经济效益好的复种方式，种植模式转变为新型的“粮—经—肥—饲—菜”多元复合结构。

黑麦草—甜玉米‖毛豆（图 6-9）就是在传统“玉米‖大豆”间作模式基础上，结合区域实际情况及消费特点而建立的。研究表明，通过冬季复种绿肥作物黑麦草提高了土壤肥力可持续性。该模式一般采用两行甜玉米、两行毛豆的行比配置，行距配置均为 40cm。黑麦草能够吸收前茬土壤残余氮素，将无机态氮进行有机态转化，而毛豆则具有固氮效应，二者结合能够有效增加土壤氮素含量和氮素持效性，改善土壤肥力，提高甜玉米和毛豆对氮素的吸收及利用，促进甜玉米和毛豆的物质生产。多年研究表明，该种植模式能够集成覆盖作物和玉米‖大豆的诸多优势，甜玉米季施氮量在 150kg/hm^2 时，除多收毛豆鲜荚外，还能够获得年际间较为稳定的甜玉米鲜穗产量，土地生产力明显优于甜玉米单作。该种植模式为推进农业结构调整和化肥减量增效、农业农村绿色发展提供了新途径，应用推广前景良好。

彩图

图 6-9　“黑麦草—甜玉米‖毛豆”多熟高效种植模式

2．提高资源利用率，发展高效多熟种植模式　长江中下游区形成了双季稻、油菜—中稻两熟制、早稻—薯两熟制、花生—晚稻两熟制、早稻（或中稻）—再生稻两熟制、油菜—稻—稻三熟制、绿肥—稻—稻三熟制和常年蔬菜旱作制等传统多熟种植模式，也出现了以冬薯—双季稻、冬种绿肥或冬闲—双季稻、冬种蔬菜—双季稻等冬种—双季稻模式。传统的“冬闲—早稻—晚稻”或“冬闲—一季稻”复种方式存在光热资源利用不足、土壤养分失衡、可持续利用能力下降等问题。近年来随着国家对土壤保育及油料作物重视程度的提升，冬季复种两熟制或三熟制面积逐渐扩大。该模式中，紫云英和油菜是主要的冬季复种作物选择（图 6-10）。紫云英作为绿肥作物，一般在水稻收获前 20d 左右套播或收获后直接撒播，早稻播种前翻压还田。油菜既可作为绿肥还田，也可以收获菜籽用于榨油。另一方面，水稻

彩图

图 6-10　冬季复种紫云英（左）或油菜（右）

收获后有大量秸秆，使用传统焚烧方式污染空气，破坏农田生态平衡，而秸秆还田能够减少污染、培肥地力。江西农业大学研究表明，该区冬季复种绿肥结合秸秆还田有利于光温资源的充分利用，有利于调节土壤理化性状、改善土壤肥力、提高土壤微生物种类和数量、减少冬季杂草生长、降低非目标性损失等。冬季复种和秸秆还田措施下的水稻周年产量水平较冬季休闲相比，一般提升15%～30%（因地区、绿肥种类、秸秆还田方式不同等存在差异），稻米品质也有所提高。并且，由于土壤可持续生产能力的改善，年际间水稻产量的稳定性也得到了提升。

3．保护资源环境，发展新型耕作技术　①水土保持型耕作技术，包括由少耕免耕、复合种植、覆盖种植等保护性耕作技术；②农牧结合型耕作技术；③用养结合型耕作制度，包括秸秆还田、种植养地作物、水旱轮作换茬；④集约高效型耕作技术；⑤抗灾减灾型耕作制度，包括抗旱避旱型耕作技术和抗病虫草型耕作技术；⑥化肥和农药减量化生产技术，包括水稻三控施肥技术、常量菜地综合减量化生产技术等；⑦轻简省工耕作技术，包括抛秧、免耕抛秧、机械化插秧、工厂化育秧及配套栽培技术、定量化精确栽培技术、稻菜水旱轮作技术等。

4．大力兴建水利设施，提高农业机械化水平　本区降水季节分布不均，河湖洪枯水位相差悬殊，丘陵耕地旱灾威胁频发。要搞好水库塘坝蓄水、河道疏通、圩堤加固等水利设施建设，建立完善的排灌系统，发展退田还湖、防洪减灾和水体种养技术。同时，大力发展水稻生产全程机械化、园艺生产机械化、健康规模养殖机械化和农产品加工机械化，提高农业机械化水平。

5．调整农业产业结构，推动第一、第二、第三产业协同发展　首先，要进一步提高第一产业集约化、规模化、现代化水平，提高粮、油、棉、麻、丝生产力；其次，要努力提高粮食生产能力，稳固粮食主产区的战略地位，逐步改变“北粮南运”的局面；再次，调整粮畜商品主产区农业结构，发展农产品加工业及第二和第三产业，加快城镇化建设；最后，以沿海沿江为中心，建设好以创汇出口为目的的水产、蔬菜、花卉、畜禽等基地，大力发展外向型现代农业。

视频6-3

二、华南区农作制度

华南也称岭南，主要以广东、广西及海南为主体，还包括周边的福建中南部、云南东南部。在农作区划上，华南主要特指广东、广西、海南三省（自治区）全部地区，土地总面积为45万km^2，占全国的4.68%。华南农作区地处热带及亚热带季风气候区，为水田多熟与热作农区。

（一）华南区农作制度发展概况

1．华南区农业资源概况

（1）气候资源　华南属于热带、南亚热带季风气候，是全国光、热和水资源最丰富的地区之一，高温多雨，夏季长而炎热，冬季温和，偶尔有寒冷天气，大部分地区年平均气温为15.1～22.9℃，≥10℃积温为5000～8350℃，年平均气温为21.5℃，1月多年平均气温约为14.8℃，7月多年平均气温约为29.0℃，极端最低气温≥−4℃，日平均气温≥10℃天数都在300d以上。从北向南年平均日照时数由不足1067h增加到2558h以上。常年受台风影响，降水充沛，年平均降水量在1080～2760mm，平均为1743.6mm。水资源总量为3812.38亿m^3，占全国的 14.27%，灌溉面积为 313.686 万 hm^2，占耕地面积的 38.35%。广东夏秋易洪涝，冬春常干旱；广西有春旱、夏旱、秋旱和冬旱。

（2）土地资源　华南区土地总面积为 4527.24 万 hm^2，占全国的 4.76%。华南区地貌为典型山地丘陵区，其中山地、丘陵、台地和平原面积分别占全区土地面积的 36.11%、16.31%、11.41%和 21.53%。农用地面积为 3557.95 万 hm^2，占土地总面积的 78.59%。耕地面积为 777.57 万 hm^2，占土地总面积的 17.17%。主要土壤类型为赤红壤、砖红壤、水稻土和红壤，其中面积最大的为赤红壤，占全区土地面积的 27.24%。

（3）农作物品种资源　广东主要农作物为水稻、甘蔗、花生、水果、茶叶、蔬菜、蚕桑等。水稻常年种植面积为 200 万 hm^2 左右，约占农作物总播种面积的 50%，培育了优质、高产水稻品种 30 多种，并适宜一年四季种植蔬菜。广西盛产亚热带水果、蔬菜、甘蔗、麻类作物、桑蚕、药用作物、香料作物、松脂、桐油。其中，水果栽培面积为 113.3 万 hm^2，主产柑、橙、柚、香蕉、荔枝、龙眼、芒果等；蔬菜种植以秋冬蔬菜为主，面积达 100 万 hm^2 以上，甘蔗种植面积约 60 万 hm^2。海南以粮食作物生产为主，主要有水稻、旱稻、山兰坡稻、小麦，其次是番薯、木薯、芋头、玉米、高粱、粟、豆等；经济作物主要有甘蔗、麻类、花生、芝麻、茶等；栽培水果主要有菠萝、荔枝、龙眼、香蕉等。热带作物主要有橡胶、椰子、油棕、槟榔、咖啡等。

2．华南区农作制度发展概况

（1）不断提高复种指数，优化种植业结构　多年来，通过“一熟改两熟，两熟改多熟”熟制改革和“单季改双季、间作改连作、籼稻改粳稻”种植改制，华南稻区复种指数由 1949 年的 147%提高到 1978 年的 217.3%，促进粮食总产增长了 80%左右。1997 年时复种指数达到 229.5%。由于种植业结构优化和调整，发展经济作物和养殖业，2008 年复种指数回落到 209.1%。目前平均复种指数在 160%以上。华南区积极开展多种经营，把饲料、瓜果、豆类、蔬菜、牧草等纳入农田种植，推广了经济作物比例高、经济效益好的复种方式，种植模式转变为新型的“粮—经—肥—饲—菜”多元复合结构。粮食作物（水稻、玉米、豆、小麦）和油料作物（花生、油菜）种植面积下降，而糖料作物（甘蔗）、蔬菜和果园面积显著增加。

（2）研究和推广多种高产高效种植模式　华南区水热条件优越，依据不同作物生产所需水热等农业资源特点进行优化组合，以提高复种指数的农作模式较为普遍。进入 20 世纪 90 年代后，华南区形成了以双季稻、早稻—薯（甘蔗、花生）两熟制、花生（烟、薯）—晚稻两熟制、稻—稻—菜、菜—稻—菜三熟制和常年蔬菜旱作制等传统农作制度模式，出现了以冬薯（番薯、马铃薯）—双季稻、冬种绿肥或冬闲—双季稻、冬种蔬菜—双季稻、冬种甜玉米—双季稻、冬种豆类（花生、大豆）—双季稻等冬种—双季稻为主的模式，也出现了以香蕉、水果为主的一熟制模式和以常年蔬菜为主的连作模式或稻菜轮作模式。近年来，以华南一季中晚稻为基础，结合蔬菜种植，实行“菜—中晚稻—菜”稻菜模式、马铃薯—稻—稻模式、甜玉米—稻—稻模式、大豆间套作模式、蔬菜—水稻周年轮作模式和稻鸭共作模式等农田耕作制模式。其中的菜—稻—菜三熟模式是华南区比较有代表性的多熟种植模式之一（图 6-11），该模式从年初开始种植蔬菜，1～7 月（或 1～5 月）间种蔬菜，7～11 月（或 5～9 月）种植水稻，11 月至翌年 1 月（或 9 月至翌年 1 月）进行冬种蔬菜，完成一个农作周期。“菜—稻—菜”三熟模式中种菜季节的产量平均水平为 31～35t/hm^2，蔬菜的产量因种植蔬菜的品种不同而变化差异较大；水稻种植季节的产量水平较为稳定，一般水稻季节的产量水平为 5～7t/hm^2。该模式中，水稻于夏季高温多雨季节种植，避开了自然条件对蔬菜种植的不利影响，缓解了在长期蔬菜连作种植模式下，高药、高肥导致的农田土壤板结、耕层富营养化等生态环境问题，使土传病害和有毒有害物质积累问题缓解，提高了蔬菜产量和质量，减轻了养分流失带来的面源污染风险，从而助力区域可持续发展。

春种菜心　夏种水稻　冬种菜心

图 6-11　“菜—稻—菜”三熟模式（菜心—水稻—菜心）

（3）保护资源环境，发展新型耕作技术　①水土保持型耕作技术，包括由少耕免耕、复合种植、覆盖种植等高种植；②农牧结合型耕作技术；③用养结合型耕作制度，包括秸秆还田、种植养地作物、轮作换茬；④集约高效型耕作技术；⑤抗灾减灾型耕作制度，包括抗旱避旱型耕作技术和抗病虫草型耕作技术；⑥作物减量化生产技术，包括水稻三控施肥技术、常量菜地综合减量化生产技术、香蕉减量化生产技术等；⑦轻简省工耕作技术，包括抛秧、免耕抛秧、机械化插秧、工厂化育秧及配套栽培技术、定量化精确栽培技术、稻菜水旱轮作技术等。

彩图

（4）兴建水利设施，提高农业机械化水平　2019 年华南区总有效灌溉面积达 377.71 万 hm^2。同时，为了确保农业用水和季节调水，华南区还继续开展了水库建设，全区水库库容达 905.01 亿 m^3，提升了农田除涝能力。在坚持抓好水稻生产全程机械化的同时，大力发展园艺生产机械化、健康规模养殖机械化和农产品加工机械化，提高了农业机械化水平。

（5）华南区农作制度发展面临的主要问题

1）粮食播种面积急剧下降，土地用养失衡。水稻是华南区的主要粮食作物，一般占粮食播种面积的 75%左右。30 多年来，华南三省（自治区）水稻播种面积由 1985 年的 606.7 万 hm^2 减至 2021 年的 273.54 万 hm^2，减少了约 55%，需要稳定、增加水稻种植面积和提高水稻单产。同时，连作双季稻生产中，大量使用化肥，减少了有机肥施用量，秸秆焚烧多而还田少，冬种绿肥面积减少，致使土壤酸化和板结，作物病虫害猖獗，综合生产力下降，加剧了农业生态环境污染。

2）耕地面积持续下降，人地矛盾十分突出。华南区人地矛盾较突出，特别是广东农业劳动力转移与耕地减少速度相当，人均耕地面积仅为 0.027hm^2，是全国平均水平的 29%。

3）长期蔬菜连作、土壤生态环境恶化，夏闲田面积扩大。蔬菜是华南区第二大作物，长期连续旱作种植蔬菜，导致蔬菜田土壤出现酸化、沙化、板结、富营养化、有毒有害物质累积量和病虫害日益增多等地力退化和连作障碍，加上 5～9 月持续高温、强光、多台风暴雨等不利天气的影响，导致了大面积夏闲田出现。

4）冬闲田面积大，光温资源浪费严重。华南双季稻种植区除部分进行冬种蔬菜、甜玉米、马铃薯等经济作物外，大部分仍以“早稻—晚稻—冬闲”为主，60%～70%的稻田处于冬闲状态，冬季土地和光温资源浪费严重。

5）城乡与区域收入差距扩大，对农业重视度下降，农业基础设施建设投入下降。华南区经济较为发达，城乡和区域间收入差距扩大，影响农民从事农业经营的积极性，农业从业人口减少。农业水利设施、农村交通运输、农村通讯网络、农村能源利用、农村教育事业及农村医疗卫生等农村基础设施建设缺乏足够投入。

（二）华南区农作制度类型与主体模式

1. 稻田两熟制模式

（1）冬闲—早稻—晚稻　是华南区稻田最典型的种植模式，主要分布在粤、桂绝大部分稻作区、海南和闽东南及闽西北双季稻区（北纬 25°50′以南）。稻谷产出量大，有利于稳定粮食生产，但种植效益差，无养地功能，冬季（11 月至翌年 3 月）休闲，光温资源浪费严重。宜实行稻秆还田增加土壤有机质，提高水稻单产。

（2）冬闲—花生（大豆）—稻　主要分布在粤东、粤西和中北稻作区、桂中稻作区、桂南稻作区、海南和闽东南及闽西北双季稻区（北纬 25°50′以南）。因花生可春植或秋植，且大豆、花生均为豆科养地作物，有利土壤改良和培肥，故后作水稻增产明显，有较大发展潜力。须做好春花生地排水，选择高产优质水稻品种，并适当减少水稻氮肥施用量。

（3）冬闲—甘薯—稻　主要分布在粤东、粤西和中北稻作区、桂中稻作区、桂南稻作区、海南省和闽东南及闽西北双季稻区（北纬 25°50′以南）。因甘薯有春植和秋植两种，故可形成“甘薯—水稻”或“水稻—甘薯”两种模式。稻田土壤回旱时间较长，对后作增产水稻有利，有较大发展潜力。需做好春甘薯地排水，选择高产优质水稻品种，并适当减少水稻氮肥施用量。

（4）冬闲—烟—稻　主要分布在粤北、桂北和闽西北地区，有利于改良土壤理化性状，充分利用土壤肥力，避免或减轻病虫害，减少田间草害，获得粮烟双丰收。要选择生育期较长的超级稻品种。但目前规模不大，发展空间有限。

（5）冬闲—中稻—再生稻　主要分布在两季不足，一季有余地区，如福建山区和桂北地区，蓄留再生稻基本条件是日均温稳定在 22℃的时间持续 70d。能充分利用光温资源，一种两收，省工省种，实现增粮增收，稻米品质较好。要种好头季稻，高留稻桩，及时管理再生稻。但目前规模不大，发展潜力有限。

2. 稻田三熟制模式

（1）菜—稻—稻　主要分布在粤中南稻作区、粤西南稻作区和桂南稻作区和海南，稻谷产出量大，能充分利用冬季光温资源，多收一季冬种蔬菜，粮食和效益兼得。在技术上晚稻要尽量选择早熟品种，使冬种蔬菜能提早播种。利用华南冬种优势，有较大发展潜力。

（2）肥—稻—稻　广泛分布于华南双季稻区，近年来冬种绿肥面积又有所回升。以冬季绿肥保证双季稻持续增产，用地与养地相结合，但经济效益差，双季稻长期复种、连作，淹水期长，致使土壤理化性状变劣，面积难以扩大。

（3）菜—菜—菜　主要分布在经济发达地区和城市周边地区，全年经济效益高，但易引起连作障碍，需要引进一季水田作物，通过水旱轮作，打破连作障碍。宜采用多种蔬菜轮作种植。

（4）菜—稻—菜　为新兴种植模式，在原来长期连作蔬菜的菜田，利用不适合种植蔬菜的 6～9 月高温季节种植一季水稻，其他时间种植高效蔬菜等经济作物，能兼顾粮食作物和经济作物，实现水旱轮作。宜选用耐高温和抗倒伏水稻品种，采取减氮增钾栽培技术措施，保证水稻稳产高产。

（5）马铃薯—稻—稻　为新兴种植模式，分布在华南双季稻区，利用冬季（11 月至翌年 3 月）光温资源种植马铃薯，能起到稳粮增收作用。宜选用早熟晚稻品种和脱毒马铃薯种，以延长马铃薯生长期，提高马铃薯产量和品质。

（6）甜玉米—稻—稻　为新兴种植模式，分布在华南双季稻区，利用冬季（11 月至翌年 2 月）光温资源种植甜玉米，能起到增粮增收作用。宜种植早熟晚稻品种和优质耐寒甜玉米品种。

（三）种植模式案例

近年来，华南区在薯豆间作、稻鱼共作和经菜间作等一些配套技术模式的研究优化和推广方面有所进展。

1．木薯‖花生　海南大学于 2016～2018 年在海南儋州开展了为期 3 年的木薯与花生间作模式研究。通过设置 1 行木薯间作 2 行花生（M_1H_2）、2 行木薯间作 3 行花生（M_2H_3）、2 行木薯间作 4 行花生（M_2H_4）3 种间作模式（图 6-12），以木薯和花生单作（MM 和 HH）为对照。研究发现：3 种间作模式在作物产量和养分利用效率等方面均具有显著间作优势，M_1H_2 和 M_2H_4 模式在产值上具有显著的间作优势，在生产上建议推广 M_2H_4 模式，同时适当补充施肥，以维持木薯地的土壤肥力。

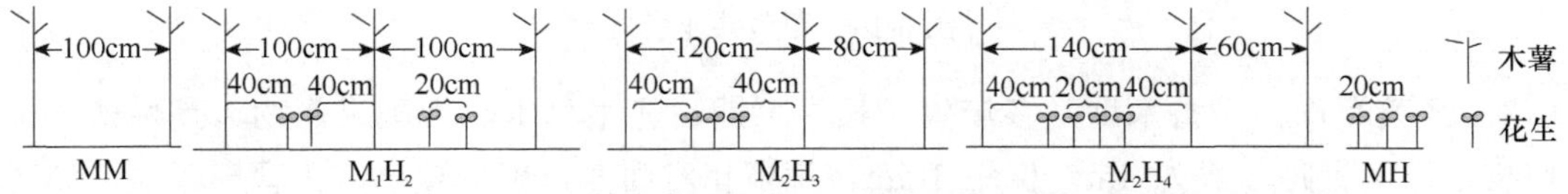

M2H4　　M2H3

彩图

图 6-12　木薯、花生间作模式田间布置图

2．稻鱼共作　我国华南区的稻鱼共作模式历史较为悠久。在汉代桂北及桂西北地区农户已掌握草鱼的食性，利用草鱼进行开荒，发展稻田养鱼生产。同时，在广西三江县的侗、苗、瑶少数民族自古以来就有稻田养鱼的传统习俗和繁育禾花鲤的经验，至今部分群众仍保持春耕插秧放鱼，秋后捕鱼收谷，稻、鱼双丰收的传统习惯。

华南区的三江侗族自治县位于广西壮族自治区北部，属于亚热带南岭湿润气候区，雨水充沛。三江稻田鲤鱼（禾花鲤）因其长期在稻田吃稻花生长和繁殖而得名，耐热耐寒、抗病力强，其鱼肉鲜嫩香甜。2017 年广西三江侗族自治县稻田鲤鱼获得农业部的农产品地理标志登记，成为三江侗族自治县首个农产品地理标志产品。经过多年的发展在广西三江、全州、融水等地农业生产上已经形成稻田养鱼传统特色项目。

稻鱼共作生态系统（图 6-13）是中国南方稻作区主要的立体种养模式之一。稻田养鱼是以水田稻作为基础，在水田养鱼，充分利用稻田光、热、水及生物资源，通过水稻与水产动物互惠互利而形成的复合生态农业模式。稻鱼共作是在水稻移栽之后，在稻田放养鱼苗，水稻和鱼一起生长，水稻收获前进行田面排水，鱼随水流游入鱼凼，形成一水双收，一田两用的稻鱼共作模式。在稻鱼共作模式中，水稻在鱼的生长期间为鱼提供了遮蔽场所，水稻的遮阴有效地降低了稻田水面的温度，为鱼的生长提供了适宜的环境，而稻田的害虫、病害的孢子菌丝和杂草均为田鱼提供了食物来源，有效减少稻田病虫草害的发生，降低农药的施用量。研究表明，在稻鱼共作模式中，未被鱼取食的饲料氮 31.8%被水稻吸收，有效地降低了饲料氮流入环境造成面源污染的风险。

彩图　　稻鱼共作　　稻田排水，鱼随水流游动

图 6-13　稻鱼共作模式

3．经菜间作　番木瓜是多年生、长生育期、速生草本热带水果作物，是稀植、大行距作物，田间行距一般为 2m，株距 1.5m。辣椒相对而言，植株矮小，生育期较短。针对以上两种作物生态位特点，海南大学提出番木瓜间作辣椒种植模式（图 6-14）。该模式下，番木瓜带宽 0.5m，辣椒带宽 0.9m，沟宽 0.3cm，幅宽 2.0m，行比 1∶2。研究表明，番木瓜间作辣椒模式既提高了土地利用率，又能互相促进，二者皆生长良好，抗病抗逆性增强，实现了番木瓜和辣椒双丰收，番木瓜和辣椒产量分别可达 150 000kg/hm^2 和 10 000kg/hm^2 左右。

彩图　　1 行番木瓜 1 行辣椒　　1 行番木瓜 2 行辣椒

图 6-14　番木瓜‖辣椒模式

（四）华南区农作制度发展战略与对策

1．不断丰富和完善华南区农作制度，推动现代农业发展　针对华南区人均耕地少、土地利用率低、光温水资源浪费严重等现象，充分地利用热带和亚热带独特农业气候资源，以实现土地资源集约和多维利用为目标，进一步优化稻田种植制度，因地制宜地运用作物布局、结构调整、种养加结合，以达到土地利用率与产出率的提高；在保证粮食作物种植面积

和产量稳步增长的前提下，突出经济、饲料、肥料等作物的综合发展；突出种植业、饲养业和加工业的综合发展；从改善农田生态环境着眼，力求减少农用化学品施用和环境污染，突出水旱轮作、用养结合，不断提高地力；因地制宜地发展适应不同经济、生态区域特色的多元农作制度，不断调整好农、牧、渔、林、果以及种植业内部粮、经、饲、菜、果的关系，突出低投入、高产出，提高经济效益。

2．挖掘华南区农业资源，促进农作制度发展潜力

（1）*进一步提高复种指数，提高土地利用率*　①减少冬闲田，开发冬季农业。本区种植制度是以双季籼稻为主的一年多熟制，实行与油菜、麦类、蔬菜等作物当年或隔年的水旱轮作，部分地区热带气候特征明显，宜实行双季稻与甘薯、大豆等旱作物轮作。冬闲田利用空间仍较大，如冬闲田地膜覆盖种植马铃薯，扩大粮（菜）作物种植面积。②充分利用夏闲田，增加水稻种植面积。华南区在5～9月持续高温、强光、多台风、多雨天气不利于蔬菜生长，但可种植一季水稻，实行稻菜水旱高效轮作。

（2）*正确处理好粮食与非粮食生产关系*　华南区土地资源相对短缺，随着城市化进程加快，经济作物种植面积不断扩大，粮食安全与高效农业发展之间的矛盾日益尖锐。一方面需要继续发展附加值高的非粮食生产（畜、禽、鱼、菜、果、甘蔗等）；另一方面，需要继续稳定和增加粮食作物的种植面积，研究粮食高产、优质、高效栽培技术，千方百计提高粮食单产，保障粮食安全。

（3）*实现用养结合，建设可持续农作制度*　华南区水土流失等生态问题相对较少，但江、湖、海水水体的污染以及农田面源污染问题较为突出。需要实行用养结合，发展集约与持续兼顾的现代农作制度。

3．丰富和发展农作制度种植模式，提高农业生产水平

（1）*优先发展以双季稻为基础的多熟高效农作制度模式*　在种植双季稻基础上，冬种蔬菜、花卉、马铃薯、甜玉米等高收益的经济作物。其关键技术有：一要选择早熟晚稻品种以延长冬种作物的生长期。二要选择市场前景好的冬种作物品种。三要合理安排各季作物的播种期，特别是冬种作物的播种期。四要加强各种作物特别是冬种作物的田间管理工作。

（2）*鼓励长期连作蔬菜田发展以一季中晚稻为核心技术的高效益多熟制模式*　将夏季高温时段用来种植水稻，让出效益农业生产的优势时段1～5月和9月下旬至12月种植蔬菜，发展菜—稻—菜粮菜型多熟高效种植模式。其关键技术有：选择耐高温抗倒伏水稻品种；合理安排各季作物的播种期；对一季中晚稻采取减氮增钾施肥技术，防止倒伏，加强一季中晚稻的病虫害防治工作。

（3）*扶持发展省工省力型多熟制模式*　扶持经济欠发达的山区和双季稻季节比较紧张的地区开发创新省工高效农作制度新模式，如采用"蔬菜—早稻—再生稻"新模式，既可缓解季节紧张的矛盾，又大幅度降低劳动强度，减少人工投入，增加粮食产量。其关键技术有：加强头季稻的田间管理工作，使其青枝蜡秆，高留稻桩，加强再生稻的肥水管理工作。

视频 6-4

第三节　西北区农作制度

西北区主要是指地处我国西北部的黄土高原区和西北绿洲灌区，是我国水资源最短缺的农业产区。

一、黄土高原区农作制度

黄土高原区是指黄土高原及其毗邻地区，覆盖青海省日月山以东，祁连山冷龙岭、贺兰山、阴山以南，太行山以西，秦岭以北广大地区，包括山西、宁夏全部，陕西关中、渭北和陕北，甘肃陇中和陇东，内蒙古鄂尔多斯全部和巴彦淖尔、乌兰察布市部分，青海东部地区及河南西北部等 7 省（自治区）285 个县，土地面积为 62.37 万 km^2，总人口为 9000 多万。黄土高原区是世界上最大的黄土沉积区，土层深厚，土质松软，是我国旱作农业的发祥地，农耕历史十分悠久。黄土高原区蕴藏着丰富的煤炭、石油、天然气、铝土矿等矿产资源，是我国重要的能源和化工基地。

（一）黄土高原区农作制度发展概况

1．黄土高原区农业资源概况

（1）气候资源　黄土高原地处我国东南温暖湿润季风气候区向西北干旱荒漠气候区的过渡地带，属于暖温带半湿润和温带半干旱大陆性季风气候区，冬春季寒冷干燥多风沙，夏秋季炎热多暴雨。气温和降水量从东南向西北递减，东南部（河南西部、陕西关中、山西南部）为暖温带半湿润区，年均气温为 8～14℃，年降水量为 600～700mm，干燥指数为 1.0～1.5；中部（晋中、陕北、陇东和陇西南部等）为温带半干旱区，年均温为 4～12℃，年降雨量为 400～600mm，干燥指数为 1.5～2.0；西北部（长城沿线以北，陕西定边—宁夏同心、海原以西）为温带干旱区，年均温为 2～8℃，年降雨量为 100～300mm，干燥指数为 2.0～6.0。与雨量相反，本区光能资源丰富，太阳总辐射量在 50×10^8～$63\times10^8 J/m^2$，≥10℃积温为 2500～4500。

（2）土地资源　黄土高原区位于我国宏观地势第二阶梯，地势由西北向东南倾斜，海拔在 100～4000m，由黄土覆盖区、鄂尔多斯沙地、石质山地等多种地貌类型组成，其中黄土覆盖区有 40 多万 km^2，区内黄土连绵不断，黄土层厚达 100～300m，由于干旱少雨、植被稀疏、土质疏松，夏季降水集中且雨量大，水土流失十分严重，地表支离破碎，形成沟壑交错其间的黄土塬、黄土墚、黄土峁。土壤侵蚀模数＞500t/（km^2·年）的水土流失面积 34 万 km^2，占全区的 54%，侵蚀模数高达 2 万～2.5 万 t/（km^2·年）。长城沿线风沙区土地沙化严重，风沙危害区面积达 20 多万 km^2，沙漠化土地面积为 11.8 万 km^2。黄土高原区耕地面积为 1140 万 hm^2，其中旱地占 70%以上，坡耕地比例大。主要土壤类型为褐土、黑垆土、栗钙土、棕钙土、灰钙土、灰漠土、黄绵土、风沙土等，土壤有机质、全氮和有效磷含量较低，但钾素含量丰富。

（3）水资源　黄土高原区地处黄河流域中游，以黄河水系为主，水资源总量为 765 亿 m^3，河川径流量 443 亿 m^3，入境客水 210 亿 m^3。水资源主要分布在河谷平原区，河川径流量年际变化大，河水泥沙含量大，大部分地区干旱少雨，水资源十分匮乏。

（4）农作物品种资源　黄土高原自然植被类型多样，由东南向西北为森林草原、干草原和荒漠草原，森林覆盖率仅有 13%。主要农作物为耐旱性较强的冬小麦、玉米、马铃薯、糜、谷子、荞麦、豆类、苜蓿、油菜、亚麻、棉花、苹果、大枣等。

2．黄土高原区农作制度发展概况

（1）黄土高原区干旱灾害频发，是我国重点旱作农业区域　黄土高原地处内陆腹地半湿润和半干旱气候区，降水稀少且年际变幅大，素有“十年九旱”之说。由于气候干旱少雨，水资源十分短缺，植被生长稀疏，高山沟壑纵横，加之陡坡耕种和草地开垦，水土流失严重，

沙漠化土地广阔，生态环境十分脆弱，作物产量低而不稳，土地人口承载力低下，成为我国面积较大的地瘠民贫地区之一。由于耕地的70%以上为旱作农田，其中坡地和梯田占50%以上，自古以来是我国面积较大的旱作农业区域。

（2）*黄土高原区农业以粮食作物为主，旱地一熟、水浇地二熟* 黄土高原粮食总产量约445亿kg，人均粮食占有量为396.53kg，耕地粮食单产约3000kg/hm^2，低于全国平均水平。除河谷平原灌区一年二熟外，大部分旱地以一年一熟为主，复种指数约为115%。汾渭平原灌区为小麦—玉米、小麦/棉花、小麦/辣椒、小麦—大豆等一年二熟制；渭北和陇东旱塬区以冬小麦、春玉米一年一熟制为主，部分地区复种玉米、糜、荞麦和大豆等，实行三年四熟和四年五熟制；海东、陇中、宁南、陕北和晋北等黄土丘陵沟壑区以春小麦、玉米、马铃薯、谷子、糜、杂豆、胡麻、春油菜等一年一熟制为主。

（3）*农作制度改革调整初显成效，苹果等地域特色产业发展迅猛* ①通过氮磷配施与旱作节水技术，开发旱地降水生产潜力，提高有限降水资源利用效率。②陡坡地退耕还林还草，缓坡耕地修筑梯田，控制坡地水土流失，改善生态环境和农田生产条件。③实行“压夏扩秋，压粮扩经，压粮扩草”抗旱节水型种植业结构调整，提高旱作农田降水利用效率，增加农田经济收益，促进农牧结合发展。④推行抗旱覆膜集雨种植技术，实现了农田根域降水空间富集和叠加，极大限度地提高了作物抗旱增产能力。⑤发展具有地域特色的农业主导产业，东南部半湿润区建成了以苹果为主的优质果业生产基地，西北部半干旱区建成了特色小杂粮生产基地，显著提高了农业产业化水平。

（二）黄土高原区主体农作制度与配套技术

1．黄土高原区农业地域资源与特色农业布局技术 按照500mm年降水量为线，黄土高原可分为东南部半湿润农业区和西北部半干旱农业区。

（1）*黄土高原东南部半湿润高原和平原农业区粮果牧业生产* 粮食生产以冬小麦和玉米为主，水果生产以苹果、猕猴桃和大枣为主，畜牧业生产以秸秆畜牧业为主，饲草主要采取青贮饲料、氨化饲料、小麦和玉米秸秆微贮方式生产，主要饲养肉牛、奶牛、绵羊、山羊和猪鸡等。除降水量稍显不足外，黄土高原气候与土壤条件适宜于优质苹果生产，是目前中国最大的苹果生产基地，2022年全国苹果总产量约为4757.18万t，其中黄土高原优势区产量约为2473.73万t，占全国苹果总产量的52%，占比最大，但70%以上苹果果园为无灌溉。

（2）*黄土高原西北部半干旱丘陵沟壑和山地农业区粮草牧业生产* 粮食生产以春小麦、玉米和小杂粮作物为主。小杂粮泛指生育期短、地域性强、种植规模较小、有特种用途的多种小宗粮豆作物，包括荞麦、糜、谷子、马铃薯、大麦、燕麦、薏苡、绿豆、小豆、豌豆、蚕豆、黑豆、豇豆等。小杂粮耐旱耐瘠，适应性强，籽实营养丰富，药食同源，且耐贮藏。在黄土高原西北部地处农牧交错地带，农牧结合历史悠久，盛行苜蓿种植与舍饲养殖。苜蓿抗旱性强，较粮食作物高产和稳产，2021年黄土高原区苜蓿种植面积占全国77%。

2．黄土高原农田基本建设与水土保持工程技术 黄土高原坡耕地比例大，水土流失严重。通过坡地改梯田、沟道筑淤地坝，修建集雨设施等水土保持工程措施，可以有效拦蓄径流和泥沙冲刷，达到保水、保土和保肥的作用。

（1）*坡地梯田建设* 坡耕地修建水平梯田、隔坡梯田和反坡梯田，能减少坡地地表径流和土壤冲刷70%～90%，雨季增加土壤水分400～450m^3/hm^2，较坡地作物增产1倍以上。

（2）*沟道淤地坝建设* 在沟壑区沟道修筑多级淤地坝，能拦蓄沟道汇集的径流和泥沙，坝地多年淤积后可修建为土壤水肥含量较高的农田。坝地土壤湿度为坡耕地的 1.86 倍，粮食产量可达 4500～7500kg/hm^2，是坡耕地的 6～10 倍和梯田的 2～3 倍。

（3）*非耕地雨水集蓄* 以坡面、道路、沟道、场院、屋面作为集水场，将雨季降水汇集起来，并储存在水窖中，一般每窖可蓄水 30～50m^3，可作为人畜饮水和农田补灌之用。

3. 黄土高原农田覆盖蓄水保墒栽培技术

（1）*地膜覆盖栽培* 旱作农田采取沟垄微集水种植技术，在田面起垄，沟垄相间，垄面覆膜集雨，沟内蓄墒种植，实现垄沟降水叠加利用。垄面向垄沟蓄水 25～40mm，增产 25%以上。主导性的覆膜集雨种植模式为：

1）玉米全膜双垄沟播。宽幅起垄全膜覆盖，垄面上间隔开沟，垄面降水汇集于播种沟，通过播种穴入渗土壤，实现抑蒸、集雨、蓄墒和增温作用。采用秋季地膜覆盖方式，玉米播前 1m 深土壤可多蓄水 35～50mm，玉米增产 15%～60%，年降水利用率达到 60%～70%，玉米籽粒产量水分利用效率达 18～30kg/（mm · hm^2）。

2）小麦覆膜穴播。夏闲期宽幅起垄覆膜，采用穴播机垄面穴播小麦，实现抑蒸保墒和增温作用。小麦播前 2m 深土层可多蓄水 40～60mm，小麦增产 25%～50%，降水利用率为 60%～70%，水分利用效率达 6～12kg/（mm · hm^2）。

（2）*保护性耕作与秸秆覆盖栽培* 在粮田休闲期采取免耕和深松留茬耕作，秸秆覆盖地表，具有蓄水保墒和扩蓄增容作用，可增加休闲期土壤水分 14%～15%，增加作物产量 6%～15%。

（3）*砂田覆盖栽培* 在黄土高原西北部半干旱荒漠区，休闲期田面覆盖 10～20cm 砂石层，采取免耕播种，具有增渗减蒸、增温保温、抗蚀减尘作用。可增加春播前 0～40cm 土层含水量 30%，减少生长季水分蒸发 28%，降低土壤盐分 70%，减少沙尘 38%，在年降水量 200～300mm 地区旱作丰产，砂田作物栽培（以西瓜和甜瓜为主）面积超过 8 万 hm^2。

（4）*抗旱保水材料蓄水保墒模式* 该模式是在内蒙古农牧交错旱作区推广应用的农田蓄水保墒技术模式之一。该区域主栽作物为燕麦、谷子、玉米、马铃薯等，土壤类型以砂质土壤为主，降水少且分布不均匀、土壤贫瘠、保水保肥能力差，作物产量水平较低。采用抗旱保水材料蓄水保墒技术能有效通过增加团聚体提高土壤蓄水保墒能力，增加作物产量。

该模式关键技术为：①连续施用高分子聚丙烯酸钾和聚丙烯酰胺、褐煤腐殖酸。在黄土高原丘陵区，春季播种前撒施于地表，进行翻耕或旋耕，深度为 15～20cm，聚丙烯酸钾或聚丙烯酰胺施用量为 75kg/hm^2，褐煤腐殖酸施用量为 1500kg/hm^2。②高分子保水材料配施腐殖酸。在阴山北麓旱作区，春季播种前将腐殖酸和聚丙烯酰胺与聚丙烯酸钾混合撒施于地表，进行翻耕或旋耕，耕深 15～20cm，施用 1500kg/hm^2 腐殖酸＋45kg/hm^2 聚丙烯酰胺。③秸秆覆盖配施保水材料。在阴山北麓旱作区，播前将保水材料与干土以 1∶5 比例混合穴施，进行 1500kg/hm^2 燕麦秸秆覆盖，保水材料施用量为 60kg/hm^2，施用深度为 15cm。④施用膨润土。7 年内只施用 1 次，只在第 1 年春季整地前撒施于地表，进行翻耕或旋耕，耕深为 15～20cm，之后不再施用；黄土高原丘陵区的谷子和燕麦田建议施用量分别为 18 000kg/hm^2 和 24 000kg/hm^2，阴山北麓的燕麦田施用量为 12 000kg/hm^2，科尔沁沙地的玉米田施用量为 30 000kg/hm^2。

自 2010 年至 2020 年，内蒙古农业大学连续 10 年进行田间定位试验和示范。结果表明，连续施用聚丙烯酸钾和聚丙烯酰胺增加了 0～60cm 土层＞0.25mm 团聚体比重，0～40cm 贮水量增幅达 13.60mm，产量最高增加 25.70%，水分利用率最高达 33.68%。

（三）种植模式案例

1．旱地春玉米覆膜集雨种植　我国北方旱农地区的耕地，主要分布在年降水量400～600mm的半干旱区和半湿润易旱区。从目前农业生产状况看，旱农区粮食作物的水分生产力并不高。近年来，基于沟垄田间微地形改变结合地膜覆盖的种植技术（图6-15）在黄土高原旱农区得到了大面积的应用，取得了较好的抗旱增产效果。西北农林科技大学联合甘肃省农业科学院在甘肃镇原（半湿润偏旱区，降水量500mm，年均温8.3℃）、宁夏彭阳（半干旱区，降水量450mm，年均温7.7℃）、甘肃定西（半干旱区，降水量400mm，年均温6.3℃）、甘肃临夏（高寒旱作区，降水量550mm，年均温6.8℃）四个类型区，连续定位研究了全膜双垄沟和半膜平铺种植方式下不同玉米品种与密度配置（3000株/667m^2、4500株/667m^2、6000株/667m^2）的增产模式。多年结果表明，全膜双垄沟玉米产量始终高于半膜平铺，产量和水分利用效率均随密度增加而提高，种植密度随降水量增加呈现递增趋势，耐密品种密植增产和水分利用效果更加明显。

图6-15　起垄覆膜（左）、茎穗兼收（中）和残膜回收（右）

2．旱地马铃薯全膜覆盖垄上微沟种植　马铃薯是西北黄土高原主要粮食作物之一，受降水资源的限制，其产量长期低而不稳。为缓解水资源短缺对马铃薯生产的影响和限制，马铃薯覆膜集雨种植技术在当地得到广泛应用和推广，抗旱增产效果良好。西北农林科技大学联合甘肃省农业科学院在定西（海拔1970m，年平均气温6.2℃，无霜期140d）通过多年试验，基于全膜双垄沟种植模式，提出并形成了马铃薯全膜覆盖垄上微沟种植技术，该技术配套立式深旋耕作机，改全地面旋耕为带状立式深旋，垄上微沟起垄覆膜（图6-16）。研究表明，该技术模式下，农田0～200cm土层土壤贮水量、产量和水分利用效率在季节性干旱年份显著高于全膜覆盖垄沟种植。

彩图

彩图

图6-16　旱地马铃薯立式旋耕覆膜（左）和田间生长（右）

3．旱地玉米‖大豆　受区域水热等因素影响，山西省旱作区域多为一年一熟，通过优化种植模式实现一季双收，从而提升该区粮食生产水平，是不同类型区农作制度研究的重要内容。自 2020 年开始，山西省将玉米‖大豆带状复合种植作为旱作的重要模式在适宜区域推广（图 6-17），并基于该模式，实现玉米不减产，多收一季大豆。玉米‖大豆带状复合种植是在该区传统间作套种基础上发展形成的一季双收种植模式。在该模式下，玉米选择耐密、紧凑、抗倒、宜机收、株高适中（2.8m 左右）的品种，大豆选择高产、耐阴、耐密、抗倒、结荚部位＞10cm 的有限或亚有限结荚品种。通过缩株距、增密度，充分发挥高位作物玉米的边行优势，扩大低位作物大豆的受光空间，实现作物协同共生。

彩图

玉米播种期　　玉米拔节期　　玉米灌浆期

图 6-17　山西省运城市临猗县玉米‖大豆旱作种植模式

4．冬麦（青稞）—绿肥＋牛羊　河湟灌区地处黄土高原西北部农牧交错地带，是青海省主要农区之一，该区种植作物两季不足、一季有余，全年主要降水资源集中在 7～9 月。半数以上土地处于裸露和闲置的状态，导致光、热、水、土等农业资源的巨大浪费，加剧水土流失，还会导致环境污染。针对以上问题，青海大学研究并提出了河湟灌区“冬麦（青稞）—绿肥＋牛羊”种养循环模式（图 6-18）。主要技术环节为：前茬作物小麦（青稞）收获后，于 8 月上旬将绿肥作物箭筈豌豆种子 150～225kg/hm^2 撒播于麦茬田中，耙耱覆土并进行补灌。在箭筈豌豆分枝期，追施尿素 30～60kg/hm^2，适时补灌，土壤肥力高的地块可不追肥；11 月下霜后，箭筈豌豆自然杀青，地上部分可做饲料，牛羊在田间采食，采食时间每天 2 次，每次 1h，牛、羊通过采食箭筈豌豆，可补充粗蛋白的需求，提高和促进了牛、羊的消化和生长；之后根茬还田，培肥土壤；来年春季，在松软的土壤上种植春小麦、青稞等作物。该技术在河湟灌区的推广应用不仅提升了地力，节省了肥料，还为牛、羊等提供了优质饲草。研究表明，该技术模式可使农田土壤有机质提高 0.1%～0.2%，主要作物产量提高 6%～12%，节肥 25%～30%。

小麦（青稞）收获后撒播的箭筈豌豆　　牛、羊采食箭筈豌豆

图 6-18　青海小麦（青稞）—箭筈豌豆复合种植模式

对于河湟灌区而言，该农作模式的推广应用也利于防治水蚀、风蚀等导致的水土流失问题，有利于推进青海省农区畜牧业和养殖业发展进程。

彩图

5．川台梯田春小麦→豌豆保护性农作模式　甘肃农业大学在黄土高原丘陵沟壑区腹地定西，研发了适宜于黄土高原丘陵区、兼具节本增效和水土保持功能的川台梯田春小麦→豌豆保护性农作模式。该模式以免耕、春小麦→豌豆轮作养地、秸秆还田保墒增碳、农机农艺结合为技术核心。研究表明，与小麦、豌豆传统耕作模式（三耕两耱）相比较，该模式可节约生产成本 30%～35%、作物产量增加 20%～45%、经济效益增加 80%～148%，水分利用效率提高 18%～36%，有机碳增加 4.6%～8.9%，碳排放量减少 21%～33%，土壤侵蚀量降低 45%～50%。除此之外，该模式还能改善土壤结构、提高土壤质量，表现出显著的经济效益和生态效益。

6．旱地谷子机械化覆膜种植模式　山西北部的繁峙县，气候冷凉，降雨量少，当地主要为一年一熟。在繁峙县海丰农牧场，山西农业大学针对传统覆膜谷子种植行距较小、不利于机械化作业、种植费时费工等问题，研发了旱地谷子机械化覆膜生产模式（图 6-19），有效提升了当地覆膜农作物种植机械化水平。其主要内容为：选用抗旱高产杂交谷子品种，机械化播种与地膜覆盖结合，采用膜上穴播的宽窄行种植模式，膜上行距为 40～45cm，膜间距为 55～60cm，为便于机械化作业，将行距从传统种植的 20～25cm 增加到平均 50cm。在谷子株高 20～30cm 时，选用配套中耕机进行机械化中耕培土。在植株拔节—孕穗期，叶面喷施生长调节剂，控制株高，增强代谢，降低倒伏风险。在孕穗—抽穗初期，采用移动喷灌机进行喷灌和叶面追肥，增水补肥，防止谷子的“卡脖旱”，保证灌浆期养分需求。成熟后，选用联合收割机进行收获，也可选用割晒机割倒晾晒 3～5d＋捡拾机捡拾脱粒的分段收获方式，降低收获谷子籽粒的含水量以便于贮藏。旱作谷子机械化生产技术节省用工 60～90 个人/hm^2，产量增加 750～1500kg/hm^2，2015～2022 年产量连续 7 年超过 7500kg/hm^2，在繁峙县实现了具有地方特色的“良种良法配套、农机农艺融合、资源高效利用、节本增效增收”高效农作模式。

图 6-19　机械化覆膜播种（左）、中耕培土（中）及收获（右）

彩图

（四）黄土高原区农作制度发展战略与对策

自 20 世纪 80 年代以来，黄土高原旱作农业技术进步明显，粮食生产能力稳步提升，苹果等特色产业发展强劲，生态环境得到显著改善。但随着近年气候变暖和降水趋势性减少，作物产量水平持续增高，作物耗水量趋势性增加，旱地深层土壤干燥化日益明显，土壤水库贮水量减少，作物产量年际波动性加剧。随着退耕还林还草工程实施，苹果、猕猴桃等林果业基地规模扩大，粮田面积呈现萎缩趋势，区域粮食短缺势态趋于强化。应对气候暖旱化与土壤干燥化趋势，继续强化抗旱节水型农作制发展。

1．强化水土保持与集流补灌抗旱农作制度　在水土流失严重的黄土高原丘陵沟壑区，合理规划农林牧用地，加强农田基本建设，坚持坡地改梯田、退耕还林、种草归牧，控制水土流失，改善生产条件。合理利用径流资源，发展雨水集流工程，开展抗旱应急补灌，提高作物抗旱增产能力。

2．集成农田覆膜集雨种植抗旱增产技术体系　农田根域覆膜集雨种植抗旱增产效果显著，但各类集雨种植模式规范化程度较低，起垄、覆膜、施肥和播种等技术环节不配套，农田作业机具不配套，人工作业效率较低，生产成本较高，残膜污染严重。需要以农艺农机融合为重点，开发覆膜、播种、施肥、收获等全程作业机械，研发新的可降解膜和缓控释培肥专用肥，研究和集成覆膜集雨高产高效轻简化栽培技术体系。

3．加强农田保护性耕作技术研究和推广应用　秸秆覆盖免耕和深松等保护性耕作技术能减轻农田水土流失，增加土壤水分贮蓄，增加土壤有机质含量，具有增产节本增效等作用，但当前保护性轮耕技术模式尚不完善和成熟，作业机具不配套，作业质量较差。需要选配秸秆粉碎机、土壤深松机、施肥播种机等机具，研究和集成品种、施肥、覆盖和机具配套等休闲轮耕技术体系。

4．继续强化苹果和小杂粮等具有地域特色的农业产业发展　依据黄土高原农业地域资源优势，因地制宜发展经济林果生产，继续强化黄土高原东南部优质苹果产业，扩大西北部以马铃薯为主的小杂粮产业规模，健全贮藏、加工、包装、销售等产业链，提高农业产业化经营水平。

视频 6-5

二、西北绿洲灌区农作制度

绿洲（oasis）是指干旱沙漠中具有水草的绿地，一般呈带状分布在河流或井、泉附近，以及有冰雪融水灌溉的山麓地带。我国西北绿洲灌区包括内蒙古土默特平原和河套平原、宁夏银川平原、甘肃河西走廊及新疆塔里木盆地和准噶尔盆地等地区，总土地面积约 186.6 万 km^2，绿洲总面积约 86 419km^2。绿洲土壤肥沃，灌溉条件便利，农牧业生产较为发达。西北绿洲灌区在我国民族壮大与社会发展、稳固边疆与国家安全、东西方文化和物质交流等方面贡献巨大。

（一）西北绿洲灌区农作制度概况

1．西北绿洲灌区农业资源概况

（1）气候资源　我国西北绿洲灌区地处温带和暖温带干旱荒漠气候区，光能资源极其丰富，年太阳辐射量为 500～777kJ/cm^2，仅次于青藏高原，年日照时数为 2900～3600h，位居全国之首，年平均日照百分率为 72%～74%。年均气温为 6～12℃，最冷月平均气温为－22～－8℃，最热月平均气温为 18～26℃，年均气温日较差为 12～18℃，4～7 月气温日较差可达 26～32℃。无霜期为 120～170d，大多数地区热量条件一熟有余、二熟不足。南疆高达 4000～5400℃，无霜期为 200～250d。除少数沿山地区降水量可达 300～400mm 外，大部分地区年降水量＜150mm，干燥度为 3～16，是我国最干旱的地区，南疆也是全世界少数极端干旱地区之一。

（2）土地资源　西北绿洲灌区土地总面积为 186.6 万 km^2，绿洲面积仅为 86419km^2，只占土地总面积的 4.6%。地处内陆河流域的内流型绿洲面积占 93%，地处黄河流域及额尔齐斯河流域的外流型绿洲占 7%。在现已利用土地中，耕地所占比例相对较小，草地比例较大。人工绿洲耕地相对集中、地势平坦、质量良好。新疆人工绿洲土地面积约 709.4 万 hm^2，其

中耕地面积约 420 万 hm^2，耕地占 59.2%，河西走廊耕地面积占绿洲的 36.4%。尚有可开垦的后备耕地超过 160 万 hm^2。绿洲区土壤分布地带性明显，从山前冲积扇上部至冲积平原，土壤质地由粗变黏，保肥保水能力增强，地下水位由深变浅，冲积平原下部至盆底时排水不畅，易形成土壤盐渍化。

（3）水资源　西北绿洲灌区高山与盆地相间分布，阿尔泰山、天山、昆仑山、祁连山等高山降水较为丰富，海拔 3500m 以上高山区广布永久积雪和现代冰川，是周边绿洲的高山固体水库，夏季冰雪消融补给河流和地下水，成为山麓绿洲灌溉的主要水源。河西走廊的祁连山区河水年径流量近 70 亿 m^3，年引水量约 20 亿 m^3；新疆天山、昆仑山和阿尔泰山的年径流量可达 850 亿 m^3，年引水量约 460 亿 m^3。而银川平原和内蒙古河套平原则主要为引黄灌溉，年引黄水量可达 123 亿 m^3，银川平原旱涝无虞，素有“塞上江南”之称。在绿洲充足灌溉水源下，小麦、水稻、棉花、瓜果、甜菜等农作物生长良好。

2．西北绿洲灌区农作制度发展概况

（1）水资源严重短缺，生态环境极其脆弱　由于水资源短缺和过度开发利用，西北绿洲灌区生态环境多变而脆弱，生态环境演变表现为“人工绿洲扩大，天然绿洲缩小，绿洲和荒漠过渡带面积缩小，荒漠化面积扩大”的劣化演变趋势。例如，河西走廊的石羊河流域，河川水资源量径流深只有 38.7mm，全流域平均水资源量为 $387m^3/hm^2$，人均水资源量为 $706m^3$，单位耕地面积水资源量为 $2900m^3/hm^2$，远低于全国平均水平和世界平均水平。水资源严重短缺导致绿洲区生态需水不足、地下水超采严重和水环境恶化。

（2）兼顾节水与经济高效，发展节水型高效种植模式　兼顾水资源低耗和产业平衡配水，充分发挥绿洲区光热资源优势，从粮食高产高效农作制向粮经饲多元化农作制发展。新疆绿洲区逐步压缩高耗水的传统粮食高产型种植模式，扩大棉花、葡萄、加工番茄和林果等作物膜下滴灌高效节水经作种植模式；甘肃河西绿洲灌区大面积压缩耗水型小麦‖玉米种植模式，扩大低耗水、高附加值的经济类作物或种植模式，发展禾豆间作水肥节约型农作制、设施高产农作制和高效节水经作制，推动了种植结构优化和后续产业发展，提高了种植业总体效益，并为生态建设提供了水资源。

（3）节水等关键技术有所突破，相关配套技术滞后严重　西北绿洲灌区灌溉技术比较发达，膜下滴灌技术已在棉花、加工番茄、葡萄、果树等作物上大面积应用，在玉米、小麦等作物中应用比例也在增加，灌溉水利用系数达到 0.7 以上。同时，农业机械化发展成效显著，2021 年底新疆农业综合机械化程度已达 85.48%，农业机械占到农村总用工量的 80%以上，农业机械化对农业产值的贡献率超过 20%。但绿洲节水型农作制建设中相关技术配套性和稳定性差，如缺乏起垄播种机具，限制了小麦、大麦垄作沟灌技术的应用；播种技术和秸秆快速腐解技术落后，限制了免耕留茬保护性耕作技术大面积推广应用。

（二）西北绿洲灌区农作制度主体模式与配套技术

1．高效节水农作制度　区域节水农作制度包括水资源管理、高效输水和农田水分高效利用等技术环节。

（1）管理节水技术　指通过优化种植结构达到节水目标。管理节水的主要方法是：一是科学利用虚拟水，即通过大幅压缩高耗水、低效益作物种植面积，从水资源丰裕区进口相应产品，以间接进口水资源方式缓解当地水资源供需矛盾；二是以现有水资源量和不同作物经济效益为判定指标，在经济效益最大化前提下，确定适宜种植结构。配水管理的核心是确定水权、水价及水交易方式。例如，甘肃河西走廊绿洲灌区建立了用水者协会，推进水权和梯级水价等管理技术，推动了用水者从被动节水向主动节水转变。

（2）工程节水技术　①渠道防渗衬砌技术。渠道衬砌后输水时间缩短 33.3%～62.5%，节水 300～390m^3/hm^2，斗渠利用率提高 5%～10%，西北绿洲灌区已建成完善的灌溉渠系，渠系水利用系数已提高到 0.75～0.80。②低压管道输水灌溉技术。较土渠输水节水 2379m^3/hm^2，节水率 34.7%，节能 777kW/hm^2，节电率 24.5%，并节省农、毛渠占用耕地面积 10.2%。③喷、滴、渗灌技术。喷灌受气候干燥、风速大、水分蒸发多的影响，应用面积较小，而膜下滴灌技术节水、节肥、节药、节省劳动力，增产效果好，是一种综合效益显著的可持续灌溉技术。④地面灌溉改进技术。包括地面平整、大畦改小畦、短沟灌和细流沟灌等技术，在一定时期内仍是绿洲灌区节水灌溉的主流技术。新疆和甘肃绿洲灌区已采用膜上灌、间歇灌溉、膜垄沟灌、微垄沟灌等改进地面灌溉技术。

（3）农艺节水技术　主要指通过耕作措施、灌水方式、灌溉制度、地表覆盖等农艺环节的优化，减少非生产性的水资源消耗，提高水分利用效率。小麦、玉米、大麦生产应用少免耕结合秸秆覆盖、固定道耕作结合垄面覆盖等耕作技术，采取“调亏灌溉”“交替分根灌溉”“隔沟灌溉”等灌溉制度，节水效果良好。

（4）节水农作模式集成　一是 U 形渠输水＋微垄沟灌或 U 形渠输水＋免冬灌＋保护性耕作的大田粮食作物节水农作制，适用于小麦、大麦、玉米等作物；二是低压管道输水＋膜垄沟灌（微喷灌或滴灌）经济作物节水高效农作制，适用于棉花、加工番茄、葡萄、啤酒花、制种玉米、大田蔬菜等作物；三是低压管道输水＋智能化水肥一体滴灌设施高效农作制，主要适用于二代温室和智能化温室，生产花卉、特种蔬菜等高附加值作物。

2．棉田农作制　新疆棉区是我国最大的棉花生产区。新疆棉花种植面积、总产、单产连续 28 年位居全国首位。新疆棉区棉花生产对保障国家棉花产业健康发展发挥着重要作用。目前，新疆棉花生产面临种植结构单一、棉花连作障碍严重、植棉效益低的突出问题（图 6-20），因此，通过优化棉田种植制度来解决这些问题显得尤为紧迫。

彩图

图 6-20　连作棉田出现早衰（左）、病害草害加剧（右）

从种植制度角度来探索解决棉田连作障碍问题的途径，需要探明连作对棉田土壤理化性状、棉花产量和效益的影响及其机制，找到产量等因素随连作年限增加的变化规律。已有的棉花产量及效益对连作年限响应方面的研究表明，棉花连作年限 9 年及以下，产量无显著差异，未表现出连作障碍；连作 10 年及以上，产量下降趋势明显，10～14 年产量缓慢下降，年均减产 71kg/hm^2；14～16 年产量锐减，年均减产 215kg/hm^2（图 6-21）。连作棉田的植棉效益显示，随连作年限的延长，棉花产值和利润呈下降趋势，成本则逐年增加。

连作9年及以下，产值、成本、利润无明显差异；至连作第10年，收益、利润大幅下降。之后随着连作年限延长及植棉成本不断增加，植棉利润不断降低，到第14年利润为0，表明从第14年开始，植棉利润开始出现亏损，且亏损程度随连作年限的增加会愈加严重。依据产量、植棉效益随连作年限的变化特征规律，认为棉花适宜连作最长年限为9年，年限阈值则为14年。

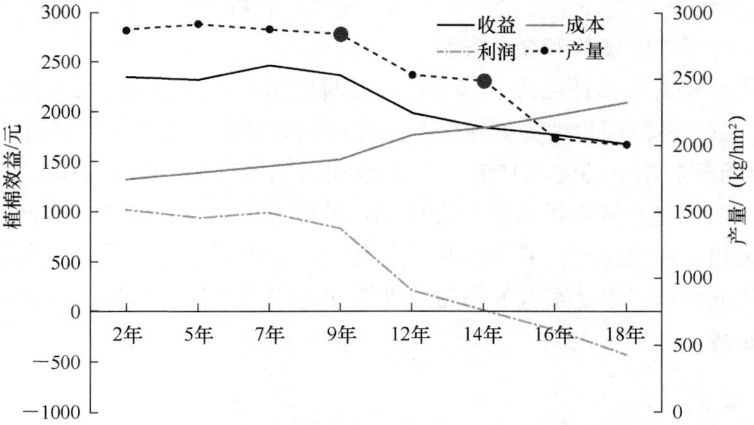

图6-21　不同连作年限棉田产量和效益变化

3. 多熟农作制

（1）果农间作模式　主要包括枣/棉、枣/瓜、枣/瓜/棉、枣/粮、杏/棉、核桃/棉（瓜）等果树与粮食或经济作物间作模式，以及果树/牧草间作模式等，将叶片遮阴性较小的果树与耐阴性相对较强的作物组合形成立体复合系统，有利于农田资源利用效率和经济效益同步提高。

（2）粮粮、粮经间作模式　主要包括小麦/玉米、小麦/玉米—玉米、玉米/大豆、玉米/豌豆、粮/棉、粮/油、粮/糖等间作模式，玉米/豌豆等禾豆间作模式节水节肥优势明显。

（3）粮豆、粮油复种模式　主要包括冬小麦复种大豆、冬小麦复种油葵、小麦复种油菜和小麦复种绿肥作物等，具有提高单位耕地产出率，集成应用现代农业机械、灌溉技术和管理技术等优势。

4. 设施农作制

（1）地面覆盖栽培技术　地膜覆盖、秸秆覆盖、沙石覆盖、果园生草覆盖等栽培技术在绿洲灌区不同作物、不同生产方式中得到了灵活运用。

（2）传统设施生产技术　包括阳畦风障、土温床、小拱棚、塑料大棚等，大量用于春季露地生产的育苗。

（3）节能日光生产技术　主要包括轻质耐用保温材料、卷帘机械、工厂化育苗、标准化无土基质开发、高雾化轻便式电动喷雾机械研制，新品种培育和筛选，管理技术标准化，综合技术集成等。

（4）智能温室生产技术　绿洲灌区也引进了大型智能化日光温室，用于高经济价值蔬菜和花卉生产，以及苗木培育。

5. 保护性农作制　保护性耕作具有节本、增效、缩短农耗期、减少水土流失等多种优点。西北绿洲灌区保护性耕作农作制关键技术包括小麦和玉米秸秆还田技术、少免耕和秸秆还田条件下播种技术、免耕秸秆覆盖栽培条件下病虫草害防除。

6. 农牧结合农作制

（1）*饲料作物高效生产技术*　饲料作物包括青贮玉米、苜蓿、饲草高粱、饲用甜菜、饲用小黑麦、箭筈豌豆等，如新疆和河西走廊冬小麦收获后常复种青贮玉米，春小麦收获后复种箭筈豌豆。

（2）*秸秆饲料化技术*　主要包括：①物理揉搓技术，即通过揉丝机将秸秆揉搓成丝条状。②化学处理，经化学处理采食量提高 18%～45%，有机物的消化率提高 30%～50%。③生物学处理技术，包括青贮发酵和微贮发酵。

（3）*有机废弃物高效肥料化技术*　秸秆过腹还田，或饲料化后养殖动物，并将动物粪便作为有机肥还田。将秸秆和动物粪便配制为食用菌栽培料、蔬菜栽培基质、生物有机肥等。

7. 大型农场产加销一体化农作制　种植业以酿造葡萄、加工番茄、啤酒大麦、金银花等高附加值作物为主，以农场承包户为单位，按照农场生产计划进行生产经营活动，实行规模化、标准化和专业化生产，农业的机械化程度高，产品质量好，现代化程度较高。具有相对完善的产业链体系，如以酿造葡萄为基础的葡萄酒产业构成从种植到采收、压榨、酿造、成品出售的产业链。

（三）种植模式案例

1. 棉花膜下滴灌水肥一体化模式　近年来，新疆棉田生产大面积推广高密度种植模式，通过增加棉株密度和增加灌溉量来提高产棉量。常规的大水漫灌导致农田土壤养分随水流失，有效性降低，棉铃脱落较为严重，从而影响产量。目前，新疆棉区提倡并大面积推广的膜下滴灌水肥一体化技术模式（图 6-22）有效缓解了这一问题对棉田生产的影响。该技术将灌溉和施肥合为一体，同时实现，通过在灌溉水中直接加入包括氮、磷、钾等营养元素，使其在灌溉过程中被棉花吸收，有助于减轻地下水污染和土壤盐渍化，有效提高了棉花水肥利用效率，增加了棉花产量，棉花膜下滴灌水肥一体化模式可较常规灌溉增产 15%～20%，中低产田效果尤为明显。

覆膜　喷药

收获　打包

彩图

图 6-22　新疆棉田膜下滴灌水肥一体化技术模式

2．“双滴”模式　新疆北疆沿天山一带是重要的农业产业经济带，属于一熟有余、二熟不足地区，小麦收获以后还有≥10℃的积温1900～2100℃，无霜期85～110d。传统的一年两熟种植是在小麦收获后进行茬地翻耕、整地、灌溉和播种，农耗期7～10d，致使复种油葵、玉米等作物后期生育期不足。同时该地区为北疆主要棉区，复种作物与棉花争水矛盾突出，在棉花经济效益较好的情况下，农户复种作物积极性不高。近年来，“双滴”栽培（滴灌小麦＋滴灌复种作物）有效改善了这一问题。应用滴灌节水技术配合免耕播种机水肥一体化栽培技术，可做到滴灌小麦收获后及时复种早熟油葵、青贮玉米、大豆作物，实现滴灌设施的再利用和滴灌小麦免耕复种（图6-23）。该区“双滴”栽培的优点：①减少农耗期。与传统的复种相比，可以做到麦收后及时免耕播种、滴水出苗，节省农耗期5～8d，争取≥10℃的积温78～157℃，保证复种作物的成熟和优质、高产。②降低生产成本。通过免耕复种、滴灌出苗，减少麦收后犁地和播前整地作业，滴灌带二次利用，节约生产成本1800元/hm^2；③节约水资源。麦茬免耕覆盖及滴灌栽培，减少了田间水分蒸发，提高水分利用率25%，部分解决了制约北疆地区开展复种工作水资源不足的问题。④提高肥料利用率。通过滴灌，随水追施化肥、管道冲施化肥，使肥料无挥发无流失，直达根部，提高了化肥利用率15%～20%。⑤增加经济效益。复种青贮玉米平均产量60 165kg/hm^2、复种油葵平均产量3030kg/hm^2，经济效益明显。可以看出，针对北疆一熟有余、两熟不足地区资源利用率低，传统复种方式农耗期长的实际问题，该模式在提高光热水土资源利用效率的同时，对稳定粮食播种面积和保障粮食安全具有积极意义。

滴灌小麦

免耕复种

复种玉米

复种大豆

彩图

图6-23　“双滴”栽培模式

3．棉田连作障碍“分段调控”　为有效缓解连作障碍，从种植制度优化的角度入手，塔里木大学研究了以轮作倒茬种植体制调控为主、多作一熟种植模式调控为辅的优化方案，提出了治理连作障碍的“分段调控”策略（图6-24），创建了棉花与水稻、小麦、绿肥等作物轮作倒茬的种植体制和与孜然、豆类、玉米等作物间作的多作一熟种植模式。依据棉田适宜连作的最长年限和连作年限阈值，提出了连作 9 年、14 年轮作倒茬治理连作障碍的“分段调控”策略，当连作年限达到 10～14 年，棉田连作障碍显现，采取小麦—油葵→棉花的轮作倒茬方式（调控策略一）；当连作年限超过 14 年，棉田连作障碍严重，采取水稻→棉花、水稻→小麦—油葵→棉花等轮作倒茬方式（调控策略二）；经调控以后棉田继续连作棉花，进入下一轮调控周期。

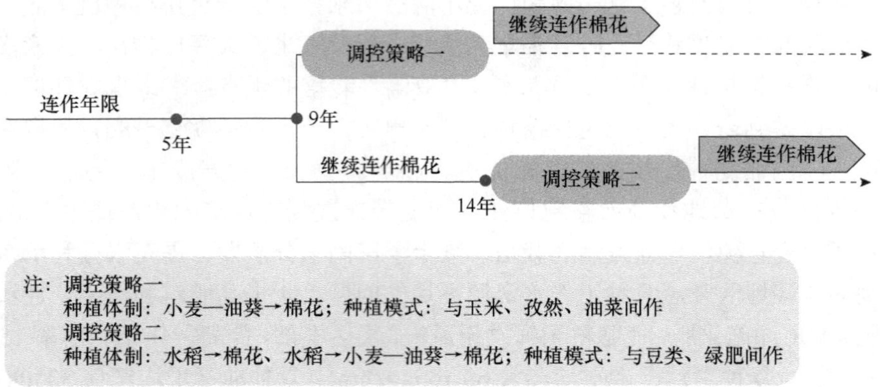

图 6-24 治理连作障碍的“分段调控”策略

4．玉米‖豌豆模式 甘肃农业大学研究表明，在甘肃河西走廊东部的石羊河流域中游，玉米间作豌豆采用 3∶4 带型（图 6-25）。豌豆带宽 80cm，种 4 行，行距 20cm，种植密度为 76 万粒/hm^2。3 月底播种，7 月初收获。玉米带宽 110cm，种 3 行，行距 40cm，种植密度为 6 万株/hm^2，4 月下旬播种，9 月下旬收获。豌豆播种时通过拌种接种根瘤菌 30kg/hm^2。间作玉米带和豌豆带氮素分带施用，总施氮量为 317kg/hm^2，基肥为总氮量的 20%，玉米拔节期追施总氮量的 10%，大喇叭口期追施总氮量的 40%，花后 15d 追施剩余 30%。全生育期灌溉量为 5850m^3/hm^2，玉米一次覆膜两年使用（简称“一膜两年用”）。

彩图 2 行玉米 4 行豌豆 3 行玉米 4 行豌豆

图 6-25 玉米间作豌豆模式

该模式年均节约氮肥投入 38kg/hm^2，减少地膜投入 67kg/hm^2。禾本科作物通过竞争利用豆科带内氮素，实现豆科“氮阻遏”消减，促进“氮转移”。豆科作物收获后，禾本科作物营养生态位扩大，奠定了其补偿生长的生态生理基础。

（四）西北绿洲灌区农作制度发展战略与对策

1．发展节水型农作制度 水资源短缺是绿洲灌区面临的主要问题，限量供水和高效用水是农作制度发展的核心。一是做好节水农业规划，改革水管理体制，提升管理节水技术效率；二是加大渠道防渗节水建设力度，减少输水损失；三是推进生态安全型微灌技术规模化和制度化应用；四是合理应用覆膜小畦灌、水平畦田灌、细流沟灌、隔沟灌溉等改进的地面节水灌溉技术。

2．创新多熟型农作制度

（1）适度扩大多熟种植面积　农田灌溉面积扩大、地膜覆盖、配方施肥、化学调控技术以及良种和农机设施等技术应用，为多熟种植发展创造了条件，可在一定范围内扩大多熟种植。例如，河西走廊黑河流域仍有22.3%的复种潜力可供开发。

（2）丰富多熟种植模式　一是将粮食、经济、饲料、药材、食用菌、蔬菜、瓜类、果树等作物纳入多熟种植模式；二是通过间作套种增加熟制，如小麦‖玉米可发展为小麦/玉米‖大豆、小麦/玉米/马铃薯、小麦/玉米—玉米等多熟模式；三是增强多熟种植模式的规范化程度，确定作物品种、空间结构、水肥管理、种收方式、机械化耕作等生产技术规程。

（3）优化完善棉田轮作种植方式　根据棉田适宜连作的最长年限，实施棉花连作多年后轮作倒茬治理连作障碍的“分段调控”策略。例如，连作年限达到10～14年，采取“小麦—油葵→棉花”的轮作倒茬方式；超过14年，采取“水稻→棉花、水稻→小麦—油葵→棉花”等轮作倒茬方式，力争实现作物地上空间互补、地下根系互补、周年营养互补，有效解决棉花连作障碍和低产低效问题。

（4）提高机械化水平　传统带状间套模式不适宜机械化作业，劳动生产率相对较低。需要优化带型结构，选配作业机具，农艺主动适应农机，提高多熟种植机械化和集约化水平。

3．种植业规模化和产业化　新疆绿洲灌区确立了发展以膜下滴灌为主要特征的棉花产业、葡萄产业、加工番茄产业、林果业等，并以此促进了耗水型粮食作物播种面积的减小。甘肃河西绿洲灌区基本淘汰以小麦间作玉米为主体的耗水型种植模式，代之以低耗水、高附加值的经济类作物，如新疆棉花和葡萄栽培、河西走廊区制种玉米的规模化程度和区位优势正在显现出来。新疆农业规模化经营和机械化水平位居全国前列，而河西走廊区农户规模经营和机械化水平较低，需要发展家庭农场和农业合作社，推动农业规模化经营发展。

4．发展农牧结合型农作制度　优化粮经饲结构，发展农牧结合型农作制度。将饲料作物生产纳入种植业，扩种粮饲兼用型作物，形成全功能型种植业结构，实行粮饲作物轮作，稳定农牧结合型农作制度。提高牧业废弃物利用，增强种植业可持续性生产能力。

5．发展土壤保护性耕作制度　西北绿洲灌区地处内陆干旱风沙区，研究和应用小麦、玉米少耕秸秆覆盖保护性耕作技术，可减轻土壤风蚀、降低碳足迹、节约生产成本，发展西北绿洲灌区特色保护性耕作制。

视频6-6

第四节　西南区农作制度

西南区主要是指位于我国西南部的四川盆地丘陵区和云贵高原区，是我国耕地资源立体性最强的农业产区。

一、四川盆地丘陵区农作制度

四川盆地丘陵区是指位于长江上游地区的四川盆地底部及其边缘山地，包括四川中东部和重庆大部分地区，土地面积约26万km^2，由于人口外流和自然减少，2021年总人口约1.2亿，相比20年前减少了7.6%。聚居着重庆市和四川省大部分人口，是我国人口最稠密的地区之一。四川盆地丘陵区农业较发达，是西南地区乃至全国重要的商品粮生产基地。

（一）四川盆地丘陵区农作制度发展概况

1. 四川盆地丘陵区农业资源概况

（1）气候资源　四川盆地丘陵区地形闭塞，气温高于同纬度其他地区，气候属中亚热带季风性湿润气候，气温东南高西北低、盆底高边缘低，等温线呈现同心圆状分布。年平均气温为16～18℃，最热月气温为26～29℃，最冷月均温为5～8℃，极端最低温为－6～－2℃，≥0℃年积温为5800～6700℃，≥10℃年积温为4500～6000℃，无霜期为280～350d。年降水量为1000～1300mm，盆地边缘山地降水充沛，但冬干、春旱、夏涝、秋绵雨，年内分配不均，70%～75%雨量集中于6～10月，最大日降水量可达300～500mm，夜雨占总雨量的60%～70%以上，自古以“巴山夜雨”闻名。盆地区雾大湿重，云低阴天多，年日照时数为900～1300h，年太阳辐射量为370～420kJ/cm^2，均为中国最低值，故有“蜀犬吠日”之说。季节性干旱是四川盆地丘陵区主要农业气象灾害，暴雨、洪涝、低温等气象灾害也时常发生。

（2）土地资源　四川盆地丘陵区平原、丘陵和山地各占7%、52%和41%。盆地底部面积约16万km^2，按其地理差异又可分为盆西平原、盆中丘陵和盆东平行岭谷三部分。盆西平原区又称成都平原，由岷江、沱江、涪江等八条河流冲积而成，地势由西北向东南倾斜，地表平坦，土壤肥沃，河渠稠密，有著名的都江堰自流灌溉工程，素有“天府之国”之称。盆中丘陵区地势低矮，地势由北向南倾斜，形成台阶状的方山丘陵。盆东平行岭谷区由多条近东北、西南走向的条状背斜山地与向斜宽谷组成，山岭间谷地宽而缓，丘陵和平坝交错分布。盆地边缘山地区由一系列中山和低山围绕而成。全区土壤以紫色土、黄壤为主，其中黄壤主要分布于深丘和低山地带。四川盆地素有“紫色盆地”之称，紫色土面积达14万km^2，中性或中性偏碱，富含磷钾等矿物养分，质地适中，透水通气性好。全区耕地面积1168.64万hm^2。水田旱地比例约1∶1。全区水土流失面积近40%，是水土流失较为严重的地区之一。

（3）生物资源　四川盆地土地肥沃，气候温和，雨量充沛，生物资源丰富，地带性植被是亚热带常绿阔叶林，分布有大熊猫、金丝猴、扭角羚等国家一类保护动物。四川盆地丘陵区农业基础条件好，早在西汉时期已开垦种植，土地利用率高达30%～40%以上，是我国水稻、油菜籽、蚕桑、柑橘、油桐等重要产区。

2. 四川盆地丘陵区农作制度发展概况

（1）四川丘陵盆地是我国西部大粮仓和后方战略基地，粮食、油料、猪肉、桐油、蚕茧、柑橘、中药材等在全国占据重要地位　种植业结构以粮食作物为主，粮食生产以小麦、水稻、玉米、薯类为主，其中水稻、小麦播种面积较大，水稻以中籼稻为主，小麦以冬小麦为主，玉米则是丘陵区主要粮食作物，甘薯占薯类的80%以上。经济作物包括花生、油菜、棉花、甘蔗、烤烟、茶叶、水果、蔬菜等。

（2）四川盆地丘陵区稻田和旱地约各占一半，农作制二熟有余而三熟不足　稻田以二熟为主，旱地可实行套作三熟。平原、丘陵和低山区稻田分别占80%、50%和30%，稻田以“小麦（油菜）—中稻”二熟和“冬水—中稻”一熟为主。由于人多地少，旱地多熟种植粮食型组合比例较大，主要种植模式有麦/玉/薯、麦/玉/薯＋豆、菜/玉/薯、薯/玉/薯、麦＋菜/玉/薯＋豆等，其中麦/玉/薯种植面积较大，粮食产量较高，但经济效益较低。

（3）丘陵和山地农业生产条件较差　丘陵和山地田块小而分散，农业机械化程度低。

水低田高，农田水利建设困难。自然植被稀少，水土流失较为严重。由于缺少灌溉条件且季节性干旱严重，冬水田面积比例大。

（二）四川盆地丘陵区农作制度主体模式

1．水田多熟种植模式　四川盆地丘陵区水田种植模式中一熟和二熟制比例较大，三熟制近年来有所发展。一熟制种植模式有冬水田—水稻、冬炕田—水稻。二熟制种植模式有油菜—水稻、小麦—水稻、水稻—再生稻、绿肥（饲料）—水稻、马铃薯—水稻、萝卜—水稻、多花黑麦草—水稻、光叶紫花苕—水稻、蚕豆—水稻、烤烟—水稻、大蒜—水稻等。三熟制种植模式有马铃薯—水稻—马铃薯、蔬菜—水稻—蔬菜、小麦—水稻—秋红苕、小麦/油菜—水稻—秋大豆、小麦/油菜—水稻—秋马铃薯等。

四川盆地丘陵区水田种植模式以"麦—稻""油—稻"两熟制为主，小麦10月下旬播种，翌年5月中旬收获，油菜10月下旬移栽，翌年5月中旬收获，水稻5月中旬移栽，9月上中旬收获。稻田收获后晚秋季节空闲，可增种一季秋季作物，如"稻—薯/油""菜—稻—菜""薯—稻—薯"等模式。稻—薯/油模式通过水旱轮作降低土传病害，破除马铃薯的连作障碍因子，又可实现一年三熟且高产高效。三熟制产量比油稻二熟制可增产20%以上。

2．旱地多熟种植模式　四川盆地丘陵区旱地种植模式以复种二熟制和间套种三熟制为主。一熟制种植模式是冬闲—玉米（马铃薯、甘薯、花生、大豆、荞麦），二熟制种植模式有小麦—甘薯、小麦—玉米、油菜—甘薯、油菜—玉米、豌（胡）豆—红薯、豌（胡）豆—玉米、马铃薯—玉米、油菜—棉花、大麦（豌豆、胡豆）—棉花、小麦—烤烟、豌（胡）豆—烤烟、小麦—麻类、油菜—麻类、豌（胡）豆—麻类、小麦—花生、油菜—花生、小麦—甘蔗、油菜—甘蔗等。三熟制种植模式有小麦/玉米/甘薯、小麦/花生/甘薯、小麦/玉米/大豆、豌（胡）豆/玉米/甘薯、马铃薯/玉米/甘薯、大麦/玉米/甘薯、马铃薯/玉米/马铃薯、小麦/玉米/马铃薯、小麦‖大麦（蔬菜、饲料、豌豆、胡豆）—棉花、小麦‖大麦/春玉米/甘薯、小麦/春玉米‖夏玉米/甘薯、小麦/春玉米/甘薯/秋大豆等，能充分利用光热资源优势，实现周年高效生产。

旱地种植模式以小麦/玉米/甘薯三熟制为主，通过小麦、玉米、甘薯分带轮作，缓解作物茬口矛盾，高效利用气候资源，实现周年高产高效。具体种植方法为：采用180cm幅宽，分为A、B两个种植带；秋季A带种植5～6行小麦，翌年麦收后种植2行甘薯；秋季B带种植绿肥，玉米播期前收获绿肥，同时播种或移栽两行玉米，玉米收获后可增种一季短生育期作物，如秋菜、绿肥等；B带收获后，播种下茬小麦，A带甘薯收获后作为预留行播种绿肥，从而实现分带微区轮作。但是传统"麦/玉/薯"三熟制存在甘薯生产劳动强度大、效益低、麦玉薯耗地等问题，四川农业大学研究提出了"麦/玉/豆"新三熟制模式，以大豆代替甘薯，实行全年免耕、全程秸秆立体覆盖，具有培肥、保土、抗旱、环保等优点。

（三）种植模式案例

1．玉米与大豆带状间作　近年来，在国家供给侧结构性改革、大力实施大豆和油料产能提升工程等战略推动下，大豆、花生产业日渐被重视，因此，部分地区将小麦玉米复种模式调整为（冬）小麦—花生→小麦/大豆—玉米，该模式可以有效地发挥豆科作物的固氮作用，减少化肥投入，不仅有利于合理养地用地和增强区域农田生态系统的稳定性，还能增加食用油的市场供应，满足人民对食物的日趋多元化的需求。为进一步扩大大豆种植面积，提高大豆产能，2022年，农业农村部在黄淮海、西北、西南等区域大力推广玉米‖大豆带状复合种植。结合前期研究和区域生产实际，目前大面积推广的带型为大豆4～6行，玉米2～4行，推荐4∶2、4∶4、6∶4三种模式（图6-26，图6-27），通过调控作物的株行距，实现玉米与当地清种密度基本相当、大豆达到当地清种密度的70%以上，力争实现轻简化、机械化以及“玉米基本不减产或少减产，多收100kg大豆”的生产目标。

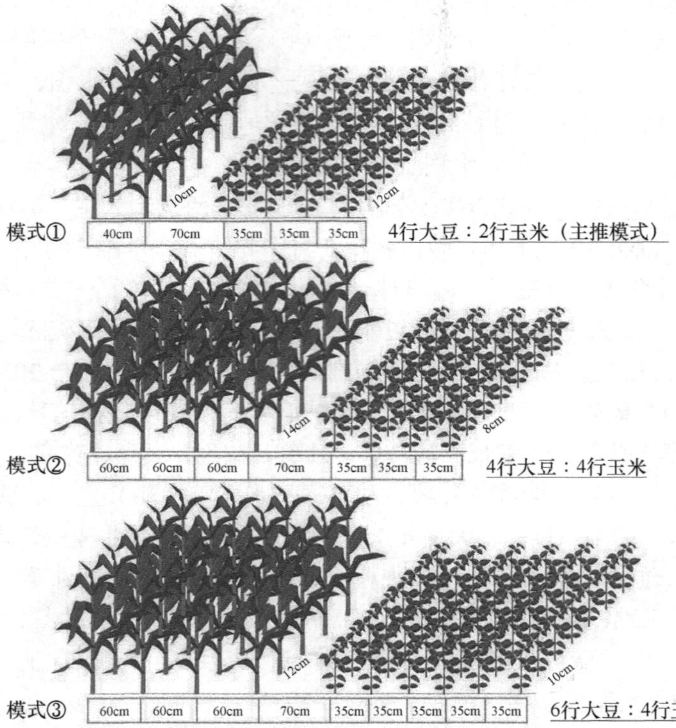

图6-26　大豆玉米带状复合种植模式示意图

彩图

图6-27　大豆玉米带状复合种植4∶2（左）和4∶4带型（右）

2．西南山地油菜田间节水节肥节药生产技术模式　针对西南地区季节性干旱问题突出、农业面源污染加剧、资源利用效率低、农业生产效益差的实际，西南大学研究形成了包括优良品种、机械直播、集雨抑蒸、增密减氮、生物防治“五位一体”的西南山地油菜田间节水节肥节药生产技术模式（图6-28）。2017～2019年在重庆市云阳县、南川区等地进行示范。示范区三年平均产量为2556kg/hm^2，综合经济效益提高22.6%。

3．四川盆地麦稻（油）复种模式　四川盆地是我国典型的稻作多元化种植区域。水稻—小麦或水稻—油菜［简称麦稻（油）二熟模式］，是四川盆地平坝区传统种植模式，也是最主要的种植模式。20世纪80年代以前，麦稻（油）模式的作物秸秆以过腹还田为主，耕作模式以翻耕和旋耕为主；21世纪以来，随着农村劳动力和机械化程度的变化，该种植模式

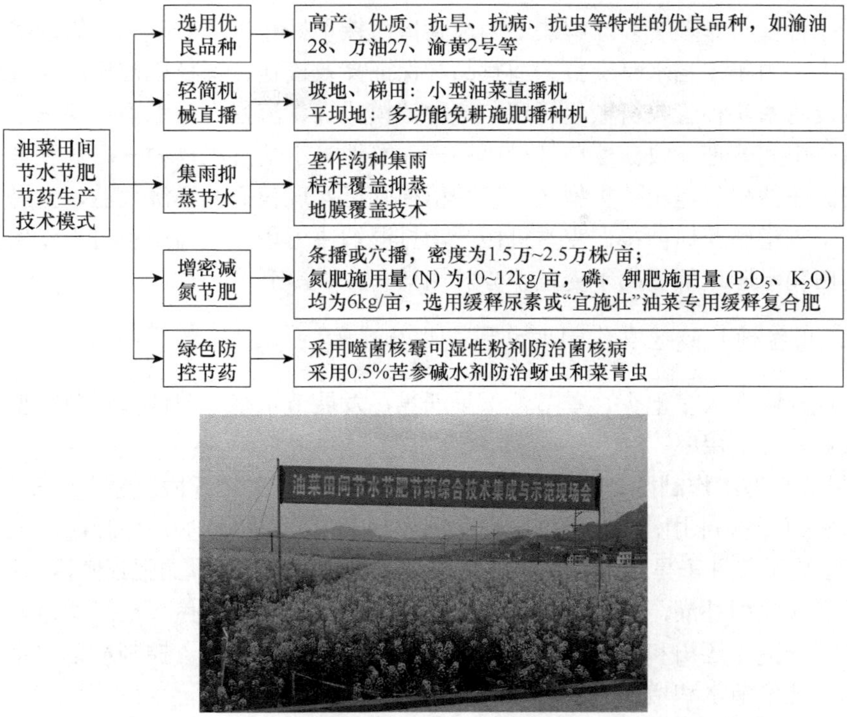

图 6-28　西南山地油菜田间节水节肥节药生产技术模式（上）及示范（下）

的秸秆还田方式和耕作方式发生了显著改变，秸秆以就地还田为主，土壤耕作以旋耕为主。以稻作为主体的复种模式（图 6-29～图 6-32）是四川盆地实现粮食丰产增效的重要途径。麦

彩图

图 6-29　水稻减穴稳苗机插

彩图

图 6-30　水稻收获秸秆粉碎全量还田

彩图

图 6-31　小麦播前机械开沟排湿

彩图

图 6-32　小麦田间长势

稻复种机械化种植与管理有效地解决了当地茬口衔接不好和生产效率不高等问题。该种植模式简要概括为：周年麦稻水旱交替、适宜品种保证高效接茬、秸秆机械粉碎全量还田、养分优化运筹以及两季耕种管收机械化管理。该种植模式操作流程为：水稻育秧→小麦秸秆还田整地→插秧→田间管理→收获兼秸秆粉碎还田→整地→小麦抗湿播种→田间管理→小麦机收兼秸秆还田。在四川盆地相关类型区，该种植模式可实现较好的经济效益、生态效益和社会效益。优化了麦稻季茬口衔接，麦季机械开沟排湿解决了华西秋雨湿害对小麦生长的不利影响。秸秆还田和水肥运筹提高了麦稻养分利用效率 8%左右。

（四）四川盆地丘陵区农作制度发展战略与对策

四川盆地丘陵区人多地少，季节性干旱严重，发展节水型、节地型和节肥型农作制，有助于提高农业资源利用率。

1．发展节水型农作制度，提高抗旱减灾能力　四川盆地丘陵区季节性干旱问题突出，丘陵山区水资源开发利用困难，干旱成灾比例大且呈上升趋势，如川中丘陵区人均水资源量为 940m^3，春夏季节性干旱频发，每年粮食因旱减产约 10 亿 kg。加强丘陵区水利设施建设，实行节水灌溉和集雨补灌，推行横坡耕作、植物篱护边、秸秆覆盖、地膜覆盖等保护性耕作技术，推广秸秆覆盖还田和农业废弃物堆肥，发展冬季绿肥生产，控制耕地水土流失，有利于培肥改土、抗旱节水和增产增效。

2．强化间套复种农作制度，发展麦/玉/豆三熟制　加大冬水田和冬闲田改造力度，完善水利基础设施，实现水田一熟改两熟、两熟改三熟，扩大水田两熟种植面积，两熟稻田增种一季短生育期作物，充分利用秋季光热资源。丘陵旱地扩大麦/玉/薯、麦/玉/豆等旱三熟，推广马铃薯/玉米/大豆、蔬菜/玉米/大豆、小麦/花生/蔬菜、豌豆（蚕豆）/玉米/甘薯、豌豆（蚕豆）/玉米/大豆等新旱三熟模式，可充分利用土地、季节和光热资源，提高农作物产量和复种指数。

3．发挥丘陵山地资源立体优势，发展水保型立体生态农业模式　按照山地资源分布的垂直地带性，构建农林牧立体布局和复合生态经济系统，山顶或高坡地带采用林木和草本覆盖，山腰地带营造各种针阔叶混交用材林或部分经果林，山脚和沟谷地带种植粮、油、茶、桑、果、菜、药、绿肥等，同时养殖猪、牛、羊、鸡、鹅等畜禽，形成果-草-畜水土保持型立体农业模式，建成一个山顶戴顶“绿帽子”、山腰系条“金带子”、山下建个“粮屯子”的立体农林复合生态经济系统。

4．扩大耕地经营规模，提高农业机械化水平　四川丘陵山区人均耕地不足，农户耕地零散，土地撂荒严重，鼓励农户土地流转，扩大耕地经营规模。同时，开发适应于丘陵区规模化生产的种植模式、轻简化栽培技术及配套农机设备，提高麦/玉/薯等间作套种生产的机械化水平。

视频 6-7

二、云贵高原区农作制度

云贵高原位于我国西南部，包括云南省东部，贵州全省，广西壮族自治区西北部和四川、重庆、湖北、湖南等省（直辖市）边境，地势西北高、东南低，平均海拔 1000～2000m，是我国第四大高原。在农作制度区划上，云贵高原区特指我国西南区海拔在 1000m 以上的区域，总土地面积为 52.53 万 km^2，占全国的 5.04%。

（一）云贵高原区农作制度发展概况

1．云贵高原区农业资源概况

（1）气候资源　云贵高原区属亚热带湿润气候区，除西双版纳地区为热带季风气候外，其余均为亚热带季风气候。由于海拔高度不同，气候差别显著，年平均气温在15℃以上，≥0℃积温为3600～8000℃，≥10℃积温为3000～8000℃，冬暖夏凉，无霜期长达210～365d。冬季温度在0℃以上，1月均温为1～15℃，7月均温为20～28℃，年极端最低气温平均在－6～－3℃。年降水量为600～2000mm，年干燥度为0.5～1.0。气候立体性强，垂直差异巨大，从上到下分布为中温带—暖温带—北亚热带—中亚热带—南亚热带。

（2）土地资源　云贵高原区总土地面积为52.53万km^2，其中耕地、林地和草地面积分别为4.91万km^2、23.84万km^2和9.42万km^2，分别占9.35%、45.38%和17.93%。水田占耕地面积的36.25%，旱地占63.75%，有效灌溉面积达2.08万km^2。本区大部分属于亚热带常绿阔叶林黄壤红壤地带，非地带性土壤有石灰岩区的石灰性土壤与紫色砂质区的紫色土，土壤肥力不高，酸、黏、瘦、薄、冷、烂等低产土壤普遍存在，岩溶地区奇峰林立，不易蓄水，是农业生产的重要威胁。

（3）农作物品种资源　云贵高原区属于典型的一年二熟区，农作物以粮食作物为主。粮食作物主要有水稻、玉米、小麦、薯类、大豆等，其中以水稻、玉米和小麦为主。经济作物以油菜、烟草最为重要，其中油菜占经济作物一半以上，本区也是全国有名的优质烤烟产区。此外，经济作物还包括蔬菜、油茶、油桐、花生、柑橘、甘蔗等。

2．云贵高原区农作制度发展概况

（1）传统粮食生产仍是农作制的主体　云贵高原区农业以农为主、农牧结合，种植业、畜牧业、林业和渔业产值分别占60.13%、31.55%、6.75%和1.52%。畜牧业生态环境效益和中短期经济效益较高，尤其在退耕还林计划实施区域，优先发展林草结合畜牧业，较单纯林业生态建设经济效益更高。本区生物资源丰富，林业和中草药生产潜力巨大，但这些农业地域资源优势开发利用率较低。

（2）农作制集约度低，低投入，低产出　本区人多山多平地少，大多数地区农作制发展尚处于小农自给性早中期阶段，有些地方甚至还处在原始生态农作制阶段。农户规模小，土地分散，交通不便，贫困落后，生产力水平低。单位耕地的农业机械动力和化肥施用量均低于全国平均水平。

（3）耕地面积减少，人地矛盾加剧，耕地质量差，土地生产效率低　农业以粮食生产为主，人口逐年增长，人地矛盾加剧。云贵高原区陡坡耕种加剧了水土流失，岩溶石漠化问题突出，耕地面积进一步减少，耕地质量降低，农业生产广种薄收。特别是贵州人均旱涝保收耕地少，宜耕后备资源匮乏，耕地土层浅薄，保肥供肥能力差，坡耕地多，土地破碎，集中连片耕地少。

（4）水资源短缺，开发利用难度大，工程性缺水严重　虽然本区水系发达，人均水资源和地下水资源相对较丰富，但由于地形错综复杂，山地和丘陵比例很高，造成田高水低，水资源开发利用难度大，水利工程建设基础相当薄弱，水资源供需矛盾突出。由于缺乏控制性水利工程，旱涝灾害频繁，使农业生产经常遭受重大损失。

（5）生态脆弱，问题突出　贵州省岩溶区占总土地面积的75%，云南占44%。岩溶区生态环境较脆弱，石灰岩风化慢，成土过程迟缓，土层较薄。加之地下河、落水洞、溶斗发育，不易蓄水，地表水少，地下水渗漏流失严重。农田抗旱能力弱，短期不下雨，极易造成旱灾。其中一些土质山区水土流失强度较大，如云、贵两省，山地占土地面积的 80%以上，大于 15°的耕地面积占 41%以上，25°以上坡耕地大量存在，水土流失面积占 11%～20%，许多地方出现了石漠化现象。由于过度垦殖和畜牧业过载，草地普遍出现退化，植被覆盖率下降。

（二）云贵高原区农作制度主体模式

针对本区农业资源和农作制度发展面临的主要问题，应从节地、节水、节肥等方面积极探索和推行高效节约型农作制度主体模式。

1．节地型农作制度主体模式

（1）旱地分带轮作多熟制模式　旱地分带轮作是云贵高原区旱地节地农作制主体模式，主要种植模式有麦/玉/苕、薯/玉/苕（薯指马铃薯；苕指红苕）、麦/玉/大豆、胡豆/玉/苕等粮粮型种植模式，肥/玉/苕等粮肥型种植模式，麦/烟/苕、麦/玉/菜等粮经型种植模式，以及集粮经饲于一体的高产高效高功能种植模式。

（2）稻田多熟制模式　主要有菜/稻、菜/稻/菜、油/瓜/稻、油/稻/稻、菜/早玉米/稻、肥/瓜/稻等模式，目前面积较大的是菜/稻/菜模式。稻田立体综合利用形式主要有稻田养鱼、稻田养鸭、稻田种菇（食用菌）、稻＋水生蔬菜等。

2．节水型农作制度主体模式

（1）现代节灌技术模式　喷灌、滴灌、微喷灌技术等是应用最广的高效节水灌溉技术，将先进节灌设施与设备组装配套以满足作物生长对水分需要，有助于发挥作物生产潜力和耕地综合生产能力。

（2）集水农业模式　大力发展旱坡耕地集雨补灌工程，有助于开源节流、实现降水资源时空调配和提高区域降水资源化程度，增强旱地农作系统抗御自然灾害的能力。

（3）保护性耕作模式　基于本区水资源状况和季节性干旱特点，除了工程节水、生物节水等手段外，保护性耕作是一项重要的节水耕作技术。其中，水田可采用中稻—再生稻免耕栽培技术、中稻—秋马铃薯（春马铃薯）免耕栽培技术、中稻—秋冬季蔬菜免耕栽培技术、中稻—紫云英免耕栽培技术等；旱作农田可推行横坡耕作、植物篱护边、垄作、秸秆覆盖、地膜覆盖等技术，均有良好的保土保水效果。

3．节肥型农作制度主体模式

（1）农牧结合模式　包括粮—饲模式、经—饲模式和粮—经—饲模式。

（2）草田轮作模式　绿肥作物一般适应性强，生长迅速，充分利用荒山荒地种植，利用自然水面或水田放养，利用空茬地进行间种、套种、混种、插种，就地种植就地施用，降低施肥成本，有利于改良中低产田，使农田均衡增产。生产上种植的绿肥作物多为豆科作物。

（3）秸秆还田模式　包括秸秆堆沤肥还田、秸秆牲畜过腹还田、秸秆沼气发酵还田、秸秆直接还田。

（三）种植模式案例

1．多年生稻　云南省位于我国西南边疆，属于低纬度高原山区，立体性地理气候特点造就了丰富的物种多样性及生态系统多样性。境内农业耕作制度丰富，具体到稻作生产制度而言，包括典型热带双季稻区、非典型双季稻区、一季稻区等。1997～2022 年，云南大学多年生稻团队利用长雄野生稻无性繁殖特性培育的多年生稻，形成多年生稻耕作技术模式（图 6-33），实现水稻从一年生的生产方式向多年生的生产方式转变。多年生稻技术是指种植一次可连续收获 2 年以上的水稻生产技术，包括多年生稻品种及其配套的耕作栽培技术。其特点为：从第二年（或第二季）开始，水稻生产不需要买种子、育秧、犁田耙田及栽秧等环节，只需要田间管理和收获等两个生产环节，实现了水稻生产轻简化。该技术在我国南方稻区及“一带一路”倡议沿线的南亚、东南亚和非洲国家具有较为广阔的应用前景。基于以上主体技术模式，集成了以下两种区域农作模式。

出苗　　　　收获　　　　彩图

图 6-33　多年生稻大面积生产

（1）稻一稻模式　　云南省孟连傣族拉祜族佤族自治县地处云南省西南部，海拔约 600m，当地传统耕作模式为早稻＋晚稻，采用多年生稻模式后，成功实现了“一种多收”。主要环节如下：采用多年生稻品种“多年生稻 23”，12 月育秧，翌年 2 月移栽，7 月初收获第一季，12 月初收获第二季。多年生稻可实现越冬并持续多季收获，成功实现种植一次，连续收获 4 年 8 季（表 6-2）。基于多年生免耕模式极大地节约了种子及劳动力投入，据测算，从第二季起，每 667m^2 节约生产成本 500～600 元。

表 6-2　多年生稻“一种多收”模式下产量（两熟）

收获年份	早稻单产/（kg/667m^2）	晚稻单产/（kg/667m^2）	周年单产/（kg/667m^2）
第 1 年（2017）	630	431	1061
第 2 年（2018）	610	425	1035
第 3 年（2019）	672	417	1089
第 4 年（2020）	593	432	1025

（2）稻/豆模式　　云南省昆明市宜良县地处云南省中部，海拔约 1650m，当地传统耕作模式为水稻→蔬菜，基于多年生稻耕作技术，实现了水稻/蚕豆（免耕套作蚕豆）二熟模式。主要环节如下：采用多年生稻品种“多年生稻 23”，4 月育秧，5 月移栽，当年 10 月初收获第一季，产量 620kg/667m^2 左右；之后在稻茬行间人工点种蚕豆，翌年 2 月采摘鲜夹，鲜夹产量 1000kg/667m^2 左右；蚕豆收获后，进行适当的田间管理，9 月底多年生稻收获第二季，产量 600kg/667m^2 左右。多年生稻“一种多收”模式下与蚕豆免耕套作（图 6-34）农作模式，在不改变原有冬季作物的基础上，节约了种子与劳动力投入。

2．山地特色农作模式　　该模式是在保证粮食安全的基础上，按照“菜—稻—菜”的思路，采取优质稻、“稻＋”等生态种养模式进行结构调整，占水稻种植面积的 78%，从而提高耕地效益和粮食产量，以黔南布依族苗族自治州为主要代表。近年来，通过不同生态区蔬菜特需种类和品种的筛选，全年茬口的科学搭配，适宜播种期、定植期及配套技术的探索，形成了大面积推广应用的“321”蔬菜高效栽培新模式。该模式利用蔬菜“错季上市”，早春

彩图　　水稻收获前　　水稻收获后

图 6-34　多年生稻与蚕豆套作

蔬菜提前种植，秋冬蔬菜延后采收，构建不同海拔地区蔬菜高效种植接茬栽培技术体系。在低海拔 600m 以下地区，年平均气温 18.2℃以上的罗甸、三都、荔波、平塘等 4 个县种植条件好的区域，重点推广“菜—稻—菜”和“菜—菜—菜”模式，可实现 3 万元/666.7m^2 产值；在中高海拔 700m 以上地区，以都匀、福泉、独山、贵定、惠水、龙里、瓮安、长顺等县市为代表的种植条件较好的区域，重点推广“菜—菜—菜”模式，实现 2.2 万元/666.7m^2 产值，而不宜推广“2”万元的区域，重点推广“菜—菜”模式，实现 1.26 万元/666.7m^2 产值。该模式已成为黔南推动农村产业革命、坝区产业结构调整及技术配套的重要科技支撑。

该模式除良好的经济效益外，还可利用稻田资源，将农业水稻种植和鱼类养殖有机结合，充分发挥稻鱼共生环境下相互促进的作用，从而带动“稻＋鱼”“稻＋虾”“藕＋虾”“茭白＋鱼”稻田立体综合种养殖模式发展，强化冷水鱼产业转型升级，有效促进生态渔业增效、渔（农）民增收，助推产业发展与脱贫攻坚，可实现“一田多收、一水两用、一季多收、稳粮增效、粮鱼双赢”的产业目标。2020 年，黔南布依族苗族自治州推广稻鱼面积 1.7 万 hm^2，鱼总产值 35 100 万元；稻鸭 3400hm^2，鸭总产值 12 550 万元。

另外，发展山地特色高效农作模式，可整合各类项目资金，招引业内现代化全产业链大型龙头企业落户，积极转变传统“散、小、弱”的生猪养殖模式向产业化、规模化、标准化发展。2021 年，该区实施生猪产业“百村百场百万头”高标准生猪育肥示范工程，在黔南布依族苗族自治州 12 县（市）选择 100 个村，建设 100 个以“村社合一”为主的高标准生猪育肥示范场，实现年出栏生猪 100 万头。

（四）云贵高原区农作制度发展战略与对策

云贵高原区农作制度发展应坚持退耕还林、保持水土，同时加强农耕地基本建设，逐步变粗放农作制为集约农作制，变自给性封闭系统为半开放、开放系统；利用山区资源发展特色农业与旅游农业；控制人口数量，提高农民文化素质，加快转移农村剩余劳动力，增加农民收入；积极发展农产品加工业与第三产业，加强市场建设与农产品流通。

1．建立特色高效农作制度，培育主导产业，发展优势特色产品　云贵高原区高原气候特色突出，垂直分带明显，区域小气候复杂，导致了生物气候性土壤垂直带谱及立体农业类型多样化。因此，应当合理配置资源，优化区域布局，调整优化种植业内部结构，构建有利于农林牧协调发展的用地结构。在积极实现粮食基本自给的基础上，扬长避短，大力发展经济效益高的特色农作制，以全面提高质量和效益为中心，发挥优势，突出特色，积极调整品种结构，发展优势特色农产品。同时，还要努力建设并发展旅游农业，充分发挥当地优美的生态环境、天然的自然景观及纯朴的乡村生活方式和丰富多彩的民族文化等优势，培育各具特色的旅游农业模式。

2．完善种养结合农作制度，控制水土流失，改善农业生态环境　云贵高原区属于典型的喀斯特地貌，农业生态环境脆弱，生态环境敏感度高，农业旱涝灾害频繁，水土流失严重。建立现代高效生态型农作制度，结合循环经济理论与技术，坚持“以防为主，防抗结合，综合治理”的防灾减灾方针，加强山地基础设施配套建设，在灾害重发区和多发季节，健全防灾减灾避灾预警预报体系，通过选择抗性品种、合理搭配品种和种植茬口安排，优化山区农林牧业区域布局，综合运用工程措施、生物措施和农艺措施，强化种养结合，提高农业避灾抗灾能力。

3．丰富多熟农作制度，培育优质基本农田，提高粮食安全保障能力　针对云贵高原区人地矛盾加剧和水资源短缺问题，在调整优化耕地种植方式的基础上，依靠科技，因地制宜推广高产高效多熟农作制，研究粮食高产、优质、高效栽培技术，确保粮食产量稳步增长，实现农村人口粮食自给，保障粮食安全。加强以坡改梯、“三小”水利工程（小水池、小水窖、小山塘）为重点，建设高产稳产基本农田，解决工程性缺水问题，争取各种建设资金，改善农业灌溉条件，发展节水农业。按资源潜力适度扩大多熟种植面积，促进种植模式的多样化、规范化，进一步提高多熟种植的集约化水平，开发节本降耗的高效多熟模式，在继续稳定和增加粮食作物种植面积的同时，积极发展附加值高的非粮食生产（畜、禽、蔬、果等）。

4．发展脱贫农作制度，增加农民收入，加快现代农业建设步伐　以增加农民收入为中心，大力发展农村第二、第三产业，提高农民综合素质，增加城镇就业空间，减少土地资源的承载压力，实现人口、资源、环境、生态的可持续综合发展。注重现代农业建设，积极推广应用农业高新技术，加快农业产业化进程，促进生产发展，提高经济效益，改善生态环境，全面提高农业综合生产能力，提高农业整体效益，从根本上夯实增粮增收的基础。

视频 6-8

复习思考题

1．东北区农业资源状况与农作制度发展主要特点是什么？其农作制度类型与主导模式有哪些？今后农作制度发展战略和对策是什么？

2．黄淮海区农业资源状况与农作制度主要特点是什么？其农作制度类型与主体种植模式有哪些？今后农作制度发展战略和对策是什么？

3．长江中下游区农业资源状况与农作制度主要特点是什么？其农作制度类型与主体模式有哪些？今后农作制度发展战略和对策是什么？

4．华南区农业资源状况与农作制度主要特点是什么？其农作制度主体模式与配套技术有哪些？今后农作制度发展战略和对策是什么？

5．黄土高原区农业资源状况与农作制度主要特点是什么？其主体农作制度与配套技术有哪些？今后农作制度发展战略和对策是什么？

6．西北绿洲灌区农业资源状况与农作制度主要特点是什么？其农作制度主体模式与配套技术有哪些？今后农作制度发展战略和对策是什么？

7．四川盆地丘陵区农业资源状况与农作制度主要特点是什么？其农作制度主体模式与配套技术有哪些？今后农作制度发展战略和对策是什么？

8．云贵高原区农业资源状况与农作制度主要特点是什么？其农作制度主体模式与配套技术有哪些？今后农作制度发展战略和对策是什么？

9．根据你的学校或家乡所在地区，谈谈你对当地农作制度发展现状的认识？

主要参考文献

曹敏建，王晓光．2020．耕作学．3版．北京：中国农业出版社．

曹卫星．2017．作物栽培学总论．3版．北京：科学出版社．

柴强，胡发龙．2022．我国耕作制度研究进展与展望．寒旱农业科学，1（10）：19-25．

谌力铭．2020．加快培育新型农业经营主体的对策研究．江苏商论，5：112-114．

陈阜，姜雨林，尹小刚．2021．中国耕作制度发展及区划方案调整．中国农业资源与区划，42（3）：1-6．

陈悦，李新杰．2022．我国农作物栽培与耕作制度科技探析．种子科技，40（4）：142-144．

陈赛晶．2023．耕地土壤污染防治对策分析．农业科学，1：145-147．

陈卫平，杨阳，谢天，等．2018．中国农田土壤重金属污染防治挑战与对策．土壤学报，55（2）：261-272．

陈印军，易小燕，陈金强，等．2016．藏粮于地战略与路径选择．中国农业资源与区划，37（12）：8-14．

丑洁明，徐源，徐洪．2022．气候变化背景下中国主要粮食作物生长期界定的研究综述．北京师范大学学报（自然科学版），58（6）：945-949．

邓力超，李莓，周兴，等．2022．薹肥兼用油菜—双季鲜食玉米高产高效种植模式研究．作物研究，36（5）：422-425，471．

邓铭江，王全九，陶汪海，等．2023．西北旱区现代农业提质增效发展模式探究．中国工程科学，25（4）：59-72．

葛永强，肖燕．2021．我国农田污染与农产品质量安全现状、问题及对策．食品安全导刊，19：8-9．

龚乾．2023．乡村振兴视域下农业生态环境保护问题与可持续发展措施．环境保护，51（9）：91-92．

国家统计局农村社会经济调查司．2021．中国农村统计年鉴．北京：中国统计出版社．

胡延斌，肖国举，李永平．2020．气候带北移及其对中国作物种植制度的影响研究进展．干旱地区农业研究，38（3）：269-274．

黄凡，段成荣．2022．从人口红利到人口质量红利——基于第七次全国人口普查数据的分析．人口与发展，28（1）：117-126．

姜晓伟．2017．农业供给侧改革的难点与对策．中共济南市委党校学报，1：65-66．

李群．2021．中国农业史概论．北京：科学出版社．

李方剑．2021．半干旱区集雨种植垄沟带型和氮肥分施对玉米水氮利用的影响．杨凌：西北农林科技大学．

联合国粮食及农业组织．2021．世界盐渍土壤分布图发布．中国农业综合开发，10：64．

刘子凡，苏必孟，黄洁，等．2022．木薯花生不同间作模式对木薯地土壤肥力的影响．中国农学通报，38（25）：102-107．

农业农村部种植业管理司，全国农业技术推广服务中心．2022．粮食作物绿色稳产高产技术模式．北京：中国农业出版社．

彭喜之，王涛辉，马珺怡，等．2021．微生物菌剂对土壤酸碱性的改良研究．天津科技，48（1）：42-45．

秦大河，丁一汇，苏纪兰，等．2005．中国气候与环境演变评估（Ⅰ）：中国气候与环境变化及未来趋势．气候变化研究进展，1（1）：4-9．

盛玮，徐辉冠，郭煦．2020．“中国粮食！中国饭碗！”．中国农垦，8：6-7．

史蒂夫·芬奇．2021．作物生产学．9版．任小龙，译，北京：中国农业出版社．

孙齐状，杨金康，睢福庆，等．2023．基于文献计量的农田土壤重金属污染修复技术与效果分析．土壤通报，54（4）：998-1008．

孙兆军．2017．中国北方典型盐碱地生态修复．北京：科学出版社．

王宏富，王爱萍．2021．农学概论．2 版．北京：中国农业大学出版社．
王凯澄，韩桐，臧华栋，等．2021．基于地貌分区的近 30 年中国粮食生产空间分异研究．作物学报，47（12）：2501-2510．
王龙昌，谢小玉，张赛，等．2021．西南地区旱作农田节水型农作制度研究．北京：科学出版社．
王淑杰．2022．农学基础．北京：科学出版社．
王欣英．2020．新型生物有机无机缓释肥的研制．泰安：山东农业大学博士学位论文．
韦凤琴．2018．高效生态循环农业发展案例研究．农场经济管理，6：52-55．
肖特，崔阔澍，黄文娟，等．2022．玉米/大豆带状套作种间根系互作效应与水分利用效率．西南农业学报，35（12）：2758-2771．
谢英荷．2022．土壤肥料学．3 版．北京：中国农业大学出版社．
徐建明，孟俊，刘杏梅，等．2018．我国农田土壤重金属污染防治与粮食安全保障．中国科学院院刊，33（2）：153-159．
徐仁扣，李九玉，周世伟，等．2018．我国农田土壤酸化调控的科学问题与技术措施．中国科学院院刊，33（2）：160-167．
徐文修，万素梅，刘建国．2018．农学概论．北京．中国农业大学出版社．
许尔琪．2018．中国农业资源环境分区．中国工程科学，20（5）：57-62．
颜晓元，夏龙龙，遆超普．2018．面向作物产量和环境双赢的氮肥施用策略．中国科学院院刊，33（2）：177-183．
杨国江，陈云，林祥群，等．2023．氮肥减施下有机肥替代对滴灌棉花产量、氮素吸收利用及土壤硝态氮的影响．新疆农业科学，60（9）：2138-2145．
杨文钰，等．2021．玉米—大豆带状复合种植技术．北京：科学出版社．
杨晓光，刘志娟，李少昆，等．2021．中国三大粮食作物潜在产量及气候资源利用图集．北京：科学出版社．
要凯，赵章平，康益晨，等．2019．沟垄覆膜对连作马铃薯土壤酶活性、理化性状及产量的影响．作物学报，45（8）：1286-1292．
俞燎远．2017．浙江省创新农作制度的实践与思考．中国农技推广，33（11）：21-23．
昝国盛，王翠萍，李锋，等．2023．第六次全国荒漠化和沙化调查主要结果及分析．林业资源管理，1：1-7．
曾涛，侯再芬，杨天海，等．2023．多年生稻秋播育秧一种两收技术．耕作与栽培，43（4）：131-132．
张帅．2020．我国主要农作物田杂草防控技术．杂草学报，38（2）：50-55．
张瑞富，杨恒山．2019．农业发展新形势下《耕作学》教学内容调整的思考．内蒙古民族大学学报（自然科学版），34（3）：258-261．
张新平，代家玮．2022．总体国家安全观视域下我国粮食安全问题研究．甘肃理论学刊，4：14-20．
张翼夫，李问盈，胡红，等．2017．盐碱地改良研究现状及展望．江苏农业科学， 45（18）：7-10．
赵起越，夏夜，邹本东．2022．土壤盐渍化成因危害及恢复．农业与技术，42（11）：115-119．
赵宇，王艳霞．2020．中国特色现代化农业发展研究．合作经济与科技，5：40-41．
《中国农业功能区域研究》项目组．2011．中国农业功能区划研究．北京：中国农业出版社．
中国气象局气候变化中心．2022．中国气候变化蓝皮书（2022）．北京：科学出版社．
朱旭，倪明理，吕岩，等．2023．稻虾共作模式下秸秆还田与投食对稻米品质的影响．华中农业大学学报，42（2）：79-85．
朱立志．2017．秸秆综合利用与秸秆产业发展．中国科学院院刊，32（10）：1125-1132．
Barbieri P, Pellerin S, Seufert V, et al. 2021. Global option space for organic agriculture is delimited by nitrogen availability. Nature Food, 2 (5): 363-372.
Knapp S, van der Heijden MGA. 2018. A global meta-analysis of yield stability in organic and conservation agriculture. Nature Communications. 9 (1): 3632.
Lessmann M, Ros GH, Young MD, et al. 2022. Global variation in soil carbon sequestration potential through improved cropland management. Global Change Biologym, 28 (3): 1162-1177.

Li H, Dai MW, Dai SL, et al. 2018. Current status and environment impact of direct straw return in China's cropland: A review. Ecotoxicology and Environmental Safety, 159: 293-300.

Liu WM, Liu YE, Liu GZ, et al. 2022. Estimation of maize straw production and appropriate straw return rate in China. Agriculture Ecosystems and Environment, 328: 107865.

Xiao LG, Zhao RQ, Zhang XR. 2020. Crop cleaner production improvement potential under conservation agriculture in China: A meta-analysis. Journal of Cleaner Production, 269: 122262.

Zhao J, Chen J, Beillouin D, et al. 2022. Global systematic review with meta-analysis reveals yield advantage of legume-based rotations and its drivers. Nature Communications, 13 (1): 4926.

Zhao J, Yang YD, Zhang K, et al. 2020. Does crop rotation yield more in China? A meta-analysis. Field Crops Research, 245: 107659.